应用型本科教育数学基础教材
编　委　会

应用型本科教育数学基础教材

普通高等学校“十三五”省级规划教材

Advanced Mathematics

高等数学
经管类

（第2版）

殷新华◎主编

中国科学技术大学出版社

内 容 简 介

本书主要针对应用型本科高等学校的学生编写,既注重学生对基础知识的理解和掌握,也注重学生运用数学知识解决实际问题能力的培养、数学思想方法的培养和数学思维能力的提高、自学能力的培养和提高,力求做到基础性、严谨性、实用性、可读性的和谐统一.

本书可供普通高等院校经济管理类专业的学生使用,也可供自学者参考.

图书在版编目(CIP)数据

高等数学:经管类/殷新华主编.—2 版.—合肥:中国科学技术大学出版社,
2019.8

(应用型本科教育数学基础教材)

普通高等学校"十三五"省级规划教材

ISBN 978-7-312-04777-0

Ⅰ.高… Ⅱ.殷… Ⅲ.高等数学—高等学校—教材 Ⅳ.O13

中国版本图书馆 CIP 数据核字(2019)第 163836 号

出版	中国科学技术大学出版社
	安徽省合肥市金寨路 96 号,230026
	http://press.ustc.edu.cn
	https://zgkxjsdxcbs.tmall.com
印刷	安徽省瑞隆印务有限公司
发行	中国科学技术大学出版社
经销	全国新华书店
开本	710 mm×1000 mm 1/16
印张	21.25
字数	392 千
版次	2014 年 8 月第 1 版 2019 年 8 月第 2 版
印次	2019 年 8 月第 5 次印刷
定价	42.00 元

总　　序

　　1998 年以来,出现了一大批以培养应用型人才为主要目标的地方本科院校,且办学规模日益扩大,已经成为我国高等教育的主体,为实现高等教育大众化作出了突出贡献.但是,作为知识与技能重要载体的教材建设没能及时跟上高等学校人才培养规格的变化,较长时间以来,应用型本科院校仍然使用精英教育模式下培养学术型人才的教材,人才培养目标和教材体系明显不对应,影响了应用型人才培养质量.因此,认真研究应用型本科教育教学的特点,加强应用型教材建设,是摆在应用型本科院校广大教师面前的迫切任务.

　　安徽省应用型本科高校联盟组织联盟内 13 所学校共同开展应用数学类教材建设工作,成立了"安徽省应用型高校联盟数学类教材建设委员会",于 2009年 8 月在皖西学院召开了应用型本科数学类教材建设研讨会,会议邀请了中国高等教育学著名专家潘懋元教授作应用型课程建设专题报告,研讨数学类基础课程教材的现状和建设思路.先后多次召开课程建设会议,讨论大纲,论证编写方案,并落实工作任务,使应用型本科数学类基础课程教材建设工作迈出了探索的步伐.

　　即将出版的这套丛书共计 6 本,包括《高等数学(文科类)》、《高等数学(工程类)》、《高等数学(经管类)》、《高等数学(生化类)》、《应用概率与数理统计》和《线性代数》,已在参编学校使用两届,并经过多次修改.教材明确定位于"应用型人才培养"目标,其内容体现了教学改革的成果和教学内容的优化,具有以下主要特点:

　　1. 强调"学以致用".教材突破了学术型本科教育的知识体系,降低了理论深度,弱化了理论推导和运算技巧的训练,加强对"应用能力"的培养.

2. 突出"问题驱动".把解决实际工程问题作为学习理论知识的出发点和落脚点,增强案例与专业的关联度,把解决应用型习题作为教学内容的有效补充.

3. 增加"实践教学".教材中融入了数学建模的思想和方法,把数学应用软件的学习和实践作为必修内容.

4. 改革"教学方法".教材力求通俗表达,要求教师重点讲透思想方法,开展课堂讨论,引导学生掌握解决问题的精要.

这套丛书是安徽省应用型本科高校联盟几年来大胆实践的成果.在此,我要感谢这套丛书的主编单位以及编写组的各位老师,感谢他们这几年在编写过程中的付出与贡献,同时感谢中国科学技术大学出版社为这套教材的出版提供了服务和平台,也希望我省的应用型本科教育多为国家培养应用型人才.

当然,开展应用型本科教育的研究和实践,是我省应用型本科高校联盟光荣而又艰巨的历史任务,这套丛书的出版,用毛泽东同志的话来说,只是万里长征走完了第一步,今后任重而道远,需要大家继续共同努力,创造更好的成绩!

2013 年 7 月

第 2 版前言

　　本书的修订工作是在遵循"坚持改革,与时俱进,不断完善"的要求下进行的.在本书第 1 版出版之后,我们经过进一步的教学实践,积累了不少经验,并吸收了广大读者的意见,修订工作是在这些基础上进行的.我们修改了第 1 版中存在的印刷错误和不当之处,并致力于教材质量的提高;在选材和叙述上尽量做到联系经济管理类专业的实际,注重应用,力图将概念写得清晰易懂,便于教学和初学者自学;还在例题和习题选择上做了很大的努力,删除了一些较为复杂的例题和习题,并增加了一些实用性的例题和习题,这些题目既具有启发性,又有广泛的应用性,使本书更加适用于经济管理类专业的学生学习.在这里衷心地感谢广大读者和教师对本书的关心,并欢迎大家继续提出宝贵意见.

　　本书的第 1 章由侯茂文、陈纪莉修订,第 2 章由蒋诗泉修订,第 3 章由朱诗红修订,第 4 章由尹松庭修订,第 5 章由殷新华修订,第 6 章由查晓民修订,第 7~9 章由侯立春修订,第 10 章由管金友修订.全书最后由殷新华修改定稿.

　　由于编者水平有限,书中一定存在不妥之处,恳请广大读者朋友批评指正!

编　者

2019 年 5 月

前　　言

"高等数学"是高等院校经济管理类专业的一门重要基础课程,也是学生学习其他后续数学课程和专业课程必不可少的工具.

本书主要针对应用型本科高等学校的学生编写,既注重学生对基础知识的理解和掌握,也注重学生运用数学知识解决实际问题能力的培养、数学思想方法的培养和数学思维能力的提高、自学能力的培养和提高,力求做到基础性、严谨性、实用性、可读性的和谐统一.

首先,本着"学以致用"的原则,对教学内容进行了适当的调整.

其次,以往使用的众多教材有偏重于演绎论证、逻辑推理及用纯数学的语言描述等问题,显得过于抽象,学生易产生畏难情绪.本书在不影响教材系统性和严谨性的前提下,适当地淡化了数学的抽象化色彩,形象具体、条理清晰、简洁流畅.

另外,学习的最终目的是应用.本书在有关的章节中从学生熟悉的问题入手,引入实例,以培养学生"用已知解决未知"的能力.

本书由铜陵学院数学与计算机学院和池州学院数学与计算机科学系联合编写.具体分工如下:第1章由侯茂文、陈纪莉编写,第2章由蒋诗泉编写,第3章由朱诗红编写,第4章由尹松庭编写,第5章由殷新华编写,第6章由查晓民编写,第7章由张秋华编写,第8章由朱勇编写,第9章由张永编写,第10章由管金友编写,最后由殷新华修改定稿.

本书在编写过程中,得到了铜陵学院和巢湖学院相关领导的关心和支持,得到了中国科学技术大学出版社的大力协助,同时,也参考了国内外高等数学中的一些经典例子,编者在此一并表示衷心的感谢.

　　本书可供普通高等院校经济管理类专业的学生使用,也可供自学者参考.

　　由于编者水平有限,书中一定存在不妥之处,恳请读者朋友批评指正!

编　者

2014 年 6 月

目　　录

第1章   函数、极限与连续

函数是数学中最基本的概念.微积分是从研究函数开始的.所谓函数关系就是变量之间的依赖关系,极限方法就是研究变量的一种基本方法.本章将通过对最一般函数形态的概括研究以及极限方法的介绍为微积分的学习打下基础.

1.1   函   数

1.1.1   函数

先看一个例子.例如圆的周长 C 与它的半径 r 之间的关系由公式

$$C = 2\pi r$$

给定,当半径 r 取定某一正数时,圆的周长也就跟着有一个确定的值.

1. 函数的概念

定义 1.1   设 x 和 y 是两个变量, D 是给定的数集,如果对于每个 $x \in D$,变量 y 按照某个对应法则总有一个唯一确定的数值和它对应,则称 y 是 x 的函数,记作

$$y = f(x), \quad x \in D$$

这里 x 称为自变量, y 称为因变量或 x 的**函数**.数集 D 称为函数的**定义域**.当 x 取值 x_0 时,与 x_0 对应的 y 的数值称为函数在点 x_0 处的函数值,记作

$$f(x_0) \quad 或 \quad y\big|_{x=x_0}$$

当 x 取遍 D 的每个数值时,对应的函数值全体组成的数集

$$R_f = \{y \mid y = f(x), x \in D\}$$

称为函数的**值域**.

函数 $y = f(x)$ 中对应法则的记号 f 也可用其他字母,例如 g, h 等代替.表示变量的字母可以用 p, t 等代替,而表示因变量的字母也可以用 Q, C 等代替,即函数的变量与所选用的字母无关.

显然,函数受对应法则和定义域的共同限制,我们在写函数时通常要带上自变量的取值范围.例如 $y = \sin x, x \in \mathbf{R}$;狄利克雷(Dirichlet)函数

$$y = D(x) = \begin{cases} 1, & x \in \mathbf{Q} \\ 0, & x \in \mathbf{Q}^c \end{cases}$$

例 1.1　求函数 $y = \sqrt{4 - x^2} + \dfrac{1}{\sqrt{x - 1}}$ 的定义域.

解　要使函数有意义,必须满足

$$\begin{cases} 4 - x^2 \geqslant 0, \\ x - 1 > 0, \end{cases} \quad \text{即} \quad \begin{cases} |x| \leqslant 2 \\ x > 1 \end{cases}$$

由此有 $1 < x \leqslant 2$,因此函数的定义域为 $(1, 2]$.

2. 函数的几种特性

(1) 函数的有界性

设函数 $f(x)$ 的定义域为 D,数集 $X \subset D$.如果存在数 K_1 使得

$$f(x) \leqslant K_1$$

对任一 $x \in X$ 都成立,则称函数 $f(x)$ 在 X 上有上界,而 K_1 称为函数 $f(x)$ 在 X 上的一个上界;如果存在数 K_2,使得

$$f(x) \geqslant K_2$$

对任一 $x \in X$ 都成立,则称函数 $f(x)$ 在 X 上有下界,而 K_2 称为函数 $f(x)$ 在 X 上的一个下界.既有上界又有下界称为有界,反之无界.例如 $y = \sin x, x \in \mathbf{R}$ 有界;$y = \tan x, x \in \left(-\dfrac{\pi}{2}, \dfrac{\pi}{2}\right)$ 无界.

(2) 函数的单调性

设函数 $f(x)$ 的定义域为 D,区间 $I \subset D$.如果对于区间 I 上的任意两点 x_1 及 x_2,当 $x_1 < x_2$ 时恒有

$$f(x_1) < f(x_2)$$

则称函数 $f(x)$ 在区间 I 上是单调增加的;如果对于区间 I 上的任意两点 x_1 及 x_2,当 $x_1 < x_2$ 时恒有

$$f(x_1) > f(x_2)$$

则称函数 $f(x)$ 在区间 I 上是单调减少的.单调增加和单调减少的函数统称为单调函数.例如 $y = \tan x, x \in \left(-\dfrac{\pi}{2}, \dfrac{\pi}{2}\right)$ 是单调增加函数;$y = \log_a x (0 < a < 1)$ 在定义域上是单调减少函数.

（3）函数的奇偶性

设函数 $f(x)$ 的定义域 D 关于原点对称．如果对于任一 $x \in D$ 都有

$$f(-x) = f(x)$$

恒成立，则称 $f(x)$ 为偶函数；如果对于任一 $x \in D$ 都有

$$f(-x) = -f(x)$$

恒成立，则称 $f(x)$ 为奇函数．例如 $y = x^2$ 是偶函数；$y = x^3$ 是奇函数．

偶函数的图像关于 y 轴对称，奇函数的图像关于原点对称．

（4）函数的周期性

设函数 $f(x)$ 的定义域为 D．如果存在一个正数 l，使得对于任一 $x \in D$ 都有 $x \pm l \in D$，且

$$f(x \pm l) = f(x)$$

恒成立，则称 $f(x)$ 为周期函数，l 称为 $f(x)$ 的周期．通常我们说周期函数的周期是指最小正周期．例如 $y = \sin x$ 的周期为 2π；任何正有理数都是狄利克雷函数 $y = D(x) = \begin{cases} 1, x \in \mathbf{Q} \\ 0, x \in \mathbf{Q}^c \end{cases}$ 的周期，由于不存在最小的正有理数，所以它没有最小正周期．

3. 反函数与复合函数

设函数 $y = f(x)$ 在数集 D 上有定义．若 $\forall x_1, x_2 \in D$，有

$$x_1 \neq x_2 \quad \Rightarrow \quad f(x_1) \neq f(x_2)$$

则称函数 $y = f(x)$ 在 D 上一一对应．

定义 1.2　设函数 $y = f(x)$ 在 D 上一一对应，即 $\forall y \in f(D)$ 只有唯一一个 $x \in D$，使 $f(x) = y$，这是一个由 $f(D)$ 到 D 的新的对应关系，称为 $y = f(x)$ 的**反函数**，表示为 $x = f^{-1}(y), y \in f(D)$．此时，也通常称 $y = f(x)$ 为 $x = f^{-1}(y)$ 的直接函数．

注　反函数 $x = f^{-1}(y)$ 的定义域和值域恰好是函数 $y = f(x)$ 的值域和定义域．例如，函数 $y = 2x + 1$ 的反函数是 $x = \dfrac{1}{2}(y - 1), y \in \mathbf{R}$；指数函数 $y = a^x$（$a > 0$ 且 $a \neq 1$）的反函数是对数函数 $x = \log_a y, y \in (0, +\infty)$．

定义 1.3　设 y 是 u 的函数 $y = f(u)$，而 u 又是 x 的函数 $u = \varphi(x)$．如果 $u = \varphi(x)$ 的值域 R_φ 与 $y = f(u)$ 的定义域 D_f 的交集非空，则 y 通过中间变量 u 构成 x 的函数，称 y 为由 $y = f(u)$ 及 $u = \varphi(x)$ 复合而成的关于 x 的**复合函数**，记为 $y = f[\varphi(x)]$，其中 x 称为自变量，u 称为中间变量．

例如，$y = \sqrt{1 - x^2}$ 是由 $y = \sqrt{u}$ 及 $u = 1 - x^2$ 复合而成的复合函数，其定义域为 $[-1, 1]$；$y = \sin 2x$ 是由 $y = \sin u$ 及 $u = 2x$ 复合而成的复合函数，其定义域为 $(-\infty, +\infty)$.

复合函数不仅可以由两个函数复合而成，也可以由多个函数复合而成. 例如 $y = \lg(1 + \sqrt{1 + x^2})$ 就是由四个函数 $y = \lg u, u = 1 + v, v = \sqrt{z}, z = 1 + x^2$ 复合而成的，它的定义域为 $(-\infty, +\infty)$.

在函数研究中，将一个复杂的函数变为由几个简单函数复合而成，有利于问题的解决.

4. 函数的运算

设函数 $f(x), g(x)$ 的定义域依次为 $D_1, D_2, D = D_1 \cap D_2 \neq \varnothing$，则可以定义这两个函数的下列运算：

和（差）$f \pm g$：$(f \pm g)(x) = f(x) + g(x), x \in D$；

积 $f \cdot g$：$(f \cdot g)(x) = f(x) \cdot g(x), x \in D$；

商 $\dfrac{f}{g}$：$\dfrac{f}{g}(x) = \dfrac{f(x)}{g(x)}, x \in D \backslash \{x \mid g(x) = 0, x \in D\}$.

5. 初等函数

在中学里，已学过下列函数：

（ⅰ）常数函数 $y = C, x \in \mathbf{R}$（实数集）；

（ⅱ）幂函数 $y = x^\alpha$（α 为任意实数）；

（ⅲ）指数函数 $y = a^x$（$a > 0$ 且 $a \neq 1$）；

（ⅳ）对数函数 $y = \log_a x$（$a > 0$ 且 $a \neq 1$）；

（ⅴ）三角函数

$$y = \sin x, \quad y = \cos x, \quad y = \tan x$$
$$y = \cot x, \quad y = \sec x, \quad y = \csc x$$

（ⅵ）反三角函数

$$y = \arcsin x, \quad y = \arccos x, \quad y = \arctan x$$
$$y = \text{arccot}\, x, \quad y = \text{arcsec}\, x, \quad y = \text{arccsc}\, x$$

以上函数称为**基本初等函数**.

由基本初等函数经过有限次加、减、乘、除四则运算和复合运算得到的能用一个式子表达的一切函数统称为**初等函数**. 例如 $y = \sqrt{1 - x^2}, y = \lg(1 + \sqrt{1 + x^2})$ 都是初等函数.

　　注　　在经济学中经常见到分段函数,即在自变量的不同变化范围中,对应法则用不同的式子来表示的函数.例如

$$y = \begin{cases} -x + 1, & -1 \leqslant x < 0 \\ x, & 0 \leqslant x \leqslant 1 \end{cases}$$

分段函数通常不是初等函数,但也有特殊的情形.例如 $y = \begin{cases} x, & x \geqslant 0 \\ -x, & x < 0 \end{cases}$,因

为此分段函数可看成 $y = \sqrt{x^2}$.

1.1.2　经济学中的几个常用函数

1. 需求函数

　　需求是指消费者在一定的价格水平上对某种商品的有支付能力的需要.因此,需求是以消费者货币购买力为前提的,是相对商品的某一价格水平而言的.人们对某一商品的需求受许多因素的影响,如价格、收入、替代品、偏好等等.一般研究中,需求主要是价格的函数,记为 $Q = D(P)$,其中 P 表示价格,Q 表示需求量,D 表示某个函数对应法则.依实际意义,需求函数 $Q = D(P)$ 总是单调下降的,一般存在反函数,其反函数 $P = D^{-1}(Q)$ 也称为需求函数.

　　例 1.2　　已知某地区每月对某型号电视机的需求量 Q(单位:台)与价格 P(单位:万元)的函数关系为

$$Q = 65 + \frac{125}{(P - 0.3)^2}, \quad 1 \leqslant P \leqslant 2$$

　　例 1.3　　市场上小麦的需求量(每月)如表 1.1 所示.

表 1.1

价格 P(元 / 千克)	1	2	3	4	5	6	7	8
需求量 Q(万千克)	30	25	20	15	12	10	9	8

画出需求函数的曲线,如图 1.1 所示.

　　这条曲线说明,小麦的需求量是价格的减函数,即当 P 增加时,Q 下降.这一性质在经济学中称为**需求向下倾斜规律**.

2. 供给函数

　　供给函数是生产者或销售者在一定价格水平上提供给市场的商品量.供给量受诸多因素的影响.一般而言,它主要是价格的函数,记为 $Q = S(P)$.依实际意义,

供给函数 $Q = S(P)$ 总是单调上升的,一般存在反函数,其反函数 $P = S^{-1}(Q)$ 也称为供给函数.

例 1.4 生产者愿意提供的小麦数量(每月)如表 1.2 所示.

表 1.2

价格 P(元 / 千克)	1	2	3	4	5	6	7	8
供给量 Q(万千克)	0	2	4	5	7	10	16	25

画出供给函数的曲线,如图 1.2 所示.

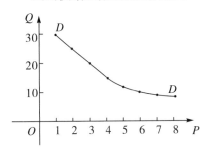

图 1.1　　　　　　　　　　　　图 1.2

这条供给曲线向上倾斜,说明小麦的价格较高时,农民愿意并有能力增加小麦的产量.这一性质在经济学中称为**供给向上倾斜规律**.

现在把例 1.3 与例 1.4 中的需求曲线与供给曲线结合起来分析.如图 1.3 所示.

需求曲线 $Q = D(P)$ 与供给曲线 $Q = S(P)$ 相交处的价格 $P = 6$ 元,在这个价格上,消费者愿意购买的小麦量为 10 万千克,生产者愿意提供小麦的数量为 10 万千克,两者处于平衡状态.这时 $P = 6$ 元称为它们的均衡价格.

需求曲线 $Q = D(P)$ 与供给曲线 $Q = S(P)$ 相交处的价格 P_0,称为**均衡价格**,如图 1.4 所示.

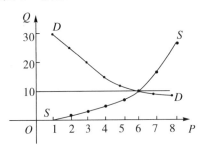
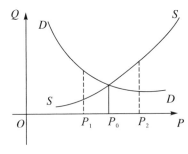

图 1.3　　　　　　　　　　　　图 1.4

在 P_1 处,商品供不应求,商品的价格将提高;在 P_2 处,商品供过于求,商品的价格有下降的趋势;在 P_0 处,供给量等于需求量,价格平衡.

3. 成本函数

成本是指生产制造产品所投入的原材料、人的劳动力与技术等生产资料的货币表现.它是产量的函数,记为 $C(x)$,其中 x 为产量.成本包括固定成本和变动成本.固定成本是指在一定时期和一定业务量范围内,不受产量增减变动影响的成本.例如厂房、机器、管理等费用,记为 F.变动成本是指在一定范围内随产量变化而变化的成本.例如原材料、燃料等费用,记为 $V(x)$,x 为产量.

一定时期的总成本函数为

$$C(x) = F + V(x)$$

单位成本函数(也称为平均成本函数)为

$$\overline{C}(x) = \frac{C(x)}{x} = \frac{F}{x} + \frac{V(x)}{x}$$

4. 收益函数与利润函数

销售收益是生产者出售一定量的产品所得到的全部收入,记为 R.当在销售过程中价格不变,则销售收益等于产品单价 P 与销售量 Q 的乘积,即

$$R = PQ$$

当把销售量看成是价格的函数时,即 $Q = D(P)$(需求函数),则有

$$R = PD(P)$$

即收益函数是价格的函数.

当把价格看成是销售量的函数,设销售量为 x,单价为 $P(x)$,则销售收益为

$$R = xP(x)$$

即销售收益是销售量的函数.$R(x)$ 也称为**收益函数**.

单位收益函数为

$$\overline{R}(x) = \frac{R(x)}{x} = \frac{xP(x)}{x} = P(x)$$

在成本函数中,当产量 x 等于销售量时,总利润函数为

$$L(x) = R(x) - C(x)$$

1.1.3   建立函数关系式

为解决实际问题,先要对所研究问题建立变量之间的函数关系式.为此需要明确问题中的因变量和自变量,根据题意建立等式,从而得出函数关系,然后确定函

数的定义域.在实际问题中,还需要考虑变量在实际问题中的含义.

在建立模型时,要针对具体对象的特征应用相应类型的函数.例如当所研究对象具有某种对称性时,我们探讨用偶函数或奇函数来模拟;当研究对象具有周期性时,我们所建立的函数应是周期函数;当研究对象依某个变量单调增加或减少时,我们所建立的函数应是单调函数.

例 1.5　某工厂生产某产品,每日最多生产 500 件,它的日固定成本为 2 000 元,生产 1 件产品的可变成本为 5 元.求该厂日成本函数及平均单位成本函数.

解　设日总成本为 C,平均单位成本为 $\overline{C}$,日产量为 x.由于日总成本为固定成本与可变成本之和,依题意,日总成本函数为

$$C = C(x) = 2\,000 + 5x$$

其定义域(依题意)为

$$D(C) = [0,500]$$

平均单位成本函数为

$$\overline{C} = \overline{C}(x) = \frac{C(x)}{x} = \frac{2\,000}{x} + 5$$

$$D(\overline{C}) = (0,500]$$

例 1.6　已知某产品的需求函数为 $P(Q) = 25 - \dfrac{Q}{4}, 0 \leqslant Q \leqslant 100$,总成本函数为 $C(Q) = 40 + 5Q$,其中 Q 为产品数量,求总利润的函数表达式.

解　因为总利润 $L(Q)$ 等于总收益 $R(Q)$ 与总成本 $C(Q)$ 之差,而总收益为 $R(Q) = QP(Q)$,且 $P(Q) = 25 - \dfrac{Q}{4}$,故总利润为

$$L(Q) = R(Q) - C(Q)$$
$$= Q\left(25 - \frac{Q}{4}\right) - (40 + 5Q)$$
$$= -40 + 20Q - \frac{Q^2}{4}, \quad 0 \leqslant Q \leqslant 100$$

在应用中,建立与客观实际准确吻合的函数关系是比较困难的,特别是在经济与商务领域.例如前述的需求函数、供给函数、成本函数、收益函数及利润函数等,在实际中往往不存在确定性的函数关系.变量之间的关系仅仅呈现某种趋势.为了探求这种趋势,往往需要进行大量的数据调查,通过对数据进行分析,从而获得近似的变量间的某种关系.

习 题 1.1

1. 一辆小汽车出发时较慢,然后越开越快,直至轮胎爆破.画出小汽车行驶的距离作为时间的函数的可能图像.

2. 下列各题中,$f(x)$ 和 $\varphi(x)$ 是否表示同一个函数?说明理由.

(1) $f(x) = \dfrac{x^2 - 4}{x - 2}, \varphi(x) = x + 2$;

(2) $f(x) = \ln x^2, \varphi(x) = 2\ln x$;

(3) $f(x) = 1, \varphi(x) = \sec^2 x - \tan^2 x$.

3. 写出下列函数的定义域.

(1) $y = \sqrt{4 - x^2} + \dfrac{1}{x - 1}$;

(2) $y = \ln \sqrt{9 - x^2}$;

(3) $y = \arcsin(x + 2)$;

(4) $y = e^{\frac{1}{x}}$.

4. 若 $f(x) = \begin{cases} 2x + 1, & x > 0 \\ 1, & x = 0 \\ x^2, & x < 0 \end{cases}$,求 $f(0), f\left(-\dfrac{1}{2}\right), f\left(\dfrac{1}{2}\right)$.

5. 若 $f(x) = x^2 + 1$,求:

(1) $f(t)$;   (2) $f(t^2)$;   (3) $[f(t)]^2 + 1$.

6. 下列函数是由哪些简单函数复合而成的?

(1) $y = \ln(2x + 1)^2$;   (2) $y = \sin^2(3x + 1)$.

7. 已知某产品的总成本函数为 $C(Q) = 1\,000 + \dfrac{Q^2}{10}$,求当生产100个该种产品时的总成本和平均成本.

8. 某制造厂以每件5元的价格出售其产品,问:(1) 销售5 000件产品时,总收益是多少?(2) 固定成本为3 000元,估计可变成本为总收益的40%,销售5 000件产品后总成本是多少?(3) 该厂的保本产量是多少?

9. 某商品供给量 Q 对价格 P 的函数关系为

$$Q = Q(P) = a + bc^P$$

今知当 $P = 2$ 时,$Q = 30$;当 $P = 3$ 时,$Q = 50$;当 $P = 4$ 时,$Q = 90$.求供给量 Q 对价格 P 的函数关系.

1.2　函数的极限

1.2.1　数列的极限

先看一个例子.我国古代数学家刘徽(3 世纪) 利用圆内接正多边形来推算面积的方法 ——— 割圆术.设有一圆,首先作内接正六边形,把它的面积记为 A_1;再作内接正十二边形,其面积记为 A_2;再作内接正二十四边形,其面积记为 A_3,以此类推,每次边数加倍,一般把内接正 $6 \times 2^{n-1}$ 边形的面积记为 $A_n, n \in \mathbf{N}^+$,得到一系列内接正多边形的面积:

$$A_1, \quad A_2, \quad A_3, \quad \cdots, \quad A_n, \quad \cdots$$

它们构成一列有次序的数,我们称之为一个数列.n 越大,内接正多边形与圆的差别就越小,从而以 A_n 作为圆面积的近似值也越精确.但是无论 n 取得如何大,只要 n 取定了,A_n 就只是多边形的面积,而不是圆的面积.因此,设想 n 无限增大(记为 $n \to \infty$,读作 n 趋于无穷大),即内接正多边形的边数无限增加.在这个过程中,内接正多边形无限接近于圆,同时 A_n 也无限接近某一确定的数值,这个确定的数值就理解为圆的面积,我们称这个确定的数值为数列 $A_1, A_2, A_3, \cdots, A_n, \cdots$ 当 $n \to \infty$ 时的极限.这种在解决实际问题中逐渐形成的极限方法,已成为高等数学中的一种基本方法.

定义 1.4　对于数列 $\{x_n\}$,如果当 n 无限增大时,通项 x_n 无限趋近于某个确定的常数 a,则称常数 a 为数列 $\{x_n\}$ 的极限,或称数列 $\{x_n\}$ 收敛于 a,记为

$$\lim_{n \to \infty} x_n = a \quad 或 \quad x_n \to a (n \to \infty)$$

若数列没有极限,则称数列是发散的.

上述数列极限的定义可以用数学语言描述为:若对任意给定的 $\varepsilon > 0$(无论多么小),总存在正整数 N,当 $n > N$ 时,有

$$|x_n - a| < \varepsilon$$

则称常数 a 为数列 $\{x_n\}$ 的极限.

简记为:$\forall \varepsilon > 0$,$\exists$ 正整数 N,当 $n > N$ 时,有

$$|x_n - a| < \varepsilon$$

则称常数 a 为数列 $\{x_n\}$ 的极限.

例 1.7　证明:$\lim\limits_{n\to\infty}\dfrac{n}{n+1}=1.$

分析　$\forall\varepsilon>0$,要使不等式 $\left|\dfrac{n}{n+1}-1\right|=\dfrac{1}{n+1}<\varepsilon$ 成立,解得 $n>\dfrac{1}{\varepsilon}-1$,取 $N=\left[\dfrac{1}{\varepsilon}-1\right]$(要使 N 为正整数,只要限定 ε 的较小变化范围,如 $0<\varepsilon<\dfrac{1}{2}$),而当 $n>N$ 时,$\left|\dfrac{n}{n+1}-1\right|=\dfrac{1}{n+1}<\varepsilon$ 成立.

证　$\forall\varepsilon>0,\varepsilon<\dfrac{1}{2},\exists N=\left[\dfrac{1}{\varepsilon}-1\right]\in\mathbf{N}^{+},\forall n>N$,有

$$\left|\frac{n}{n+1}-1\right|=\frac{1}{n+1}<\varepsilon$$

即

$$\lim_{n\to\infty}\frac{n}{n+1}=1$$

收敛数列具有如下一些性质(证明略):

性质 1.1(唯一性)　若数列 $\{x_n\}$ 的极限存在,则极限值是唯一的.

性质 1.2　改变数列的有限项,不改变数列的收敛性与极限.

性质 1.3(有界性)　若数列 $\{x_n\}$ 收敛,则 $\{x_n\}$ 为有界数列,即存在某正常数 M,使得对一切正整数 n,都有 $|x_n|\leqslant M$.

我们可以把上述数列极限推广到一般函数的极限概念.

1.2.2　函数的极限

1. 当 $x\to x_0$ 时,函数 $f(x)$ 的极限

考查函数 $f(x)=\dfrac{x^2-1}{x-1}$.该函数在 $x=1$ 时无定义,而对 x 的其他实数值,函数 $f(x)$ 均等于 $x+1$.如图 1.5 所示.

当 $x\to1$ 时,函数 $f(x)=\dfrac{x^2-1}{x-1}$ 的值无限趋近于常数 2,此时我们称当 x 趋近于 1 时,函数 $f(x)=\dfrac{x^2-1}{x-1}$ 的极限为 2.

一般地,有如下定义:

定义 1.5　设函数 $f(x)$ 在 x_0 的某去心 δ 邻域(记为

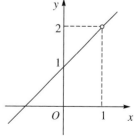

图 1.5

$\mathring{U}(x_0,\delta))$ 内有定义，当 x 趋近于 $x_0(x \neq x_0)$ 时，函数 $f(x)$ 的函数值无限趋近于某个确定的常数 A，则 A 称为函数 $f(x)$ 当 $x \to x_0$ 时的极限，记为

$$\lim_{x \to x_0} f(x) = A \quad \text{或} \quad f(x) \to A(x \to x_0)$$

上述函数极限的定义可以用数学语言描述为：若对任意给定的 $\varepsilon > 0$（不论它多么小），总存在正数 δ，当 $x \in \mathring{U}(x_0,\delta)$ 时，有

$$|f(x) - A| < \varepsilon$$

则称常数 A 为函数 $f(x)$ 当 $x \to x_0$ 时的极限．

简记为：$\forall \varepsilon > 0, \exists \delta > 0$，当 $x \in \mathring{U}(x_0,\delta)$ 时，有

$$|f(x) - A| < \varepsilon$$

注 $f(x)$ 在 $x \to x_0$ 时极限是否存在，与 $f(x)$ 在 x_0 处有无定义以及在点 x_0 处的函数值无关．也就是说，$f(x)$ 在 $x \to x_0$ 处的极限仅反映 $f(x)$ 在 x_0 周围的变化趋势，与 $f(x)$ 在 x_0 处的值无关．

例 1.8 证明：$\lim\limits_{x \to 1}(2x - 1) = 1$．

证 由于

$$|f(x) - A| = |(2x - 1) - 1| = 2|x - 1|$$

为了使 $|f(x) - A| < \varepsilon$，只要

$$|x - 1| < \frac{\varepsilon}{2}$$

所以，$\forall \varepsilon > 0$ 可取 $\delta = \dfrac{\varepsilon}{2}$，则当 x 适合不等式

$$0 < |x - 1| < \delta$$

时，对应的函数值 $f(x)$ 就满足不等式

$$|f(x) - 1| = |(2x - 1) - 1| < \varepsilon$$

从而

$$\lim_{x \to 1}(2x - 1) = 1$$

在定义 1.5 中，$x \to x_0$ 是指 x 以任意方式趋近于 x_0，即 x 既从 x_0 的左侧趋近于 x_0，也从 x_0 的右侧趋近于 x_0．但有时只能或只需考虑 x 仅从 x_0 的左侧趋近于 x_0（记作 $x \to x_0^-$），或 x 仅从 x_0 的右侧趋近于 x_0（记作 $x \to x_0^+$）的情形．当 x 从 x_0 的左侧趋近于 x_0 时，$f(x)$ 以 A 为极限，则称 A 为函数 $f(x)$ 当 $x \to x_0^-$ 时的左极限，记为

$$\lim_{x \to x_0^-} f(x) = A \quad \text{或} \quad f(x) \to A(x \to x_0^-)$$

当 x 从 x_0 的右侧趋近于 x_0 时，$f(x)$ 以 A 为极限，则称 A 为函数 $f(x)$ 当 $x \rightarrow x_0^+$ 时的右极限，记为

$$\lim_{x \rightarrow x_0^+} f(x) = A \quad 或 \quad f(x) \rightarrow A(x \rightarrow x_0^+)$$

函数左、右极限的定义可以用数学语言描述为：若对任意给定的 $\varepsilon > 0$(不论它多么小)，总存在正数 δ，当 $x \in (x_0 - \delta, x_0)$(或 $x \in (x_0, x_0 + \delta)$) 时，有

$$| f(x) - A | < \varepsilon$$

则称常数 A 为函数 $f(x)$ 当 $x \rightarrow x_0^-$(或 $x \rightarrow x_0^+$) 时的极限.

简记为：$\forall \varepsilon > 0, \exists \delta > 0$，当 $x \in (x_0 - \delta, x_0)$(或 $x \in (x_0, x_0 + \delta)$) 时，有

$$| f(x) - A | < \varepsilon$$

由定义 1.5，可得如下结论：

$$\lim_{x \rightarrow x_0} f(x) = A \quad \Leftrightarrow \quad \lim_{x \rightarrow x_0^-} f(x) = \lim_{x \rightarrow x_0^+} f(x) = A$$

即函数在 $x = x_0$ 处极限存在等价于相应函数在 $x = x_0$ 处左、右极限存在且相等.

例 1.9　证明：函数

$$f(x) = \begin{cases} x - 1, & x < 0 \\ 0, & x = 0 \\ x + 1, & x > 0 \end{cases}$$

当 $x \rightarrow 0$ 时 $f(x)$ 的极限不存在.

证　仿例 1.8 可证：当 $x \rightarrow 0$ 时 $f(x)$ 的左极限

$$\lim_{x \rightarrow 0^-} f(x) = \lim_{x \rightarrow 0^-} (x - 1) = -1$$

而右极限

$$\lim_{x \rightarrow 0^+} f(x) = \lim_{x \rightarrow 0^+} (x + 1) = 1$$

因为左极限和右极限存在但不相等，所以 $\lim_{x \rightarrow 0} f(x)$ 不存在.

2. 当 $x \rightarrow \infty$ 时，函数 $f(x)$ 的极限

从研究具体例子入手.观察分析函数 $f(x) = 1 + \dfrac{1}{x}, x \neq 0$ 且 $x \in \mathbf{R}$(实数集)，当 $| x |$ 无限增大时，$f(x)$ 的变化趋势如表 1.3 所示.

表 1.3

x	$\cdots$	-5	-4	-3	-2	-1	$-\dfrac{1}{2}$	$-\dfrac{1}{3}$	$\cdots$
y	$\cdots$	$\dfrac{4}{5}$	$\dfrac{3}{4}$	$\dfrac{2}{3}$	$\dfrac{1}{2}$	0	-1	-2	$\cdots$
x	$\cdots$	$\dfrac{1}{2}$	1	2	3	4	5	6	$\cdots$
y	$\cdots$	3	2	$\dfrac{3}{2}$	$\dfrac{4}{3}$	$\dfrac{5}{4}$	$\dfrac{6}{5}$	$\dfrac{7}{6}$	$\cdots$

由表 1.3 可知,当 $|x|$ 无限增大时, $f(x)$ 无限接近于常数 1,如图 1.6 所示.

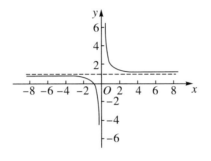

图 1.6

定义 1.6　　如果当 $|x|$ 无限增大时函数 $f(x)$ 无限趋近于 A ,则称当 $x \to \infty$ 时,函数 $f(x)$ 以 A 为极限,记为

$$\lim_{x \to \infty} f(x) = A \quad \text{或} \quad f(x) \to A (x \to \infty)$$

上述函数极限的定义可以用数学语言描述为:若对任意给定的 $\varepsilon > 0$ (不论它多么小),总存在正数 X ,当 $|x| > X$ 时,有

$$|f(x) - A| < \varepsilon$$

则称常数 A 为函数 $f(x)$ 当 $x \to \infty$ 时的极限.

简记为: $\forall \varepsilon > 0, \exists X > 0$,当 $|x| > X$ 时,有

$$|f(x) - A| < \varepsilon$$

由定义 1.6 可知,函数 $f(x) = 1 + \dfrac{1}{x}$ 当 $x \to \infty$ 时的极限为 1,即 $\lim\limits_{x \to \infty} \left(1 + \dfrac{1}{x}\right) = 1$.

由定义 1.6 容易推得如下结论:

$$\lim_{x \to \infty} f(x) = A \iff \lim_{x \to -\infty} f(x) = \lim_{x \to +\infty} f(x) = A$$

如果当 $x \to +\infty$ 时,函数 $f(x)$ 无限趋近于某个确定的常数 A ,则称常数 A 为函数当 $x \to +\infty$ 时的极限,记为

$$\lim_{x \to +\infty} f(x) = A \quad 或 \quad f(x) \to A(x \to +\infty)$$

如果当 $x \to -\infty$ 时,函数 $f(x)$ 无限趋近于某个确定的常数 A,则称常数 A 为函数当 $x \to -\infty$ 时的极限,记为

$$\lim_{x \to -\infty} f(x) = A \quad 或 \quad f(x) \to A(x \to -\infty)$$

上述函数极限的定义可以用数学语言描述为:若对任意给定的 $\varepsilon > 0$(不论它多么小),总存在正数 X,当 $x > X$(或 $x < -X$)时,有

$$|f(x) - A| < \varepsilon$$

则称常数 A 为函数 $f(x)$ 当 $x \to +\infty$(或 $x \to -\infty$)时的极限.

简记为:$\forall \varepsilon > 0, \exists X > 0$,当 $x < -X$(或 $x > X$)时,有

$$|f(x) - A| < \varepsilon$$

在上面描述中,我们引进了自变量的各种变化过程,如 $n \to \infty$,$n \to +\infty$,$n \to -\infty$,$x \to x_0$,$x \to x_0^-$,$x \to x_0^+$,$x \to \infty$,$x \to +\infty$,$x \to -\infty$ 等,下面把这些变化过程统称为自变量的某一变化过程.通常我们用不标明自变量变化过程的极限号"lim"表示变化过程适用于上述各种情形.

例 1.10　证明:$\lim\limits_{x \to \infty} \dfrac{1}{x} = 0$.

证　$\forall \varepsilon > 0$,要证 $\exists X > 0$,当 $|x| > X$ 时,有

$$\left| \frac{1}{x} - 0 \right| < \varepsilon$$

成立.因这个不等式相当于

$$\frac{1}{|x|} < \varepsilon$$

或

$$|x| > \frac{1}{\varepsilon}$$

所以,取 $X = \dfrac{1}{\varepsilon}$,那么当 $|x| > X = \dfrac{1}{\varepsilon}$ 时,不等式 $\left| \dfrac{1}{x} - 0 \right| < \varepsilon$ 成立,即证明了

$$\lim_{x \to \infty} \frac{1}{x} = 0$$

注　这个结果也说明了 $y = 0$ 是 $y = \dfrac{1}{x}$ 的图像的水平渐近线.

函数极限存在,则有如下性质(以 $x \to x_0$ 为例,证明略):

性质 1.4(唯一性)　若极限 $\lim\limits_{x \to x_0} f(x)$ 存在,则它只有一个极限.

性质 1.5(局部有界性)　若极限 $\lim\limits_{x \to x_0} f(x)$ 存在，则存在 x_0 的某去心邻域 $\mathring{U}(x_0, \delta)$，使 $f(x)$ 在 $\mathring{U}(x_0, \delta)$ 内有界.

性质 1.6(局部保号性)　若 $\lim\limits_{x \to x_0} f(x) = A(A > 0$ 或 $A < 0)$，则存在 x_0 的某去心邻域 $\mathring{U}(x_0, \delta)$，使得对一切 $x \in \mathring{U}(x_0, \delta)$，都有 $f(x) > 0$(或 $f(x) < 0$)成立.

习　题　1.2

1. 求下列数列的极限.

(1) $\lim\limits_{n \to \infty} \dfrac{n^3 + 3n^2 + 1}{4n^3 + 2n + 3}$;

(2) $\lim\limits_{n \to \infty} \left[\dfrac{1}{1 \cdot 2} + \dfrac{1}{2 \cdot 3} + \cdots + \dfrac{1}{n(n+1)} \right]$.

2. 设 $f(x) = \begin{cases} x, & 0 < x < 1 \\ \dfrac{1}{2}, & x = 1 \\ 1, & 1 < x < 2 \end{cases}$，求 $f(x)$ 在点 $x = 1$ 处的左、右极限，并判断函数 $f(x)$ 在点 $x = 1$ 处是否有极限.

3. 求 $f(x) = \dfrac{x}{x}, \varphi(x) = \dfrac{|x|}{x}$ 当 $x \to 0$ 时的左、右极限，并说明它们在 $x \to 0$ 时的极限是否存在.

1.3　无穷小量与无穷大量

1.3.1　无穷小量

定义 1.7　若函数 $f(x)$ 在自变量的某一变化过程中以 0 为极限，则称在该变化过程中 $f(x)$ 为**无穷小量**，简称**无穷小**.

当 $x \to 0$ 时，$\sin x$ 的极限为 0，所以当 $x \to 0$ 时，函数 $\sin x$ 为无穷小. 但当 $x \to \dfrac{\pi}{2}$ 时，$\sin x$ 的极限不为 0，所以当 $x \to \dfrac{\pi}{2}$ 时，函数 $\sin x$ 不是无穷小. 这就要求我们说到无穷小时要说明自变量的变化过程.

依上述定义，无穷小不是一个很小的常数，而是一个变量，它以 0 为极限.

注　绝对值很小的常数不是无穷小量，但 0 是无穷小量，因为它的极限为 0.

下面的定理说明无穷小与函数极限的关系.

定理 1.1　在自变量的同一变化过程中,函数 $f(x)$ 具有极限 A 的充要条件是 $f(x) = A + \alpha$,其中 α 是无穷小.

证　(以 $x \to x_0$ 为例)先证必要性.设 $\lim\limits_{x \to x_0} f(x) = A$,则 $\forall \varepsilon > 0, \exists \delta > 0$,当 $x \in \mathring{U}(x_0, \delta)$ 时,有

$$| f(x) - A | < \varepsilon$$

令 $\alpha = f(x) - A$,则 α 是当 $x \to x_0$ 时的无穷小,且 $f(x) = A + \alpha$.

再证充分性.设 $f(x) = A + \alpha$,其中 A 是常数,α 是当 $x \to x_0$ 时的无穷小,则

$$| f(x) - A | < | \alpha |$$

因为 α 是当 $x \to x_0$ 时的无穷小,所以 $\forall \varepsilon > 0, \exists \delta > 0$,当 $x \in \mathring{U}(x_0, \delta)$ 时,有

$$| \alpha | < \varepsilon$$

即

$$| f(x) - A | < \varepsilon$$

这就证明了 A 是 $f(x)$ 当 $x \to x_0$ 时的极限.

我们还可以由定义得到无穷小的如下性质和推论(证明略):

性质 1.7　有限个无穷小的代数和仍是无穷小.

性质 1.8　有限个无穷小的乘积仍是无穷小.

推论 1.1　常数与无穷小的乘积仍是无穷小.

推论 1.2　有界函数与无穷小的乘积仍是无穷小.

例 1.11　求当 $x \to 0$ 时,$f(x) = x \sin \dfrac{1}{x}$ 的极限.

解　由于当 $x \to 0$ 时,$\sin \dfrac{1}{x}$ 是有界函数,x 是无穷小量,这是无穷小量与有界函数的乘积,所以其极限为 0,即

$$\lim_{x \to 0} x \sin \frac{1}{x} = 0$$

1.3.2　无穷大量

定义 1.8　在自变量 x 的某个变化过程中,若函数值的绝对值 $|f(x)|$ 无限增大,则称 $f(x)$ 为此变化过程中的无穷大量,简称无穷大.

注　无穷大是指绝对值无限增大的变量,不能将其与很大常数相混淆.同无穷小一样,我们在说无穷大时也要指明自变量的变化过程.

当 $x \to 0$ 时，$\dfrac{1}{x}$ 的绝对值无限增大，因此在这个变化过程中，$\dfrac{1}{x}$ 是无穷大量. 其实，这也说明直线 $x = 0$ 是 $y = \dfrac{1}{x}$ 的图像的铅直渐近线.

当 $x \to \dfrac{\pi}{2}$ 时，函数 $\tan x$ 是无穷大量；当 $x \to 2$ 时，$\dfrac{1}{x-2}$ 是无穷大. 无穷小与无穷大之间有如下简单的关系，读者可自行证明.

定理1.2　在自变量的同一变化过程中，若 $f(x)$ 为无穷大，则 $\dfrac{1}{f(x)}$ 为无穷小；反之，若 $f(x)$ 为无穷小且 $f(x) \neq 0$，则 $\dfrac{1}{f(x)}$ 为无穷大.

习　题　1.3

1. 两个无穷小量的商是否还是无穷小量？试举例说明.

2. 观察下列函数，哪些是无穷小量？哪些是无穷大量？

(1) $\dfrac{x+5}{x}$，当 $x \to 0$ 时；　　　(2) $\lg x$，当 $x \to 0^+$ 时；

(3) $x^2 \sin \dfrac{1}{x}$，当 $x \to 0$ 时；　　(4) 2^{-x}，当 $x \to +\infty$ 时；

(5) $\dfrac{\cos^2 x}{x+1}$，当 $x \to +\infty$ 时；　(6) e^{x-3}，当 $x \to +\infty$ 时；

(7) $e^{\frac{1}{x}}$，当 $x \to 0^+$ 时；　　　(8) $\dfrac{x^2-3x+1}{x-1}$，当 $x \to 1$ 时.

3. 利用无穷小量的性质及无穷大量与无穷小量的关系求极限.

(1) $\lim\limits_{x \to 0} x \arctan \dfrac{1}{x}$；　　　(2) $\lim\limits_{x \to \infty} \dfrac{1}{x} \cos x$；

(3) $\lim\limits_{x \to \infty} \dfrac{1}{x^2+2x}$；　　　(4) $\lim\limits_{x \to +\infty} \dfrac{\cos x}{\ln x}$.

1.4　极限运算法则

1.4.1　极限的运算法则

定理1.3　若 $\lim f(x) = A$，$\lim g(x) = B$，则：

（ⅰ）$\lim [f(x) \pm g(x)] = A \pm B = \lim f(x) \pm \lim g(x)$；

（ⅱ）$\lim f(x)g(x) = AB = \lim f(x) \cdot \lim g(x)$；

（ⅲ）$\lim \dfrac{f(x)}{g(x)} = \dfrac{A}{B} = \dfrac{\lim f(x)}{\lim g(x)}, B \neq 0$.

证　（ⅰ）因为 $\lim\limits_{x \to x_0} f(x) = A$，故对 $\forall \varepsilon > 0, \exists \delta_1 > 0$，当 $0 < |x - x_0| < \delta_1$ 时，有

$$|f(x) - A| < \frac{\varepsilon}{2}$$

又因 $\lim\limits_{x \to x_0} g(x) = B$，故对此 $\varepsilon, \exists \delta_2 > 0$，当 $0 < |x - x_0| < \delta_2$ 时，有

$$|g(x) - B| < \frac{\varepsilon}{2}$$

取 $\delta = \min\{\delta_1, \delta_2\}$，当 $0 < |x - x_0| < \delta$ 时，有

$$\begin{aligned}
|[f(x) + g(x)] - (A + B)| &= |[f(x) - A] + [g(x) - B]| \\
&\leqslant |f(x) - A| + |g(x) - B| \\
&< \frac{\varepsilon}{2} + \frac{\varepsilon}{2} \\
&= \varepsilon
\end{aligned}$$

所以

$$\lim_{x \to x_0}[f(x) + g(x)] = \lim_{x \to x_0} f(x) + \lim_{x \to x_0} g(x) = A + B$$

注　本定理可推广到有限个函数的情形.

（ⅱ）因为 $\lim f(x) = A, \lim g(x) = B$，由定理 1.1，可知 $f(x) = A + \alpha$，$g(x) = B + \beta, \alpha, \beta$ 均为无穷小，则

$$f(x)g(x) = (A + \alpha)(B + \beta) = AB + (A\beta + B\alpha + \alpha\beta)$$

记 $\gamma = A\beta + B\alpha + \alpha\beta$，则 γ 为无穷小，所以

$$\lim f(x)g(x) = AB = \lim f(x) \cdot \lim g(x)$$

特别地，在（ⅱ）中若 $g(x) = c$，则有：

推论 1.3　$\lim[cf(x)] = c\lim f(x), c$ 为常数.

推论 1.4　$\lim[f(x)]^n = [\lim f(x)]^n, n$ 为正整数.

定理 1.4　如果 $\varphi(x) \geqslant \psi(x)$，且 $\lim \varphi(x) = a, \lim \psi(x) = b$，则 $a \geqslant b$.

例 1.12　求 $\lim\limits_{x \to 2}(3x^2 + 8x - 5)$.

解　$\lim\limits_{x \to 2}(3x^2 + 8x - 5) = \lim\limits_{x \to 2} 3x^2 + \lim\limits_{x \to 2} 8x - \lim\limits_{x \to 2} 5 = 23$.

例 1.13　求 $\lim\limits_{x \to x_0}(ax + b)$.

解 $\lim\limits_{x\to x_0}(ax+b) = \lim\limits_{x\to x_0}ax + \lim\limits_{x\to x_0}b = a\lim\limits_{x\to x_0}x + b = ax_0 + b.$

例 1.14 求 $\lim\limits_{x\to x_0}x^n$.

解 $\lim\limits_{x\to x_0}x^n = (\lim\limits_{x\to x_0}x)^n = x_0^n.$

推论 1.5 设 $f(x) = a_0x^n + a_1x^{n-1} + \cdots + a_{n-1}x + a_n$ 为一多项式,则
$$\lim_{x\to x_0}f(x) = a_0x_0^n + a_1x_0^{n-1} + \cdots + a_{n-1}x_0 + a_n = f(x_0)$$

推论 1.6 设 $P(x),Q(x)$ 均为多项式,且 $Q(x_0)\neq 0$,则 $\lim\limits_{x\to x_0}\dfrac{P(x)}{Q(x)}$
$= \dfrac{P(x_0)}{Q(x_0)}.$

例 1.15 求 $\lim\limits_{x\to 0}\dfrac{x^3+7x-9}{x^5-x+3}$.

解 $\lim\limits_{x\to 0}\dfrac{x^3+7x-9}{x^5-x+3} = \dfrac{0^3+7\times 0-9}{0^5-0+3} = -3$(因为 $0^5-0+3\neq 0$).

例 1.16 求 $\lim\limits_{x\to 2}\dfrac{x^2-3x+3}{x-2}$.

解 先求分母的极限.由于 $\lim\limits_{x\to 2}(x-2)=0$,即分母的极限为0,不能直接使用商的极限运算法则.在分母为0的情况下,求极限的方法将取决于分子极限的状况.容易求得本题分子的极限为1.这时为便于理解,先考虑原来函数倒数的极限,即
$$\lim_{x\to 2}\frac{x-2}{x^2-3x+3} = \frac{\lim\limits_{x\to 2}(x-2)}{\lim\limits_{x\to 2}(x^2-3x+3)} = \frac{0}{1-3+3} = 0$$
即 $\dfrac{x-2}{x^2-3x+3}$ 当 $x\to 2$ 时为无穷小.由无穷小与无穷大的倒数关系得到
$$\lim_{x\to 2}\frac{x^2-3x+3}{x-2} = \infty$$

例 1.17 求 $\lim\limits_{x\to 2}\dfrac{x^2-3x+2}{x-2}$.

解 本题当 $x\to 2$ 时,分母的极限为0,显然不能使用商的极限运算法则.但仔细观察分子,可以分解因式为 $(x-2)(x-1)$,这时分子、分母的共同因子 $x-2$ 消去了,原式变为 $\lim\limits_{x\to 2}(x-1)=2-1=1.$

例 1.18 求 $\lim\limits_{x\to\infty}\dfrac{x^3-1}{x^2-5x+3}$.

解　因为 $\lim\limits_{x\to\infty}\dfrac{x^2-5x+3}{x^3-1}=\lim\limits_{x\to\infty}\dfrac{\dfrac{1}{x}-\dfrac{5}{x^2}+\dfrac{3}{x^3}}{1-\dfrac{1}{x^3}}=0$，所以 $\lim\limits_{x\to\infty}\dfrac{x^3-1}{x^2-5x+3}$

$=\infty$.

例 1.19　求 $\lim\limits_{x\to\infty}\dfrac{2-x}{1+x+x^2}$.

解　当 $x\to\infty$ 时,分子和分母都是无穷大,不能直接利用商的极限运算法则.此时可将分子、分母同除以 x^2,得到

$$\lim_{x\to\infty}\frac{2-x}{1+x+x^2}=\lim_{x\to\infty}\frac{\dfrac{2}{x^2}-\dfrac{1}{x}}{\dfrac{1}{x^2}+\dfrac{1}{x}+1}=0$$

例 1.20　求 $\lim\limits_{x\to\infty}\dfrac{5x^3+x^2-1}{2x^3+1}$.

解　同例 1.19 的理由,不能利用商的极限运算法则.此时可将分子、分母同除以 x 的最高次幂 x^3,得到

$$\lim_{x\to\infty}\frac{5x^3+x^2-1}{2x^3+1}=\lim_{x\to\infty}\frac{5+\dfrac{1}{x}-\dfrac{1}{x^3}}{2+\dfrac{1}{x^3}}=\frac{5}{2}$$

一般地,对于有理函数(即两个多项式函数的商)的极限,有如下结论:

$$\lim_{x\to\infty}\frac{a_0x^n+a_1x^{n-1}+\cdots+a_{n-1}x+a_n}{b_0x^m+b_1x^{m-1}+\cdots+b_{m-1}x+b_m}=\begin{cases}\infty, & m<n \\[2mm] \dfrac{a_0}{b_0}, & m=n \\[2mm] 0, & m>n\end{cases}$$

1.4.2　复合函数的极限运算法则

定理 1.5(复合函数的极限运算法则)　设函数 $u=\varphi(x)$,当 $x\to x_0$ 时的极限存在且等于 a,即 $\lim\limits_{x\to x_0}\varphi(x)=a$,但在 x_0 的某一去心邻域内 $\varphi(x)\neq a$,又 $\lim\limits_{u\to a}f(u)=A$,则复合函数 $f[\varphi(x)]$ 当 $x\to x_0$ 时的极限也存在,且 $\lim\limits_{x\to x_0}f[\varphi(x)]=\lim\limits_{u\to a}f(u)=A$.

证　由于 $\lim\limits_{u\to a}f(u)=A$,故 $\forall\varepsilon>0,\exists\eta>0$,当 $0<|u-a|<\eta$ 时,有 $|f(u)-A|<\varepsilon$ 成立.又由于 $\lim\limits_{x\to x_0}\varphi(x)=a$,对于上面得到的正数 η,存在着

$\delta_1 > 0$, 当 $0 < | \; x - x_0 \; | < \delta_1$ 时, 有 $| \; \varphi(x) - a \; | < \delta$ 成立. 设在 x_0 的去心邻域 $\overset{\circ}{U}(x_0, \delta_2)$ 内 $\varphi(x) \neq a$, 取 $\delta = \min \{\delta_1, \delta_2\}$, 则当 $0 < | \; x - x_0 \; | < \delta_1$ 时, $| \; \varphi(x) - a \; | < \delta$ 及 $| \; \varphi(x) - a \; | \neq 0$ 同时成立, 即 $0 < | \; \varphi(x) - a \; | < \delta$ 成立, 从而

$$| \; f[\varphi(x)] - A \; | = | \; f(u) - A \; | < \varepsilon$$

成立.

习　题　1.4

1. 计算下列各极限.

(1) $\lim\limits_{n \to \infty} \dfrac{6n^2 - n + 1}{n^3 + n + 2}$;

(2) $\lim\limits_{n \to \infty} \dfrac{4n^2 + 2}{3n^3 + 1}$;

(3) $\lim\limits_{n \to \infty} \left(\dfrac{3n - 1}{3n + 7} \right)^4$;

(4) $\lim\limits_{n \to \infty} (\sqrt{n + 1} - \sqrt{n})$;

(5) $\lim\limits_{x \to -2} (3x^2 - 5x + 2)$;

(6) $\lim\limits_{x \to \infty} \dfrac{x^2 - 2}{4x^2 + x + 6}$;

(7) $\lim\limits_{x \to 0} \dfrac{x^2 - 1}{2x^2 - x - 1}$;

(8) $\lim\limits_{x \to 4} \dfrac{\sqrt{x} - 2}{x - 4}$;

(9) $\lim\limits_{x \to \infty} \dfrac{x^3 + x - 1}{x^4 + x^2 + 2x - 1}$;

(10) $\lim\limits_{x \to \infty} \dfrac{x^5 + x + 1}{x^3 - x - 1}$.

2. 计算下列各极限.

(1) $\lim\limits_{x \to 0} x^3 \sin \dfrac{1}{x}$;

(2) $\lim\limits_{x \to \infty} \dfrac{\arctan 2x}{x}$.

1.5　极限存在准则 —— 两个重要极限

本节介绍判定极限存在的两个准则, 并由此推导两个重要极限.

1.5.1　夹逼性准则

准则 I　　如果数列 $\{x_n\}, \{y_n\}$ 及 $\{z_n\}$ 满足下列条件:

(ⅰ) 从某项起, $\exists n_0 \in \mathbf{N}$, 当 $n > n_0$ 时, 有

$$y_n \leqslant x_n \leqslant z_n$$

(ⅱ) $\lim\limits_{n \to \infty} y_n = a, \lim\limits_{n \to \infty} z_n = a$,

那么数列 $\{x_n\}$ 的极限存在,且 $\lim\limits_{n\to\infty} x_n = a$.

证　因为 $\lim\limits_{n\to\infty} y_n = a,\lim\limits_{n\to\infty} z_n = a$,所以根据数列极限的定义,$\forall \varepsilon > 0,\exists$ 正整数 N_1,当 $n > N_1$ 时,有 $|y_n - a| < \varepsilon$;$\exists$ 正整数 N_2,当 $n > N_2$ 时,有 $|z_n - a| < \varepsilon$. 令 $N = \max\{n_0,N_1,N_2\}$,则当 $n > N$ 时,x_n 介于 y_n 与 z_n 之间,从而有

$$a - \varepsilon < y_n \leqslant x_n \leqslant z_n < a + \varepsilon$$

即 $|x_n - a| < \varepsilon$ 成立,所以 $\lim\limits_{n\to\infty} x_n = a$.

准则 Ⅰ 还可推广到函数极限的情况.

准则 Ⅰ′　如果函数 $f(x)$ 与 $g(x)$ 满足:

(ⅰ) 当 $x \in \overset{\circ}{U}(x_0,r)$ 时,有 $g(x) \leqslant f(x) \leqslant h(x)$;

(ⅱ) $\lim\limits_{x} g(x) = \lim\limits_{x} h(x) = A$,

则 $\lim\limits_{x} f(x)$ 存在,且等于 A.

例 1.21　利用夹逼性准则证明第一个重要极限:

$$\lim_{x\to 0}\frac{\sin x}{x} = 1$$

证　这属于 $\dfrac{0}{0}$ 不定型. 因为 $\dfrac{\sin(-x)}{-x} = \dfrac{\sin x}{x}$,所以只讨论 x 由正值趋于 0 的情形即可.

如图 1.7 所示,在单位圆中,设圆心角 $\angle AOB = x,0 < x < \dfrac{\pi}{2}$. $S_{\triangle AOB} < S_{\text{扇形} AOB} < S_{\triangle AOD}$,所以

$$\frac{1}{2}\times 1\times \sin x < \frac{1}{2}\times 1^2\times x < \frac{1}{2}\times 1\times \tan x$$

得

$$\cos x < \frac{\sin x}{x} < 1$$

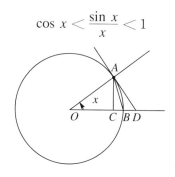

图 1.7

又因为

$$\lim_{x\to 0^+}\cos x = 1, \quad \lim_{x\to 0^+} 1 = 1$$

由函数极限的夹逼性准则可知

$$\lim_{x\to 0^+}\frac{\sin x}{x} = 1$$

根据$\frac{\sin x}{x}$的对称性,得

$$\lim_{x\to 0}\frac{\sin x}{x} = 1$$

例 1.22　求$\lim\limits_{x\to 0}\dfrac{\tan x}{x}$.

解　$\lim\limits_{x\to 0}\dfrac{\tan x}{x} = \lim\limits_{x\to 0}\dfrac{\sin x}{x}\cdot\lim\limits_{x\to 0}\dfrac{1}{\cos x} = 1.$

例 1.23　求$\lim\limits_{x\to 0}\dfrac{1-\cos x}{x^2}$.

解　$\lim\limits_{x\to 0}\dfrac{1-\cos x}{x^2} = \lim\limits_{x\to 0}\dfrac{2\sin^2\frac{x}{2}}{x^2} = \dfrac{1}{2}\lim\limits_{x\to 0}\dfrac{\sin^2\frac{x}{2}}{\left(\frac{x}{2}\right)^2} = \dfrac{1}{2}\left(\lim\limits_{x\to 0}\dfrac{\sin\frac{x}{2}}{\frac{x}{2}}\right)^2 = \dfrac{1}{2}.$

例 1.24　求$\lim\limits_{x\to 0}\dfrac{\arcsin x}{x}$.

解　令$u = \arcsin x$,当$x\to 0$时,有$u\to 0$,于是

$$\lim_{x\to 0}\frac{\arcsin x}{x} = \lim_{u\to 0}\frac{u}{\sin u} = 1$$

例 1.25　已知圆内接正n边形面积为$A_n = nR^2\sin\frac{\pi}{n}\cos\frac{\pi}{n}$,证明:$\lim\limits_{n\to\infty}A_n = \pi R^2$.

证　$\lim\limits_{n\to\infty}A_n = \lim\limits_{n\to\infty}\pi R^2\dfrac{\sin\frac{\pi}{n}}{\frac{\pi}{n}}\cos\frac{\pi}{n} = \pi R^2\lim\limits_{n\to\infty}\dfrac{\sin\frac{\pi}{n}}{\frac{\pi}{n}}\cdot\lim\limits_{n\to\infty}\cos\frac{\pi}{n} = \pi R^2.$

这个例子说明,当圆内接正n边形的边数n趋向于无穷大时,正n边形的面积接近于圆的面积.

1.5.2　单调有界收敛准则

准则Ⅱ　单调有界数列必有极限.

如果数列 $\{x_n\}$ 满足条件

$$x_1 \leqslant x_2 \leqslant x_3 \leqslant \cdots \leqslant x_n \leqslant x_{n+1} \leqslant \cdots$$

就称数列是单调增加的；如果数列 $\{x_n\}$ 满足条件

$$x_1 \geqslant x_2 \geqslant x_3 \geqslant \cdots \geqslant x_n \geqslant x_{n+1} \geqslant \cdots$$

就称数列是单调减少的．单调增加和单调减少的数列统称为单调数列．

这一准则在几何上是非常显然的．例如，设数列 $\{x_n\}$ 单调增加且有上界 A．在数轴上将数列的各项画出来，如图 1.8 所示，它们严格地依次从左向右延伸，且前方有点 A 挡住，因此，这些点必在某点处产生"凝聚"，即数列 $\{x_n\}$ 收敛．

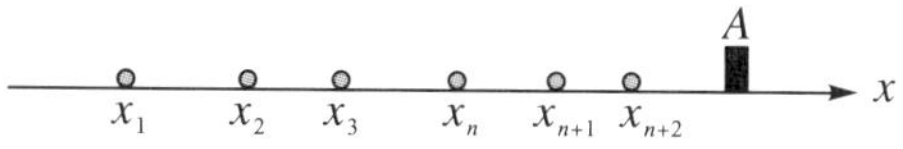

图 1.8

应用准则 Ⅱ 可以证明：数列极限 $\lim\limits_{n\to\infty}\left(1+\dfrac{1}{n}\right)^n = \mathrm{e}$，这里

$$\mathrm{e} = 2.718\,281\,828\,459\cdots$$

是个无理数．

同样可以证明，当 x 取实数而趋于 $+\infty$，$-\infty$ 时，函数 $\left(1+\dfrac{1}{x}\right)^x$ 的极限都存在且都等于 e，即

$$\lim_{x\to+\infty}\left(1+\frac{1}{x}\right)^x = \mathrm{e} \quad 和 \quad \lim_{x\to-\infty}\left(1+\frac{1}{x}\right)^x = \mathrm{e}$$

因此得到第二个重要极限：

$$\lim_{x\to\infty}\left(1+\frac{1}{x}\right)^x = \mathrm{e}$$

这属于 1^∞ 不定型．这个极限在工程、生物以及商业领域被广泛应用．利用复合函数的极限运算法则，作代换 $x = \dfrac{1}{y}$，则第二个重要极限也可写成另一形式：

$$\lim_{y\to0}(1+y)^{\frac{1}{y}} = \lim_{x\to\infty}\left(1+\frac{1}{x}\right)^x = \mathrm{e}$$

例 1.26　求 $\lim\limits_{x\to\infty}\left(1-\dfrac{1}{x}\right)^x$．

解　令 $x = -t$，则当 $x\to\infty$ 时，有 $t\to\infty$，于是

$$\lim_{x\to\infty}\left(1-\frac{1}{x}\right)^x = \lim_{t\to\infty}\left(1+\frac{1}{t}\right)^{-t} = \lim_{t\to\infty}\frac{1}{\left(1+\dfrac{1}{t}\right)^t} = \frac{1}{\mathrm{e}}$$

相应于单调有界数列必有极限的准则,函数极限也有类似的准则.对于自变量的不同变化过程,准则有不同的形式.以 $x \to x_0^+$ 为例,相应的准则叙述如下:

设函数 $f(x)$ 在点 x_0 的某个右邻域内单调且有界,则 $f(x)$ 在 x_0 的右极限 $f(x_0^+)$ 必存在.

例 1.27 求 $\lim\limits_{x \to \infty}\left(\dfrac{1+x}{x}\right)^{2x+1}$.

解 $\lim\limits_{x \to \infty}\left(\dfrac{1+x}{x}\right)^{2x+1} = \lim\limits_{x \to \infty}\left[\left(1+\dfrac{1}{x}\right)^x\right]^2 \cdot \lim\limits_{x \to \infty}\left(1+\dfrac{1}{x}\right) = \mathrm{e}^2 \cdot 1 = \mathrm{e}^2$.

1.5.3　关于复利的注释

如果你有些钱,可以将它投资来赚取利息.支付利息有很多不同的方式,例如一年一次或一年多次.如果支付利息的方式比一年一次频繁得多且利息不被取出,则对投资者是有利的,因为可用利息赚取利息,这种效果称为是复式的.一个声称每年支付一次、复利为 8% 的银行账户与一个提供每年支付四次、复利为 8% 的银行账户之间有何差异?两种情况中 8% 都是年利率.复利 8% 的意思为每年末都要加上当前余额的 8%,这相当于当前余额乘上 1.08,因此如果存入 100 元,则以元计的余额 B 为

$$\text{一年后} \qquad B = 100(1.08)$$
$$\text{两年后} \qquad B = 100(1.08)^2$$
$$t \text{ 年后} \qquad B = 100(1.08)^t$$

而一年支付四次、复利 8% 的意思为每年要加四次(每三个月一次)利息,每次要加上当前余额的 8%/4 即 2%,因此,如果存入 100 元,则在年末已计入四次复利,该账户将拥有 $100(1.02)^4$ 元,所以余额 B 为

$$\text{一年后} \qquad B = 100(1.02)^4$$
$$\text{两年后} \qquad B = 100(1.02)^8$$
$$t \text{ 年后} \qquad B = 100(1.02)^{4t}$$

在上述两个复利方式下计算的总余额分别为

$$\text{一年一次复利} \qquad B = 100(1.08) = 108.00$$
$$\text{一年四次复利} \qquad B = 100(1.02)^4 = 108.24$$

随着年份的延续,由于利息赚利息,每年四次复利可赚更多的钱.那么,我们会想,如果计算复利的频率再加快,会发生什么情况呢?每天计一次会如何?每小时计一次会如何?每分钟计一次会如何?年收益会无限增加吗?事实不是这样.年有效收

益并不是无限地增加,而是趋于一个有限的值.例如一笔年利为 8%,每年支付 n 次复利的投资,其年有效收益记为 B,则

$$B = \left(1 + \frac{0.08}{n}\right)^n$$

随着 n 的无限增加,B 趋于 $\mathrm{e}^{0.08}$,而不会无限增加.

习　题　1.5

1. 计算下列极限.

(1) $\lim\limits_{x \to 0} \dfrac{\sin \omega x}{x}$;　　　　　(2) $\lim\limits_{x \to 0} \dfrac{\sin 2x}{\sin 3x}$;

(3) $\lim\limits_{x \to 0} \dfrac{\cot x}{x}$;　　　　　(4) $\lim\limits_{x \to 0} x \cdot \cot 3x$;

(5) $\lim\limits_{x \to \infty} \dfrac{\sin x}{2x}$.

2. 计算下列极限.

(1) $\lim\limits_{x \to 0} (1 - x)^{\frac{1}{x}}$;　　　　　(2) $\lim\limits_{x \to \infty} \left(\dfrac{1 + x}{x}\right)^{2x}$;

(3) $\lim\limits_{x \to \infty} \left(1 - \dfrac{1}{x}\right)^{kx}$,$k$ 为正整数.

3. 计算下列极限.

(1) $\lim\limits_{x \to 0} \dfrac{1 - \cos 2x}{x \sin x}$;　　　　　(2) $\lim\limits_{x \to \frac{\pi}{4}} (\tan x)^{\tan 2x}$;

(3) $\lim\limits_{x \to \infty} \left(\dfrac{x + a}{x - a}\right)^x$.

4. 利用极限存在准则证明:数列

$$\sqrt{2}, \quad \sqrt{2 + \sqrt{2}}, \quad \sqrt{2 + \sqrt{2 + \sqrt{2}}}, \quad \cdots$$

的极限存在,并求出该极限.

1.6　无穷小的比较

利用 1.4 节中的极限运算法则我们可以讨论出两个无穷小的和、差、积仍为无穷小的情况,但是对于其商会出现不同的情况,例如

$$\lim_{x\to 0}\frac{a_0 x^n}{b_0 x^m} = \lim_{x\to 0} x^{n-m} \cdot \frac{a_0}{b_0} = \begin{cases} \dfrac{a_0}{b_0}, & m = n \\ 0, & m < n \\ \infty, & m > n \end{cases} \quad (a_0, b_0 \text{ 为常数}; m, n \text{ 为自然数})$$

可见当 m, n 取不同值时，$a_0 x^n$ 与 $b_0 x^m$ 趋于 0 的速度不一样，导致商的极限结果不同. 下面，我们就无穷小之比的极限存在或为无穷大的情形，来说明两个无穷小之间的比较.

定义 1.9　设 α 与 β 为 x 在同一变化过程中的两个无穷小，且 $\alpha \neq 0$，$\lim \dfrac{\beta}{\alpha}$ 也是在这个变化过程中的极限.

若 $\lim \dfrac{\beta}{\alpha} = 0$，就说 β 是比 α 高阶的无穷小，记为 $\beta = o(\alpha)$；

若 $\lim \dfrac{\beta}{\alpha} = \infty$，就说 β 是比 α 低阶的无穷小；

若 $\lim \dfrac{\beta}{\alpha} = C \neq 0$，就说 β 与 α 是同阶的无穷小；

若 $\lim \dfrac{\beta}{\alpha} = 1$，就说 β 与 α 是等价无穷小，记为 $\alpha \sim \beta$.

例如，当 $x \to 0$ 时，x^2 是 x 的高阶无穷小，即 $x^2 = o(x)$；反之，x 是 x^2 的低阶无穷小；x^2 与 $1 - \cos x$ 是同阶无穷小；x 与 $\sin x$ 是等价无穷小，即 $x \sim \sin x$ $(x \to 0)$.

无穷小的等价关系具有下列性质：

（ⅰ）自反性：$\alpha \sim \alpha$；

（ⅱ）对称性：若 $\alpha \sim \beta$，则 $\beta \sim \alpha$；

（ⅲ）传递性：若 $\alpha \sim \beta$，$\beta \sim \gamma$，则 $\alpha \sim \gamma$.

关于等价无穷小有下面两个定理.

定理 1.6　α 与 β 是等价无穷小的充要条件为 $\beta = \alpha + o(\alpha)$.

证　先证必要性. 设 $\alpha \sim \beta$，则

$$\lim \frac{\beta - \alpha}{\alpha} = \lim \left(\frac{\beta}{\alpha} - 1\right) = \lim \frac{\beta}{\alpha} - 1 = 0$$

因此 $\beta - \alpha = o(\alpha)$，即 $\beta = \alpha + o(\alpha)$.

再证充分性. 设 $\beta = \alpha + o(\alpha)$，则

$$\lim \frac{\beta}{\alpha} = \lim \frac{\alpha + o(\alpha)}{\alpha} = \lim \left(1 + \frac{o(\alpha)}{\alpha}\right) = 1$$

因此 $\alpha \sim \beta$.

定理 1.7　设 $\alpha, \overline{\alpha}, \beta, \overline{\beta}$ 是无穷小量,且 $\alpha \sim \overline{\alpha}, \beta \sim \overline{\beta}$,如果 $\lim \dfrac{\overline{\beta}}{\overline{\alpha}} = a$,则 $\lim \dfrac{\beta}{\alpha} = a$.

证　$\lim \dfrac{\beta}{\alpha} = \lim \dfrac{\beta}{\overline{\beta}} \cdot \dfrac{\overline{\beta}}{\overline{\alpha}} \cdot \dfrac{\overline{\alpha}}{\alpha} = 1 \cdot \lim \dfrac{\overline{\beta}}{\overline{\alpha}} \cdot 1 = \lim \dfrac{\overline{\beta}}{\overline{\alpha}} = a$.

定理 1.7 表明,求无穷小之比的极限时,分子及分母都可用等价无穷小来代替.因此,如果用来代替的无穷小选得适当的话,可以使计算简化.

常用到的当 $x \to 0$ 时的等价无穷小有:

$$\sin x \sim x, \quad \tan x \sim x, \quad \arcsin x \sim x$$
$$\arctan x \sim x, \quad 1 - \cos x \sim \frac{1}{2}x^2$$

例 1.28　求 $\lim\limits_{x \to 0} \dfrac{1 - \cos x}{\sin^2 x}$.

解　因为当 $x \to 0$ 时,$\sin x \sim x$,所以

$$\lim_{x \to 0} \frac{1 - \cos x}{\sin^2 x} = \lim_{x \to 0} \frac{1 - \cos x}{x^2} = \frac{1}{2}$$

例 1.29　求 $\lim\limits_{x \to 0} \dfrac{\arcsin 2x}{x^2 + 2x}$.

解　因为当 $x \to 0$ 时,$\arcsin 2x \sim 2x$,所以

$$\lim_{x \to 0} \frac{\arcsin 2x}{x^2 + 2x} = \lim_{x \to 0} \frac{2x}{x^2 + 2x} = \lim_{x \to 0} \frac{2}{x + 2} = \frac{2}{2} = 1$$

例 1.30　求 $\lim\limits_{x \to 0} \dfrac{\ln(1 + x)}{x}$.

解　利用定理 1.5 可知

$$\lim_{x \to 0} \frac{\ln(1 + x)}{x} = \lim_{x \to 0} \ln(1 + x)^{\frac{1}{x}} = \ln \lim_{x \to 0}(1 + x)^{\frac{1}{x}} = \ln e = 1$$

例 1.31　利用等价无穷小求 $\ln 1.02$ 的近似值.

解　由例 1.30 知,当 $x \to 0$ 时,$\ln(1 + x)$ 与 x 的值近似相等,x 逼近 0 的程度越近,两者的值越接近.所以

$$\ln 1.02 \approx 0.02$$

习　题　1.6

1. 当 $x \to 0$ 时,$x^2 - x^3$ 与 $3x - x^2$ 相比,哪个是高阶无穷小?

2. 当 $x \to 1$ 时,无穷小 $1 - x$ 和

(1) $1 - x^3$; $\qquad\qquad$ (2) $\dfrac{1}{2}(1 - x^2)$

是否同阶?是否等价?

3. 证明:当 $x \to 0$ 时,有

(1) $\arctan x \sim x$; $\qquad\qquad$ (2) $\sec x - 1 \sim \dfrac{x^2}{2}$.

4. 利用等价无穷小的性质,求下列极限.

(1) $\lim\limits_{x \to 0} \dfrac{\tan x - \sin x}{\sin^3 x}$; $\qquad$ (2) $\lim\limits_{x \to 0} \dfrac{\sin x - \tan x}{(\sqrt[3]{1 + x^2} - 1)(\sqrt{1 + \sin x} - 1)}$.

1.7　　函数的连续性与间断点

1.7.1　函数的连续性

自然界中有许多现象,如气温的变化、河水的流动、植物的生长等都是连续地变化着的.这种现象在函数关系上的反映就是函数的连续性.例如就气温的变化来看,当时间变动很微小时,气温的变化也很微小.这种特点就是函数的连续性.所谓"连续函数",从几何上表现为它的图像是坐标平面上一条连绵不断的曲线.而所谓"不连续函数",从几何上表现为它的图像在某些点处"断开"了.当然,我们不能满足于这种直观的认识.下面我们引入增量的概念,然后来描述连续性,并引出函数的连续性的定义.

设变量 u 从它的一个初值 u_1 变到终值 u_2,终值 u_2 与初值 u_1 的差 $u_2 - u_1$ 就叫作变量 u 的增量,记作 Δu,即 $\Delta u = u_2 - u_1$.

显然增量 Δu 可正可负.应该注意到记号 Δu 并不表示某个量 Δ 与变量 u 的乘积,而是一个整体不可分割的记号.

现在假定函数 $y = f(x)$ 在点 x_0 的某个邻域内是有定义的.当自变量 x 在这邻域内从 x_0 变到 $x_0 + \Delta x$ 时,函数 y 相应地从 $f(x_0)$ 变到 $f(x_0 + \Delta x)$,因此函数 y 的对应增量为

$$\Delta y = f(x_0 + \Delta x) - f(x_0)$$

上述表明:若 $f(x)$ 在点 x_0 处连续,则当自变量变化很小时,函数 $f(x)$ 的变化

也很小,其图像是连续变化的,如图 1.9 所示.

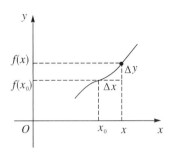

图 1.9

函数连续性的概念可以这样描述:如果当 Δx
趋于 0 时,函数 y 的对应增量 Δy 也趋于 0,即

$$\lim_{\Delta x \to 0} \Delta y = 0$$

或

$$\lim_{\Delta x \to 0} \left[f(x_0 + \Delta x) - f(x_0) \right] = 0$$

那么就称函数 $y = f(x)$ 在点 x_0 处是连续的,即有
下述定义.

定义 1.10　设函数 $y = f(x)$ 在点 x_0 的某一邻域内有定义,如果

$$\lim_{\Delta x \to 0} \Delta y = \lim_{\Delta x \to 0} \left[f(x_0 + \Delta x) - f(x_0) \right] = 0$$

那么就称函数 $y = f(x)$ 在点 x_0 处连续.

此定义也可叙述为:

设函数 $y = f(x)$ 在点 x_0 的某一邻域内有定义,如果

$$\lim_{x \to x_0} f(x) = f(x_0)$$

那么就称函数 $y = f(x)$ 在点 x_0 处连续.

下面说明左连续及右连续的概念.

如果 $\lim\limits_{x \to x_0^-} f(x) = f(x_0^-)$ 存在且等于 $f(x_0)$,即

$$f(x_0^-) = f(x_0)$$

那么就称函数 $y = f(x)$ 在点 x_0 处**左连续**.

如果 $\lim\limits_{x \to x_0^+} f(x) = f(x_0^+)$ 存在且等于 $f(x_0)$,即

$$f(x_0^+) = f(x_0)$$

那么就称函数 $y = f(x)$ 在点 x_0 处**右连续**.

显然,函数 f 在点 x_0 处连续 $\Leftrightarrow f$ 在点 x_0 处既右连续,又左连续.

在区间上每一点都连续的函数,叫作在该区间上的连续函数,或者说函数在该
区间上连续.如果区间包括端点,那么函数在右端点连续是指左连续,在左端点连
续是指右连续.连续函数的图像是一条连绵不断的曲线.

例 1.32　证明:函数 $y = \sin x$ 在 $(-\infty, +\infty)$ 内是连续的.

证　设 x 为 $(-\infty, +\infty)$ 内任意取定的一点,当 x 有增量 Δx 时,相应的函数
增量为

$$\Delta y = \sin(x + \Delta x) - \sin x = 2\sin\frac{\Delta x}{2}\cos\left(x + \frac{\Delta x}{2}\right)$$

因为 $\left|\cos\left(x + \dfrac{\Delta x}{2}\right)\right| \leqslant 1$，故

$$|\Delta y| \leqslant 2\left|\sin\frac{\Delta x}{2}\right|$$

又对任意的角度 α，当 $\alpha \neq 0$ 时都有 $|\sin\alpha| < |\alpha|$，所以 $0 \leqslant |\Delta y| < |\Delta x|$. 当 $\Delta x \to 0$ 时运用夹逼性准则，得 $\Delta y \to 0$. 又由 x 的任意性，函数 $y = \sin x$ 在 $(-\infty, +\infty)$ 内是连续的.

例 1.33　讨论函数 $f(x) = \begin{cases} x\sin\dfrac{1}{x}, & x \neq 0 \\ 0, & x = 0 \end{cases}$　在点 $x = 0$ 处的连续性.

解　因为 $\lim\limits_{x \to 0} x\sin\dfrac{1}{x} = 0 = f(0)$，所以函数在点 $x = 0$ 处是连续的.

1.7.2　函数的间断点

设函数 $f(x)$ 在点 x_0 的某去心邻域内有定义，如果函数满足下列三种情形之一：

（ⅰ）在 $x = x_0$ 没有定义；

（ⅱ）虽在 $x = x_0$ 有定义，但 $\lim\limits_{x \to x_0} f(x)$ 不存在；

（ⅲ）虽在 $x = x_0$ 有定义，且 $\lim\limits_{x \to x_0} f(x)$ 存在，但 $\lim\limits_{x \to x_0} f(x) \neq f(x_0)$，

则函数 $f(x)$ 在点 x_0 处不连续，而点 x_0 称为函数 $f(x)$ 的**不连续点**或**间断点**.

通常把间断点分成两类. 如果 x_0 为函数 $f(x)$ 的间断点，但左极限 $f(x_0^-)$ 及右极限 $f(x_0^+)$ 都存在，那么称为函数的**第一类间断点**. 不是第一类间断点的任何间断点，称为**第二类间断点**. 在第一类间断点中，左、右极限相等者称为**可去间断点**，不相等者称为**跳跃间断点**.

例 1.34　讨论函数 $f(x) = \begin{cases} 2\sqrt{x}, & 0 \leqslant x < 1 \\ 1, & x = 1 \\ 1 + x, & x > 1 \end{cases}$　在点 $x = 1$ 处的连续性.

解　因为 $f(1) = 1, f(1^-) = 2, f(1^+) = 2$，所以 $\lim\limits_{x \to 1} f(x) = 2 \neq f(1)$，因此 $x = 1$ 为函数的可去间断点.

注　对于可去间断点，只要改变或者补充间断处函数的定义，则可使其变为

连续点.

例 1.35　讨论函数 $f(x) = \begin{cases} \dfrac{1}{x}, & x > 0 \\ x, & x \leqslant 0 \end{cases}$ 在点 $x = 0$ 处的连续性.

解　因为 $f(0^+) = +\infty$，$f(0^-) = 0$，所以 $x = 0$ 为函数的第二类间断点. 此时我们称它为无穷间断点.

例 1.36　函数 $y = \sin\dfrac{1}{x}$ 在点 $x = 0$ 处没定义，当 $x \to 0$ 时函数值在 -1 与 1 之间变动无限次，所以称 $x = 0$ 为函数 $y = \sin\dfrac{1}{x}$ 的振荡间断点.

习　题　1.7

1. 研究下列函数在指定点的连续性.

(1) $y = \dfrac{\sin x}{x}$，点 $x = 0$；

(2) $f(x) = \begin{cases} x, & x \neq 1 \\ \dfrac{1}{2}, & x = 1 \end{cases}$，点 $x = 1$；

(3) $f(x) = \begin{cases} x^2 + 1, & x < 0 \\ 0, & x = 0 \\ x - 1, & x > 0 \end{cases}$，点 $x = 0$.

2. 指出下列函数的间断点及其类型.

(1) $y = e^{\frac{1}{x}}$；　　　　　　　　(2) $y = \dfrac{x^2 - 1}{x^2 - 3x + 2}$；

(3) $y = \dfrac{\sin x}{x}$；　　　　　　　(4) $y = \dfrac{x}{\sin x}$.

3. 求下列函数的连续区间.

(1) $f(x) = \dfrac{1}{\ln(1-x)}$；　　(2) $y = \sqrt{x^2 - 4x - 5}$.

1.8　连续函数的运算与初等函数的连续性

1.8.1　连续函数的和、差、积、商的连续性

由函数在某点连续的定义和极限的四则运算法则，可得到下面的定理.

定理 1.8 如果函数 $f(x)$ 与 $g(x)$ 在点 x_0 处连续,那么它们的和、差、积、商(分母不为零)也都在点 x_0 处连续.

1.8.2 反函数与复合函数的连续性

定理 1.9 若函数 $y = f(x)$ 在区间 I_x 上单调增加(或单调减少)且连续,则它的反函数 $x = \varphi(y)$ 也在对应的区间 $I_y = \{ y \mid y = f(x), x \in I_x \}$ 上单调增加(或单调减少)且连续.

定理 1.10 若 $\lim\limits_{x \to x_0} \varphi(x) = a$,函数 $f(u)$ 在点 a 处连续,则有

$$\lim_{x \to x_0} f[\varphi(x)] = f(a) = f\left[\lim_{x \to x_0} \varphi(x)\right]$$

定理 1.11 设函数 $u = \varphi(x)$ 在点 x_0 处连续,且 $\varphi(x_0) = u_0$,而函数 $y = f(u)$ 在点 $u = u_0$ 处连续,则复合函数 $f[\varphi(x)]$ 在点 x_0 处也连续.

例 1.37 求 $\lim\limits_{x \to 3} \sqrt{\dfrac{x-3}{x^2-9}}$.

解 因为 $y = \sqrt{\dfrac{x-3}{x^2-9}}$ 是由 $y = \sqrt{u}$ 与 $u = g(x) = \dfrac{x-3}{x^2-9}$ 复合而成的,而 $\lim\limits_{x \to 3} \dfrac{x-3}{x^2-9} = \dfrac{1}{6}$,又因为函数 $y = \sqrt{u}$ 在点 $u = \dfrac{1}{6}$ 处连续,所以

$$\lim_{x \to 3} \sqrt{\frac{x-3}{x^2-9}} = \sqrt{\lim_{x \to 3} \frac{x-3}{x^2-9}} = \sqrt{\frac{1}{6}}$$

例 1.38 讨论函数 $y = \sin \dfrac{1}{x}$ 的连续性.

解 函数 $y = \sin \dfrac{1}{x}$ 是由 $y = \sin u$ 及 $u = \dfrac{1}{x}$ 复合而成的. $y = \sin u$ 当 $-\infty < u < +\infty$ 时是连续的, $u = \dfrac{1}{x}$ 当 $-\infty < x < 0$ 和 $0 < x < +\infty$ 时是连续的,从而,函数 $\sin \dfrac{1}{x}$ 在无限区间 $(-\infty, 0)$ 和 $(0, +\infty)$ 内是连续的.

1.8.3 初等函数的连续性

定理 1.12 基本初等函数在其定义域内是连续的.

定理 1.13 一切初等函数在其定义区间内都是连续的.

所谓定义区间,就是包含在定义域内的区间.

综合起来,我们知道对在点 x_0 处连续的函数 $f(x)$ 求当 $x \to x_0$ 的极限值时,都

可以使用式子 $\lim\limits_{x \to x_0} f(x) = f(x_0)$ 来求.

例 1.39　求 $\lim\limits_{x \to 0} \sqrt{1 - x^2}$.

解　初等函数 $f(x) = \sqrt{1 - x^2}$ 在点 $x_0 = 0$ 处是有定义的,所以

$$\lim_{x \to 0} \sqrt{1 - x^2} = \sqrt{1} = 1$$

例 1.40　求 $\lim\limits_{x \to \frac{\pi}{2}} \ln \sin x$.

解　初等函数 $f(x) = \ln \sin x$ 在点 $x_0 = \dfrac{\pi}{2}$ 处是有定义的,所以

$$\lim_{x \to \frac{\pi}{2}} \ln \sin x = \ln \sin \frac{\pi}{2} = 0$$

例 1.41　求 $\lim\limits_{x \to 0} \dfrac{\sqrt{1 + x^2} - 1}{x}$.

解

$$\lim_{x \to 0} \frac{\sqrt{1 + x^2} - 1}{x} = \lim_{x \to 0} \frac{(\sqrt{1 + x^2} - 1)(\sqrt{1 + x^2} + 1)}{x(\sqrt{1 + x^2} + 1)}$$

$$= \lim_{x \to 0} \frac{x}{\sqrt{1 + x^2} + 1} = \frac{0}{2} = 0.$$

例 1.42　求 $\lim\limits_{x \to 0} \dfrac{\log_a (1 + x)}{x}$.

解

$$\lim_{x \to 0} \frac{\log_a (1 + x)}{x} = \lim_{x \to 0} \log_a (1 + x)^{\frac{1}{x}} = \log_a \mathrm{e} = \frac{1}{\ln a}.$$

例 1.43　求 $\lim\limits_{x \to 0} \dfrac{a^x - 1}{x}$.

解　令 $a^x - 1 = t$,则 $x = \log_a (1 + t)$.当 $x \to 0$ 时 $t \to 0$,于是

$$\lim_{x \to 0} \frac{a^x - 1}{x} = \lim_{t \to 0} \frac{t}{\log_a (1 + t)} = \ln a$$

例 1.44　求 $\lim\limits_{x \to 0} \dfrac{\ln (1 + x^2)}{\cos x}$.

解　由于 $x = 0$ 是初等函数 $\dfrac{\ln (1 + x^2)}{\cos x}$ 定义域内的点,利用初等函数连续性,得

$$\lim_{x \to 0} \frac{\ln (1 + x^2)}{\cos x} = \frac{\ln (1 + 0)}{\cos 0} = 0$$

习　题　1.8

1. 求下列各极限.

(1) $\lim\limits_{x \to 2} \sqrt[3]{x}$；

(2) $\lim\limits_{x \to 1} \sin^2 (x + 1)$；

(3) $\lim\limits_{x \to 0} \dfrac{\ln (1 + x^2)}{1 + x^2}$；

(4) $\lim\limits_{x \to 0} \left[\dfrac{\lg (100 + x)}{2^x} \right]^{\frac{1}{2}}$；

(5) $\lim\limits_{x \to 0} \dfrac{\sqrt{1 + x} - 1}{x}$；

(6) $\lim\limits_{x \to 4} \dfrac{\sqrt{1 + x} - 3}{\sqrt{x} - 2}$.

2. 设 $f(x) = \begin{cases} \dfrac{\sin 2x}{x}, & x < 0 \\ 3x^2 - 2x + k, & x \geqslant 0 \end{cases}$，问当 k 为何值时，函数 $f(x)$ 在其定义域内连续?为什么?

1.9　闭区间上连续函数的性质

1.9.1　有界性与最大值、最小值定理

设函数 $f(x)$ 在区间 I 上有定义，如果有 $x_0 \in I$，使得对于任一 $x \in I$ 都有
$$f(x) \leqslant f(x_0) \quad \left[f(x) \geqslant f(x_0) \right]$$
则称 $f(x_0)$ 是函数 $f(x)$ 在区间 I 上的最大值（最小值）.

定理 1.14（有界性与最大值、最小值定理）　在闭区间上连续的函数在该区间上有界且一定能取得它的最大值和最小值.

注　如果函数在开区间内连续，或函数在闭区间上有间断点，那么函数在该区间上就不一定有最大值或最小值.

例如，在开区间 (a, b) 内考查函数 $y = x$.

又如，函数 $y = f(x) = \begin{cases} -x + 1, & 0 \leqslant x < 1 \\ 1, & x = 1 \\ -x + 3, & 1 < x \leqslant 2 \end{cases}$　在闭区间 $[0, 2]$ 上无最大值和最小值.

1.9.2　零点定理与介值定理

如果有 $f(x_0) = 0$，则称 x_0 为函数 $f(x)$ 的零点.

定理 1.15（零点定理）　设函数 $f(x)$ 在闭区间 $[a, b]$ 上连续，且 $f(a)$ 与 $f(b)$ 异号，那么在开区间 (a, b) 内至少有一点 ξ，使

$$f(\xi) = 0$$

从几何上看,定理 1.15 表示:如果连续曲线弧
$y = f(x)$ 的两个端点位于 x 轴的两侧,那么这段曲
线弧与 x 轴至少有一个交点,如图 1.10 所示.

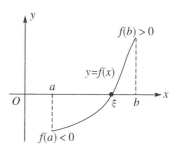

定理 1.16(介值定理)　设函数 $f(x)$ 在闭区间
$[a,b]$ 上连续,且 $f(a) \neq f(b)$,则对介于 $f(a)$ 与
$f(b)$ 之间的任何实数 μ,在区间 (a,b) 内至少存在
一点 x_0,使得 $f(x_0) = \mu$.

图 1.10

证　作辅助函数 $F(x) = f(x) - \mu$,满足定理
1.15 的条件:在 $[a,b]$ 上连续,且

$$F(a) \cdot F(b) = [f(a) - \mu] \cdot [f(b) - \mu] < 0 \quad \Rightarrow \quad F(x_0) = 0$$

即

$$f(x_0) - \mu = 0, \quad f(x_0) = \mu$$

推论 1.7　闭区间上的连续函数必取得介于最大值与最小值之间的任何值.

但要注意:若不是闭区间,或不是连续函数,上述性质均不一定成立.

例 1.45　给定一元三次方程 $x^3 - 4x^2 + 1 = 0$,讨论其在区间 $(0,1)$ 内根
的情况.

解　函数 $f(x) = x^3 - 4x^2 + 1$ 在闭区间 $[0,1]$ 上连续. 又因为 $f(0) = 1 > 0$,
$f(1) = -2 < 0$,所以根据零点定理,在 $(0,1)$ 内至少有一点 ξ,使得

$$f(\xi) = 0$$

即

$$\xi^3 - 4\xi^2 + 1 = 0, \quad 0 < \xi < 1$$

故方程 $x^3 - 4x^2 + 1 = 0$ 在区间 $(0,1)$ 内至少有一个根 ξ.

习　题　1.9

1. 证明:方程 $\sin x + x + 1 = 0$ 在开区间 $\left(-\dfrac{\pi}{2}, \dfrac{\pi}{2}\right)$ 内至少有一个根.

2. 证明:方程 $x^5 - 3x = 1$ 至少有一个根介于 1 和 2 之间.

1.10　应用实例:库存问题与库存曲线

我们知道,不论是生产厂家还是商家,都要设置仓库用来存贮原料或是商品,

因此库存问题也就成了他们必须要面对的问题.

如果在一个计划期（譬如说一年）内,生产厂家对原料（或商家对商品）的总需求量是一定的,则由于资金和仓库容量的限制,不可能将全部原料或是商品一次性采购进来,因此一般情况下所采用的都是分批进货的方法,于是就产生了相应的库存模型（也称存贮模型）,其中最简单、最典型的一类就是"一致性存贮模型".它是在"一致需求,均匀消耗,瞬间入库,不许短缺"的假设之下建立的模型.即在总需求一定的情况下,等量地分批进货,并以均匀的速度消耗这些原料（或商品）.而当一批原料（或商品）用完的时候,下一批原料（或商品）可以做到瞬间入库进行补充而忽略不计搬运入库的时间,从而不会有停工待料（或缺货）的现象发生.其库存量 Q 随时间 t 变化的情况可以用图 1.11 的库存曲线来描述:

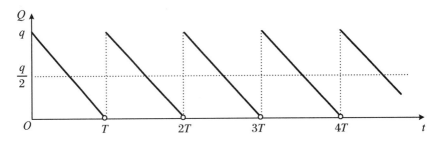

图 1.11　库存曲线

图 1.11 中 q 表示每批进货的数量（称为"批量"）,T 表示一个进货周期.可以看出,在每一个进货周期内,库存量都经历了一个由 q 均匀地递减到 0 的过程.虽然每一天的库存量都在发生变化,但我们用"削峰填谷"法不难得出此类存贮模型中的一个最典型的数量特征 —— 平均的日库存量恰为批量的一半（如图中的水平虚线所示）.于是,某个生产（或销售）过程中总库存费的计算就可以简化为一致性存贮模型

$$总库存费 = \frac{1}{2} \times 批量 \times 单位库存费用 \times 库存时间$$

这在实际操作中是非常方便的.

注　（1）理论依据:区间上线性函数的平均值.

（2）应用与推广:一致性存贮模型在经济批量问题中有着广泛的应用.

总 习 题 1

1. $y = \ln(1 - x)$ 在什么变化过程中是无穷大量?在什么变化过程中是无穷小量?

2. 求下列极限.

(1) $\lim\limits_{x \to 2} \dfrac{x^2 - 3x + 2}{x^2 - 4}$;

(2) $\lim\limits_{x \to 0} \dfrac{\sqrt{1 + x^2} - 1}{x \sin x}$;

(3) $\lim\limits_{x \to \infty} \dfrac{(1 - 2x)^5 (3x^2 + x + 2)}{(x - 1)(2x - 3)^6}$;

(4) $\lim\limits_{n \to \infty} (\sqrt{n^2 + n} - n)$;

(5) $\lim\limits_{x \to \infty} \left(\dfrac{3x + 2}{3x - 1} \right)^{2x - 1}$;

(6) $\lim\limits_{x \to 0} \dfrac{e^x - 1}{\sin x}$.

3. 已知函数 $f(x) = \begin{cases} \dfrac{2^{\frac{1}{x}} - 1}{2^{\frac{1}{x}} + 1}, & x \neq 0 \\ 1, & x = 0 \end{cases}$.

(1) $f(x)$ 在点 $x = 0$ 处是否连续?说明理由.

(2) 讨论 $f(x)$ 在闭区间 $[-1, 0]$ 和 $[0, 1]$ 上的连续性.

4. 求函数 $f(x) = \begin{cases} x, & x \leqslant 1 \\ \log_2 \left(x - \dfrac{1}{2} \right), & x > 1 \end{cases}$ 的不连续点和连续区间.

5. 证明:方程 $x = a \sin x + b, a > 0, b > 0$ 至少有一个正根,且它不大于 $a + b$.

6. 某顾客向银行存入本金 p 元,n 年后他在银行的存款额是本金及利息之和.设银行规定年复利率为 r,请根据下述不同的结算方式计算顾客 n 年后的最终存款额.

(1) 每年结算一次;

(2) 每月结算一次,每月的复利率为 $r/12$;

(3) 每年结算 m 次,每个结算周期的复利率为 r/m,证明最终存款额随 m 的增加而增加;

(4) 当 m 趋于无穷时,结算周期变为无穷小,这就意味着银行连续不断地向顾客付利息,这种存款方式称为连续复利,试计算连续复利情况下顾客的最终存款额.

第 2 章　导数与微分

在经济研究中,诸如国民经济的增长速度、人口增长速度、固定资产的增长速度等往往是经济学家们关注的焦点.经济变量的这些变化速度(也称变化率)就是经济函数的导数.导数与微分是微积分学的主要组成部分,也是解决有关速度问题和优化问题的有力工具.

引例 1　由第 1 章我们可以建立需求-价格模型(函数)$Q_d = f(P)$,它表示需求量 Q_d 与价格 P 之间的关系.供给-价格模型(函数)$Q_s = f(P)$ 表示供给量 Q_s 与价格 P 之间的关系.为什么需求-价格模型(函数)是递减的而供给-价格模型(函数)是递增的呢?

引例 2　设某一个垄断厂商的产品需求函数为 $P = 12 - 0.4Q$,总成本函数为 $TC = 0.6Q^2 + 4Q + 5$.

(1) Q 为多少时总利润最大,价格、总收益及总利润各为多少?

(2) Q 为多少时总收益最大,与其相应的价格、总收益及总利润各为多少?

上述问题是两个经济学问题,第一个问题是切线斜率问题,第二个问题是经济学中的有关边际问题.为了解决这两个问题首先必须要了解有关经济量的边际函数问题.

2.1　边　际　函　数

设某产品产量为 Q 单位时所需的总成本 $C = C(Q)$.在产量为 Q_0 时,若再生产 ΔQ 单位的产品,需追加的成本为

$$\Delta C = C(Q_0 + \Delta Q) - C(Q_0)$$

比值

$$\frac{\Delta C}{\Delta Q} = \frac{C(Q_0 + \Delta Q) - C(Q_0)}{\Delta Q}$$

表示生产这 ΔQ 单位产品时平均每单位产品所花费的成本. 如果极限

$$\lim_{\Delta Q \to 0} \frac{\Delta C}{\Delta Q} = \frac{C(Q_0 + \Delta Q) - C(Q_0)}{\Delta Q} \tag{2.1}$$

存在, 则称其为产量为 Q_0 时的**边际成本**.

例如, 若某产品的成本函数为

$$C(Q) = 4\,000 + 300\sqrt{Q}$$

其中产量 Q 的单位为千克, $C(Q)$ 以元计, 则 $Q_0 = 100$ 千克时, 若再生产 ΔQ 千克, 所需增加的成本为

$$\begin{aligned}
\Delta C &= C(100 + \Delta Q) - C(100)\\
&= 4\,000 + 300\sqrt{100 + \Delta Q} - (4\,000 + 3\,000)\\
&= 300\sqrt{100 + \Delta Q} - 3\,000\ (\text{元})
\end{aligned}$$

故产量为 100 千克时的边际成本为

$$\begin{aligned}
\lim_{\Delta Q \to 0} \frac{\Delta C}{\Delta Q} &= \frac{C(Q_0 + \Delta Q) - C(Q_0)}{\Delta Q}\\
&= \lim_{\Delta Q \to 0} \frac{300\sqrt{100 + \Delta Q} - 3\,000}{\Delta Q}\\
&= \lim_{\Delta Q \to 0} \frac{300\Delta Q}{\Delta Q(\sqrt{100 + \Delta Q} + 10)}\\
&= 15\ (\text{元}/\text{千克})
\end{aligned}$$

与边际成本类似, 我们还可以定义其他的边际经济量. 例如, 某产量为 Q 单位时, 总收益为 $R = R(Q)$, 则产量为 Q_0 时的**边际收益**为

$$\lim_{\Delta Q \to 0} \frac{\Delta R}{\Delta Q} = \frac{R(Q_0 + \Delta Q) - R(Q_0)}{\Delta Q}$$

表示生产 ΔQ 单位产品时平均每单位产品所增加的收益.

在很多经济学教材中, 将产量为 Q_0 时再增加一单位产量所带来成本(或收益)的增加量 $C(Q_0 + 1) - C(Q_0)$(或者 $R(Q_0 + 1) - R(Q_0)$)称为产量为 Q_0 时的边际成本(或边际收益). 在上例中, 有

$$\begin{aligned}
C(100 + 1) - C(100) &= 4\,000 + 300\sqrt{101} - (4\,000 - 3\,000)\\
&= 300\sqrt{101} - 3\,000\\
&\approx 14.96
\end{aligned}$$

我们容易看出, 这两个数很接近. 因此, 我们经常利用增加一单位产品所带来经济量的变化值作为边际的近似值.

同样地,我们可以定义边际效用、边际替代率等.

习　题　2.1

1. 设某商品产量为 x(单位:件) 的总成本函数为 $C(x) = 0.2x^2 + 150$(单位:元),则当 $x = 50$ 件时,再多生产一件产品总成本约增加多少元?

2. 若消费者在消费 x 单位某商品时获得的效用为 $U = f(x)$,则在消费 x_0 单位的商品时的边际效用是多少?

3. 设某商品的需求函数为 $P = 16 - \dfrac{q^2}{2}$(P 为价格,q 为销售量),则销售量为 q_0 时的边际收益是多少?

4. 设某商品的总收益 R 关于销售量 Q 的函数为 $R(Q) = 104Q - 0.4Q^2$,求:

(1) 销售量为 Q 时,总收入的边际收入;

(2) 销售量 $Q = 50$ 单位时,总收入的边际收入.

5. 某化工厂日产能力最高为 1 000 吨,每日产品的总成本 C(单位:元)是日产量 x(单位:吨)的函数:$C = C(x) = 1\,000 + 7x + 50\sqrt{x}, x \in [0, 1\,000]$.

(1) 求当日产量为 100 吨时的边际成本;

(2) 求当日产量为 100 吨时的平均单位成本.

2.2　导　数　概　念

边际经济量是经济量的改变量与自变量的改变量之比的极限.其实,在很多其他问题中,我们都要涉及这种形式的极限,例如几何学中求曲线 Γ 在某点处的切线问题,物理学中的速度问题和加速度问题等.因此,有必要对这种形式的极限给出更一般的定义.

2.2.1　导数定义

1. 函数在某一点处的导数

定义 2.1　设函数 $y = f(x)$ 在点 x_0 处的某个邻域内有定义,当自变量 x 在点 x_0 处有增量 $\Delta x(\Delta x \neq 0)$ 时,相应地,函数 y 有增量

$$\Delta y = f(x_0 + \Delta x) - f(x_0)$$

如果当 $\Delta x \to 0$ 时,$\dfrac{\Delta y}{\Delta x}$ 的极限存在,则称此极限值为函数 $y = f(x)$ 在点 x_0 处

的导数,记为

$$f'(x_0) \quad 或 \quad y'\Big|_{x=x_0}, \quad \frac{\mathrm{d}y}{\mathrm{d}x}\Big|_{x=x_0}, \quad \frac{\mathrm{d}f}{\mathrm{d}x}\Big|_{x=x_0}$$

即

$$f'(x_0) = \lim_{\Delta x \to 0}\frac{\Delta y}{\Delta x} = \lim_{\Delta x \to 0}\frac{f(x_0 + \Delta x) - f(x_0)}{\Delta x} \tag{2.2}$$

此时称函数 $f(x)$ 在点 x_0 处可导,并称 x_0 是 $f(x)$ 的可导点.

如果极限 $\lim\limits_{\Delta x \to 0}\dfrac{f(x_0 + \Delta x) - f(x_0)}{\Delta x}$ 不存在,就说函数 $y = f(x)$ 在点 x_0 处不可导.

如果不可导的原因是 $\lim\limits_{\Delta x \to 0}\dfrac{f(x_0 + \Delta x) - f(x_0)}{\Delta x} = \infty$,也往往说函数 $y = f(x)$ 在点 x_0 处的导数为无穷大.

导数的定义也可以采取不同的表达形式.例如,在式(2.2)中,令 $h = \Delta x$,则

$$f'(x_0) = \lim_{h \to 0}\frac{f(x_0 + h) - f(x_0)}{h} \tag{2.3}$$

令 $x = x_0 + \Delta x$,则

$$f'(x_0) = \lim_{x \to x_0}\frac{f(x) - f(x_0)}{x - x_0} \tag{2.4}$$

注　导数概念是函数变化率这一个概念的精确描述,它撇开了自变量和因变量所代表的几何或物理等方面的特殊意义,纯粹从数量方面来刻画函数变化率的本质:函数增量与自变量增量的比值 $\dfrac{\Delta y}{\Delta x}$ 是函数 y 在以 x_0 和 $x_0 + \Delta x$ 为端点的区间上平均变化率,而导数 $y'\Big|_{x=x_0}$ 则是函数 y 在点 x_0 处的变化率,它反映了函数随自变量变化的快慢程度(大小和方向).

根据导数定义,我们可以看出 2.1 节中,产量为 Q_0 时边际成本为成本函数 $C = C(Q)$ 在 Q_0 处的导数 $C'(Q_0)$,即

$$C'(Q_0) = \lim_{\Delta Q \to 0}\frac{\Delta C}{\Delta Q} = \frac{C(Q_0 + \Delta Q) - C(Q_0)}{\Delta Q}$$

类似地,产量为 Q_0 时边际收益为收益函数 $R = R(Q)$ 在 Q_0 处的导数 $R'(Q_0)$,消费量 x_0 处的边际效用为函数 $f(x)$ 在 x_0 处的导数 $f'(x_0)$.

沿用 2.1 节中的成本函数 $C(Q) = 4\,000 + 300\sqrt{Q}$,在产量为 Q_0 时的边际成本为

$$C'(Q_0) = \lim_{\Delta Q \to 0} \frac{\Delta C}{\Delta Q} = \frac{C(Q_0 + \Delta Q) - C(Q_0)}{\Delta Q}$$

$$= \lim_{\Delta Q \to 0} \frac{300(\sqrt{Q_0 + \Delta Q} - \sqrt{Q_0})}{\Delta Q}$$

$$= \frac{150}{\sqrt{Q_0}}$$

当 $Q_0 = 100$ 千克时，$C'(Q_0) = 15$ 元 / 千克.

例 2.1　设总收益函数为 $f(x) = x^2$，求在产量为 x_0 时的边际收益.

解　当自变量 x 由 x_0 变到 $x_0 + \Delta x$ 时，函数相应的改变量为

$$\Delta y = f(x_0 + \Delta x) - f(x_0)$$

$$= 2x_0 \Delta x + (\Delta x)^2 = (x_0 + \Delta x)^2 - (x_0)^2$$

所以

$$f'(x_0) = \lim_{\Delta x \to 0} \frac{\Delta y}{\Delta x} = \lim_{\Delta x \to 0}(2x_0 + \Delta x) = 2x_0$$

即

$$(x^2)' \Big|_{x = x_0} = 2x_0$$

例 2.2　设 $f(x) = \begin{cases} x^2 \sin \dfrac{1}{x}, & x \neq 0 \\ 0, & x = 0 \end{cases}$，求 $f'(0)$.

解　$f'(0) = \lim_{x \to 0} \dfrac{f(x) - f(0)}{x} = \lim_{x \to 0} \dfrac{x^2 \sin \dfrac{1}{x} - 0}{x} = \lim_{x \to 0} x \sin \dfrac{1}{x} = 0$.

例 2.3　某产品生产 x 单位的总成本为

$$W(x) = 1\ 100 + \frac{x^2}{1\ 200} \ （元）$$

试求:(1) 生产 1 000 单位的总成本和单位平均成本；

(2) 生产第 1 001 到第 1 200 单位的总成本的平均变化率；

(3) 生产第 1 000 单位时总成本的变化率(即边际成本).

解　(1) 生产 1 000 单位的总成本是

$$W(1\ 000) = 1\ 100 + \frac{(1\ 000)^2}{1\ 200} \approx 1\ 933.3 \ （元）$$

单位平均成本是

$$\frac{W(1\ 000)}{1\ 000} \approx \frac{1\ 933.3}{1\ 000} = 1.93 \ （元 / 单位）$$

（2）生产第 1 001 到第 1 200 单位的总成本的平均变化率是

$$\frac{W(1\ 200) - W(1\ 000)}{1\ 200 - 1\ 000} = \frac{1\ 100 + \frac{1\ 200^2}{1\ 200} - \left(1\ 100 + \frac{1\ 000^2}{1\ 200}\right)}{200}$$

$$\approx 1.83 (\text{元}／\text{单位})$$

（3）生产第 1 000 单位时总成本变化率是

$$W'(1\ 000) = \lim_{x \to 1\ 000} \frac{W(x) - W(1\ 000)}{x - 1\ 000}$$

$$= \lim_{x \to 1\ 000} \frac{1\ 100 + \frac{x^2}{1\ 200} - \left(1\ 100 + \frac{1\ 000^2}{1\ 200}\right)}{x - 1\ 000}$$

$$= \lim_{x \to 1\ 000} \frac{x^2 - (1\ 000)^2}{1\ 200(x - 1\ 000)}$$

$$= \lim_{x \to 1\ 000} \frac{x + 1\ 000}{1\ 200} = \frac{2\ 000}{1\ 200} \approx 1.67 (\text{元}／\text{单位})$$

2. 导函数

定义 2.2　若函数 $f(x)$ 在区间 (a,b) 内的每一点处都可导，则称 $f(x)$ 在 (a,b) 内可导，这时，(a,b) 内的每一个确定的 x 值，都对应着一个确定的函数值 $f'(x)$，于是建立了一个新函数，称其为函数的导函数，简称导数，记为 $f'(x)$，y'，$\frac{dy}{dx}$ 或 $\frac{df(x)}{dx}$，即

$$f'(x) = \lim_{\Delta x \to 0} \frac{\Delta y}{\Delta x} = \lim_{\Delta x \to 0} \frac{f(x + \Delta x) - f(x)}{\Delta x} \tag{2.5}$$

由式（2.1）和式（2.5）比较可以看出，函数 $f(x)$ 在点 x_0 处的导数 $f'(x_0)$ 等于 $f'(x)$ 在点 x_0 处的函数值，即 $f'(x_0) = f'(x)|_{x = x_0}$.

在不引起混淆的情况下，我们把导函数简称为导数.

因此，我们根据导函数的定义可以知道 2.1 节所举例子中对应总成本函数 $C(Q) = 4\ 000 + 300\sqrt{Q}$ 的边际成本函数为 $C'(Q) = \frac{150}{\sqrt{Q}}$.

一般来说，经济函数的导数称为**边际经济函数**.

由导数的定义可知，求函数 $f(x)$ 在点 x 处的导数一般需要以下三个步骤：

第一步：求函数的增量，即

$$\Delta y = f(x + \Delta x) - f(x)$$

第二步：算比值

$$\frac{\Delta y}{\Delta x} = \frac{f(x + \Delta x) - f(x)}{\Delta x}$$

第三步：取极限

$$f'(x) = \lim_{\Delta x \to 0} \frac{\Delta y}{\Delta x}$$

例 2.4　求 $y = \sin x$ 的导数.

解　设自变量在 x 处取得增量 $\Delta x (\Delta x \neq 0)$，则函数的增量为

$$\Delta y = \sin(x + \Delta x) - \sin x = 2\cos\left(x + \frac{\Delta x}{2}\right)\sin\frac{\Delta x}{2}$$

于是

$$\frac{\Delta y}{\Delta x} = \frac{2\cos\left(x + \frac{\Delta x}{2}\right)\sin\frac{\Delta x}{2}}{\Delta x}$$

所以

$$\lim_{\Delta x \to 0}\frac{\Delta y}{\Delta x} = \lim_{\Delta x \to 0}\cos\left(x + \frac{\Delta x}{2}\right)\frac{\sin\frac{\Delta x}{2}}{\frac{\Delta x}{2}} = \lim_{\Delta x \to 0}\cos\left(x + \frac{\Delta x}{2}\right)\lim_{\Delta x \to 0}\frac{\sin\frac{\Delta x}{2}}{\frac{\Delta x}{2}} = \cos x$$

即

$$(\sin x)' = \cos x$$

同理可求得：$(\cos x)' = -\sin x$.

3. 左导数与右导数

定义 2.3　设函数 $y = f(x)$ 在点 x_0 的某个领域内有定义，当自变量 x 在 x_0 处取得增量 $\Delta x (\Delta x \neq 0)$ 时，如果极限

$$\lim_{\Delta x \to 0^-}\frac{f(x_0 + \Delta x) - f(x_0)}{\Delta x} \tag{2.6}$$

存在，则称此极限值为函数 $y = f(x)$ 在点 x_0 处的左导数，记为 $f'_-(x_0)$.

如果极限

$$\lim_{\Delta x \to 0^+}\frac{f(x_0 + \Delta x) - f(x_0)}{\Delta x} \tag{2.7}$$

存在，则称此极限值为函数 $y = f(x)$ 在点 x_0 处的右导数，记为 $f'_+(x_0)$.

注　（ⅰ）通常把 $f'_-(x_0)$ 和 $f'_+(x_0)$ 统称为函数 $y = f(x)$ 在点 x_0 处的单侧导数.

（ⅱ）不难验证，函数 $y = f(x)$ 在点 x_0 处可导的充要条件是该函数在点 x_0 处

既存在左导数,又存在右导数,并且二者相等.它是讨论分段函数在分界点处是否可导的依据.

（ⅲ）如果函数 $y = f(x)$ 在开区间 (a,b) 内可导,且 $f'_+(a)$ 及 $f'_-(b)$ 都存在,就说函数 $y = f(x)$ 在闭区间 $[a,b]$ 上可导.

（ⅳ）在式(2.6)与式(2.7)中若令 $x = x_0 + \Delta x$,则上两式可以分别写成

$$f'_-(x_0) = \lim_{x \to x_0^-} \frac{f(x) - f(x_0)}{x - x_0} \qquad (2.8)$$

$$f'_+(x_0) = \lim_{x \to x_0^+} \frac{f(x) - f(x_0)}{x - x_0} \qquad (2.9)$$

例 2.5　设有分段函数

$$f(x) = \begin{cases} 3x^2 - 2x, & x < 0 \\ 0, & x = 0 \\ \sin ax, & x > 0 \end{cases}$$

问当 a 取何值时,$f(x)$ 在点 $x = 0$ 处可导?

解　分别考查 $f(x)$ 在点 $x = 0$ 处的左导数和右导数.

当 $x < 0$ 时

$$f(x) = 3x^2 - 2x$$

$$f'_-(0) = \lim_{x \to 0^-} \frac{f(x) - f(0)}{x} = \lim_{x \to 0^-} \frac{3x^2 - 2x - 0}{x} = -2$$

当 $x > 0$ 时

$$f(x) = \sin ax$$

$$f'_+(0) = \lim_{x \to 0^+} \frac{f(x) - f(0)}{x} = \lim_{x \to 0^+} \frac{\sin ax}{x} = a$$

如果 $f'(0)$ 存在,则必有 $f'_-(0) = f'_+(0)$,由此得到 $a = -2$.因此,当 $a = -2$ 时,$f(x)$ 在点 $x = 0$ 处可导.

4. 导数的几何意义

由导数的定义容易知道,函数 $y = f(x)$ 在点 x_0 处的导数 $f'(x_0)$ 是曲线 $y = f(x)$ 在点 $M_0(x_0, f(x_0))$ 处的切线的斜率,即 $f'(x_0) = \tan \alpha = k$.这就是导数的几何意义,如图 2.1 所示.

过切点 $M_0(x_0, f(x_0))$ 且垂直于切线的直线叫作曲线 $y = f(x)$ 在点 M_0 处的法线.

注　（ⅰ）如果 $f'(x_0)$ 存在且不等于 0,则曲线 $y = f(x)$ 在点 $M_0(x_0, f(x_0))$

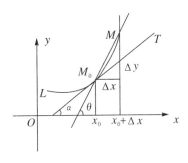

图 2.1

处的切线方程为

$$y - y_0 = f'(x_0)(x - x_0)$$

在点 $M_0(x_0, f(x_0))$ 处的法线方程为

$$y - y_0 = -\frac{1}{f'(x_0)}(x - x_0)$$

（ⅱ）如果 $f'(x_0) = 0$，则曲线 $y = f(x)$ 在点 $(x_0, f(x_0))$ 处的切线平行于 x 轴. 曲线的切线方程为

$$y = y_0$$

法线方程为

$$x = x_0$$

（ⅲ）如果 $f'(x_0) = \infty$，则曲线 $y = f(x)$ 在点 $(x_0, f(x_0))$ 处的切线垂直于 x 轴. 曲线的切线方程为

$$x = x_0$$

法线方程为

$$y = y_0$$

现在我们来回答引例 1 中的问题, 对于需求-价格函数, 其主要特征是随着价格上涨, 需求量减小. 常见的简单线性模型是下面的函数:

$$Q_d = f(P) = -aP + b, \quad a, b \in \mathbf{R}^+$$

由于

$$\frac{\mathrm{d}Q_d}{\mathrm{d}P} = -a < 0$$

即一阶导数为负, 所以倾斜角大于 $90°$, 故单调递减.

我们也可以考虑非线性的需求价格函数, 例如

$$Q_d = \alpha P^{-\beta}, \quad \alpha > 0, \quad \beta > 0$$

同样我们也有

$$\frac{\mathrm{d}Q_d}{\mathrm{d}P} = -\alpha \beta P^{-(\beta+1)} < 0$$

即也是单调递减的.

类似地, 我们可以解释为什么供给-价格函数的单调递增的性质.（证明留给读者.）

例 2.6 某人消费商品 X 和 Y 的无差异曲线为 $Y = 20 - 4\sqrt{X}$, 问:

(1) 点 $(4,12)$ 和点 $(9,8)$ 处的斜率各是多少?

(2) MRS_{XY} 是递减的吗?

分析　无差异曲线也叫等效曲线,是在偏好既定的条件下,能够使消费者得到同样满足程度的两种物品的各种不同数量的组合点轨迹.商品边际替代率是指为了保持同等效用水平,消费者增加一单位某种商品的消费,必须放弃另一商品的数量.用 MRS_{XY} 来表示 X 对 Y 的边际替代率.

解　(1) 对于 $Y = 20 - 4\sqrt{X}$,有

$$\frac{dY}{dX} = -4 \cdot \frac{1}{2} X^{-\frac{1}{2}} = -2X^{-\frac{1}{2}}$$

所以当 $X = 4$ 时,$\frac{dY}{dX} = -1$,故 $Y = 20 - 4\sqrt{X}$ 在点 $(4,12)$ 处的斜率为 -1.

同理,当 $X = 9$ 时,$\frac{dY}{dX} = -\frac{2}{3}$,故 $Y = 20 - 4\sqrt{X}$ 在点 $(9,8)$ 处的斜率为 $-\frac{2}{3}$.

(2) 根据边际替代率的定义

$$MRS_{XY} = \lim_{\Delta X \to 0}\left(-\frac{\Delta Y}{\Delta X}\right) = -\frac{dY}{dX}$$

所以边际替代率函数为

$$MRS_{XY} = \lim_{\Delta X \to 0}\left(-\frac{\Delta Y}{\Delta X}\right) = -\frac{dY}{dX} = 2X^{-\frac{1}{2}}$$

而

$$(2X^{-\frac{1}{2}})'|_X = 2 \cdot \left(-\frac{1}{2}\right) \cdot X^{-\frac{3}{2}} = -X^{-\frac{3}{2}} < 0$$

故 MRS_{XY} 是递减的.

例 2.7　求曲线 $y = x^2$ 在点 $(1,1)$ 处的切线方程与法线方程.

解　由导数的几何意义可知,所求切线的斜率为

$$k = y'|_{x=1} = \lim_{x \to 1}\frac{x^2 - 1}{x - 1} = 2$$

于是,所求的切线方程为

$$y - 1 = 2(x - 1)$$

即

$$2x - y + 1 = 0$$

法线方程为

$$y - 1 = -\frac{1}{2}(x - 1)$$

即
$$x + 2y - 3 = 0$$

5．函数可导与连续的关系

定理 2.1　如果函数 $y = f(x)$ 在点 x_0 处可导，则该函数在点 x_0 处连续．

证　由函数 $y = f(x)$ 在点 x_0 处可导，即
$$\lim_{\Delta x \to 0} \frac{\Delta y}{\Delta x} = f'(x_0)$$

从而
$$\lim_{\Delta x \to 0} \Delta y = \lim_{\Delta x \to 0} \frac{\Delta y}{\Delta x} \cdot \Delta x = \lim_{\Delta x \to 0} \frac{\Delta y}{\Delta x} \cdot \lim_{\Delta x \to 0} \Delta x = f'(x_0) \cdot 0 = 0$$

即函数 $y = f(x)$ 在点 x_0 处连续．

例 2.8　设有函数
$$f(x) = \begin{cases} 2\sin x, & x \leqslant 0 \\ a + bx, & x > 0 \end{cases}$$

已知 $f(x)$ 在点 $x_0 = 0$ 处可导，试确定 a 和 b 的值．

解　由定理 2.1 可知，$f(x)$ 在点 $x_0 = 0$ 处必连续，于是由连续性的定义可知
$$\lim_{x \to 0} f(x) = f(0) = 2\sin 0 = 0$$

由极限存在又推出左、右极限都存在，于是有
$$\lim_{x \to 0^+} f(x) = \lim_{x \to 0^-} f(x) = 0$$

因为 $x > 0$ 时，$f(x) = a + bx$，所以
$$\lim_{x \to 0^+} f(x) = \lim_{x \to 0^+} (a + bx) = a$$

由以上两式可以推出 $a = 0$．

又由于 $f(x)$ 在点 $x_0 = 0$ 处可导，所以该函数在点 $x_0 = 0$ 处的左、右导数都存在且相等．根据函数表达式得到
$$f'_-(0) = \lim_{\Delta x \to 0^-} \frac{f(0 + \Delta x) - f(0)}{\Delta x} = \lim_{\Delta x \to 0^-} \frac{2(\sin \Delta x - 0)}{\Delta x} = 2$$
$$f'_+(0) = \lim_{\Delta x \to 0^+} \frac{f(0 + \Delta x) - f(0)}{\Delta x} = \lim_{\Delta x \to 0^+} \frac{b \cdot \Delta x}{\Delta x} = b$$

由此得到 $b = 2$．

注　定理 2.1 的逆命题不成立，即函数 $y = f(x)$ 在点 x_0 处连续，但在该点不一定可导．

例 2.9　讨论函数 $f(x) = |x| = \begin{cases} x, & x \geqslant 0 \\ -x, & x \leqslant 0 \end{cases}$ 在点 $x_0 = 0$ 处的连续性与可导性.

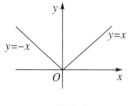

图 2.2

解　如图 2.2 所示,因为
$$\Delta y = |0 + \Delta x| - |0| = |\Delta x|$$
所以
$$\lim_{\Delta x \to 0} \Delta y = 0$$
即 $f(x) = |x|$ 在点 $x_0 = 0$ 处连续.

又函数 $f(x)$ 在点 x_0 的左、右导数分别为
$$f'_-(0) = \lim_{\Delta x \to 0^-} \frac{f(0 + \Delta x) - f(0)}{\Delta x} = \lim_{\Delta x \to 0^-} \frac{-\Delta x}{\Delta x} = -1$$
$$f'_+(0) = \lim_{\Delta x \to 0^+} \frac{f(0 + \Delta x) - f(0)}{\Delta x} = \lim_{\Delta x \to 0^+} \frac{\Delta x}{\Delta x} = 1$$
即
$$f'_-(0) \neq f'_+(0)$$
所以 $f(x)$ 在点 $x_0 = 0$ 处不可导.

6. 几个常用基本初等函数的导数

前面我们利用导数的定义计算了常数函数、正弦函数及余弦函数的导数:
$$C' = 0, \quad C \text{ 为常数} \tag{2.10}$$
$$(\sin x)' = \cos x \tag{2.11}$$
$$(\cos x)' = -\sin x \tag{2.12}$$
直接利用导数的定义还可以求出下列函数的导数(留作习题):
$$(x^\mu)' = \mu x^{\mu-1}, \quad \text{其中 } \mu \text{ 为任意实数} \tag{2.13}$$
$$(a^x)' = a^x \ln a \tag{2.14}$$
$$(\mathrm{e}^x)' = \mathrm{e}^x \tag{2.15}$$
$$(\log_a x)' = \frac{1}{x \ln a} \tag{2.16}$$
$$(\ln x)' = \frac{1}{x}, \quad x > 0 \tag{2.17}$$
今后我们把(2.10)式至(2.17)式作为公式使用,可以求得其他函数的导数.

例 2.10　已知函数 $y = x^{10}, y = \dfrac{1}{x}, y = \sqrt{x}, y = \dfrac{1}{\sqrt{x}}$,求 y'.

解 由幂函数的求导公式得

$$y' = (x^{10})' = 10x^{10-1} = 10x^9$$

$$y' = (x^{-1})' = -x^{-1-1} = -\frac{1}{x^2}$$

$$y' = (\sqrt{x})' = (x^{\frac{1}{2}})' = \frac{1}{2}x^{-\frac{1}{2}} = \frac{1}{2\sqrt{x}}$$

$$y' = \left(\frac{1}{\sqrt{x}}\right)' = (x^{-\frac{1}{2}})' = -\frac{1}{2}x^{-\frac{3}{2}} = -\frac{1}{2\sqrt{x^3}}$$

习 题 2.2

1. 利用导数定义推导公式(2.13)至(2.17).

2. 设 $\lim\limits_{x \to a} \dfrac{f(x) - f(a)}{x - a} = A$（$A$ 为常数），判定下列命题的正确性.

(1) $f(x)$ 在点 a 处可导；

(2) $f(x) - f(a) = A(x - a) + o(x - a)$；

(3) $\lim\limits_{x \to a} f(x)$ 存在.

3. 求过点 $(2,0)$ 的一条直线, 使它与曲线 $y = \dfrac{1}{x}$ 相切.

4. 讨论下列函数在指定点处的连续性与可导性.

(1) $f(x) = \begin{cases} x^2, & x \geqslant 0 \\ x, & x < 0 \end{cases}$ 在 $x = 0$ 处；

(2) $f(x) = \begin{cases} x\arctan\dfrac{1}{x}, & x \neq 0 \\ 0, & x = 0 \end{cases}$ 在 $x = 0$ 处；

(3) $f(x) = \begin{cases} \dfrac{\sin(x-1)}{x-1}, & x \neq 1 \\ 0, & x = 1 \end{cases}$ 在 $x = 1$ 处.

5. 设函数 $f(x) = \begin{cases} x^3, & x < 0 \\ x^2, & x \geqslant 0 \end{cases}$，求导函数 $f'(x)$.

6. 已知 $f(x)$ 在点 $x = 1$ 处连续, 且 $\lim\limits_{x \to 1} \dfrac{f(x)}{x - 1} = 2$，求 $f'(1)$.

7. 设函数

$$f(x) = \begin{cases} ax + b, & x > 0 \\ \cos x, & x \leqslant 0 \end{cases}$$

为了使函数 $f(x)$ 在点 $x = 0$ 处连续且可导, a, b 应取什么值?

8. 某商品的价格 P 关于需求量 Q 的函数为 $P = 10 - \dfrac{Q}{5}$,求:

(1) 总收益函数、平均收益函数和边际收益函数;

(2) 当 $Q = 20$ 单位时的总收益、平均收益和边际收益.

9. 设巧克力糖每周的需求量 Q(单位:千克) 是价格 P(单位:元) 的函数:

$$Q = f(P) = \frac{1\,000}{(2P + 1)^2}$$

求当 $P = 10$ 元时,巧克力糖的边际需求量,并说明其经济意义.

2.3 导数运算法则与基本公式

2.3.1 导数运算法则

上一节中,利用导数的定义给出了几个常用基本初等函数的导数,但我们不能利用定义求所有函数的导数,因为这将导致大量的、非常繁杂的运算过程,有时甚至是很困难的.因此,需要寻找一些运算法则和求导方法,使求导运算得以简化.

1. 导数的四则运算法则

定理 2.2 若函数 $u(x)$ 与 $v(x)$ 都是 x 的可导函数,则它们的和、差、积、商(分母不为 0) 也都是 x 的可导函数,并满足:

(i) 函数 $u(x) \pm v(x)$ 在点 x 处可导,且

$$[u(x) \pm v(x)]' = u'(x) \pm v'(x) \tag{2.18}$$

(ii) 函数 $u(x) \cdot v(x)$ 在点 x 处可导,且

$$[u(x) \cdot v(x)]' = u'(x) \cdot v(x) + u(x) \cdot v'(x) \tag{2.19}$$

(iii) 对任意常数 C,$Cu(x)$ 可导,且

$$[Cu(x)]' = Cu'(x) \tag{2.20}$$

(iv) 若 $v(x) \neq 0$,则 $\dfrac{u(x)}{v(x)}$ 在点 x 处可导,且

$$\left[\frac{u(x)}{v(x)}\right]' = \frac{u'(x) \cdot v(x) - u(x) \cdot v'(x)}{v^2(x)} \tag{2.21}$$

其中法则(i)、(ii) 可推广到有限个函数的情形.

下面只给出法则(ii) 的证明.

证 (ii) 设 $f(x) = u(x) \cdot v(x)$,根据导数的定义,则有

$$f'(x) = \lim_{h \to 0} \frac{f(x+h) - f(x)}{h}$$

$$= \lim_{h \to 0} \frac{u(x+h)v(x+h) - u(x)v(x)}{h}$$

$$= \lim_{h \to 0} \left[\frac{u(x+h)v(x+h) - u(x)v(x+h) + u(x)v(x+h) - u(x)v(x)}{h} \right]$$

$$= \lim_{h \to 0} \left[\frac{u(x+h) - u(x)}{h} \cdot v(x+h) + u(x) \cdot \frac{v(x+h) - v(x)}{h} \right]$$

$$= \lim_{h \to 0} \frac{u(x+h) - u(x)}{h} \cdot \lim_{h \to 0} v(x+h) + u(x) \cdot \lim_{h \to 0} \frac{v(x+h) - v(x)}{h}$$

$$= u'(x)v(x) + u(x)v'(x)$$

（ⅰ）、（ⅲ）、（ⅳ）可用类似的方法进行证明.

由定理 2.2 我们有如下推论：

推论 2.1　$(u_1 \pm u_2 \pm \cdots \pm u_n)' = u_1' \pm u_2' \pm \cdots \pm u_n'(u_1, u_2, \cdots, u_n$ 均为可导函数，n 为正整数）.

推论 2.2　$(u_1 u_2 \cdots u_n)' = u_1' u_2 \cdots u_n + u_1 u_2' \cdots u_n + \cdots + u_1 u_2 \cdots u_n'(u_1, u_2, \cdots, u_n$ 均为可导函数，n 为正整数）.

推论 2.3　$(ku)' = ku'(u$ 为可导函数，k 为常数），即常数因子可以提到导数符号外面来.

推论 2.4　$\left(\dfrac{k}{v}\right)' = -\dfrac{kv'}{v^2}(v$ 为可导函数且 $v \neq 0, k$ 为常数）.

例 2.11　设 $y = 2^x - \log_a x - 3\sin x + \ln 5$，求 y'.

解　$y' = (2^x)' - (\log_a x)' - (3\sin x)' + (\ln 5)' = 2^x \ln 2 - \dfrac{1}{x \ln a} - 3\cos x$.

例 2.12　求函数 $y = x^4 \ln x$ 的导数.

解　$y' = (x^4 \ln x)' = (x^4)' \ln x + x^4 (\ln x)' = 4x^3 \ln x + x^4 \left(\dfrac{1}{x}\right)$

$$= x^3(4\ln x + 1).$$

例 2.13　已知 $y = \dfrac{5x^3 - 2x + 7}{\sqrt{x}}$，求 y'.

解　本题看起来可以利用商的导数运算公式计算，但是那样做太麻烦，且容易出错，实际上，这种分母是单项幂函数的分式，可以先化简，再求导. 将原式化简，得

$$y = 5x^{5/2} - 2x^{1/2} + 7x^{-1/2}$$

于是

$$y' = 5 \cdot \left(\frac{5}{2} x^{3/2} \right) - 2 \cdot \left(\frac{1}{2} x^{-1/2} \right) + 7 \cdot \left(-\frac{1}{2} x^{-3/2} \right)$$

$$= \frac{25}{2} x^{3/2} - x^{-1/2} - \frac{7}{2} x^{-3/2}$$

$$= \frac{1}{2\sqrt{x^3}} (25x^3 - 2x - 7)$$

例 2.14　已知生产函数为 $Q = f(K,L) = \dfrac{10KL}{K+L}$，其中 K 表示资本要素，L 表示劳动要素.

（1）求出劳动的边际产量及平均产量函数；

（2）判断该生产函数的边际技术替代率函数（$MRTS$）的增减性；

（3）判断该生产函数劳动的边际产量函数的增减性.

解　（1）根据边际函数的概念，劳动的边际产量函数为

$$MPP_L = \frac{\mathrm{d}Q}{\mathrm{d}L} = \frac{\mathrm{d}}{\mathrm{d}L} \left(\frac{10KL}{K+L} \right) = \frac{10K(K+L) - 10KL}{(K+L)^2} = \frac{10K^2}{(K+L)^2}$$

劳动的平均产量函数为

$$APP_L = \frac{Q}{L} = \frac{10KL}{K+L} \cdot \frac{1}{L} = \frac{10K}{K+L}$$

（2）生产函数的边际技术替代率是指产量不变的条件下一种生产要素增加的投入量与另一种生产要素相应减少的投入量之比，即 $\dfrac{\Delta K}{\Delta L}$ 或 $\dfrac{\mathrm{d}K}{\mathrm{d}L}$. 为此，需要从生产函数中先求得 K 和 L 之间的关系，然后从这一关系中求得 $\dfrac{\mathrm{d}K}{\mathrm{d}L}$.

由生产函数 $Q = \dfrac{10KL}{K+L}$ 得到

$$K = \frac{-QL}{Q - 10L}$$

则边际技术替代率

$$MRTS = -\frac{\mathrm{d}K}{\mathrm{d}L} = -\frac{\mathrm{d}}{\mathrm{d}L} \left(\frac{-QL}{Q - 10L} \right)$$

$$= \frac{Q(Q - 10L) - QL \cdot (-10)}{(Q - 10L)^2}$$

$$= \frac{Q^2}{(Q - 10L)^2} > 0$$

当 $-\dfrac{\mathrm{d}K}{\mathrm{d}L} > 0$ 时，$\dfrac{\mathrm{d}K}{\mathrm{d}L} < 0$. 所以该生产函数的边际技术替代率函数（$MRTS$）为减函数.

（3）因为

$$MPP_L = \frac{10K^2}{(K+L)^2}$$

所以

$$\frac{\mathrm{d}}{\mathrm{d}L} MPP_L = \frac{\mathrm{d}}{\mathrm{d}L}\left[\frac{10K^2}{(K+L)^2}\right] = \frac{-10K^2 \cdot 2(K+L)}{(K+L)^4} = \frac{-20K^2}{(K+L)^3} < 0$$

所以该生产函数劳动的边际产量函数为减函数.

例 2.15   求 $y = \tan x$ 的导数.

解 $y' = (\tan x)' = \left(\dfrac{\sin x}{\cos x}\right)' = \dfrac{(\sin x)' \cos x - \sin x (\cos x)'}{\cos^2 x}$

$\qquad\qquad = \dfrac{\cos^2 x + \sin^2 x}{\cos^2 x} = \dfrac{1}{\cos^2 x} = \sec^2 x.$

即

$$(\tan x)' = \sec^2 x \qquad\qquad (2.22)$$

同理可得

$$(\cot x)' = -\csc^2 x \qquad\qquad (2.23)$$

$$(\sec x)' = \sec x \cdot \tan x \qquad\qquad (2.24)$$

$$(\csc x)' = -\csc x \cdot \cot x \qquad\qquad (2.25)$$

2. 反函数求导法则

设某产品的需求函数为 $Q = f(P)$，其中需求量 Q 的单位为件，价格 P 的单位为元. 如果价格为 P_0 时的边际需求为 $f'(P_0) = -20$，说明价格为 P_0 时，每涨价（或降价）1 元，需求量就在 $Q_0 = f(P_0)$ 件的基础上约减少（或增加）20 件. 负号说明需求量与价格反向变化. 容易求得，在点 Q_0 处需求量每减少（或增加）1 件，则大致需要价格上涨（或下降）$\dfrac{1}{20} = 0.05$ 元，按导数的实际意义，说明需求函数的反函数 $P = f^{-1}(Q)$ 在点 Q_0 处的导数应该为 $-\dfrac{1}{20}$，即 $Q = f(P)$ 的导数与其反函数 $P = f^{-1}(Q)$ 在对应点的导数互为倒数. 一般地，我们有下面的结论.

定理 2.3   若单调连续函数 $x = \varphi(y)$ 在点 y 处可导，且 $\varphi'(y) = 0$，则它的反函数 $y = f(x)$ 在对应点 x 处可导，且有 $f'(x) = \dfrac{1}{\varphi'(y)}$.

证　由于 $x = \varphi(y)$ 单调连续,所以它的反函数 $y = f(x)$ 也单调连续. 给 x 以增量 $\Delta x (\neq 0)$,从 $y = f(x)$ 的单调性可知

$$\Delta y = f(x + \Delta x) - f(x) \neq 0$$

从而有

$$\frac{\Delta y}{\Delta x} = \frac{1}{\dfrac{\Delta x}{\Delta y}}$$

根据 $y = f(x)$ 的连续性,当 $\Delta x \to 0$ 时,必有 $\Delta y \to 0$.

又因为 $x = \varphi(y)$ 可导,于是

$$\lim_{\Delta y \to 0} \frac{\Delta x}{\Delta y} = \varphi'(y) \neq 0$$

所以

$$\lim_{\Delta x \to 0} \frac{\Delta y}{\Delta x} = \lim_{\Delta x \to 0} \frac{1}{\dfrac{\Delta x}{\Delta y}} = \frac{1}{\lim\limits_{\Delta y \to 0} \dfrac{\Delta x}{\Delta y}} = \frac{1}{\varphi'(y)}$$

这就是说,$y = f(x)$ 在点 x 处可导,且有 $f'(x) = \dfrac{1}{\varphi'(y)}$.

上述定理结论可以说明:反函数的导数等于直接函数导数的倒数.

例 2.16　求 $y = \arcsin x$,$-1 < x < 1$ 的导数.

解　因为 $y = \arcsin x$,$-1 < x < 1$ 是 $x = \sin y$,$-\dfrac{\pi}{2} < y < \dfrac{\pi}{2}$ 的反函数,而 $x = \sin y$,$-\dfrac{\pi}{2} < y < \dfrac{\pi}{2}$ 是单调可导的,且导数 $\dfrac{\mathrm{d}x}{\mathrm{d}y} = \cos y > 0$,于是,由定理 2.3 有

$$(\arcsin x)' = \frac{1}{(\sin y)'} = \frac{1}{\cos y}$$

又因为 $\cos y = \sqrt{1 - \sin^2 y} = \sqrt{1 - x^2}$,所以

$$(\arcsin x)' = \frac{1}{\sqrt{1 - x^2}}, \quad -1 < x < 1 \tag{2.26}$$

同理可得

$$(\arccos x)' = -\frac{1}{\sqrt{1 - x^2}}, \quad -1 < x < 1 \tag{2.27}$$

$$(\arctan x)' = \frac{1}{1 + x^2}, \quad -\infty < x < +\infty \tag{2.28}$$

$$(\operatorname{arccot} x)' = -\frac{1}{1+x^2}, \quad -\infty < x < +\infty \tag{2.29}$$

3. 复合函数的求导法则

设某产品的收益函数为 $R = R(Q)$，其中 R（单位：元）为总收益，Q（单位：件）为产量，该产品的产量 Q 依需求函数 $Q = f(P)$ 由价格 P 确定. 设在价格为 P_0 时，边际需求量 $f'(P_0) = 10$，即在点 P_0 处价格上涨 1 元，需求量（产量）约增加 10 件；在 $Q_0 = f(P_0)$ 处的边际收益 $R'(Q_0) = 20$，即在 Q_0 处每多生产 1 件产品总收益大约增加 20 元. 因此，在价格为 P_0 时，若价格上涨 1 元，总收益增加的近似值为 $R'(Q_0) \cdot f'(P_0) = 20 \times 10 = 200$. 按导数的实际意义，此值即为复合函数 $R = R[f(P)]$ 在点 P_0 处的导数：

$$\frac{\mathrm{d}R}{\mathrm{d}P}\bigg|_{P=P_0} = \frac{\mathrm{d}R}{\mathrm{d}Q}\bigg|_{Q=Q_0} \cdot \frac{\mathrm{d}Q}{\mathrm{d}P}\bigg|_{P=P_0} = R'(Q_0) \cdot f'(P_0)$$

一般地，我们有下面的关于**复合函数求导法则**.

定理 2.4（复合函数求导法则） 如果 $u = \varphi(x)$ 在点 x_0 处可导，而 $y = f(u)$ 在点 $u_0 = \varphi(x_0)$ 处可导，则复合函数 $y = f[\varphi(x)]$ 在点 x_0 处可导，且其导数为

$$\frac{\mathrm{d}y}{\mathrm{d}x}\bigg|_{x=x_0} = f'(u_0) \cdot \varphi'(x_0)$$

证 由于 $y = f(u)$ 在点 u_0 处可导，因此

$$\lim_{\Delta u \to 0} \frac{\Delta y}{\Delta u} = f'(u_0)$$

存在，于是根据极限与无穷小的关系，有

$$\frac{\Delta y}{\Delta u} = f'(u_0) + \alpha$$

其中 α 是 $\Delta u \to 0$ 时的无穷小. 上式中 $\Delta u \neq 0$，用 Δu 乘上式两边，得

$$\Delta y = f'(u_0)\Delta u + \alpha \cdot \Delta u$$

当 $\Delta u = 0$ 时，规定 $\alpha = 0$，这时因 $\Delta y = f(u_0 + \Delta u) - f(u_0) = 0$，而 $\Delta y = f'(u_0)\Delta u + \alpha \cdot \Delta u$ 的右端亦为 0，故 $\Delta y = f'(u_0)\Delta u + \alpha \cdot \Delta u$ 对 $\Delta u = 0$ 也成立. 用 $\Delta x(\neq 0)$ 除 $\Delta y = f'(u_0)\Delta u + \alpha \cdot \Delta u$ 的两边，得

$$\frac{\Delta y}{\Delta x} = f'(u_0)\frac{\Delta u}{\Delta x} + \alpha \cdot \frac{\Delta u}{\Delta x}$$

于是

$$\lim_{\Delta x \to 0} \frac{\Delta y}{\Delta x} = \lim_{\Delta x \to 0}\left[f'(u_0)\frac{\Delta u}{\Delta x} + \alpha \cdot \frac{\Delta u}{\Delta x}\right]$$

根据函数在某点可导必在该点连续的性质知道,当 $\Delta x \to 0$ 时,$\Delta u \to 0$,从而可以推知

$$\lim_{\Delta x \to 0} \alpha = \lim_{\Delta u \to 0} \alpha = 0$$

又因为 $u = \varphi(x)$ 在点 x_0 处可导,有

$$\lim_{\Delta x \to 0} \frac{\Delta u}{\Delta x} = \varphi'(x_0)$$

故

$$\lim_{\Delta x \to 0} \frac{\Delta y}{\Delta x} = f'(u_0) \cdot \lim_{\Delta x \to 0} \frac{\Delta u}{\Delta x}$$

即

$$\frac{\mathrm{d}y}{\mathrm{d}x}\bigg|_{x=x_0} = f'(u_0) \cdot \varphi'(x_0)$$

证毕.

复合函数的求导法则可以推广到多个中间变量的情形. 我们以两个中间变量为例,设 $y = f(u)$,$u = \varphi(v)$,$v = \psi(x)$,则

$$\frac{\mathrm{d}y}{\mathrm{d}x} = \frac{\mathrm{d}y}{\mathrm{d}u} \cdot \frac{\mathrm{d}u}{\mathrm{d}x}$$

而

$$\frac{\mathrm{d}u}{\mathrm{d}x} = \frac{\mathrm{d}u}{\mathrm{d}v} \cdot \frac{\mathrm{d}v}{\mathrm{d}x}$$

故复合函数 $y = f\{\varphi[\psi(x)]\}$ 的导数为

$$\frac{\mathrm{d}y}{\mathrm{d}x} = \frac{\mathrm{d}y}{\mathrm{d}u} \cdot \frac{\mathrm{d}u}{\mathrm{d}v} \cdot \frac{\mathrm{d}v}{\mathrm{d}x}$$

当然,这里假定上式右端所出现的导数在相应处都存在.

例 2.17　已知 $y = (3x^2 + 5)^4$,求 $\dfrac{\mathrm{d}y}{\mathrm{d}x}$.

解　$\dfrac{\mathrm{d}y}{\mathrm{d}x} = 4(3x^2 + 5)^3(3x^2 + 5)' = 24x(3x^2 + 5)^3$.

例 2.18　已知 $y = \ln \cos (\mathrm{e}^x)$,求 $\dfrac{\mathrm{d}y}{\mathrm{d}x}$.

解　所给函数可分解为 $y = \ln u$,$u = \cos v$,$v = \mathrm{e}^x$. 因

$$\frac{\mathrm{d}y}{\mathrm{d}u} = \frac{1}{u}, \qquad \frac{\mathrm{d}u}{\mathrm{d}v} = -\sin v, \qquad \frac{\mathrm{d}v}{\mathrm{d}x} = \mathrm{e}^x$$

故

$$\frac{dy}{dx} = \frac{1}{u} \cdot (-\sin v) \cdot e^x = -\frac{\sin (e^x)}{\cos (e^x)} \cdot e^x = -e^x \tan (e^x)$$

对复合函数的分解过程熟练掌握之后，就不必再写出中间变量，只要按照函数复合的次序由外及里逐层求导，就可直接得出最后结果.

$$\frac{dy}{dx} = [\ln \cos (e^x)]' = \frac{1}{\cos (e^x)}[\cos (e^x)]' = \frac{-\sin (e^x)}{\cos (e^x)}(e^x)' = -e^x \tan (e^x)$$

例 2.19 已知 $y = \ln(x + \sqrt{x^2 + a^2})$，求 y'.

解
$$y' = \left[\ln(x + \sqrt{x^2 + a^2})\right]' = \frac{1}{x + \sqrt{x^2 + a^2}}(x + \sqrt{x^2 + a^2})'$$

$$= \frac{1}{x + \sqrt{x^2 + a^2}}\left[1 + \frac{1}{2}\frac{1}{\sqrt{x^2 + a^2}}(x^2 + a^2)'\right]$$

$$= \frac{1}{x + \sqrt{x^2 + a^2}}\left(1 + \frac{x}{\sqrt{x^2 + a^2}}\right)$$

$$= \frac{1}{\sqrt{x^2 + a^2}}.$$

例 2.20 设 $f'(x)$ 存在，求 $y = \ln|f(x)|, f(x) \neq 0$ 的导数.

解 当 $f(x) > 0$ 时，$y = \ln f(x)$，则

$$y' = [\ln f(x)]' = \frac{1}{f(x)}f'(x) = \frac{f'(x)}{f(x)}$$

当 $f(x) < 0$ 时，$y = \ln[-f(x)]$，则

$$y' = \{\ln[-f(x)]\}' = \frac{1}{-f(x)}[-f'(x)] = \frac{f'(x)}{f(x)}$$

所以

$$[\ln f(x)]' = \frac{f'(x)}{f(x)}, \quad f(x) \neq 0$$

注 在本题中，如果经济量 y 是时间 t 的函数 $y = f(t)$，其中 $f(t)$ 可导且 $f(t) > 0$，则称 $G = \frac{f'(t)}{f(t)} = \frac{d\ln y}{dt}$ 为 y 在 t 时刻的**连续增长率**或**瞬时增长率**.

例如，某经济量呈连续指数增长 $y = ae^{rt}$，则其连续增长率为

$$G = \frac{d\ln y}{dt} = \frac{d(\ln a + rt)}{dt} = r$$

连续增长率 G 是经济量 y 在时刻 t 的相对变化速度（类似于连续复利率），应该注意它与普通的年度增长率（类似于普通复利率）之间的区别.

例 2.21 国民收入 Y 以 6% 的速度连续增长，而人口 P 以 2.5% 的速度连续

增长,求人均国民收入 $\overline{Y}$ 的连续增长率.

解　人均国民收入 $\overline{Y} = \dfrac{Y}{P}, \ln \overline{Y} = \ln Y - \ln P$,则 $\overline{Y}$ 的连续增长率

$$G = \frac{\mathrm{d}\ln \overline{Y}}{\mathrm{d}t} = \frac{\mathrm{d}\ln Y}{\mathrm{d}t} - \frac{\mathrm{d}\ln P}{\mathrm{d}t} = 0.06 - 0.025 = 0.035 = 3.5\%$$

4. 隐函数的导数

函数 $y = f(x)$ 表示两个变量 y 与 x 之间的对应关系,这种对应关系可以用各种不同方式表达.前面我们遇到的函数,例如 $y = \sin x, y = \ln x + \sqrt{1 - x^2}$ 等,这种函数表达方式的特点是:等号左端是因变量的符号,而右端是含有自变量的式子,当自变量取定义域内任一值时,由这个式子能确定对应的函数值.用这种方式表达的函数叫作**显函数**.有些函数的表达方式却不是这样,例如,方程 $x + y^3 - 1 = 0$ 表示一个函数,因为当变量 x 在 $(-\infty, +\infty)$ 内取值时,变量 y 有确定的值与之对应.例如,当 $x = 0$ 时,$y = 1$;当 $x = -1$ 时,$y = \sqrt[3]{2}$,等等.这样的函数称为**隐函数**.

一般地,如果在方程 $F(x, y) = 0$ 中,当 x 取某区间内的任一值时,相应地总有满足这方程的唯一的 y 值存在,那么就说方程 $F(x, y) = 0$ 在该区间内确定了一个隐函数.

把一个隐函数化成显函数,叫作隐函数的显化.例如从方程 $x + y^3 - 1 = 0$ 解出 $y = \sqrt[3]{1 - x}$,就把隐函数化成了显函数.隐函数的显化有时是有困难的,甚至是不可能的.但在实际问题中,有时需要计算隐函数的导数,因此,我们希望有一种方法,不管隐函数能否显化,都能直接由方程算出它所确定的隐函数的导数来.下面通过具体例子来说明这种方法.

在这里,我们总是假定隐函数是存在的,也就是说,由一个 x, y 的二元方程能唯一地确定函数 $y = f(x)$,且 $f'(x)$ 存在.

例 2.22　求由方程 $e^y + xy - e = 0$ 所确定的隐函数 y 的导数 $\dfrac{\mathrm{d}y}{\mathrm{d}x}$.

解　方程两边分别对 x 求导数,注意 y 是 x 的函数.方程左边对 x 求导得

$$\frac{\mathrm{d}}{\mathrm{d}x}(e^y + xy - e) = e^y \frac{\mathrm{d}y}{\mathrm{d}x} + y + x \frac{\mathrm{d}y}{\mathrm{d}x}$$

方程右边对 x 求导得

$$(0)' = 0$$

由于等式两边对 x 的导数相等,所以

$$e^y \frac{\mathrm{d}y}{\mathrm{d}x} + y + x \frac{\mathrm{d}y}{\mathrm{d}x} = 0$$

从而

$$\frac{\mathrm{d}y}{\mathrm{d}x} = -\frac{y}{x+\mathrm{e}^y}, \quad x+\mathrm{e}^y \neq 0$$

在这个结果中,分式中的 y 是由方程 $\mathrm{e}^y + xy - \mathrm{e} = 0$ 所确定的隐函数.

隐函数求导方法小结:

（ⅰ）方程两端同时对 x 求导数,注意把 y 当作复合函数求导的中间变量来看待,例如

$$(\ln\ y)'\Big|_x = \frac{1}{y}y'$$

（ⅱ）从求导后的方程中解出 y' 来.

（ⅲ）隐函数求导允许其结果中含有 y.但求一点的导数时不但要把 x 值代进去,还要把对应的 y 值代进去.

例 2.23　求曲线 $x^2 + xy + y^2 = 4$ 在点 $(2,-2)$ 处的切线方程与法线方程.

解　由 $x^2 + xy + y^2 - 4 = 0$ 两边对 x 求导,得

$$2x + y + xy' + 2yy' = 0$$

解得

$$y' = -\frac{2x+y}{x+2y}$$

由导数的几何意义知,曲线在点 $(2,-2)$ 处切线斜率 $k = y'\Big|_{\substack{x=2 \\ y=-2}} = 1$,所以,所求切线方程为

$$y + 2 = 1 \cdot (x - 2)$$

即

$$y - x + 4 = 0$$

法线方程为

$$y + 2 = -1 \cdot (x - 2)$$

即

$$y + x = 0$$

5. 对数求导法

对于幂指函数 $y = u(x)^{v(x)}$ 是没有求导公式的,但是可以通过方程两端取对数化幂指函数为隐函数,从而求出导数 y'.

例 2.24　求 $y = x^{\sin x}, x > 0$ 的导数.

解　这个函数既不是幂函数也不是指数函数,通常称为幂指函数.为了求这个函数的导数,可以先在两边取对数,得

$$\ln y = \sin x \cdot \ln x$$

上式两边对 x 求导,注意到 y 是 x 的函数,得

$$\frac{1}{y}y' = \cos x \cdot \ln x + \sin x \cdot \frac{1}{x}$$

于是

$$y' = y\left(\cos x \cdot \ln x + \frac{\sin x}{x}\right) = x^{\sin x}\left(\cos x \cdot \ln x + \frac{\sin x}{x}\right)$$

由于对数具有化积商为和差的性质,因此我们可以把多因子乘积开方的求导运算,通过取对数得到化简.

例 2.25　求 $y = \sqrt{\dfrac{(x-1)(x-2)}{(x-3)(x-4)}}$ 的导数.

解　先在两边取对数(假定 $x > 4$),得

$$\ln y = \frac{1}{2}\big[\ln(x-1) + \ln(x-2) - \ln(x-3) - \ln(x-4)\big]$$

上式两边对 x 求导,注意到 y 是 x 的函数,得

$$\frac{1}{y}y' = \frac{1}{2}\left(\frac{1}{x-1} + \frac{1}{x-2} - \frac{1}{x-3} - \frac{1}{x-4}\right)$$

于是

$$y' = \frac{y}{2}\left(\frac{1}{x-1} + \frac{1}{x-2} - \frac{1}{x-3} - \frac{1}{x-4}\right)$$

当 $x < 1$ 时

$$y = \sqrt{\frac{(1-x)(2-x)}{(3-x)(4-x)}}$$

当 $2 < x < 3$ 时

$$y = \sqrt{\frac{(x-1)(x-2)}{(3-x)(4-x)}}$$

用同样方法可得到与上面相同的结果.

注　关于幂指函数求导,除了取对数的方法,还可以采取化指数的方法.例如 $x^x = \mathrm{e}^{x\ln x}$,这样就可把幂指函数求导转化为复合函数求导.例如,在求 $y = x^{\mathrm{e}^x} + \mathrm{e}^{x^{\mathrm{e}}}$ 的导数时,化指数方法比取对数方法简单,且不容易出错.

6. 由参数方程确定的函数的求导

若由参数方程 $\begin{cases} x = \varphi(t) \\ y = \psi(t) \end{cases}$ 确定了 y 是 x 的函数,如果函数 $x = \varphi(t)$ 具有单调连续反函数 $t = \varphi^{-1}(x)$,且此反函数能与函数 $y = \psi(t)$ 复合成复合函数,那么由参数方程 $\begin{cases} x = \varphi(t) \\ y = \psi(t) \end{cases}$ 所确定的函数可以看成是由函数 $y = \psi(t)$,$t = \varphi^{-1}(x)$ 复合而成的函数 $y = \psi[\varphi^{-1}(x)]$. 现在,要计算这个复合函数的导数. 为此,再假定函数 $x = \varphi(t)$,$y = \psi(t)$ 都可导,而且 $\varphi'(t) \neq 0$. 于是根据复合函数的求导法则与反函数的导数公式,就有

$$\frac{\mathrm{d}y}{\mathrm{d}x} = \frac{\mathrm{d}y}{\mathrm{d}t} \cdot \frac{\mathrm{d}t}{\mathrm{d}x} = \frac{\mathrm{d}y}{\mathrm{d}t} \cdot \frac{1}{\dfrac{\mathrm{d}x}{\mathrm{d}t}} = \frac{\psi'(t)}{\varphi'(t)}$$

即

$$\frac{\mathrm{d}y}{\mathrm{d}x} = \frac{\psi'(t)}{\varphi'(t)}$$

上式也可写成

$$\frac{\mathrm{d}y}{\mathrm{d}x} = \frac{\dfrac{\mathrm{d}y}{\mathrm{d}t}}{\dfrac{\mathrm{d}x}{\mathrm{d}t}}$$

如果 $x = \varphi(t)$,$y = \psi(t)$ 还是二阶可导的,由 $\dfrac{\mathrm{d}y}{\mathrm{d}x} = \dfrac{\psi'(t)}{\varphi'(t)}$ 还可导出 y 对 x 的二阶导数公式:

$$\frac{\mathrm{d}^2 y}{\mathrm{d}x^2} = \frac{\mathrm{d}}{\mathrm{d}x}\left(\frac{\mathrm{d}y}{\mathrm{d}x}\right) = \frac{\mathrm{d}}{\mathrm{d}t}\left[\frac{\psi'(t)}{\varphi'(t)}\right] \cdot \frac{\mathrm{d}t}{\mathrm{d}x} = \frac{\psi''(t)\varphi'(t) - \psi'(t)\varphi''(t)}{\varphi'^{2}(t)} \cdot \frac{1}{\varphi'(t)}$$

即

$$\frac{\mathrm{d}^2 y}{\mathrm{d}x^2} = \frac{\psi''(t)\varphi'(t) - \psi'(t)\varphi''(t)}{\varphi'^{3}(t)}$$

例 2.26　求由参数方程 $\begin{cases} x = 2\cos^3 \varphi \\ y = 4\sin^3 \varphi \end{cases}$ 所确定的函数的导数 $\dfrac{\mathrm{d}y}{\mathrm{d}x}$.

解　因为

$$\frac{\mathrm{d}x}{\mathrm{d}\varphi} = (2\cos^3 \varphi)' = 6\cos^2 \varphi(-\sin \varphi)$$

$$\frac{\mathrm{d}y}{\mathrm{d}\varphi} = (4\sin^3 \varphi)' = 12\sin^2 \varphi\cos \varphi$$

所以

$$\frac{\mathrm{d}y}{\mathrm{d}x} = \frac{\dfrac{\mathrm{d}y}{\mathrm{d}\varphi}}{\dfrac{\mathrm{d}x}{\mathrm{d}\varphi}} = \frac{12\sin^2\varphi\cos\varphi}{-6\cos^2\varphi\sin\varphi} = -2\tan\varphi$$

习　题　2.3

1. 求下列函数的导数.

(1) $y = \sqrt[5]{x^2}$;

(2) $y = \dfrac{x\cdot\sqrt[3]{x^2}}{\sqrt{x^3}}$;

(3) $y = a^x \mathrm{e}^x$;

(4) $y = \mathrm{e}^x(x^2 - 3x + 1)$;

(5) $y = 2\tan x + \sec x + 3\cdot 5^x$;

(6) $y = x\ln x + \dfrac{\ln x}{x}$;

(7) $y = \dfrac{10^x - 1}{10^x + 1}$.

2. 求下列函数的导数.

(1) $y = \arccos\sqrt{x}$;

(2) $y = \ln(\mathrm{e}^x + \sqrt{1 + \mathrm{e}^{2x}})$;

(3) $y = \arctan \mathrm{e}^x - \ln\sqrt{\dfrac{\mathrm{e}^{2x}}{1 + \mathrm{e}^{2x}}}$;

(4) $y = \dfrac{\arcsin x}{\sqrt{1 - x^2}} + \dfrac{1}{2}\ln\dfrac{1 - x}{1 + x}$;

(5) $y = 2^{\frac{x}{\ln x}}$;

(6) $y = \sin^2(\csc 2x)$;

(7) $y = \sqrt[3]{x + \sqrt{x}}$;

(8) $y = \dfrac{x}{2}\sqrt{a^2 - x^2} + \dfrac{a^2}{2}\arcsin\dfrac{x}{a}$, a 为常数.

3. 求由下列方程所确定的隐函数 y 的导数 $\dfrac{\mathrm{d}y}{\mathrm{d}x}$.

(1) $y^2 - 2xy + b^2 = 0$;

(2) $\sqrt{x} + \sqrt{y} = 4$;

(3) $x^2 y - \mathrm{e}^{2x} = \sin y$;

(4) $x^y = y^x$.

4. 求由方程 $\sin(xy) + \ln(y - x) = x$ 所确定的隐函数 y 在 $x = 0$ 的导数 $\dfrac{\mathrm{d}y}{\mathrm{d}x}\Big|_{x=0}$.

5. 用对数求导法求下列函数 y 的导数.

(1) $y = (x^2 + 1)^3 (x + 2)^2 x^6$;

(2) $y = \dfrac{(2x + 1)^2 \sqrt[3]{2 - 3x}}{\sqrt[3]{(x - 3)^2}}$;

(3) $y = x^{x^x}\ (x > 0)$;

(4) $y = (1 + \cos x)^{\frac{1}{x}}$.

6. 写出下列曲线在所给参数值相应的点处的切线方程和法线方程.

(1) $\begin{cases} x = 2\mathrm{e}^t \\ y = \mathrm{e}^{-t} \end{cases}$，在 $t = 0$ 处；

(2) $\begin{cases} x = a\cos^3\theta \\ y = a\sin^3\theta \end{cases}$，在 $\theta = \dfrac{\pi}{4}$ 处.

7. 求下列参数方程所确定的函数 $y = f(x)$ 的一阶导数.

(1) $\begin{cases} x = \cos t \\ y = \sin t \end{cases}$；

(2) $\begin{cases} x = 1 - t^3 \\ y = t - t^3 \end{cases}$；

(3) $\begin{cases} x = \mathrm{e}^t\sin t \\ y = \mathrm{e}^t\cos t \end{cases}$.

2.4　高 阶 导 数

边际成本 $C'(Q)$ 是成本函数 $C(Q)$ 的导数. 如果要描述边际成本 $C'(Q)$ 变化的快慢，就需要 $C'(Q)$ 的导数 $[C'(Q)]'$. 这种"导数的导数"一般称为高阶导数.

定义 2.4　如果函数 $y = f(x)$ 的导函数 $f'(x)$ 在点 x 处可导，则称其导数 $[f'(x)]'$ 为 $f(x)$ 的二阶导数，记为 $f''(x)$，即 $f''(x) = [f'(x)]'$.

二阶导数也记为

$$y'', \qquad \frac{\mathrm{d}^2 y}{\mathrm{d} x^2}, \qquad \frac{\mathrm{d}^2 f}{\mathrm{d} x^2}$$

类似地，我们可以定义函数 $f(x)$ 的三阶导数 $f'''(x) = [f''(x)]'$，四阶导数 $\cdots\cdots n$ 阶导数分别为 $f^{(4)}(x) = [f'''(x)]'$，$\cdots$，$f^{(n)} = [f^{(n-1)}(x)]'$. 函数 $f(x)$ 的 n 阶导数也可以记为

$$y^{(n)}, \qquad \frac{\mathrm{d}^n y}{\mathrm{d} x^n}, \qquad \frac{\mathrm{d}^n f}{\mathrm{d} x^n}$$

二阶及二阶以上的导数统称为函数的**高阶导数**.

由上述可知，求函数的高阶导数只需应用求导基本公式和求导法则，反复进行求导运算即可. 函数 $f(x)$ 的 n 阶导数在点 $x = x_0$ 处的导数值记为

$$f^{(n)}(x_0), \qquad \left.\frac{\mathrm{d}^n y}{\mathrm{d} x^n}\right|_{x = x_0}, \qquad \left. y^{(n)} \right|_{x = x_0} \qquad 或 \qquad \left.\frac{\mathrm{d}^n f}{\mathrm{d} x^n}\right|_{x = x_0}$$

例 2.27　我们来解决引例 2 中的问题.

解　(1) 根据西方经济学知识,总利润极大化的条件是 $MC = MR$(边际成本等于边际收益).已知厂商的产品需求函数为 $P = 12 - 0.4Q$,则 $MR = 12 - 0.8Q$,又知 $TC = 0.6Q^2 + 4Q + 5$,则 $MC = (TC)' = 1.2Q + 4$.因此总利润极大时,$MC = MR$,即 $1.2Q + 4 = 12 - 0.8Q$,所以 $Q = 4$.

把 $Q = 4$ 代入 $P = 12 - 0.4Q$ 中,得 $P = 10.4$,故总收益

$$TR = PQ = 10.4 \times 4 = 41.6$$

总利润

$$\pi = TR - TC = 41.6 - (0.6 \times 4^2 + 4 \times 4 + 5) = 11$$

(2) 总收益 $TR = PQ = 12Q - 0.4Q^2$.总收益最大,也即要求 $TR = 12Q - 0.4Q^2$ 最大.对于这个问题,我们可以利用中学的二次函数求解,也可以利用一阶导数求最值来解决(中学已经学习了,在此不再赘述).下面我们介绍利用导数求最值的另一种方法(后面将要学习),即只要令 $\dfrac{\mathrm{d}TR}{\mathrm{d}Q} = 0$,且 $\dfrac{\mathrm{d}^2 TR}{\mathrm{d}Q^2} < 0$,则 $TR = 12Q - 0.4Q^2$ 就存在最大值.由 $\dfrac{\mathrm{d}TR}{\mathrm{d}Q} = 12 - 0.8Q = 0$,得 $Q = 15$,不难得出

$$\frac{\mathrm{d}^2 TR}{\mathrm{d}Q^2} = \left(\frac{\mathrm{d}TR}{\mathrm{d}Q}\right)' = (12 - 0.8Q)' = -0.8 < 0$$

故 $Q = 15$ 时,TR 最大.

把 $Q = 15$ 代入 $P = 12 - 0.4Q$ 中,得

$$P = 12 - 0.4 \times 15 = 6$$

总收益

$$TR = PQ = 6 \times 15 = 90$$

总利润

$$\pi = TR - TC = 90 - (0.6 \times 15^2 + 4 \times 15 + 5) = -110$$

例 2.28　设 $y = x^n$,n 为正整数,求 $y^{(k)}$.

解　(1) 若 $k < n$,则

$$y' = nx^{n-1}$$
$$y'' = n(n-1)x^{n-2}$$

由归纳法得

$$y^{(k)} = n(n-1)(n-2)\cdots(n-k+1)x^{n-k}$$

(2) 若 $k = n$,则
$$y^{(n)} = (x^n)^{(n)} = n(n-1) \cdot \cdots \cdot 3 \cdot 2 \cdot 1 = n!$$

(3) 若 $k > n$,显然 $y^{(n+1)} = (n!)' = 0$,即
$$y^{(n+1)} = y^{(n+2)} = \cdots = y^{(k)} = 0$$

例 2.29　$y = e^{ax}$,a 为常数的 n 阶导数.

解　因为
$$y' = ae^{ax}, \quad y'' = a^2 e^{ax}, \quad y''' = a^3 e^{ax}, \quad \cdots$$

一般地,有
$$y^{(n)} = a^n e^{ax}$$

例 2.30　求 $y = \sin x$ 的 n 阶导数.

解　因为 $y = \sin x$,所以
$$y' = \cos x = \sin\left(x + \frac{\pi}{2}\right)$$
$$y'' = \left[\sin\left(\frac{\pi}{2} + x\right)\right]' = \cos\left(x + \frac{\pi}{2}\right)$$
$$= \sin\left(x + \frac{\pi}{2} + \frac{\pi}{2}\right) = \sin\left(x + 2 \cdot \frac{\pi}{2}\right)$$

设 $n = k$ 时成立,即
$$y^{(k)} = \sin\left(x + \frac{k\pi}{2}\right)$$

则当 $n = k + 1$ 时,有
$$y^{(k+1)} = \left[\sin\left(x + \frac{k\pi}{2}\right)\right]' = \cos\left(x + \frac{k\pi}{2}\right)$$
$$= \sin\left(x + \frac{k\pi}{2} + \frac{\pi}{2}\right) = \sin\left[x + \frac{(k+1)}{2}\pi\right]$$

从而,有
$$y^{(n)} = (\sin x)^{(n)} = \sin\left(x + \frac{n\pi}{2}\right)$$

用类似的方法,可得
$$(\cos x)^{(n)} = \cos\left(x + \frac{n\pi}{2}\right)$$

注　求函数的 n 阶导数时,可先求出函数的 $1 \sim 3$ 阶或更高阶的导数,找出一般规律,并利用数学归纳法对其加以证明.

例 2.31　求对数函数 $y = \ln(1 + x)$ 的 n 阶导数.

解　因为 $y = \ln(1 + x)$，所以

$$y' = \frac{1}{1 + x}, \quad y'' = -\frac{1}{(1 + x)^2}, \quad y''' = \frac{1 \cdot 2}{(1 + x)^3}, \quad y^{(4)} = -\frac{1 \cdot 2 \cdot 3}{(1 + x)^4}$$

一般地，可得

$$y^{(n)} = (-1)^{n-1} \frac{(n - 1)!}{(1 + x)^n}$$

即

$$[\ln(1 + x)]^{(n)} = (-1)^{n-1} \frac{(n - 1)!}{(1 + x)^n}$$

通常规定 $0! = 1$，所以这个公式当 $n = 1$ 时也成立.

例 2.32　求由方程 $y = \sin(x + y)$ 所确定的隐函数 $y = y(x)$ 的二阶导数 y''.

解　将 $y = \sin(x + y)$ 两边同时对 x 求导，得

$$y' = \cos(x + y)(1 + y') \tag{2.30}$$

即

$$y' = \frac{\cos(x + y)}{1 - \cos(x + y)} \tag{2.31}$$

再将式 (2.30) 两边对 x 求导，得

$$y'' = -\sin(x + y)(1 + y')(1 + y') + \cos(x + y)y''$$

移项化简，得

$$y''[1 - \cos(x + y)] = -\sin(x + y)(1 + y')^2$$

即

$$y'' = \frac{-\sin(x + y)}{1 - \cos(x + y)} \cdot (1 + y')^2 \tag{2.32}$$

将式 (2.31) 代入式 (2.32)，得

$$y'' = \frac{\sin(x + y)}{[\cos(x + y) - 1]^3}$$

例 2.33　求由方程 $\begin{cases} x = t - \dfrac{1}{t} \\ y = \dfrac{t^2}{2} + \ln t \end{cases}$，$t > 0$ 所确定函数的一阶导数 $\dfrac{\mathrm{d}y}{\mathrm{d}x}$ 及二阶导数 $\dfrac{\mathrm{d}^2 y}{\mathrm{d}x^2}$.

解　因为 $\dfrac{\mathrm{d}y}{\mathrm{d}t} = t + \dfrac{1}{t}, \dfrac{\mathrm{d}x}{\mathrm{d}t} = 1 + \dfrac{1}{t^2}$，所以

$$\frac{\mathrm{d}y}{\mathrm{d}x} = \frac{\dfrac{\mathrm{d}y}{\mathrm{d}t}}{\dfrac{\mathrm{d}x}{\mathrm{d}t}} = \frac{t + \dfrac{1}{t}}{1 + \dfrac{1}{t^2}} = t$$

$$\frac{\mathrm{d}^2 y}{\mathrm{d}x^2} = \frac{\mathrm{d}}{\mathrm{d}x}\left(\frac{\mathrm{d}y}{\mathrm{d}x}\right) = \frac{\mathrm{d}}{\mathrm{d}t}\left(\frac{\mathrm{d}y}{\mathrm{d}x}\right)\frac{\mathrm{d}t}{\mathrm{d}x} = \frac{\mathrm{d}}{\mathrm{d}t}(t)\frac{1}{\dfrac{\mathrm{d}x}{\mathrm{d}t}}$$

$$= \frac{1}{1 + \dfrac{1}{t^2}} = \frac{t^2}{1 + t^2}$$

习　题　2.4

1. 求下列函数的二阶导数.

(1) $y = (1 + x^2)\mathrm{arccot}\, x$；

(2) $y = x[\sin(\ln x) + \cos(\ln x)]$；

(3) $y = \dfrac{\ln x}{x^2}$；

(4) $y = \cos^2 x \cdot \ln x$.

2. 求下列函数的导数值.

(1) $f(x) = (x^3 + 10)^4$，求 $f'''(0)$；

(2) $f(x) = \dfrac{\mathrm{e}^x}{x}$，求 $f''(2)$.

3. 设 $f(u)$ 二阶可导，求 $\dfrac{\mathrm{d}^2 y}{\mathrm{d}x^2}$.

(1) $y = f\left(\dfrac{1}{x}\right)$；

(2) $y = \mathrm{e}^{-f(x)}$.

4. 验证函数 $y = \mathrm{e}^x \cos x$ 满足关系式：$y'' - 2y' + 2y = 0$.

5. 求下列函数的 n 阶导数.

(1) $y = \dfrac{1}{ax + b}$；

(2) $y = \dfrac{1}{x^2 - x - 6}$；

(3) $y = \cos^2 x$；

(4) $y = x\mathrm{e}^x$.

6. 求下列函数所指定的阶的导数.

(1) $y = x^2 \mathrm{e}^{2x}$，求 $y^{(20)}$；

(2) $y = \mathrm{e}^x \cos x$，求 $y^{(4)}$.

7. 设 $f(x) = \sin^6 x + \cos^6 x$，求 $f^{(n)}(x)$.

2.5　微　　分

在实际问题中，常常要计算当自变量有一微小改变时，函数相应的改变量（即函数的增量)有多大变化.一般来说,计算函数增量的精确值比较麻烦,甚至很困难.有时候,在精确度允许的情况下,往往只需要计算它的近似值就可以了.

引例 3 某工厂生产某种产品,根据销售分析,得出利润 L(单位:元)与日产量 Q(单位:吨)的关系为 $L(Q) = 120Q + \sqrt{Q} - 1\,350$ 元.若日产量由 25 吨增加到 27 吨,求利润增加的近似值.

那么,如何求函数及其增量的近似值呢?这就是我们要介绍的微分问题.

2.5.1 微分的概念

先看下面两个实例.

例2.34 一块正方形金属薄片受温度变化影响时,其边长由 x_0 变到 $x_0 + \Delta x$,如图 2.3 所示.问此薄片的面积改变了多少?

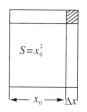

图 2.3

解 设此薄片的边长为 x,面积为 S,则 $S = x^2$,薄片受到温度变化的影响,面积的改变量就是自变量 x 在 x_0 处取得增量 Δx 时,函数有相应的增量 ΔS,即

$$\Delta S = (x_0 + \Delta x)^2 - x_0^2 = 2x_0\Delta x + (\Delta x)^2$$

又因为

$$\lim_{\Delta x \to 0}\frac{(\Delta x)^2}{\Delta x} = 0$$

所以

$$(\Delta x)^2 = o(\Delta x)$$

于是

$$\Delta S = 2x_0\Delta x + o(\Delta x), \quad \Delta x \to 0$$

从上式看出,ΔS 分成两部分:一部分是 $2x_0\Delta x$,它是 Δx 的线性函数,即图中两个小矩形面积之和,另一部分是 Δx 的高阶无穷小量.这说明,第一部分是 ΔS 的主要部分,而第二部分比第一部分小得多.因此,当 $|\Delta x|$ 较小时,我们就可以用 ΔS 的第一部分来表示 ΔS 的近似值,即

$$\Delta S \approx 2x_0\Delta x$$

由此产生的误差

$$\Delta S - 2x_0\Delta x = (\Delta x)^2$$

只是一个比 Δx 的高阶无穷小量.

从以上这个例子可以看出:函数的改变量可以表示成两部分,一部分为自变量增量的线性部分,且是函数增量的主要部分;另一部分是当自变量增量趋于 0 时,自变量增量的高阶无穷小量,它在函数增量中所起的作用很微小,可以忽略不计.

这个结论具有一般性,由此引出微分的定义.

定义 2.5　设函数 $y = f(x)$ 在某区间内有定义, $x_0 + \Delta x$ 及 x_0 在这区间内,如果函数的增量

$$\Delta y = f(x_0 + \Delta x) - f(x_0)$$

可表示为

$$\Delta y = A\Delta x + o(\Delta x), \quad \Delta x \to 0 \tag{2.33}$$

其中 A 是不依赖于 Δx 的常数,而 $o(\Delta x)$ 是比 Δx 高阶的无穷小,那么称函数 $y = f(x)$ 在点 x_0 处是**可微**的,而 $A\Delta x$ 叫作函数 $y = f(x)$ 在点 x_0 相应于自变量增量 Δx 的**微分**,记作 dy 或 $df(x)$,即

$$dy = A\Delta x \quad \text{或} \quad df(x) = A\Delta x \tag{2.34}$$

由微分的定义可知,微分 dy 是 Δx 的线性函数.

如果我们根据微分的定义,把式(2.33)改写为

$$\Delta y = dy + o(\Delta x), \quad \Delta x \to 0 \tag{2.35}$$

或

$$\Delta y - dy = o(\Delta x), \quad \Delta x \to 0 \tag{2.36}$$

则式(2.35)表明,函数的微分 dy 是函数的改变量 Δy 的主要部分;式(2.36)表明,当 $\Delta x \to 0$ 时,函数改变量 Δy 与函数微分 dy 之差是一个比 Δx 的高阶无穷小量.

定义 2.5 只是告诉我们什么是可微,什么是微分,至于函数满足什么条件才可微以及可微时 A 是什么,由下面的定理给出回答.

定理 2.5　函数 $y = f(x)$ 在点 x_0 处可微的充要条件是函数 $y = f(x)$ 在点 x_0 处可导,且在可微时,有 $A = f'(x)$,即

$$df(x) = f'(x_0)\Delta x \quad \text{或} \quad dy = y'\Delta x \tag{2.37}$$

证　先证必要性.设函数 $y = f(x)$ 在点 x_0 处可微,则按微分定义有:$\Delta y = A\Delta x + o(\Delta x)$, $\Delta x \to 0$,其中 A 与 Δx 无关,于是当 $\Delta x \neq 0$ 时,有

$$\frac{\Delta y}{\Delta x} = A + \frac{o(\Delta x)}{\Delta x}$$

再令 $\Delta x \to 0$,由上式就可得到

$$A = \lim_{\Delta x \to 0} \frac{\Delta y}{\Delta x} = f'(x_0)$$

因此,如果函数 $f(x)$ 在点 x_0 处可微,则 $f(x)$ 在点 x_0 处也一定可导,即 $f'(x_0)$ 存

在,且 $A = f'(x)$.

再证充分性.反之,如果 $y = f(x)$ 在点 x_0 处可导,即

$$\lim_{\Delta x \to 0} \frac{\Delta y}{\Delta x} = f'(x_0)$$

存在,根据极限与无穷小的关系,上式可写成

$$\frac{\Delta y}{\Delta x} = f'(x_0) + \alpha$$

其中 $\alpha \to 0 (\Delta x \to 0)$.由此又有

$$\Delta y = f'(x_0)\Delta x + \alpha \Delta x$$

因 $\alpha \Delta x = o(\Delta x)$,且不依赖于 Δx,故由微分的定义知 $y = f(x)$ 在点 x_0 处可微,且 $A = f'(x_0)$,即 $\mathrm{d}y = f'(x_0)\Delta x$.定理得证.

例 2.35　求函数 $y = x^3$ 在 $x_0 = 1, \Delta x = 0.03$ 处的改变量和微分.

解　因为 $y = x^3$,所以

$$\begin{aligned}
\Delta y &= f(x_0 + \Delta x) - f(x_0) = (x_0 + \Delta x)^3 - x_0^3 \\
&= (1 + 0.03)^3 - 1^3 \\
&= 0.092\ 727
\end{aligned}$$

而

$$f'(x) = 3x^2$$

即

$$\mathrm{d}y = 3x^2 \Delta x$$

于是

$$\mathrm{d}y \bigg|_{\substack{x_0 = 1 \\ \Delta x = 0.03}} = f'(1) \cdot \Delta x = 3 \times 0.03 = 0.09$$

比较 Δy 与 $\mathrm{d}y$ 可知

$$\Delta y - \mathrm{d}y = 0.092\ 727 - 0.09 = 0.002\ 727$$

2.5.2　微分的几何意义

为了对微分有个比较直观的了解,下面我们研究微分的几何意义.

设可微函数 $y = f(x)$ 的图像如图 2.4 所示,在曲线上任意取一点 $M(x, y)$,过 M 作曲线的切线,则此曲线在该点的切线斜率 $k = f'(x) = \tan \alpha$,当自变量在点 x 处取得增量 Δx 时,就得到曲线上另一点 $N(x + \Delta x, y + \Delta y)$,由图 2.4 可知

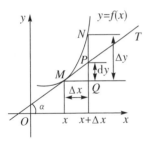

图 2.4

$$MQ = \Delta x, \quad QN = \Delta y$$

且

$$QP = MQ \cdot \tan \alpha = \Delta x f'(x) = \mathrm{d}y$$

由此可见,当 Δy 是曲线 $y = f(x)$ 上的点 $M(x,y)$ 在曲线上纵坐标的增量时,函数 $y = f(x)$ 的微分 $\mathrm{d}y$ 在几何上表示的是曲线 $y = f(x)$ 过点 $M(x,y)$ 的切线上纵坐标的增量 QP.而 NP 则表示 Δy 与 $\mathrm{d}y$ 之差,它随着 $\Delta x \to 0$ 而更快地趋于 0,是 Δx 的高阶无穷小量.于是,当 $|\Delta x|$ 较小时,函数的改变量 Δy 就可以用函数的微分 $\mathrm{d}y$ 来近似表示,或者说可以用切线的改变量 $\mathrm{d}y$ 代替曲线的改变量 Δy,从而体现了近似计算中"以直代曲"的思想.

2.5.3　微分的运算法则

根据函数微分的定义,利用前面已有的基本初等函数的导数公式,可得出相应的微分公式和微分运算法则.

1.　微分基本公式

微分基本公式如表 2.1 所示.

表 2.1

基本初等函数求导公式	基本初等函数微分公式
$c' = 0, c$ 为常数	$\mathrm{d}c = 0, c$ 为常数
$(x^\mu)' = \mu x^{\mu-1}, \mu$ 为实数	$\mathrm{d}(x^\mu) = \mu x^{(\mu-1)}\mathrm{d}x, \mu$ 为实数
$(a^x)' = a^x \ln a$	$\mathrm{d}(a^x) = a^x \ln a\,\mathrm{d}x$
$(\mathrm{e}^x)' = \mathrm{e}^x$	$\mathrm{d}(\mathrm{e}^x) = \mathrm{e}^x \mathrm{d}x$
$(\log_a x)' = \dfrac{1}{x \ln a}$	$\mathrm{d}(\log_a x) = \dfrac{1}{x \ln a}\mathrm{d}x$
$(\ln x)' = \dfrac{1}{x}$	$\mathrm{d}(\ln x) = \dfrac{1}{x}\mathrm{d}x$
$(\sin x)' = \cos x$	$\mathrm{d}(\sin x) = \cos x\mathrm{d}x$
$(\cos x)' = -\sin x$	$\mathrm{d}(\cos x) = -\sin x\mathrm{d}x$
$(\tan x)' = \sec^2 x$	$\mathrm{d}(\tan x) = \sec^2 x\mathrm{d}x$
$(\cot x)' = -\csc^2 x$	$\mathrm{d}(\cot x) = -\csc^2 x\mathrm{d}x$

基本初等函数求导公式	基本初等函数微分公式
$(\sec x)' = \sec x \tan x$	$d(\sec x) = \sec x \tan x \, dx$
$(\csc x)' = -\csc x \cot x$	$d(\csc x) = -\csc x \cot x \, dx$
$(\arcsin x)' = \dfrac{1}{\sqrt{1-x^2}}$	$d(\arcsin x) = \dfrac{1}{\sqrt{1-x^2}} dx$
$(\arccos x)' = -\dfrac{1}{\sqrt{1-x^2}}$	$d(\arccos x) = -\dfrac{1}{\sqrt{1-x^2}} dx$
$(\arctan x)' = \dfrac{1}{1+x^2}$	$d(\arctan x) = \dfrac{1}{1+x^2} dx$
$(\text{arccot}\, x)' = -\dfrac{1}{1+x^2}$	$d(\text{arccot}\, x) = -\dfrac{1}{1+x^2} dx$

2. 微分四则运算法则

微分四则运算法则如表 2.2 所示.

表 2.2

函数的四则运算求导法则	函数的四则运算微分法则
$[u(x) \pm v(x)]' = u'(x) \pm v'(x)$	$d[u(x) \pm v(x)] = du(x) \pm dv(x)$
$[u(x)v(x)]' = u'(x)v(x) + u(x)v'(x)$ $[c \cdot u(x)]' = c \cdot u'(x), c$ 为常数	$d[u(x)v(x)] = v(x)du(x) + u(x)dv(x)$ $d[cu(x)] = c\,du(x), c$ 为常数
$\left[\dfrac{u(x)}{v(x)}\right]' = \dfrac{u'(x)v(x) - u(x)v'(x)}{v^2(x)},$ $v(x) \neq 0$ $\left[\dfrac{1}{v(x)}\right]' = -\dfrac{v'(x)}{v^2(x)}, v(x) \neq 0$	$d\left[\dfrac{u(x)}{v(x)}\right] = \dfrac{v(x)du(x) - u(x)dv(x)}{v^2(x)},$ $v(x) \neq 0$ $d\left[\dfrac{1}{v(x)}\right] = -\dfrac{dv(x)}{v^2(x)}, v(x) \neq 0$

2.5.4　复合函数的微分法则:一阶微分形式不变性

设函数 $y = f(u)$,当 u 是自变量时,函数 $y = f(u)$ 的微分为 $dy = f'(u)du$. 如果 u 不是自变量,而是 x 的可导函数 $\varphi(x)$,即 $u = \varphi(x)$ 是中间变量,则构成复合函数 $y = f[\varphi(x)]$,由复合函数的求导法则,得 $y' = f'(u)\varphi'(x)$,于是有

$$dy = y'dx = f'(u)\varphi'(x)dx = f'(u)[\varphi'(x)dx] = f'(u)du$$

由此可见,不论 u 是自变量还是中间变量,函数 $y = f(u)$ 的微分总保持同一形式.
这一性质称为一阶微分形式不变性.利用这个性质求复合函数的微分十分方便.

例 2.36 设 $y = \ln(x^2 - x + 2)$,求 $\mathrm{d}y$.

解法 1 根据微分定义,由于 $y' = \dfrac{2x - 1}{x^2 - x + 2}$,所以

$$\mathrm{d}y = y'\mathrm{d}x = \frac{2x - 1}{x^2 - x + 2}\mathrm{d}x$$

解法 2 利用一阶微分形式不变性,得

$$\mathrm{d}y = \frac{1}{x^2 - x + 2}\mathrm{d}(x^2 - x + 2) = \frac{2x - 1}{x^2 - x + 2}\mathrm{d}x$$

例 2.37 设 $y = \mathrm{e}^{\sin^2 x}$,求 $\mathrm{d}y$.

解法 1 因为 $y = \mathrm{e}^{\sin^2 x}$,所以

$$\begin{aligned}
y' &= (\mathrm{e}^{\sin^2 x})' = \mathrm{e}^{\sin^2 x}(\sin^2 x)' \\
&= \mathrm{e}^{\sin^2 x} \cdot 2\sin x(\sin x)' \\
&= \mathrm{e}^{\sin^2 x} \cdot 2\sin x\cos x \\
&= \mathrm{e}^{\sin^2 x}\sin 2x
\end{aligned}$$

于是

$$\mathrm{d}y = y'\mathrm{d}x = \mathrm{e}^{\sin^2 x}\sin 2x\mathrm{d}x$$

解法 2 因为 $y = \mathrm{e}^{\sin^2 x}$,所以

$$\begin{aligned}
\mathrm{d}y &= \mathrm{e}^{\sin^2 x}\mathrm{d}\sin^2 x = \mathrm{e}^{\sin^2 x} \cdot 2\sin x \cdot \mathrm{d}\sin x \\
&= \mathrm{e}^{\sin^2 x} \cdot 2\sin x \cdot \cos x\mathrm{d}x \\
&= \mathrm{e}^{\sin^2 x}\sin 2x\mathrm{d}x
\end{aligned}$$

显然,解法 2 简单些.要善于利用一阶微分形式不变性求复合函数的微分.

例 2.38 设 $y = \sqrt[3]{1 + \sin^2 x}$,求 $\mathrm{d}y$.

解 $\mathrm{d}y = \mathrm{d}(1 + \sin^2 x)^{\frac{1}{3}} = \dfrac{1}{3}(1 + \sin^2 x)^{-\frac{2}{3}}\mathrm{d}(1 + \sin^2 x)$

$= \dfrac{1}{3}(1 + \sin^2 x)^{-\frac{2}{3}} \cdot 2\sin x\cos x\mathrm{d}x$

$= \dfrac{1}{3}(1 + \sin^2 x)^{-\frac{2}{3}}\sin 2x\mathrm{d}x.$

例 2.39 $y = y(x)$ 是由方程 $x\mathrm{e}^y - \ln y + 2 = 0$ 所确定的隐函数,求 $\mathrm{d}y$.

解 利用一阶微分形式不变性,对方程两边求微分,得

$$x\mathrm{d}\mathrm{e}^y + \mathrm{e}^y\mathrm{d}x - \frac{1}{y}\mathrm{d}y = 0$$

即

$$x\mathrm{e}^y\mathrm{d}y + \mathrm{e}^y\mathrm{d}x - \frac{1}{y}\mathrm{d}y = 0$$

解得

$$\mathrm{d}y = \frac{y\mathrm{e}^y}{1 - xy\mathrm{e}^y}\mathrm{d}x$$

2.5.5　微分在近似计算中的应用

由微分的定义可以知道,当$|\Delta x|$很小时,$\Delta y \approx \mathrm{d}y$,即

$$\Delta y = f(x_0 + \Delta x) - f(x_0) \approx f'(x_0)\Delta x \tag{2.38}$$

$$f(x_0 + \Delta x) \approx f(x_0) + f'(x_0)\Delta x \tag{2.39}$$

式(2.38)提供了求函数增量近似值的方法;式(2.39)提供了求函数值近似值的方法.它们在近似计算中都有广泛的应用.

在式(2.39)中,若令$x = x_0 + \Delta x$,且取$x_0 = 0$,则

$$f(x) \approx f(0) + f'(0)x, \quad |x| \text{ 很小} \tag{2.40}$$

式(2.40)提供了求函数$f(x)$在$x = 0$附近近似值的方法.

例 2.40　下面我们来解答引例3.

解　由题意,日产量Q由25吨增加到27吨,利润L增加ΔL,因此,这是一个函数改变量的近似值问题,由式(2.38),得

$$\Delta L \approx L'(Q)\Delta Q = \left(120 + \frac{1}{2\sqrt{Q}}\right)\Delta Q$$

当$Q = 25, \Delta Q = 2$时

$$\Delta L \approx \left(120 + \frac{1}{2\sqrt{25}}\right) \times 2 = 240.2 \text{ (元)}$$

即日产量由25吨增加到27吨时,利润约增加240.2元.

例 2.41　求$\mathrm{e}^{-0.03}$的近似值.

解　$\mathrm{e}^{-0.03}$可看作函数$f(x) = \mathrm{e}^x$在$x = 0 + (-0.03)$处的函数值.由式(2.40),得

$$e^{-0.03} = f[0 + (-0.03)] \approx f(0) + f'(0)(-0.03)$$
$$= e^0 + e^x \Big|_{x=0} \cdot (-0.03)$$
$$= 1 - 0.03$$
$$= 0.97$$

例 2.42　当 $|x|$ 很小时, 求证: $\sqrt[n]{1+x} \approx 1 + \dfrac{1}{n}x$.

证　令 $f(x) = \sqrt[n]{1+x}$, 则 $f'(x) = \dfrac{1}{n}(1+x)^{\frac{1}{n}-1}$, 由 $f(0) = 1, f'(0) = \dfrac{1}{n}$, 代入式(2.40), 得

$$\sqrt[n]{1+x} \approx 1 + \frac{1}{n}x$$

按照例 2.42 的方法, 当 $|x|$ 很小时, 可以证明下列各式也成立.

(ⅰ) $e^x \approx 1 + x$;　　　　　　　　(ⅱ) $\sin x \approx x$, x 用弧度表示;

(ⅲ) $\ln(1+x) \approx x$;　　　　　　　(ⅳ) $\tan x \approx x$.

仿照例 2.42, 分别给出(ⅰ)、(ⅱ)、(ⅲ)、(ⅳ)的证明.(读者自证.)

习　题　2.5

1. 设函数 $y = x^3$, 计算在 $x = 2$ 处, Δx 分别等于 $-0.1, 0.01$ 时的增量 Δy 及微分 $\mathrm{d}y$.

2. 求下列函数的微分 $\mathrm{d}y$.

(1) $y = \dfrac{x}{1-x}$;　　　　　　　　(2) $y = e^{-x}\cos(3-x)$;

(3) $y = x^2 e^{2x}$;　　　　　　　　　(4) $y = \tan^2(1 + 2x^2)$.

3. 用微分求由方程 $x + y = \arctan(x - y)$ 确定的函数 $y = f(x)$ 的微分与导数.

4. 用微分求参数方程 $x = t - \arctan t, y = \ln(1 + t^2)$ 确定的函数 $y = y(x)$ 的一阶导数和二阶导数.

5. 利用微分求近似值.

(1) $\tan 46^\circ$;　　　　　　　　　(2) $e^{1.01}$;

(3) $\ln 1.001$;　　　　　　　　　(4) $\arctan 1.02$.

6. 当 $|x|$ 很小时, 证明下列近似公式.

(1) $\ln(1+x) \approx x$;　　　　　　　(2) $\dfrac{1}{1+x} \approx 1 - x$.

2.6　函数弹性分析

在边际分析中所研究的是函数的绝对改变量与绝对变化率,但是经济量的绝对改变往往不能真正反映其变化强度.例如,两种商品的价格分别为每单位 10 元和 20 元,如果现在都提价 1 元,即绝对改变量都是 1,但前者价格上涨了 10%,而后者仅为 5%.因此,研究经济函数相对改变量和函数相对变化速度 —— 弹性,具有很重要的意义.为此引入下面的定义.

定义 2.6　设函数 $y = f(x)$ 可导,函数的相对改变量

$$\frac{\Delta y}{y} = \frac{f(x + \Delta x) - f(x)}{f(x)}$$

与自变量的相对改变量 $\frac{\Delta x}{x}$ 之比 $\frac{\Delta y / y}{\Delta x / x}$,称为函数 $f(x)$ 从 x 到 $x + \Delta x$ **两点间的弹性**(或相对变化率),记为 $\varepsilon_{(x, x+\Delta x)}$.而极限

$$\lim_{\Delta x \to 0} \frac{\Delta y / y}{\Delta x / x}$$

称为函数 $f(x)$ 在点 x 处的**弹性**(或相对变化率),记为 ε_x,即

$$\varepsilon_x = \frac{Ey}{Ex} = \lim_{\Delta x \to 0} \frac{\Delta y / y}{\Delta x / x} = \lim_{\Delta x \to 0} \frac{\Delta y}{\Delta x} \cdot \frac{x}{y} = y' \frac{x}{y}$$

注　函数 $f(x)$ 在点 x 处的弹性 $\frac{Ey}{Ex}$ 反映随 x 的变化 $f(x)$ 变化幅度的大小,即 $f(x)$ 对 x 变化反应的强烈程度或**灵敏度**.数值上,$\frac{E}{Ex} f(x)$ 表示 $f(x)$ 在点 x 处,当 x 产生 1% 的改变时,函数 $f(x)$ 近似地改变 $\frac{E}{Ex} f(x) \%$,在应用问题中解释弹性的具体意义时,通常略去"近似"二字.

设需求函数 $Q = f(P)$,这里 P 表示产品的价格.于是,可具体定义该产品在价格为 P 时的**需求弹性**如下:

$$\varepsilon = \varepsilon_P = \lim_{\Delta P \to 0} \frac{\Delta Q / Q}{\Delta P / P} = \lim_{\Delta P \to 0} \frac{\Delta Q}{\Delta P} \cdot \frac{P}{Q} = P \cdot \frac{f'(P)}{f(P)}$$

当 ΔP 很小时,有

$$\varepsilon = P \cdot \frac{f'(P)}{f(P)} \approx \frac{P}{f(P)} \cdot \frac{\Delta Q}{\Delta P}$$

故需求弹性 ε 近似地表示在价格为 P 时,价格变动 1%,需求量将变化 ε%,通常也略去"近似"二字.

由于 $Q = f(P) > 0$,故需求弹性可以采用微分形式 $\varepsilon_P = \dfrac{P}{f(P)}f'(P) = \dfrac{\mathrm{d}\ln f(P)}{\mathrm{d}\ln P}$ 表示.

由于通常有 $f'(P) < 0$,因此 $\varepsilon_P < 0$,表示价格上涨 1%,需求量约减少 $|\varepsilon_P|$%.

若 $\varepsilon_P < -1$,则当价格变化 1% 时,需求量的变化将超过 1%,需求对价格的反应较强,称为**弹性需求**或**富有弹性**.

若 $-1 < \varepsilon_P < 0$,则价格变化 1% 时,需求量的变化将小于 1%,需求对价格的反应较弱,称为**非弹性需求**或**缺乏弹性**.

若 $\varepsilon_P = -1$,则需求对价格的反映按相同比例反方向变化,称为**单位弹性需求**.

注　一般地,需求函数是单调减少函数,需求量随价格的提高而减少(当 $\Delta P > 0$ 时,$\Delta Q < 0$),故需求弹性一般是负值,它反映产品需求量对价格变动反应的强烈程度(**灵敏度**).

例 2.43　设需求函数为 $Q = 100(6 - P), 0 < P < 6$.

(1) 求价格 $P = 1.5$ 时的需求弹性;

(2) 当价格为何值时,需求是弹性的还是非弹性的?

解　因为

$$Q' = -100, \quad \varepsilon_P = \frac{P}{100(6-P)} \cdot (-100) = \frac{P}{P-6}$$

所以

$$\varepsilon_{1.5} = \frac{1.5}{1.5 - 6} \approx -0.33$$

此时提价 1%,需求将减少 0.33%.

(2) 若要 $\varepsilon_P = \dfrac{P}{P-6} < -1$,则 $3 < P < 6$,此时需求是弹性的;若要 $-1 < \varepsilon_P < 0$,则 $0 < P < 3$,此时需求是非弹性的.

用需求弹性分析总收益的变化:

总收益 R 是商品价格 P 与销售量 Q 的乘积,即

$$R = P \cdot Q = P \cdot f(P)$$

由

$$R' = f(P) + Pf'(P) = f(P)\left[1 + f'(P)\frac{P}{f(P)}\right]$$
$$= f(P)(1 + \varepsilon)$$

知:

（ⅰ）若 $|\varepsilon| < 1$，需求变动的幅度小于价格变动的幅度. $R' > 0$，R 递增，即价格上涨，总收益增加；价格下跌，总收益减少.

（ⅱ）若 $|\varepsilon| > 1$，需求变动的幅度大于价格变动的幅度. $R' < 0$，R 递减，即价格上涨，总收益减少；价格下跌，总收益增加.

（ⅲ）若 $|\varepsilon| = 1$，需求变动的幅度等于价格变动的幅度. $R' = 0$，R 取得最大值.

综上所述，总收益的变化受需求弹性的制约，随商品需求弹性的变化而变化.

例 2.44　某商品的需求函数为 $Q = 75 - P^2$，Q 为需求量，P 为价格.

（1）求当 $P = 4$ 时的边际需求，并说明其经济意义；

（2）求当 $P = 4$ 时的需求弹性，并说明其经济意义；

（3）当 $P = 4$ 时，若价格 P 上涨 1%，总收益将变化百分之多少? 是增加还是减少?

（4）当 $P = 6$ 时，若价格 P 上涨 1%，总收益将变化百分之多少? 是增加还是减少?

解　设 $Q = 75 - P^2$，需求弹性 $(P = P_0)$

$$\varepsilon_P = f'(P_0)\frac{P_0}{f(P_0)}$$

ε_P 刻画了当商品价格变动时需求变动的强弱.

（1）当 $P = 4$ 时的边际需求

$$f'(4) = -2P\bigg|_{P=4} = -8$$

它说明当价格 P 为 4 单位时，上涨一单位价格，需求量将下降 8 单位.

（2）当 $P = 4$ 时的需求弹性

$$\varepsilon_{P=4} = f'(P_0)\frac{P_0}{f(P_0)} = f'(4)\frac{P}{75 - P^2} = (-8)\frac{4}{75 - 4^2} \approx -0.54$$

它说明当 $P = 4$ 时，价格上涨 1%，需求将减少 0.54%.

（3）下面求总收益 R 增长的百分比，即求 R 的弹性. 总收益 R 是商品价格 P 与销售量 Q 的乘积，即

$$R = P \cdot Q = P \cdot f(P)$$

于是

$$R' = f(P) + Pf'(P) = f(P)\left[1 + f'(P)\frac{P}{f(P)}\right] = f(P)(1 + \varepsilon)$$

$$R'(4) = f(4) \cdot \left(1 - \frac{32}{59}\right) = 27$$

由于

$$R = PQ = 75P - P^3, \quad R(4) = 236$$

故

$$\left.\frac{ER}{EP}\right|_{P=4} = R'(4)\frac{4}{R(4)} \approx 0.46$$

所以,当 $P = 4$ 时,价格上涨 1%,总收益将增加 0.46%.

（4）因为

$$\left.\frac{ER}{EP}\right|_{P=6} = R'(6)\frac{6}{R(6)} \approx -0.85$$

所以,当 $P = 6$ 时,价格上涨 1%,总收益将减少 0.85%.

例 2.45　设生产函数为 $Q = f(K,L)$,其中 K 与 L 分别为投入的资本和劳动,其价格分别为 r 和 w,Q 为产量,成本函数为 $C = C(Q) = rK + wL$.如果生产要素的投入量按同一比例 λ 变化,即

$$\frac{\mathrm{d}K}{K} = \frac{\mathrm{d}L}{L} = \lambda$$

则称

$$\mu = \frac{\mathrm{d}Q/Q}{\lambda}$$

为**生产力弹性**,表示在技术水平和投入要素价格不变及所有投入要素按同一个比例 λ 变动时,产量的相对变动,若各要素均增加 1%,则产量约增加 $\varphi\%$.因此,当 $\varphi > 1$ 时为规模报酬递增;当 $\mu < 1$ 时为规模报酬递减;当 $\mu = 1$ 时为规模报酬不变.

生产成本弹性：$\tau = \frac{Q}{C}\frac{\mathrm{d}C}{\mathrm{d}Q}$,即在产量增加 1% 时,成本约增加 $\tau\%$.我们可以证明以下一些结论(证明将在多元微积分章节给出).

（ⅰ）生产力弹性为产量对资本和劳动的偏弹性之和,即 $\mu = \frac{EQ}{QK} + \frac{EQ}{QL}$;

（ii）生产力弹性与成本弹性互为倒数,即 $\mu\tau = 1$;

（iii）若 $f(K,L)$ 为 k 次齐次函数,则 $\mu = k$.

关于弹性的概念,我们将在以后的章节中继续介绍**偏弹性**、**替代弹性**等概念,这些概念在经济分析中都有很重要的运用,也是经济分析中重要的方法.

习　题　2.6

1. 求下列函数的弹性函数.

（1）$x^2 e^{-x}$;　　　　　　　　　　（2）$x^a e^{-b(x+c)}$.

2. 设某商品的需求函数为 $Q = e^{-\frac{P}{5}}$.

（1）求需求弹性函数;

（2）求 $P = 3,5,6$ 时的需求弹性,并说明其经济意义.

3. 设某商品的需求函数为 $Q = 100 - 5P$,其中 P,Q 分别表示价格和需求量,试分别求出需求弹性小于 -1、等于 -1 的商品价格的取值范围.

4. 设某商品的供给函数 $Q = 4 + 5P$,求供给弹性函数及 $P = 2$ 时的供给弹性.

5. 设某产品的需求函数为 $Q = Q(P)$,收益函数为 $R = PQ$,其中 P 为产品价格,Q 为需求量(产量),$Q(P)$ 为单调减少函数. 如果当价格为 P_0,对应产量为 Q_0 时,边际收益 $\left.\dfrac{\mathrm{d}R}{\mathrm{d}Q}\right|_{Q=Q_0} = a > 0$,收益对价格的边际收益为 $\left.\dfrac{\mathrm{d}R}{\mathrm{d}P}\right|_{P=P_0} = c < 0$,需求对价格的弹性为 $\eta = b > 1$,求 P_0 与 Q_0.

2.7　应用实例:消费税税率优化设计模型

2.7.1　问题的提出

消费税以最终产品为课税对象,消费者以含税价格支付货款,这种税在市场经济国家受到广泛的重视. 在收入水平等因素既定时,含税价格越高,需求量就越少,反之则越大. 税率的高低影响需求量,进而影响到消费者和需求者(供应者)的利益以及国家税收收入. 如何设计消费税率,使国家在得到尽量多的消费税收入的同时,尽量使消费者和生产者的利益损失减少到最低程度?本模型将做进一步讨论.

2.7.2　模型的构建与求解

设 TR 为消费收入,t 为税率,P,Q 分别为消费品价格和有效需求量,则有

$$TR = t \cdot PQ \tag{2.41}$$

消费品的税率影响商品的含税价格,考虑消费税,消费品的需求函数为

$$TR = t \cdot PQ = Q(P') = Q[(1+t)P]$$

其中 $P' = (1+t)P$,为消费品的含税价格.

将式(2.41)两边关于 t 求导,可得

$$\frac{\mathrm{d}(TR)}{\mathrm{d}t} = PQ + tP\frac{\mathrm{d}Q}{\mathrm{d}P'} \cdot \frac{\mathrm{d}P'}{\mathrm{d}t} = PQ + tP^2\frac{\mathrm{d}Q}{\mathrm{d}P'}$$

此式可以改写为

$$\frac{\mathrm{d}(TR)}{\mathrm{d}t} = PQ\left(1 + t\frac{P}{Q} \cdot \frac{\mathrm{d}Q}{\mathrm{d}P'}\right)$$

为使消费税收入极大化,必要条件是 $\frac{\mathrm{d}(TR)}{\mathrm{d}t}$ 为 0,即

$$PQ\left(1 + t\frac{P}{Q} \cdot \frac{\mathrm{d}Q}{\mathrm{d}P'}\right) = 0$$

于是极大化消费收入的税率为

$$t = t^* = -\left(\frac{\mathrm{d}Q}{\mathrm{d}P'} / \frac{Q}{P}\right)^{-1}$$

在税率不高的情形下,即 $t \ll 1$ 时成立

$$\frac{\mathrm{d}Q}{\mathrm{d}P'} / \frac{Q}{P} \approx \frac{\mathrm{d}Q}{\mathrm{d}P'} / \frac{Q}{P'} = -e$$

其中 $-e$ 为该消费品的需求弹性.因此,在税率不高时,极大化消费税收入的税率为

$$t^* = \frac{1}{e} \tag{2.42}$$

式(2.42)表明,在税率不高时,满足消费税收入极大化的优化税率,近似为消费品需求弹性的负倒数.因此,只要能测知各种消费品的需求弹性,满足收入极大化的消费税优化税率也就被决定了.比如,若需求弹性为 10,则优化税率约为 10%;需求弹性为 20,则优化税率为 5%,等等.

由于对于每种消费品都有以上结论,所以任意两种需求弹性各为 $-e_a$,$-e_b$ 且税率不高的消费品,其优化税率结构为

$$\frac{t_a}{t_b} \approx \frac{e_b}{e_a} \tag{2.43}$$

式(2.43)表明,优化的消费税税率结构,要求任意两种消费品的税率之比等于各自需求弹性之比的倒数.

2.7.3　模型的推广应用

本案例给定的消费税税率模型所暗含的政策规则是十分简明的:消费税的优化税率结构是基于不同消费品具有不同需求弹性的差别税率结构,对需求弹性较低的消费品应征收较高的税,对需求弹性较高的消费品应征收较低的税.

本模型所导出的政策规则,也为当今世界上几乎所有国家都选择烟、酒等消费品征高税的现象提供了清晰的理论解释.虽然对烟、酒等商品征高税有其他方面的考虑,但无论怎样,同这些商品的低弹性特点是分不开的.

本模型是从效率原则出发而导出的,并不考虑收入再分配问题,这是主要的不足之处.比如,对基本食品这类需求弹性很低的消费品,虽然纯粹从效率角度考虑应该征高税,但从分配上的平等原则考虑这样做就是不合适的,而应低税、免税或补贴.因此,本模型在实际运用中,必须结合平等目标和其他实际问题(如管理便利)予以综合考虑.

总　习　题　2

1. 用对数求导法求下列函数的导数.

(1) $y = \left(\dfrac{x}{1+x}\right)^x$;　　　　　　　　　　(2) $y = \dfrac{\sqrt{x+2}(3-x)^4}{(x+1)^5}$.

2. 求下列方程所确定的隐函数 y 的二阶导数 $\dfrac{\mathrm{d}^2 y}{\mathrm{d} x^2}$.

(1) $y = \tan(x+y)$;　　　　　　　　　(2) $y = 1 + x\mathrm{e}^y$.

3. 设 $f(x) = \begin{cases} \dfrac{x^3}{|x|}, & x \neq 0 \\ 0, & x = 0 \end{cases}$,求复合函数 $\varphi(x) = f[f(x)]$ 的导数,并讨论 $\varphi'(x)$ 的连续性.

4. 已知 $f(x) = \begin{cases} \sin x, & x < 0 \\ x, & x \geqslant 0 \end{cases}$,求 $f'(x)$.

5. 证明:双曲线 $xy = a^2$ 上任一点处的切线与两坐标轴构成的三角形的面积都等于 $2a^2$.

6. 求由下列方程所确定的隐函数的导数 $\dfrac{\mathrm{d} y}{\mathrm{d} x}$.

(1) $x^3 + y^3 - 3ax = 0$;　　　　　　　　(2) $y = 1 - x\mathrm{e}^y$.

7. 求下列参数方程所确定的函数的导数.

$(1) \begin{cases} x = at^2 \\ y = bt^3 \end{cases};$
　　　　　　　　　　　$(2) \begin{cases} x = \dfrac{3at}{1 + t^2} \\ y = \dfrac{3at^2}{1 + t^2} \end{cases}.$

8. 已知函数 $y = x^2 \sin 2x$，求 $y^{(50)}$.

9. 讨论下列函数在点 $x = 0$ 处的连续性与可导性.

$(1)\ y = |\sin x|;$
　　　　　　　　　$(2)\ y = \begin{cases} x^2 \sin \dfrac{1}{x}, & x \neq 0 \\ 0, & x = 0 \end{cases}.$

10. 求由函数方程 $3y + \ln(x + y^2) + 8x^2 y - e^y = 0$ 所确定的隐函数 $y = y(x)$ 的微分.

11. 设某企业生产一种商品，年需求量 Q 是价格 P 的线性函数，$Q = a - bP$，其中 $a, b > 0$，试求：

(1) 需求弹性；

(2) 需求弹性等于 1 时的价格.

12. 设

$$f(x) = \begin{cases} \dfrac{g(x) - e^{-x}}{x}, & x \neq 0 \\ 0, & x = 0 \end{cases}$$

其中 $g(x)$ 有二阶连续导数，且 $g(0) = 1$，$g'(0) = -1$.

(1) 求 $f'(x)$；

(2) 讨论 $f'(x)$ 在 $(-\infty, +\infty)$ 内的连续性.

第3章 中值定理及导数的应用

在实际生产活动中,我们通常会遇到类似下面的问题.

引例1 市场上某商品的价格为 $P(q) = 9 - 3q$,其中 q 为需求量.某厂商生产该商品 q 单位的总成本为 $C(q) = 1 + q$(万元).求厂商生产该商品所获得的最大利润.

解 设 L 表示利润,则由配方法易知

$$L(q) = q(9 - 3q) - 1 - q = -3q^2 + 8q - 1$$
$$= -3\left(q - \frac{4}{3}\right)^2 + \frac{13}{3}$$

即当 $q = \frac{4}{3}$ 时,$L_{\max}\left(\frac{4}{3}\right) = \frac{13}{3}$.

再举以下生活中的例子.

引例2 假设一个农夫有 1 000 米长的篱笆,他想用它沿着河岸围起一块矩形的地(如图 3.1 所示),他能围出的这块地的最大面积是多少?

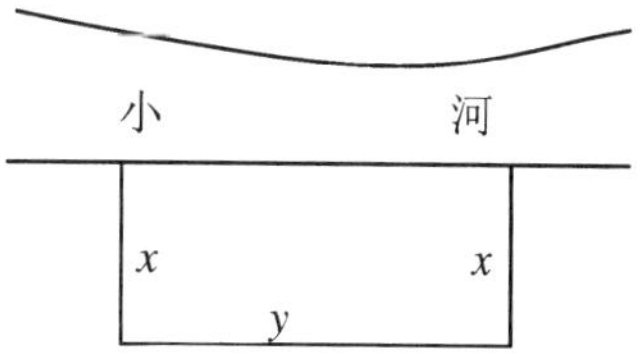

解 设宽为 x,则长为 $1\,000 - 2x$,故面积

$$S = x \times (1\,000 - 2x) = \frac{1}{2}(2x) \times (1\,000 - 2x)$$

$$\leqslant \frac{1}{2}\left[\frac{2x + (1\,000 - 2x)}{2}\right]^2 = 125\,000$$

图 3.1

故当 $x = 250$ 米时,面积的最大值为 125 000 平方米.

引例3 某产品生产 x 单位的总成本为 $C(x) = 300 + \frac{1}{12}x^3 - 5x^2 + 170x$,每单位产品的价格是 134 元,则利润 y 与 x 的关系式为

$$y = 134x - C(x) = -\frac{1}{12}x^3 + 5x^2 - 36x - 300$$

求产量 x 为多少单位时,利润最大.

引例1和引例2分别是用配方法和基本不等式去求极大值(此处即最大值)的.

但对于引例 3 这两种方法就很难奏效了. 不仅如此, 我们还需要知道利润 y 在产品数 x 的什么区间是增加(或减少) 的?生产的产品数 x 在什么范围内利润的增长速度是变大的(或变小的)?当产品产量为多少时利润最大(或最小)?并且为了更直观了解利润与产品产量 x 的关系需大致绘出函数图像.

　　为了解决此类问题, 我们先做一些前期的基础知识介绍.

　　首先, 我们利用导数逐步深入地去揭示函数的一些基本属性. 为了便于研究, 需要先阐明微分学的几个中值定理, 它是用导数来研究函数性质的重要工具, 也是解决实际问题的理论基础.

3.1　中值定理

3.1.1　罗尔(Rolle) 定理

引理(费马定理)　若函数 $f(x)$ 在开区间 (a, b) 内一点 x_0 处可导, 且在 x_0 处取得最大值(或最小值), 则 $f'(x_0) = 0$.

证　不妨设 $f(x)$ 在点 x_0 处取得最大值, 则对一切 $x \in (a, b)$, 必有

$$f(x) \leqslant f(x_0)$$

因此当 $x < x_0$ 时

$$\frac{f(x) - f(x_0)}{x - x_0} \geqslant 0$$

而当 $x > x_0$ 时

$$\frac{f(x) - f(x_0)}{x - x_0} \leqslant 0$$

由于 $f(x)$ 在点 x_0 处可导, 故由极限的保号性, 可得

$$f'(x_0) = f'_-(x_0) = \lim_{x \to x_0^-} \frac{f(x) - f(x_0)}{x - x_0} \geqslant 0$$

及

$$f'(x_0) = f'_+(x_0) = \lim_{x \to x_0^+} \frac{f(x) - f(x_0)}{x - x_0} \leqslant 0$$

所以 $f'(x_0) = 0$.

　　若 $f(x)$ 在点 x_0 处取得最小值, 则类似可证 $f'(x_0) = 0$.

定理 3.1(罗尔定理)   若函数 $f(x)$ 满足:

(ⅰ) 在闭区间 $[a,b]$ 上连续;

(ⅱ) 在开区间 (a,b) 内可导;

(ⅲ) $f(a) = f(b)$,

则在 (a,b) 内至少存在一点 ξ,使

$$f'(\xi) = 0 \tag{3.1}$$

证   因为 $f(x)$ 在 $[a,b]$ 上连续,故在 $[a,b]$ 上必取得最大值 M 与最小值 m. 于是有下面两种情形:

若 $m = M$,则 $f(x)$ 在 $[a,b]$ 上恒为常数,从而 $f'(x) \equiv 0$. 这时在 (a,b) 内任取一点作为 ξ,都有 $f'(\xi) = 0$.

若 $m < M$,则由 $f(a) = f(b)$ 可知,点 m 和 M 两者之中至少有一个是 $f(x)$ 在 (a,b) 内部一点 ξ 取得的(即至少有一个不等于 $f(x)$ 在区间 $[a,b]$ 端点处的函数值).由于 $f(x)$ 在 (a,b) 内可导,故由费马定理推知 $f'(\xi) = 0$,罗尔定理得证.

罗尔定理的几何意义如图 3.2 所示. 在两端高度相同的一段连续曲线上,若除端点外它在每一点都有不垂直于 x 轴的切线,则在其中必至少有一条切线平行于 x 轴.

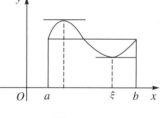

图 3.2

例 3.1   验证函数 $f(x) = 2x^2 - x - 3$ 在区间 $[-1, 1.5]$ 上是否满足罗尔定理的条件;如满足,求出 ξ.

证   首先,函数 $f(x) = 2x^2 - x - 3$ 在区间 $[-1, 1.5]$ 上连续,其次,$f'(x) = 4x - 1$ 在区间 $(-1, 1.5)$ 内存在,即函数 $f(x) = 2x^2 - x - 3$ 在 $(-1, 1.5)$ 内可导,并且 $f(-1) = f(1.5) = 0$,故 $f(x) = 2x^2 - x - 3$ 在区间 $[-1, 1.5]$ 上满足罗尔定理的条件.

令 $f'(x) = 4x - 1 = 0$,得 $x = \dfrac{1}{4} \in (-1, 1.5)$,取 $\xi = \dfrac{1}{4}$,即有 $f'(\xi) = 0$.

例 3.2   不求函数 $f(x) = (x-1)(x-2)(x-3)(x-4)$ 的导数,说明 $f'(x) = 0$ 有几个实根,并指出它们所在的位置.

解   由于 $f(x)$ 是 $(-\infty, +\infty)$ 内的可导函数,且 $f(1) = f(2) = f(3) = f(4) = 0$,故 $f(x)$ 在区间 $[1,2], [2,3], [3,4]$ 上分别满足罗尔中值定理的条件,从而推出至少存在 $\xi_1 \in (1,2), \xi_2 \in (2,3), \xi_3 \in (3,4)$,使得 $f'(\xi_i) = 0, i = 1, 2, 3$.

又因为 $f'(x) = 0$ 是三次代数方程,它最多有 3 个实根,因此 $f'(x) = 0$ 有且仅有 3 个实根,它们分别位于区间 $(1,2),(2,3),(3,4)$ 内.

例 3.3 设 $a_0 + \dfrac{a_1}{2} + \cdots + \dfrac{a_n}{n+1} = 0$,证明:多项式 $f(x) = a_0 + a_1 x + \cdots + a_n x^n$ 在 $(0,1)$ 内至少有一个零点.

证 令 $F(x) = a_0 x + \dfrac{a_1}{2} x^2 + \cdots + \dfrac{a_n}{n+1} x^{n+1}$,则 $F'(x) = f(x)$,$F(0) = 0$,又由假设知 $F(1) = 0$,可见 $F(x)$ 在区间 $[0,1]$ 上满足罗尔定理的条件,故至少存在一点 $\xi \in (0,1)$,使得

$$F'(\xi) = f(\xi) = 0$$

即 $\xi \in (0,1)$ 是 $f(x)$ 的一个零点.

3.1.2 拉格朗日(Lagrange) 中值定理

罗尔定理中条件 $f(a) = f(b)$ 是非常苛刻的,它使罗尔定理的应用受到限制.若取消这个条件,保留其余两个条件,并相应地改变结论,则得到微分学中十分重要的拉格朗日中值定理.

定理 3.2(拉格朗日中值定理) 设函数 $f(x)$ 满足:

(ⅰ) 在闭区间 $[a,b]$ 上连续;

(ⅱ) 在开区间 (a,b) 内可导.

则在开区间 (a,b) 内至少存在一点 ξ,使得

$$f'(\xi) = \frac{f(b) - f(a)}{b - a} \tag{3.2}$$

由这个定理的条件与结论可见,若 $f(x)$ 在 $[a,b]$ 上满足拉格朗日中值定理的条件,则当 $f(a) = f(b)$ 时,即得出罗尔定理的结论.因此罗尔定理是拉格朗日中值定理的一个特殊情形.正是基于这个原因,我们想到要利用罗尔定理来证明定理 3.2.

证 要证 $f'(\xi) = \dfrac{f(b) - f(a)}{b - a}$,即要证 $f'(\xi) - \dfrac{f(b) - f(a)}{b - a} = 0$.

作辅助函数

$$F(x) = f(x) - \frac{f(b) - f(a)}{b - a} x$$

容易验证 $F(x)$ 在 $[a,b]$ 上连续,在 (a,b) 内可导,且 $F(a) = F(b)$,即 $F(x)$ 满足罗尔定理的条件,从而推出在 (a,b) 内至少存在一点 ξ,使得 $F'(\xi) = 0$,而 $F'(x)$

$$= f'(x) - \frac{f(b) - f(a)}{b - a}, 故有$$

$$f'(\xi) - \frac{f(b) - f(a)}{b - a} = 0$$

拉格朗日中值定理的几何意义如图 3.3 所示.
若连续光滑的曲线 $y = f(x)$ 在 (a, b) 内每一点都
有不垂直于 x 轴的切线,则曲线在 (a, b) 内至少存
在一点 $C(\xi, f(\xi))$,使得曲线在点 C 处的切线平行
于过曲线两端点 A, B 的弦.

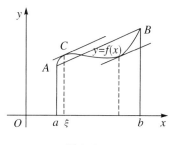

图 3.3

式(3.2)也称为拉格朗日公式.在使用上常把它
写成如下形式:

$$f(b) = f(a) + f'(\xi)(b - a), \quad \xi \in (a, b) \tag{3.3}$$

若将 ξ 表示成 $\xi = a + \theta(b - a)$,其中 $\theta \in (0, 1)$,则拉格朗日公式可写成如下
形式:

$$f(b) - f(a) = f'[a + \theta(b - a)](b - a), \quad 0 < \theta < 1$$

在式(3.3)中若取 $b = x + \Delta x, a = x$,则得

$$f(x + \Delta x) - f(x) = f'(\xi)\Delta x$$

或

$$f(x + \Delta x) - f(x) = f'(x + \theta\Delta x)\Delta x, \quad 0 < \theta < 1$$

它表示 $f'(x + \theta\Delta x)\Delta x$ 在 Δx 有限时就是增量 Δy 的准确表达式.因此拉格朗日公
式也称有限增量公式.

例 3.4　设 $f(x)$ 在 $[a, b]$ 上连续,在 (a, b) 内可导,证明:在 (a, b) 内至少存
在一点 ξ,使

$$\frac{bf(b) - af(a)}{b - a} = f(\xi) + \xi f'(\xi)$$

证　设 $F(x) = xf(x)$,则 $F(x)$ 在 $[a, b]$ 上连续,在 (a, b) 内可导,故由拉格
朗日中值定理,至少存在一点 $\xi \in (a, b)$,使

$$\frac{F(b) - F(a)}{b - a} = F'(\xi)$$

即

$$\frac{bf(b) - af(a)}{b - a} = f(\xi) + \xi f'(\xi)$$

利用拉格朗日中值定理还可以证明一些不等式.

例 3.5　证明：不等式

$$\ln(1+x) - \ln x > \frac{1}{1+x}$$

对一切 $x > 0$ 成立.

证　令 $f(x) = \ln x$，对任意 $x > 0, f(x)$ 在 $[x, 1+x]$ 上满足拉格朗日中值定理的条件，从而推出至少存在一点 $\xi \in (x, 1+x)$，使得

$$f(1+x) - f(x) = f'(\xi)(1+x-x)$$

即

$$\ln(1+x) - \ln x = \frac{1}{\xi}$$

又因为

$$0 < x < \xi < 1+x$$

故有

$$\ln(1+x) - \ln x > \frac{1}{1+x}$$

例 3.6　设 $a > b > 1, n > 1$，证明：$nb^{n-1}(a-b) < a^n - b^n < na^{n-1}(a-b)$.

证　设 $f(x) = x^n$，则 $f(x)$ 在 $[b, a]$ 上连续，在 (b, a) 内可导，故由拉格朗日中值定理知，存在一点 $\xi \in (b, a)$，使得

$$\frac{f(b) - f(a)}{b - a} = f'(\xi) = n\xi^{n-1}$$

又 $b < \xi < a, b^{n-1} < \xi^{n-1} < a^{n-1}$，故

$$nb^{n-1} < \frac{f(a) - f(b)}{a - b} < na^{n-1}$$

即

$$nb^{n-1}(a-b) < a^n - b^n < na^{n-1}(a-b)$$

由拉格朗日中值定理还可得到下面的推论：

推论 3.1　如果函数 $f(x)$ 在区间 (a, b) 内任一点的导数 $f'(x) = 0$，则 $f(x)$ 在 (a, b) 内是一个常数.

证　在区间 (a, b) 内任取一点 x_0，对任意 $x \in (a, b), x \neq x_0$，在以 x_0 与 x 为端点的区间上应用拉格朗日中值定理，得到

$$f(x) - f(x_0) = f'(\xi)(x - x_0)$$

其中 ξ 介于 x_0 与 x 之间. 由假设知 $f'(\xi) = 0$，故得 $f(x) - f(x_0) = 0$，即 $f(x) = f(x_0)$. 这就说明 $f(x)$ 在区间 (a, b) 内恒为常数 $f(x_0)$.

推论 3.2　如果函数 $f(x)$ 和 $g(x)$ 在区间 (a,b) 内每一点处的导数都相等，那么这两个函数至多相差一个常数.

证　设 $F(x) = f(x) - g(x)$，因为 $f(x)$ 和 $g(x)$ 在区间 (a,b) 内每一点处的导数都相等，所以有

$$F'(x) = f'(x) - g'(x) = 0$$

故由推论 3.1 知

$$F(x) = C, \quad C \text{ 为常数}$$

即函数 $f(x)$ 和 $g(x)$ 在区间 (a,b) 内至多相差一个常数.

例 3.7　证明：$\arcsin x + \arccos x = \dfrac{\pi}{2}, x \in [-1,1]$.

证　设 $F(x) = \arcsin x + \arccos x$，则

$$F'(x) = (\arcsin x + \arccos x)' = \frac{1}{\sqrt{1-x^2}} - \frac{1}{\sqrt{1-x^2}} = 0$$

由推论 3.1，知

$$\arcsin x + \arccos x = C$$

令 $x = 0$，得 $C = \dfrac{\pi}{2}$. 由于 $F(x) = \arcsin x + \arccos x$ 在 $[-1,1]$ 上连续，故

$$\arcsin x + \arccos x = \frac{\pi}{2}, \quad x \in [-1,1]$$

3.1.3　柯西(Cauchy) 中值定理

定理 3.3(柯西中值定理)　若 $f(x)$ 与 $g(x)$ 满足：

（ⅰ）在 $[a,b]$ 上连续；

（ⅱ）在 (a,b) 内可导；

（ⅲ）$g'(x) \neq 0, x \in (a,b)$，

则在 (a,b) 内至少存在一点 ξ，使得

$$\frac{f(b) - f(a)}{g(b) - g(a)} = \frac{f'(\xi)}{g'(\xi)} \tag{3.4}$$

证　首先，由罗尔定理可知 $g(b) - g(a) \neq 0$，因为如果不然，则存在 $\eta \in (a, b)$，使 $g'(\eta) = 0$，这与假设条件相矛盾.

作辅助函数

$$F(x) = f(x) - \frac{f(b) - f(a)}{g(b) - g(a)} g(x)$$

容易验证 $F(x)$ 在 $[a,b]$ 上满足罗尔定理的条件，从而推出至少存在一点 $\xi \in (a,b)$，使得 $F'(\xi) = 0$，即

$$f'(\xi) - \frac{f(b) - f(a)}{g(b) - g(a)} g'(\xi) = 0$$

由于 $g'(\xi) \neq 0$，所以 $\dfrac{f(b) - f(a)}{g(b) - g(a)} = \dfrac{f'(\xi)}{g'(\xi)}$.

容易看出拉格朗日中值定理是柯西中值定理当 $g(x) = x$ 时的特殊情形.

例3.8 设 $f(x)$ 在 $[a,b]$ 上连续，在 (a,b) 内可导 $(a > 0)$，证明：在 (a,b) 内至少存在一点 ξ，使

$$2\xi(f(b) - f(a)) = (b^2 - a^2)f'(\xi)$$

证 设 $F(x) = x^2$，则 $f(x)$ 和 $F(x)$ 在 $[a,b]$ 上连续，在 (a,b) 内可导，且

$$F'(x) = 2x \neq 0$$

由柯西中值定理，存在 $\xi \in (a,b)$，使

$$\frac{f(b) - f(a)}{F(b) - F(a)} = \frac{f'(\xi)}{F'(\xi)}$$

即

$$2\xi(f(b) - f(a)) = (b^2 - a^2)f'(\xi)$$

习　题　3.1

1. 下列函数在给定区间上是否满足罗尔定理的条件?如果满足,求出定理中 ξ 的值.

(1) $f(x) = x^2 - 2x - 3$, $[-1,3]$;　　　　(2) $f(x) = x\sqrt{3-x}$, $[0,3]$;

(3) $f(x) = e^{x^2} - 1$, $[-1,1]$;　　　　(4) $f(x) = \ln \sin x$, $\left[\dfrac{\pi}{6}, \dfrac{5\pi}{6}\right]$.

2. 下列函数在指定区间上是否满足拉格朗日中值定理的条件?如果满足,找出使定理结论成立的 ξ 的值.

(1) $f(x) = 2x^2 + x + 1$, $[-1,3]$;　　　　(2) $f(x) = \arctan x$, $[0,1]$;

(3) $f(x) = \ln x$, $[1,2]$.

3. 设 $f(x)$ 在 $[a,b]$ 上连续,在 (a,b) 内二阶可导,且 $f(a) = f(b) = f(c)$, $a < c < b$,试证:至少存在一点 $\xi \in (a,b)$,使得 $f''(\xi) = 0$.

4. 证明:若 $|x| < 1$,则 $\arctan \sqrt{\dfrac{1-x}{1+x}} + \dfrac{1}{2}\arcsin x = \dfrac{\pi}{4}$.

3.2 洛必达法则

柯西中值定理为我们提供了一种求函数极限的方法.

设 $f(x_0) = g(x_0) = 0$，$f(x)$ 与 $g(x)$ 在 x_0 的某邻域内满足柯西中值定理的条件，从而有

$$\frac{f(x)}{g(x)} = \frac{f'(\xi)}{g'(\xi)}$$

其中 ξ 介于 x_0 与 x 之间. 当 $x \to x_0$ 时，$\xi \to x_0$，因此若极限

$$\lim_{\xi \to x_0} \frac{f'(\xi)}{g'(\xi)} = A$$

则必有

$$\lim_{x \to x_0} \frac{f(x)}{g(x)} = A$$

这里 $\frac{f(x)}{g(x)}$ 是 $x \to x_0$ 时两个无穷小量之比，通常称之为 $\frac{0}{0}$ 型未定式. 一般说来，这种未定式的确定往往是比较困难的，但如果 $\lim\limits_{x \to x_0} \dfrac{f'(x)}{g'(x)}$ 存在而且容易求出，困难便迎刃而解. 对于 $\frac{\infty}{\infty}$ 型未定式，即两个无穷大量之比，也可以采用类似的方法确定.

我们把这种确定未定式的方法称为**洛必达法则**.

3.2.1 $\dfrac{0}{0}$ 型未定式极限

定理 3.4(洛必达法则 I)   若函数 $f(x)$ 与 $g(x)$ 满足：

（i）$\lim\limits_{x \to a} f(x) = 0$，$\lim\limits_{x \to a} g(x) = 0$；

（ii）$f(x)$ 与 $g(x)$ 在 a 的某去心邻域内可导，且 $g'(x) \neq 0$；

（iii）$\lim\limits_{x \to a} \dfrac{f'(x)}{g'(x)}$ 存在（或为 ∞），

则

$$\lim_{x \to a} \frac{f(x)}{g(x)} = \lim_{x \to a} \frac{f'(x)}{g'(x)}$$

证   由于 $\lim\limits_{x \to a} \dfrac{f(x)}{g(x)}$ 是否存在与函数值 $f(a)$ 与 $g(a)$ 的值无关，因此我们可以

补充定义

$$f(a) = g(a) = 0$$

于是由假设(ⅰ),(ⅱ),可知 $f(x)$ 与 $g(x)$ 在 a 的某邻域内连续,设 x 为该邻域内任一点,且 $x \neq a$,则在区间 $[a, x]$(或 $[x, a]$)上 $f(x)$ 与 $g(x)$ 满足柯西中值定理的条件,从而有

$$\frac{f(x)}{g(x)} = \frac{f(x) - f(a)}{g(x) - g(a)} = \frac{f'(\xi)}{g'(\xi)}$$

其中 ξ 在 a 与 x 之间.

显然,当 $x \to a$ 时,$\xi \to a$,于是对上式两边求极限得

$$\lim_{x \to a} \frac{f(x)}{g(x)} = \lim_{x \to a} \frac{f'(\xi)}{g'(\xi)} = \lim_{x \to a} \frac{f'(x)}{g'(x)} = A(或 \infty)$$

由定理 3.4 知,求两个无穷小量之比的极限,在一定条件下可用求其导数之比的极限代替.

例 3.9　求 $\lim\limits_{x \to 1} \dfrac{\ln x}{x - 1}$.

解　$\lim\limits_{x \to 1} \dfrac{\ln x}{x - 1} = \lim\limits_{x \to 1} \dfrac{1}{x} = 1$.

例 3.10　求 $\lim\limits_{x \to \pi} \dfrac{1 + \cos x}{\tan^2 x}$.

解　$\lim\limits_{x \to \pi} \dfrac{1 + \cos x}{\tan^2 x} = \lim\limits_{x \to \pi} \dfrac{-\sin x}{2\tan x \sec^2 x} = \dfrac{1}{2}$.

如果 $\lim\limits_{x \to a} \dfrac{f'(x)}{g'(x)}$ 仍是 $\dfrac{0}{0}$ 型未定式极限,只要 $f'(x)$ 与 $g'(x)$ 满足定理 3.4 中 $f(x)$ 与 $g(x)$ 满足的条件,就可继续使用洛必达法则,即有

$$\lim_{x \to a} \frac{f(x)}{g(x)} = \lim_{x \to a} \frac{f'(x)}{g'(x)} = \lim_{x \to a} \frac{f''(x)}{g''(x)}$$

且可依此类推,直到求出所要求的极限.

例 3.11　求 $\lim\limits_{x \to 0} \dfrac{e^x - e^{-x} - 2x}{x - \sin x}$.

解　$\lim\limits_{x \to 0} \dfrac{e^x - e^{-x} - 2x}{x - \sin x} = \lim\limits_{x \to 0} \dfrac{e^x + e^{-x} - 2}{1 - \cos x} = \lim\limits_{x \to 0} \dfrac{e^x - e^{-x}}{\sin x} = \lim\limits_{x \to 0} \dfrac{e^x + e^{-x}}{\cos x} = 2$.

例 3.12　求 $\lim\limits_{x \to \frac{\pi}{2}} \dfrac{\ln\sin x}{(\pi - 2x)^2}$.

解　$\lim\limits_{x \to \frac{\pi}{2}} \dfrac{\ln\sin x}{(\pi - 2x)^2} = \lim\limits_{x \to \frac{\pi}{2}} \dfrac{\dfrac{1}{\sin x}\cos x}{2(\pi - 2x)(-2)} = \dfrac{1}{4} \lim\limits_{x \to \frac{\pi}{2}} \dfrac{\cot x}{2x - \pi}$

$$= \frac{1}{4} \lim_{x \to \frac{\pi}{2}} \frac{-\csc^2 x}{2} = -\frac{1}{8}.$$

3.2.2　$\frac{\infty}{\infty}$ 型未定式极限

对于 $\frac{\infty}{\infty}$ 型未定式,也有类似于定理 3.4 的法则,其证明省略.

定理 3.5(洛必达法则 II)　若函数 $f(x)$ 与 $g(x)$ 满足:

(i) $\lim_{x \to a} f(x) = \infty$, $\lim_{x \to a} g(x) = \infty$;

(ii) $f(x)$ 与 $g(x)$ 在 a 的某去心邻域内可导,且 $g'(x) \neq 0$;

(iii) $\lim_{x \to a} \dfrac{f'(x)}{g'(x)}$ 存在(或为 ∞),

则

$$\lim_{x \to a} \frac{f(x)}{g(x)} = \lim_{x \to a} \frac{f'(x)}{g'(x)}$$

例 3.13　求 $\lim\limits_{x \to \frac{\pi}{2}} \dfrac{\tan x}{\tan 3x}$.

解　$\lim\limits_{x \to \frac{\pi}{2}} \dfrac{\tan x}{\tan 3x} = \lim\limits_{x \to \frac{\pi}{2}} \dfrac{\frac{1}{\cos^2 x}}{\frac{3}{\cos^2 3x}} = \dfrac{1}{3} \lim\limits_{x \to \frac{\pi}{2}} \dfrac{\cos^2 3x}{\cos^2 x}$

$$= \frac{1}{3} \lim_{x \to \frac{\pi}{2}} \frac{2\cos 3x \cdot (-3\sin 3x)}{2\cos x \cdot (-\sin x)} = \lim_{x \to \frac{\pi}{2}} \frac{\sin 6x}{\sin 2x}$$

$$= \lim_{x \to \frac{\pi}{2}} \frac{6\cos 6x}{2\cos 2x} = 3.$$

在定理 3.4 和 3.5 中,若把 $x \to a$ 换成 $x \to a^+$, $x \to a^-$, $x \to \infty$, $x \to +\infty$ 或 $x \to -\infty$,只需对两定理中的假设(ii)做相应的修改,结论仍然成立.

例 3.14　求 $\lim\limits_{x \to +\infty} \dfrac{\ln x}{x^n}$ ($n > 0$).

解　$\lim\limits_{x \to +\infty} \dfrac{\ln x}{x^n} = \lim\limits_{x \to +\infty} \dfrac{\frac{1}{x}}{nx^{n-1}} = \lim\limits_{x \to +\infty} \dfrac{1}{nx^n} = 0.$

例 3.15　求 $\lim\limits_{x \to +\infty} \dfrac{\frac{\pi}{2} - \arctan x}{\frac{1}{x}}$.

解　$\lim\limits_{x\to+\infty}\dfrac{\frac{\pi}{2}-\arctan x}{\frac{1}{x}}=\lim\limits_{x\to+\infty}\dfrac{-\frac{1}{1+x^2}}{-\frac{1}{x^2}}=\lim\limits_{x\to+\infty}\dfrac{x^2}{1+x^2}=1.$

例 3.16　求 $\lim\limits_{x\to\infty}\dfrac{\ln\left(1+\frac{1}{x}\right)}{\operatorname{arccot} x}.$

解　$\lim\limits_{x\to\infty}\dfrac{\ln\left(1+\frac{1}{x}\right)}{\operatorname{arccot} x}=\lim\limits_{x\to\infty}\dfrac{\frac{1}{x}}{\operatorname{arccot} x}=\lim\limits_{x\to\infty}\dfrac{-\frac{1}{x^2}}{-\frac{1}{1+x^2}}=\lim\limits_{x\to\infty}\dfrac{1+x^2}{x^2}=1.$

例 3.17　求 $\lim\limits_{x\to+\infty}\dfrac{x^n}{e^{\lambda x}}(\lambda>0)$（$n$ 为正整数）.

解　$\lim\limits_{x\to+\infty}\dfrac{x^n}{e^{\lambda x}}=\lim\limits_{x\to+\infty}\dfrac{nx^{n-1}}{\lambda e^{\lambda x}}=\lim\limits_{x\to+\infty}\dfrac{n(n-1)x^{n-2}}{\lambda^2 e^{\lambda x}}=\cdots=\lim\limits_{x\to+\infty}\dfrac{n!}{\lambda^n e^{\lambda x}}=0.$

例 3.18　求 $\lim\limits_{x\to+\infty}\dfrac{(\ln x)^m}{x}$（$m$ 为正整数）.

解　因为

$$\lim\limits_{x\to+\infty}\dfrac{\ln x}{x^{\frac{1}{m}}}=\lim\limits_{x\to+\infty}\dfrac{\frac{1}{x}}{\frac{1}{m}x^{\frac{1}{m}-1}}=\lim\limits_{x\to+\infty}\dfrac{m}{x^{\frac{1}{m}}}=0$$

所以

$$\lim\limits_{x\to+\infty}\dfrac{(\ln x)^m}{x}=\lim\limits_{x\to+\infty}\left(\dfrac{\ln x}{x^{\frac{1}{m}}}\right)^m=0$$

3.2.3　其他类型未定式极限

对于其他类型的未定式,如 $0\cdot\infty$, $\infty-\infty$, ∞^0, 0^0, 1^∞ 等类型,我们可以通过恒等变形或简单变换将它们转化为 $\dfrac{0}{0}$ 或 $\dfrac{\infty}{\infty}$ 型,再应用洛比达法则.

例 3.19　求下列极限.

(1) $\lim\limits_{x\to0^+}x\ln x$;　　　　　(2) $\lim\limits_{x\to\frac{\pi}{2}}(\sec x-\tan x)$;

(3) $\lim\limits_{x\to+\infty}(1+x)^{\frac{1}{x}}$;　　　　(4) $\lim\limits_{x\to0^+}x^x$;

(5) $\lim\limits_{x\to0}(\cos x)^{\frac{1}{x^2}}$.

解　(1) $\lim\limits_{x \to 0^+} x\ln x = \lim\limits_{x \to 0^+} \dfrac{\ln x}{\dfrac{1}{x}} = \lim\limits_{x \to 0^+} \dfrac{\dfrac{1}{x}}{-\dfrac{1}{x^2}} = \lim\limits_{x \to 0^+} (-x) = 0.$

(2) $\lim\limits_{x \to \frac{\pi}{2}} (\sec x - \tan x) = \lim\limits_{x \to \frac{\pi}{2}} \dfrac{1 - \sin x}{\cos x} = \lim\limits_{x \to \frac{\pi}{2}} \dfrac{-\cos x}{-\sin x} = 0.$

(3) 由于

$$\lim\limits_{x \to +\infty} \ln (1+x)^{\frac{1}{x}} = \lim\limits_{x \to +\infty} \dfrac{\ln (x+1)}{x} = \lim\limits_{x \to +\infty} \dfrac{\dfrac{1}{1+x}}{1} = 0$$

所以

$$\lim\limits_{x \to +\infty} (1+x)^{\frac{1}{x}} = \lim\limits_{x \to +\infty} e^{\ln(1+x)^{\frac{1}{x}}} = e^0 = 1$$

(4) 由(1) 得

$$\lim\limits_{x \to 0^+} \ln x^x = \lim\limits_{x \to 0^+} x\ln x = 0$$

所以

$$\lim\limits_{x \to 0^+} x^x = \lim\limits_{x \to 0^+} e^{\ln x^x} = e^0 = 1$$

(5) 由于

$$\lim\limits_{x \to 0} \ln (\cos x)^{1/x^2} = \lim\limits_{x \to 0} \dfrac{\ln(\cos x)}{x^2} = \lim\limits_{x \to 0} \dfrac{-\tan x}{2x} = -\dfrac{1}{2}$$

所以

$$\lim\limits_{x \to 0} (\cos x)^{1/x^2} = \lim\limits_{x \to 0} e^{\ln(\cos x)^{1/x^2}} = e^{-\frac{1}{2}}$$

我们已经看到,洛比达法则是确定未定式极限的一种重要且简便的方法.使用洛比达法则时我们应注意检验定理中的条件,然后一般要整理化简;如仍属满足定理条件的未定式极限,则可以继续使用.使用中应注意结合运用其他求极限的方法,如等价无穷小替换,作恒等变形或适当的变量代换等,以简化运算过程.此外,还应注意到洛比达法则的条件是充分的,并非必要.如果所求极限不满足其条件,则应考虑改用其他求极限的方法.

例 3.20　求 $\lim\limits_{x \to 0} \dfrac{e^{x - \sin x} - 1}{\arcsin x^3}$.

解　本题是 $\dfrac{0}{0}$ 型未定式极限,先使用等价无穷小量替换.

$$\lim\limits_{x \to 0} \dfrac{e^{x - \sin x} - 1}{\arcsin x^3} = \lim\limits_{x \to 0} \dfrac{x - \sin x}{x^3} = \lim\limits_{x \to 0} \dfrac{1 - \cos x}{3x^2} = \lim\limits_{x \to 0} \dfrac{\sin x}{6x} = \dfrac{1}{6}$$

例 3.21　极限 $\lim\limits_{x \to \infty} \dfrac{x + \sin x}{x - \sin x}$ 存在吗？能否用洛比达法则求其极限？

解　$\lim\limits_{x \to \infty} \dfrac{x + \sin x}{x - \sin x} = \lim\limits_{x \to \infty} \dfrac{1 + \dfrac{1}{x}\sin x}{1 - \dfrac{1}{x}\sin x} = 1$，即极限存在. 但不能用洛比达法则

求出其极限，因为 $\lim\limits_{x \to \infty} \dfrac{x + \sin x}{x - \sin x}$ 尽管是 $\dfrac{\infty}{\infty}$ 型，可是对分子分母分别求导后得

$\dfrac{1 + \cos x}{1 - \cos x}$；由于 $\lim\limits_{x \to \infty} \dfrac{1 + \cos x}{1 - \cos x}$ 不存在，故不能使用洛比达法则.

习　题　3.2

1. 求下列极限.

(1) $\lim\limits_{x \to 0} \dfrac{\sin 3x}{x}$；

(2) $\lim\limits_{x \to +\infty} \dfrac{\ln x}{x^a}(a > 0)$；

(3) $\lim\limits_{x \to 0} \dfrac{e^x + e^{-x} - 2}{1 - \cos x}$；

(4) $\lim\limits_{x \to +\infty} \dfrac{e^x}{x^2}$；

(5) $\lim\limits_{x \to +\infty} \dfrac{e^x + e^{-x}}{e^x - e^{-x}}$；

(6) $\lim\limits_{x \to 1}\left(\dfrac{x}{x - 1} - \dfrac{1}{\ln x}\right)$；

(7) $\lim\limits_{x \to +\infty}(x + e^x)^{\frac{1}{x}}$；

(8) $\lim\limits_{x \to 1} x^{\frac{1}{1 - x}}$.

2. 已知 $f(x) > 0$，$f(x)$ 有连续的导数，$f(0) = f'(0) = 1$，求 $\lim\limits_{x \to 0}[f(x)]^{\frac{1}{x}}$.

3.3　一阶导数的应用

实例　生产 x 单位某种商品的利润 L（单位：万元）是 x（单位：件）的函数：

$$L(x) = 5 + x - 0.01x^2$$

需要知道利润在产品数 x 的什么范围内增加、什么范围内减少. 我们不妨先给出函数的大致图像，如图 3.4 所示.

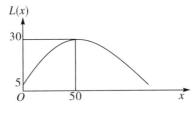

图 3.4

由图 3.4 可知,在 $[0,50]$ 内利润是增加的,而大于 50 时利润则逐渐减少.这就归结为如何判定函数的单调区间问题.

3.3.1　函数单调性判别法

单调函数是一个重要的函数类.一个函数在某个区间内单调增减性的变化规律,是我们研究函数图像时首先要考虑的问题.本章开头的引例 3 中"利润 y 在产品数 x 的什么区间是增加(或减少)的"即属于函数单调性问题.本节将讨论单调函数与其导函数之间的关系,提供一种利用导数判别函数单调性的方法.

先从几何图像直观分析.从图 3.5 可以看出,如果函数 $y = f(x)$ 在区间 $[a,b]$ 上单调增加,其图像是一条沿 x 轴正向上升的曲线,曲线上各点切线的倾斜角都是锐角,因此切线斜率 $y' = f'(x) > 0$.

从图 3.6 可以看出,如果函数 $y = f(x)$ 在区间 $[a,b]$ 上单调减少,其图像是一条沿 x 轴正向下降的曲线,曲线上各点切线的倾斜角都是钝角,因此切线斜率 $y' = f'(x) < 0$.

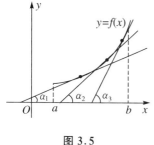

图 3.5　　　　　　　　　　　　　　　图 3.6

由上面的分析可见,函数在 $[a,b]$ 上单调增加时有 $f'(x) > 0$;函数在 $[a,b]$ 上单调减少时有 $f'(x) < 0$.反之,能否用 $f'(x)$ 的符号判定函数 $f(x)$ 的单调性呢?下面我们用拉格朗日中值定理进行讨论.

定理 3.6　设函数 $f(x)$ 在区间 $[a,b]$ 上连续,在 (a,b) 内可导.

(ⅰ)如果 $x \in (a,b)$ 时恒有 $f'(x) > 0$,那么函数 $y = f(x)$ 在区间 $[a,b]$ 上单调增加;

(ⅱ)如果 $x \in (a,b)$ 时恒有 $f'(x) < 0$,那么函数 $y = f(x)$ 在区间 $[a,b]$ 上单调减少.

证　在 $[a,b]$ 上任取两点 x_1, x_2,且 $x_1 < x_2$,应用拉格朗日中值定理,得

$$f(x_2) - f(x_1) = f'(\xi)(x_2 - x_1), \quad x_1 < \xi < x_2$$

上式中,因为 $x_2 - x_1 > 0$,在 (a,b) 内当 $f'(x) > 0$ 时,也有 $f'(\xi) > 0$,于是
$$f(x_2) - f(x_1) = f'(\xi)(x_2 - x_1) > 0$$
即
$$f(x_1) < f(x_2)$$
由 x_1, x_2 的任意性知函数 $y = f(x)$ 在 $[a,b]$ 上单调增加.

同理可证,在 (a,b) 内当 $f'(x) < 0$ 时,函数 $y = f(x)$ 在 $[a,b]$ 上单调减少. 证毕.

注 （ⅰ）如果把区间 $[a,b]$ 改为开区间或无穷区间,定理 3.6 仍然成立.

（ⅱ）如果在 (a,b) 内若干孤立的点有 $f'(x) = 0$,而在其余的点有 $f'(x) > 0$（或 $f'(x) < 0$）,则 $f(x)$ 在 (a,b) 内仍是单调增加（或单调减少的）.例如 $y = x^3$, $y' = 3x^2 > 0$,当 $x = 0$ 时,$y' = 0$,$y = x^3$ 在 $(-\infty, +\infty)$ 内单调增加.

例 3.22 讨论函数 $y = \arctan x - x$ 的单调性.

解 函数 y 的定义域为 $(-\infty, +\infty)$,而
$$y' = \frac{1}{1+x^2} - 1 = \frac{-x^2}{1+x^2} \leqslant 0$$
且等号仅在 $x = 0$ 处成立,因此 $y = \arctan x - x$ 在 $(-\infty, +\infty)$ 内单调减少.

例 3.23 确定函数 $f(x) = 2x^3 - 9x^2 + 12x - 3$ 的单调区间.

解 函数 $f(x)$ 的定义域为 $(-\infty, +\infty)$,且
$$f'(x) = 6x^2 - 18x + 12 = 6(x-1)(x-2)$$
令 $f'(x) = 0$,即
$$6(x-1)(x-2) = 0$$
解得
$$x_1 = 1, \quad x_2 = 2$$
点 1,2 将区间 $(-\infty, +\infty)$ 分成三个子区间 $(-\infty, 1)$,$(1,2)$,$(2, +\infty)$.

列表分析函数的单调性,如表 3.1 所示.

表 3.1

x	$(-\infty, 1)$	1	$(1,2)$	2	$(2, +\infty)$
$f'(x)$	+	0	−	0	+
$f(x)$	↗		↘		↗

所以函数 $f(x)$ 的单调增区间是 $(-\infty, 1) \bigcup (2, +\infty)$,单调减区间是 $(1,2)$.

例 3.24 确定函数 $y = \sqrt[3]{x^2}$ 的单调区间.

解　函数的定义域为 $(-\infty,+\infty)$,当 $x \neq 0$ 时

$$y' = \frac{2}{3\sqrt[3]{x}}$$

当 $x = 0$ 时,导数不存在. 显然,在 $(-\infty,0)$ 内,$y' < 0$;在 $(0,+\infty)$ 内,$y' > 0$.

列表分析函数的单调性,如表 3.2 所示.

所以函数 y 的单调减区间是 $(-\infty,0)$,单调增区间是 $(0,+\infty)$,如图 3.7 所示.

表 3.2

x	$(-\infty,0)$	0	$(0,+\infty)$
y'	$-$	不存在	$+$
y	↘		↗

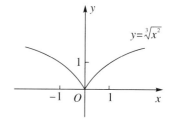

图 3.7

例 3.25　本章引例 3:某产品生产 x 单位的总成本为 $C(x) = 300 + \frac{1}{12}x^3 - 5x^2 + 170x$,每单位产品的价格是 134 元,则利润与 x 单位产品的关系为

$$y = 134x - C(x) = -\frac{1}{12}x^3 + 5x^2 - 36x - 300$$

利润 y 在产品数 x 的什么区间内是增加(或减少)的?

解　函数的定义域为 $[0,+\infty)$,且

$$y' = -\frac{1}{4}x^2 + 10x - 36 = -\frac{1}{4}(x-4)(x-36)$$

令 $y' = 0$,即

$$-\frac{1}{4}(x-4)(x-36) = 0$$

解得 $x_1 = 4$,$x_2 = 36$. 点 $4,36$ 将区间 $[0,+\infty)$ 分成三个子区间 $[0,4)$,$(4,36)$,$(36,+\infty)$.

列表分析函数的单调性,如表 3.3 所示.

表 3.3

x	$[0,4)$	4	$(4,36)$	36	$(36,+\infty)$
y'	$-$	0	$+$	0	$-$
y	↘		↗		↘

所以当产品数 x 在区间 $(4,36)$ 内利润 y 是单调增加的,当产品数 x 在区间 $[0,4)$ 和 $(36,+\infty)$ 内利润 y 是单调减少的.

利用函数的单调性还可以证明一些不等式.

例 3.26　当 $x>0$ 时, $x>\ln(1+x)$.

证　只需证明当 $x>0$ 时,恒有 $x-\ln(x+1)>0$.设 $f(x)=x-\ln(x+1)$,则 $f(x)$ 在 $[0,+\infty)$ 上连续,在 $(0,+\infty)$ 内可导,且

$$f'(x)=1-\frac{1}{1+x}=\frac{x}{1+x}>0,\quad x>0$$

故 $f(x)$ 在 $[0,+\infty)$ 上单调增加,因此当 $x>0$ 时, $f(x)>f(0)$,而 $f(0)=0$,所以当 $x>0$ 时, $f(x)=x-\ln(x+1)>0$,即

$$x>\ln(1+x),\quad x>0$$

例 3.27　证明:$\sin x=x$ 只有一个实根.

证　由 $\sin x=x$,易知 $x\in[-1,1]$.设 $f(x)=x-\sin x$,则 $f(x)$ 在 $[-1,1]$ 上连续,且 $f(-1)=\sin 1-1<0$, $f(1)=1-\sin 1>0$,故 $f(x)$ 在 $(-1,1)$ 内至少有一个零点.又

$$f'(x)=1-\cos x<0,\quad x\in(-1,1)$$

即 $f(x)$ 单减,由定理 3.2, $f(x)$ 在 $(-1,1)$ 内最多只能有一个零点,从而 $\sin x=x$ 有且仅有一个实根.

3.3.2　函数的极值与最值

在很多的经济活动和日常工作、生活中,常常会遇到在一定条件下,怎样才能使"成本最低""用料最省""效率最高" 等问题.

如本节开始的实例中,由图 3.4 知,利润 $L(x)$ 在 $x=50$ 时最大.那么如何求函数的最大值或最小值呢?"最大值或最小值" 与"极大值或极小值" 有什么区别和联系?下面将讨论此类问题.

1. 函数的极值

观察图 3.8,我们发现曲线 $y=f(x)$ 上点 c_1,c_2,c_4,c_5,c_6 是函数 $y=f(x)$ 单调的分界点,而且函数 $y=f(x)$ 在点 x_2,x_5 的函数值 $f(x_2),f(x_5)$ 比点 x_2,x_5 左右近旁的函数值都要大些;在点 x_1,x_4,x_6 的函数值 $f(x_1),f(x_4),f(x_6)$ 比点 x_1,x_4,x_6 左右近旁的函数值都要小些.对于这些单调分界点的横坐标 x 及其对应的函数值 $f(x)$,我们给出如下定义.

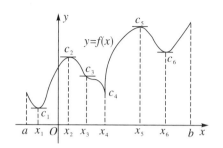

图 3.8

定义 3.1　设函数 $f(x)$ 在区间 (a,b) 内有定义，x_0 是 (a,b) 内的一个点. 如果存在点 x_0 的一个邻域，对于这个邻域内的任意点 $x(x \neq x_0)$，$f(x) < f(x_0)$ 均成立，则称 $f(x_0)$ 是函数的一个极大值；如果存在点 x_0 的一个邻域，对于这个邻域内的任意点 $x(x \neq x_0)$，$f(x) > f(x_0)$ 均成立，则称 $f(x_0)$ 是函数的一个极小值.

函数的极大值与极小值统称为函数的极值，使函数取得极值的点称为极值点.

在图 3.8 中，$f(x_2)$，$f(x_5)$ 是函数 $f(x)$ 的极大值，点 x_2，x_5 称为极大值点；$f(x_1)$，$f(x_4)$，$f(x_6)$ 是函数 $f(x)$ 的极小值，点 x_1，x_4，x_6 称为极小值点.

由函数极值定义可知：函数的极大值和极小值概念是局部性的，它只是与极值点邻近所有点的函数值相比较而言的，并不意味着它在函数的整个定义区间内最大或最小. 极大值可以比极小值小. 图 3.8 中极大值 $f(x_2)$ 就比极小值 $f(x_6)$ 要小.

由图 3.8 可以看出，函数 $f(x)$ 对应的曲线在极值点处或有水平切线（如点 x_1，x_2，x_5，x_6 处），或者切线不存在（如点 x_4 处）. 于是我们可以给出下面的定理.

定理 3.7（必要条件）　如果函数 $f(x)$ 在点 x_0 处有极值 $f(x_0)$，则 $f'(x_0) = 0$ 或 $f'(x_0)$ 不存在.

证　如果函数 $f(x)$ 在点 x_0 处不可导，则结论自然成立.

如果函数 $f(x)$ 在点 x_0 处可导，设 $f(x)$ 在点 x_0 处有极大值 $f(x_0)$，则 $f(x_0)$ 必是 x_0 的某邻域内的最大值. 由费马定理即知

$$f'(x_0) = 0$$

同理可证极小值情形.

使 $f'(x_0) = 0$ 的点称为函数 $f(x)$ 的驻点.

由定理 3.7 知，函数的极值点必是函数的驻点或导数不存在的点. 然而驻点或导数不存在的点不一定就是函数的极值点（如图 3.8 中的点 x_3）.

下面介绍函数取得极值的充分条件，也就是给出判断极值的方法.

定理 3.8(极值的第一充分条件)　设函数 $f(x)$ 在点 x_0 处连续,且在 x_0 的去心 δ 邻域 $\mathring{U}(x_0,\delta)$ 内可导.

（ⅰ）若当 $x \in (x_0 - \delta, x_0)$ 时 $f'(x) > 0$,当 $x \in (x_0, x_0 + \delta)$ 时 $f'(x) < 0$,则 $f(x)$ 在点 x_0 处取得极大值;

（ⅱ）若当 $x \in (x_0 - \delta, x_0)$ 时 $f'(x) < 0$,当 $x \in (x_0, x_0 + \delta)$ 时 $f'(x) > 0$,则 $f(x)$ 在点 x_0 处取得极小值;

（ⅲ）若对一切 $x \in (x_0, \delta)$ 都有 $f'(x) > 0$(或 $f'(x) < 0$),则 $f(x)$ 在点 x_0 处取不到极值.

证　（ⅰ）按假设及函数单调性判别法可知,$f(x)$ 在 $[x_0 - \delta, x_0]$ 上严格单调增,在 $[x_0, x_0 + \delta]$ 上严格单调减,故对任意 $x \in \mathring{U}(x_0,\delta)$,总有

$$f(x) < f(x_0)$$

所以 $f(x)$ 在点 x_0 处取得极大值.

（ⅱ）、（ⅲ）两种情况可以类似证明.

例 3.28　求 $y = (2x - 5)\sqrt[3]{x^2}$ 的极值点与极值.

解　$y = (2x - 5)\sqrt[3]{x^2} = 2x^{\frac{5}{3}} - 5x^{\frac{2}{3}}$ 在 $(-\infty, +\infty)$ 内连续,当 $x \neq 0$ 时,有

$$y' = \frac{10}{3}x^{\frac{2}{3}} - \frac{10}{3}x^{-\frac{1}{3}} = \frac{10}{3}\frac{x-1}{\sqrt[3]{x}}$$

令 $y' = 0$,得驻点 $x = 1$.当 $x = 0$ 时,函数的导数不存在.列表讨论,如表3.4所示.

表 3.4

x	$(-\infty, 0)$	0	$(0, 1)$	1	$(1, +\infty)$
y'	+	不存在	−	0	+
y	↗	0(极大值)	↘	−3(极小值)	↗

故得函数 $f(x)$ 的极大值点 $x = 0$,极大值 $f(0) = 0$;极小值点 $x = 1$,极小值 $f(1) = -3$.

顺便指出,我们也可以利用函数的驻点及导数不存在的点来确定函数的单调区间.例如,例3.28中函数 $y = (2x - 5)\sqrt[3]{x^2}$ 的单增区间为 $(-\infty, 0]$ 及 $[1, +\infty)$;单减区间为 $[0, 1]$.

当函数 $f(x)$ 在驻点有不等于0的二阶导数时,我们也往往利用二阶导数的符

号来判断 $f(x)$ 的驻点是否为极值点,这里略去.

2. 函数的最值

根据闭区间上连续函数的性质,若函数 $f(x)$ 在 $[a,b]$ 上连续,则 $f(x)$ 在 $[a,b]$ 上必取得最大值和最小值.本段将讨论怎样求出函数的最大值和最小值.

对于可导函数来说,若 $f(x)$ 在区间 I 内的一点 x_0 处取得最大(小)值,则在 x_0 不仅有 $f'(x_0) = 0$,即 x_0 是 $f(x)$ 的驻点,而且 x_0 为 $f(x)$ 的极值点.一般而言,最大(小)值还可能在区间端点或不可导点上取得.

求连续函数 $f(x)$ 在闭区间 $[a,b]$ 上最大值、最小值的一般方法:

(i) 求出函数在区间 (a,b) 内所有驻点及不可导点;

(ii) 计算上述各点处的函数值,并与端点处的函数值 $f(a),f(b)$ 比较,其中最大者即区间 $[a,b]$ 上的最大值,最小者即为区间 $[a,b]$ 上的最小值.

例 3.29　求函数 $f(x) = x^3 - 3x^2 - 9x + 5$ 在 $[-2,4]$ 上的最大值与最小值.

解　$f(x)$ 在 $[-2,4]$ 上连续,故必存在最大值与最小值.令
$$f'(x) = 3x^2 - 6x - 9 = 3(x+1)(x-3) = 0$$
得驻点 $x = -1$ 和 $x = 3$.因为
$$f(-1) = 10,\quad f(3) = -22,\quad f(-2) = 3,\quad f(4) = -15$$
所以 $f(x)$ 在 $x = -1$ 取得最大值 10,在 $x = 3$ 取得最小值 -22.

在求最大(小)值的问题中,值得指出的是下述特殊情形:设 $f(x)$ 在某区间 $[a,b]$ 上连续,在 (a,b) 内可导,且有唯一的驻点和极值点,则由函数单调性判别法推知,当 $f(x_0)$ 是极大值时,$f(x_0)$ 就是 $f(x)$ 在 $[a,b]$ 上的最大值;当 $f(x_0)$ 是极小值时,$f(x_0)$ 就是 $f(x)$ 在 $[a,b]$ 上的最小值.许多求最大值和最小值的实际问题都属于这种类型.对于这类问题,可以用求极值的方法解决.

例 3.30　求数列 $\{\sqrt[n]{n}\}$ 的最大项.

解　设 $f(x) = x^{\frac{1}{x}}, x > 0$,则
$$f'(x_0) = x^{\frac{1}{x}} \cdot \frac{1 - \ln x}{x^2}$$
令 $f'(x) = 0$ 得 $x = e$.当 $x \in (0,e)$ 时 $f'(x) > 0$,当 $x \in (e, +\infty)$ 时 $f'(x) < 0$,所以 $f(x)$ 在 $x = e$ 时取得极大值.由于 $x = e$ 是唯一的驻点,故 $f(e) = e^{\frac{1}{e}}$ 为 $f(x)$ 在 $(0, +\infty)$ 内的最大值.直接比较 $\sqrt{2}$ 与 $\sqrt[3]{3}$,有 $\sqrt{2} < \sqrt[3]{3}$,从而推知 $\sqrt[3]{3}$ 是数列 $\{\sqrt[n]{n}\}$ 的最大项.

求实际问题的最大(小)值按以下步骤:

（ⅰ）先根据问题的条件建立目标函数；

（ⅱ）求目标函数的定义域；

（ⅲ）求目标函数的驻点(唯一驻点)；

（ⅳ）求出目标函数在驻点处的函数值，并根据实际问题的性质确定该函数值是最大值还是最小值.

例 3.31　　从半径为 R 的圆铁片上截下中心角为 φ 的扇形卷成一圆锥形漏斗，问 φ 取多大时做成的漏斗的容积最大？

解　　设所做漏斗的顶半径为 r，高为 h，则

$$2\pi r = R\varphi, \quad r = \sqrt{R^2 - h^2}$$

漏斗的容积 V 为

$$V = \frac{1}{3}\pi r^2 h = \frac{1}{3}\pi h(R^2 - h^2), \quad 0 < h < R$$

由于 h 由中心角 φ 唯一确定，故将问题转化为先求函数 $V = V(h)$ 在 $(0, R)$ 内的最大值.

令 $V' = \frac{1}{3}\pi R^2 - \pi h^2 = 0$，得唯一驻点 $h = \dfrac{R}{\sqrt{3}}$. 从而

$$\varphi = \frac{2\pi}{R}\sqrt{R^2 - h^2}\,\bigg|_{h = \frac{R}{\sqrt{3}}} = \frac{2}{3}\sqrt{6}\pi$$

因此根据问题的实际意义可知 $\varphi = \dfrac{2}{3}\sqrt{6}\pi$ 时能使漏斗的容积最大.

例 3.32　　本章引例 3：某产品生产 x 单位的总成本为 $C(x) = 300 + \dfrac{1}{12}x^3 - 5x^2 + 170x$，每单位产品的价格是 134 元，则利润与 x 单位产品的关系为

$$y = 134x - C(x) = -\frac{1}{12}x^3 + 5x^2 - 36x - 300$$

当产品数量为多少时利润最大(或最小)？

解　　函数的定义域为 $[0, +\infty)$，且

$$y' = -\frac{1}{4}x^2 + 10x - 36 = -\frac{1}{4}(x - 4)(x - 36)$$

令 $y' = 0$，即

$$-\frac{1}{4}(x - 4)(x - 36) = 0$$

解得 $x_1 = 4, x_2 = 36$.

点 $4,36$ 将区间 $[0, +\infty)$ 分成三个子区间 $[0,4),(4,36),(36, +\infty)$.
列表分析函数的单调性,如表 3.5 所示.

表 3.5

x	$[0,4)$	4	$(4,36)$	36	$(36, +\infty)$
y'	$-$	0	$+$	0	$-$
y	$\searrow$	$-\dfrac{1\,108}{3}$	$\nearrow$	996	$\searrow$

故得函数的极值点为极小值点 $x = 4$,极小值为 $-\dfrac{1\,108}{3}$;极大值点 $x = 36$,极
大值为 996. 当产品数为 36 单位时,利润最大.

例 3.33　轮船用煤费用与其速度的立方成正比.已知速度为 10 海里 / 小时,
每小时的用煤费用为 25 元,其余费用为 100 元.问轮船速度为多少时,所需费用总
和最少?

解　设轮船速度为 x 海里 / 小时时,每小时用煤费用为 L,则 $L = kx^3$,用
$x = 10, L = 25$ 代入得 $k = \dfrac{1}{40}$,故 $L = \dfrac{1}{40}x^3$. 又设轮船的总航程为 S,故共用时间
为 $\dfrac{S}{x}$,再设总费用为 y,则得目标函数为

$$y = \left(\frac{1}{40}x^3 + 100\right) \cdot \frac{S}{x} = \frac{S}{40}x^2 + \frac{100S}{x}, \quad x > 0$$

$$y' = \frac{S}{20}x - \frac{100S}{x^2} = \frac{Sx^3 - 2\,000S}{20x^2}$$

令 $y' = 0$,解得唯一驻点 $x = 10\sqrt[3]{2}$ 海里 / 小时,而总费用 y 存在最小值,故当轮船
速度为 $10\sqrt[3]{2}$ 海里 / 小时,警方所需费用总和最少.

例 3.34　要做一个容积为 V 的圆柱形油罐,问底半径 r 和高 h 等于多少时才
能使所用材料最省?

解　显然,用材最省就是油罐总表面积最小,如图 3.9 所示.
油罐的侧面积为 $2\pi rh$,上、下底面积为 $2\pi r^2$,故总表面积为

$$S = 2\pi r^2 + 2\pi rh, \quad r > 0$$

而容积 $V = \pi r^2 h, h = \dfrac{V}{\pi r^2}$,故得油罐总表面积(目标函数)为

$$S = 2\pi r^2 + \frac{2V}{r}, \quad r > 0$$

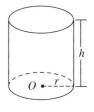

图 3.9

其导数

$$S' = \frac{2(2\pi r^3 - V)}{r^2}$$

令 $S' = 0$,解得唯一驻点 $r = \sqrt[3]{\dfrac{V}{2\pi}}$,而油罐总表面积存在最小值,故当底半径 $r = \sqrt[3]{\dfrac{V}{2\pi}}$ 时,S 有最小值. 此时,相应的高 h 为

$$h = \frac{V}{\pi r^2} = \frac{V}{\pi\left(\sqrt[3]{\dfrac{V}{2\pi}}\right)^2} = 2\sqrt[3]{\frac{V}{2\pi}} = 2r$$

所以,容积为 V 的圆柱形油罐的底直径和高相等时用材最省.

例 3.35　某房地产公司有 50 套公寓要出租,当每套租金定为 1 000 元/月时可全部出租出去. 当租金每月增加 50 元时,就有 1 套公寓租不出去. 而租出去的公寓每套每月需花费 100 元的整修维护费. 试问:房租定为多少时可获得最大收入?

解　设每月房租为 x 元,则租出去的房子有 $50 - \dfrac{x - 1\,000}{50}$ 套,每月总收入为

$$R(x) = (x - 100)\left(50 - \frac{x - 1\,000}{50}\right) = (x - 100)\left(70 - \frac{x}{50}\right)$$

令

$$R'(x) = \left(70 - \frac{x}{50}\right) - \frac{1}{50}(x - 100) = 72 - \frac{x}{25} = 0$$

得唯一的驻点 $x = 1\,800$.

所以每月的租金为 1 800 元时收入最大. 最大收入为 $R(1\,800) = 57\,800$. 此时,没有租出去的公寓有 $\dfrac{1\,800 - 1\,000}{50} = 16$ 套.

习　题　3.3

1. 求下列函数的单调区间.

(1) $f(x) = x^2 e^{2x}$;　　　　　　　　　　(2) $y = x - 2\sin x\,(0 \leqslant x \leqslant 2\pi)$.

2. (1) 证明不等式 $\ln(1 + x) \geqslant \dfrac{x}{1 + x}\,(x \geqslant 0)$;

(2) 证明方程 $x - \dfrac{1}{2}\sin x = 0$ 只有一个根 $x = 0$.

3. 求下列函数的极值.

(1) $y = 3x^4 - 8x^3 - 18x^2 + 12$;　　　　(2) $y = x - \ln(1 + x)$;

(3) $y = x + \sqrt{1-x}$;

(4) $y = \dfrac{1 + 3x}{\sqrt{4 + 5x^2}}$;

(5) $y = \dfrac{3x^2 + 4x + 4}{x^2 + x + 1}$;

(6) $y = x^{\frac{1}{x}}$;

(7) $y = 3 - 2(x+1)^{\frac{1}{3}}$;

(8) $y = x + \tan x$.

4. 求下列函数在给定区间上的最大值和最小值.

(1) $y = x^4 - 2x^2 + 5, [-2,2]$;

(2) $y = \dfrac{x^2}{1+x}, \left[-\dfrac{1}{2}, 1\right]$;

(3) $y = x + \sqrt{1-x}, [-5,1]$;

(4) $y = 4\mathrm{e}^x + \mathrm{e}^{-x}, [-1,1]$;

(5) $y = x\mathrm{e}^{-x^2}, [-1,1]$.

5. 要建造一个圆柱形桶来盛装32π立方米的液体(图3.10),若桶侧面每平方米的造价为k元,上底与下底每平方米的造价为$2k$元,则圆柱形桶具有怎样的尺寸时,总造价T最小?

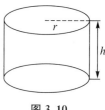

6. 某厂计划年产a台车床,分批生产,每批生产准备费为b元,每年每台库存费为c元.若平均库存量为批量的一半,问:每批生产多少台,年库存费与生产准备费的和最小?

图 3.10

3.4 二阶导数及其应用

实例 设水以一常速a毫升/秒注入如图3.11所示的玻璃器皿中,我们大致绘出水位的高度y随时间t的图像,如图3.12所示.

令b是水位到达最窄处的时刻.可以想象得到,从开始到器皿最窄处水位上升是越来越快的,即在图3.12中t从0到b时刻这段曲线是凹的;从器皿最窄处到器皿口部水位上升是越来越慢的,对应在图3.12中t从b时刻以后到灌满这段曲线是凸的.

图 3.11 玻璃器皿

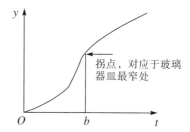

图 3.12 水位高度 y 与时间 t 的关系

那么,怎样去判断函数在什么区间内是凹的还是凸的呢?

3.4.1 曲线的凹凸性

前面我们通过对函数的单调性、极值、最值进行了讨论,已经知道了函数变化的大致情况.但这还不够,因为同属单增的两个可导函数的图像,虽然从左到右曲线都在上升,但它们的弯曲方向却可以不同.如图 3.13 中的曲线称为凹的,而图 3.14 中的曲线称为凸的,具体看以下定义.

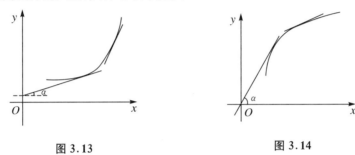

图 3.13　　　　　　　　　　图 3.14

定义 3.2　设 $y = f(x)$ 在 (a,b) 内可导,若曲线 $y = f(x)$ 位于其每点处切线的上方,则称它为在 (a,b) 内是凹的;若曲线 $y = f(x)$ 位于其每点处切线的下方,则称它的图形在 (a,b) 内是凸的.相应地,也称函数 $y = f(x)$ 分别为 (a,b) 内的凹函数或凸函数.

从图 3.13 和图 3.14 明显看出,凹函数曲线的斜率 $\tan \alpha = f'(x)$(其中 α 为切线的倾角)随着 x 的增大而增大,即 $f'(x)$ 为单增函数;凸函数曲线斜率 $f'(x)$ 随着 x 的增大而减小,也就是说,$f'(x)$ 为单调减函数.而 $f'(x)$ 的单调性可由二阶导数 $f''(x)$ 来判定,因此有下述定理.

定理 3.9　若 $f(x)$ 在 $[a,b]$ 上连续,在 (a,b) 内二阶可导,那么

(1) 若在 (a,b) 内 $f''(x) > 0$,则 $f(x)$ 在 $[a,b]$ 上的图形是凹的;

(2) 若在 (a,b) 内 $f''(x) < 0$,则 $f(x)$ 在 $[a,b]$ 上的图形是凸的.

这里的凹函数或凸函数有的教材上称为严格凹函数或严格凸函数.若将定理 3.9(1)、(2) 中的条件分别改成 $f''(x) \geqslant 0$、$f''(x) \leqslant 0$ 且等号仅在个别点成立,则不影响函数在区间内凹或凸的判定.比如 $f(x) = x^6$,计算可知 $f''(x) = 30x^4$ 在 $x = 0$ 处有 $f''(0) = 0$,但函数 $f(x) = x^6$ 在 $(-\infty, +\infty)$ 内都是凹的.

例 3.36　讨论高斯曲线 $y = \mathrm{e}^{-x^2}$ 的凹凸性.

解　因为 $y' = -2x\mathrm{e}^{-x^2}$,$y'' = 2(2x^2 - 1)\mathrm{e}^{-x^2}$,所以当 $2x^2 - 1 > 0$ 即 $x > \dfrac{1}{\sqrt{2}}$

或 $x < -\dfrac{1}{\sqrt{2}}$ 时, $y'' > 0$;当 $2x^2 - 1 < 0$ 即 $-\dfrac{1}{\sqrt{2}} < x < \dfrac{1}{\sqrt{2}}$ 时, $y'' < 0$.因此在区间

$\left(-\infty, -\dfrac{1}{\sqrt{2}}\right)$ 与 $\left(\dfrac{1}{\sqrt{2}}, +\infty\right)$ 内曲线是凹的,在区间 $\left(-\dfrac{1}{\sqrt{2}}, \dfrac{1}{\sqrt{2}}\right)$ 内曲线是凸的.

3.4.2　拐点

定义 3.3　曲线上的凹与凸的分界点称为该曲线的拐点.

根据例 3.36 的讨论即知,点 $\left(-\dfrac{1}{\sqrt{2}}, \dfrac{1}{\sqrt{e}}\right)$ 与 $\left(\dfrac{1}{\sqrt{2}}, \dfrac{1}{\sqrt{e}}\right)$ 都是高斯曲线 $y = e^{-x^2}$ 的

拐点.

我们从定义 3.2 及其说明部分已经看出,利用二阶导数研究曲线的凹凸性与利用一阶导数研究函数的单调性,两者有相对应的结果.其实曲线的拐点同样有类似于函数极值点的性质,只是利用更高一阶导数得出而已.

定理 3.10(拐点的必要条件)　若 $f(x)$ 在 x_0 某邻域 $U(x_0, \delta)$ 内二阶可导,且 $(x_0, f(x))$ 为曲线 $y = f(x)$ 的拐点,则 $f''(x_0) = 0$.

证　不妨设曲线 $y = f(x)$ 在 $(x_0 - \delta, x_0)$ 内是凹的,而在 $(x_0, x_0 + \delta)$ 内是凸的.由定理 3.9 可知,在 $(x_0 - \delta, x_0)$ 内 $f''(x) \geqslant 0$,而在 $(x_0, x_0 + \delta)$ 内 $f''(x) \leqslant 0$.于是对任意 $x \in \overset{\circ}{U}(x_0, \delta)$,总有 $f'(x) - f'(x_0) \leqslant 0$,因此

$$f''_-(x_0) = \lim_{x \to x_0^-} \frac{f'(x) - f'(x_0)}{x - x_0} \geqslant 0$$

$$f''_+(x_0) = \lim_{x \to x_0^+} \frac{f'(x) - f'(x_0)}{x - x_0} \leqslant 0$$

由于 $f(x)$ 在 x_0 二阶可导,所以 $f''(x_0) = 0$.

但条件 $f''(x_0) = 0$ 并非是充分的,例如 $y = x^4$,有 $y'' = 12x^2 \geqslant 0$,且等号仅当 $x = 0$ 成立,因此曲线 $y = x^4$ 在 $(-\infty, +\infty)$ 是凹的.即是说,虽然 $y''\big|_{x=0} = 0$,但 $(0,0)$ 不是该曲线的拐点.

下面是判别拐点的两个充分条件.

定理 3.11　设 $f(x)$ 在 x_0 某邻域内二阶可导, $f''(x_0) = 0$.若 $f''(x)$ 在 x_0 的左、右两侧分别有确定的符号,并且若符号相反,则 $(x_0, f(x_0))$ 是曲线的拐点;若符号相同,则 $(x_0, f(x_0))$ 不是拐点.

定理 3.12　设 $f(x)$ 在 x_0 三阶可导,且 $f''(x_0) = 0$, $f'''(x_0) \neq 0$,则 $(x_0,$

$f(x_0))$ 是曲线 $y = f(x)$ 的拐点.

此外,对于 $f(x)$ 的二阶不可导点 x_0,$(x_0,f(x_0))$ 也有可能是曲线 $y = f(x)$ 的拐点.

例 3.37　求曲线 $y = x^{\frac{1}{3}}$ 的拐点.

解　$y = x^{\frac{1}{3}}$ 在 $(-\infty, +\infty)$ 内连续.当 $x \neq 0$ 时

$$y' = \frac{1}{3}x^{-\frac{2}{3}}, \quad y'' = -\frac{2}{9}x^{-\frac{5}{3}}$$

当 $x = 0$ 时,y'' 不存在.由于在 $(-\infty,0)$ 内 $y'' > 0$,在 $(0, +\infty)$ 内 $y'' < 0$,因此曲线 $y = x^{\frac{1}{3}}$ 在 $(-\infty,0)$ 内是凹的,在 $(0, +\infty)$ 内是凸的.按拐点的定义可知,点 $(0,0)$ 是曲线的拐点.

综上所述,寻求曲线 $y = f(x)$ 的拐点,只需先找到使得 $f''(x_0) = 0$ 的点及二阶不可导点,然后再按定理 3.11 或定理 3.12 去判定.

3.4.3　利用二阶导数判定极值

定理 3.13(极值的第二充分条件)　设 $f(x)$ 在 x_0 二阶可导,且 $f'(x_0) = 0$,$f''(x_0) \neq 0$.

（ⅰ）若 $f''(x_0) < 0$,则 $f(x)$ 在 x_0 取得极大值;

（ⅱ）若 $f''(x_0) > 0$,则 $f(x)$ 在 x_0 取得极小值.

证　（ⅰ）由于

$$f''(x_0) = \lim_{x \to x_0} \frac{f'(x) - f'(x_0)}{x - x_0} < 0$$

且 $f'(x_0) = 0$,故有

$$\lim_{x \to x_0} \frac{f'(x)}{x - x_0} < 0$$

根据极限的局部保号性可知,存在 $\delta > 0$,使得当 $x \in \mathring{U}(x_0,\delta)$ 时有

$$\frac{f'(x)}{x - x_0} < 0$$

于是当 $x \in (x_0 - \delta, x_0)$ 时 $f'(x) > 0$,而当 $x \in (x_0, x_0 + \delta)$ 时 $f'(x) < 0$,所以由极值的第一充分条件推知 $f(x)$ 在 x_0 取得极大值.

同理可证（ⅱ）的情形.

例 3.38　试问 a 为何值时,函数 $f(x) = a\sin x + \frac{1}{3}\sin 3x$ 在 $x = \frac{\pi}{3}$ 处取得极值?它是极大值还是极小值?求此极值.

解　根据题意，$f'(x) = a\cos x + \cos 3x$. 由假设知 $f'\left(\dfrac{\pi}{3}\right) = 0$，从而有 $\dfrac{a}{2} - 1 = 0$，即 $a = 2$.

又当 $a = 2$ 时，$f''(x) = -2\sin x - 3\sin 3x$，且 $f''\left(\dfrac{\pi}{3}\right) = -\sqrt{3} < 0$，所以 $f(x) = 2\sin x + \dfrac{1}{3}\sin 3x$ 在 $x = \dfrac{\pi}{3}$ 处取得极大值，且极大值 $f\left(\dfrac{\pi}{3}\right) = \sqrt{3}$.

注　如果 $f'(x_0) = 0$，$f''(x_0) = 0$，则不能确定 $f(x)$ 在 x_0 处是否有极值. 例如，对函数 $f(x) = x^3$，有 $f'(0) = f''(0) = 0$，但 $x = 0$ 不是极值点；而对函数 $g(x) = x^4$ 有 $g'(0) = g''(0) = 0$，但 $g(0) = 0$ 是极小值. 所以，对于二阶导数为 0 或一、二阶导数不存在的点，就用定理 3.8 判定函数的极值.

习　题　3.4

1. 设 $y = \dfrac{4x + 4}{x^2} - 2$，求曲线在拐点处的切线方程.

2. 确定下列函数的凹凸区间与拐点.

(1) $y = 2x^3 - 3x^2 - 36x + 25$；

(2) $y = x + \dfrac{1}{x}$；

(3) $y = x^2$；

(4) $y = \ln(x^2 + 1)$.

3. 利用二阶导数求下列函数极值.

(1) $y = 3x^2 - x^3$；　　　　　　　(2) $y = x^3 - 3x^2 - 9x - 5$；

(3) $y = (x - 3)^2(x - 2)$；　　　　　(4) $y = 2x - \ln(4x)^2$；

(5) $y = 2e^x + e^{-x}$；　　　　　　　(6) $y = x^2 e^{-x}$.

3.5　函数图像的绘制

首先介绍函数图像渐近线的概念.

3.5.1　渐近线

当函数 $y = f(x)$ 的定义域或值域含有无穷区间时，要在有限的平面上作出它

的图像就必须指出 x 趋于无穷时或 y 趋于无穷时曲线的趋势,因此有必要讨论 $y = f(x)$ 的渐近线.

定义 3.4　设 $y = f(x)$ 的定义域含有无穷区间 $(a, +\infty)$. 若

$$\lim_{x \to +\infty} \left[f(x) - kx - b \right] = 0 \tag{3.4}$$

则称 $y = kx + b$ 是 $y = f(x)$ 在 $x \to +\infty$ 时的斜渐近线,当 $k = 0$ 时, $y = b$ 为 $f(x)$ 的水平渐近线. 若

$$\lim_{x \to x_0^+} f(x) = \infty \quad (\text{或} \lim_{x \to x_0^-} f(x) = \infty)$$

则称 $x = x_0$ 为 $y = f(x)$ 的垂直渐近线.

类似地,可以定义 $x \to -\infty$ 时的斜渐近线.

注意到式(3.4)与

$$\lim_{x \to +\infty} \left[f(x) - kx \right] = b \tag{3.5}$$

显然是等价的,而式(3.5)或又等价于

$$f(x) - kx = b + \alpha(x), \quad \lim_{x \to +\infty} \alpha(x) = 0$$

由此推出

$$\frac{f(x)}{x} = k + \frac{b + \alpha(x)}{x}$$

上式中令 $x \to +\infty$,取极限便得

$$\lim_{x \to +\infty} \frac{f(x)}{x} = k \tag{3.6}$$

因此,渐近线的斜率 k 和截距 b 可以分别由式(3.6)和式(3.5)依次求得.

例 3.39　求下列曲线的渐近线.

(1) $y = \sqrt{x^2 - x + 1}$;　　　　　　(2) $y = \dfrac{\ln(1 + x)}{x}$.

解　(1) $y = \sqrt{x^2 - x + 1}$ 的定义域为 $(-\infty, +\infty)$,且

$$\lim_{x \to +\infty} \frac{\sqrt{x^2 - x + 1}}{x} = 1, \quad \lim_{x \to -\infty} \frac{\sqrt{x^2 - x + 1}}{x} = -1$$

$$\lim_{x \to +\infty} \left(\sqrt{x^2 - x + 1} - x \right) = -\frac{1}{2}, \quad \lim_{x \to -\infty} \left(\sqrt{x^2 - x + 1} + x \right) = \frac{1}{2}$$

所以 $y = \sqrt{x^2 - x + 1}$ 在 $x \to +\infty$ 时有斜渐近线 $y = x - \dfrac{1}{2}$,在 $x \to -\infty$ 时有斜渐近线 $y = -x + \dfrac{1}{2}$.

(2) $y = \dfrac{\ln(1+x)}{x}$ 的定义域是 $(-1,0) \bigcup (0,+\infty)$. 由于

$$\lim_{x \to +\infty} \frac{\ln(1+x)}{x} = 0, \quad \lim_{x \to -1^+} \frac{\ln(1+x)}{x} = +\infty$$

所以 $y = \dfrac{\ln(1+x)}{x}$ 有水平渐近线 $y = 0$ 和垂直渐近线 $x = -1$.

3.5.2　函数图像的绘制

函数作图的一般步骤是:

(1) 确定函数的定义域,考查函数的奇偶性与周期性;

(2) 确定函数的单调区间、极值点、凹凸区间以及拐点(列表讨论);

(3) 考查渐近线;

(4) 确定函数的某些特殊点,如与两坐标轴的交点等;

(5) 根据上述讨论结果画出函数的图像.

对于本章开始的引例1,函数

$$y = -\frac{1}{12}x^3 + 5x^2 - 36x - 300$$

既没有垂直渐近线,也没有水平和斜渐近线,且

$$y' = -\frac{1}{4}(x-36)(x-4), \quad y'' = -\frac{1}{2}(x-20)$$

列表分析,如表 3.6 所示.

表 3.6

x	$(-\infty,4)$	4	$(4,20)$	20	$(20,36)$	36	$(36,+\infty)$
y'	$-$	0	$+$		$+$	0	$-$
y''	$+$		$+$	0	$-$		$-$
y	$\cup \searrow$	极小值 $\left(4, -\dfrac{1\,108}{3}\right)$	$\cup \nearrow$	拐点约为 $(20,999)$	$\cap \nearrow$	极大值 $(36,996)$	$\cap \searrow$

可知函数利润在 $x = 20$(即取得拐点处)之前,单位产品利润增长的速度是增加的,而在此后单位产品利润增长速度是慢慢变缓的,直到 $x = 36$ 时,单位产品利润的增长速度为 0,随着产品总数增加利润不再增加,故在此时利润取得最大值.根

据本题实际意义,画出图像,如图3.15所示.

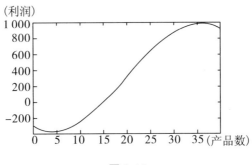

图 3.15

类似地,我们可以解决其他引例中的问题.

例 3.40 作函数 $y = \dfrac{x^3 - 2}{2(x-1)^2}$ 的图像.

解 函数的定义域为 $(-\infty, 1) \bigcup (1, +\infty)$,且

$$y' = \frac{(x-2)^2(x+1)}{2(x-1)^3}, \quad y'' = \frac{3(x-2)}{(x-1)^4}$$

令 $y' = 0$,得 $x_1 = x_2 = 2, x_3 = -1$;令 $y'' = 0$,得 $x = 2$.列表讨论,如表3.7所示.

表 3.7

x	$(-\infty, -1)$	-1	$(-1,1)$	$(1,2)$	2	$(2, +\infty)$
y'	$+$	0	$-$	$+$	0	$+$
y''	$-$	$-$	$-$	$-$	0	$+$
$y = f(x)$	⌢	极大值 $-\dfrac{3}{8}$	⌣	⌢	拐点 $(2,3)$	⌣

由于

$$\lim_{x \to \infty} \frac{y}{x} = \lim_{x \to \infty} \frac{x^3 - 2}{2x(x-1)^2} = \frac{1}{2}, \quad \lim_{x \to \infty}\left[\frac{x^3 - 2}{2(x-1)^2} - \frac{1}{2}x\right] = 1$$

故 $y = \dfrac{1}{2}x + 1$ 是曲线的斜渐近线.又因为

$$\lim_{x \to 1} \frac{x^3 - 2}{2(x-1)^2} = -\infty$$

所以 $x = 1$ 是曲线的垂直渐近线.当 $x = 0$ 时,$y = -1$;当 $y = 0$ 时,$x = \sqrt[3]{2}$.

综合上述讨论,作出函数的图像,如图 3.16 所示.

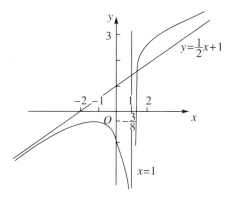

$$y = \frac{1}{2}x + 1$$

$$x = 1$$

图 3.16

习　题　3.5

1. 求下列曲线的渐近线.

(1) $y = x\ln\left(e + \dfrac{1}{x}\right)$;

(2) $y = \dfrac{1}{x^2 - 3x + 2}$;

(3) $y = \dfrac{x^2}{1 + x}$;

(4) $y = \dfrac{x^3}{(x - 1)^2}$.

2. 作出下列函数的大致图像.

(1) $y = x + e^{-x}$;　　(2) $y = \dfrac{x^2}{1 + x}$;　　(3) $y = \dfrac{2x}{(x - 1)^2}$.

3.6　极(最)值在经济活动中的应用

3.6.1　成本与利润的最佳化

1. 利润最大化

如本章的引例1.

2. 平均成本最小化

例 3.41　某产品每日生产 Q 单位的总成本函数为 $C(Q) = \dfrac{1}{5}Q^2 + 4Q + 20$ 元. 求:

(1) 平均成本最小时的日产量;

（2）最小平均成本.

解　由题意知,日生产 Q 单位产品时,每单位的平均成本为

$$A(Q) = \frac{C(Q)}{Q} = \frac{\frac{1}{5}Q^2 + 4Q + 20}{Q} = \frac{1}{5}Q + 4 + \frac{20}{Q}, \quad Q > 0$$

$$A'(Q) = \frac{1}{5} - \frac{20}{Q^2} = \frac{(Q-10)(Q+10)}{5Q^2}$$

令 $A'(Q) = 0$,得 $Q_1 = 10, Q_2 = -10$(舍去).可知 $Q = 10$ 时,$A(Q)$ 有最小值 $A(10)$ $= 8$ 元 / 单位.因此生产 10 单位时,有最小平均成本.这时平均成本为 8 元 / 单位.

例 3.42　如图 3.17 所示,铁路线上 AB 段长 100 千米,工厂 C 到铁路的距离 CA 为 20 千米,现要在 AB 上某点 D 处,向 C 修一条公路.已知铁路每千米的运费 与公路每千米的运费之比为 $3:5$,为了使原料从供应站 B 运到工厂 C 的运费最省, D 点应选择在何处?

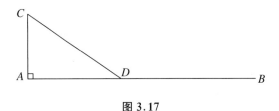

图 3.17

解　设铁路运价每吨每千米为 a 元,则公路运价每吨每千米为 $\frac{5}{3}a$ 元.又设 DA 的长为 x,原料从供应站 B 运到 C 的每吨总运费为 P,则

$$P = (100 - x) \cdot a + \frac{5}{3}a \cdot \sqrt{20^2 + x^2}$$

$$P' = -a + \frac{5}{3}a \cdot \frac{x}{\sqrt{20^2 + x^2}} = \frac{(-3\sqrt{20^2 + x^2} + 5x)a}{3\sqrt{20^2 + x^2}}$$

令 $P' = 0$,得 $-3\sqrt{20^2 + x^2} + 5x = 0$,两边平方后得 $9(20^2 + x^2) = 25x^2$,所以 $x = 15$(负根已舍去).

由问题知,AB 之间一定存在着使总费用最省的修路点,而 $x = 15$ 是 P 的定义域 内的唯一驻点,因此从 $x = 15$,即离 A 点 15 千米处向工厂 C 修路,总费用最省.

3.6.2　库存控制问题

工厂(商店)都要预存原材料(货物),称为库存.这对保证生产(销售)正常进

行是十分重要的.但若库存太多,不但造成流动资金积压,而且占用大量仓库.货物存放时间长不但使库存费增加,还可能使货物变质,造成很大的损失,因此在管理中的库存控制是十分必要的.

库存控制要解决什么问题呢?在库存中有几种费用:

存储费,是指材料(货物)仓库所应支付的费用,它与库存材料(货物)的数量成正比;

订购费(也称库存补充费),它包括订货手续费、差旅费等,显然它与订货量无关而与批次有关.

前者又称为保管成本,后者又称为订货成本.因此

$$库存总费用(成本)C = 存储费 + 订购费$$

为了使订购费用降低,就应尽可能扩大一次进货量,这样可以减少进货次数,从而降低订购费.但一次进货量大将使库存量上升,从而使存储费用上升,其结果总费用不一定减少.因此,库存控制就是要寻求最优的一次订货量(或库存补充量),称为经济批量,使库存合理地保证总费用最小.

这里仅介绍最简单的一种情况,就是单位时间库存消耗量相等,且当库存耗完之后,立即补充库存量.这样若批量为 Q,一次购进库存时,单位时间消耗量相等,则平均库存量为 $\frac{Q}{2}$.

例 3.43　某厂每月需要某种产品 100 吨,每批产量订货费为 5 元,每吨产品每月保管费为 0.4 元.求最佳批量、最佳批次、最小库存总费用.

解　设每次购进 Q 吨,则每月平均库存量是 $\frac{Q}{2}$ 吨.每月库存总费用是 $0.4 \times \frac{Q}{2}$ 元.每次购进 Q 吨,则每月分 $\frac{100}{Q}$ 次进货,订货费为 $5 \times \frac{100}{Q}$.因此,库存总费用为

$$C = 0.4 \times \frac{Q}{2} + 5 \times \frac{100}{Q}$$

令 $C' = 0.2 - \frac{500}{Q^2} = 0$,得 $Q_1 = 50, Q_2 = -50$(舍去).显然,当 $Q = 50$ 时,C 有最小值 $C(50) = 20$ 元.

因此最佳批量是每月一批购进 50 吨,每月最佳批次是 $100/50 = 2$ 次,最小库存总费用是每月 20 元.

习　题　3.6

1. 用一个底为正方形且带盖的盒子,其体积为 V,求它的最小表面积.

2. 用一个底为正方形且无盖的盒子,其体积为 V,求它的最小表面积.

3. 设生产 q 件产品的总成本 $C(q)$ 由下式给出:

$$C(q) = q^2 - 33q^2 - 300$$

如果平均每件产品的价格为 7 元(假定全部售出),最大利润是多少?

4. 某厂在生产管理中遇到这样一个问题:生产年销售量为 100 万件的产品,每批生产准备费为 1 000 元,而每件商品的库存费为 0.05 元.该商品的年销售量是均匀的(即商品的库存数为批量的一半).问分几批生产可使生产准备费和库存费之和最小?

总 习 题 3

1. 求下列函数的极值.

(1) $y = -x^4 + 2x^2$；

(2) $y = -(x+1)^{\frac{2}{3}}$；

(3) $y = x^4 - 8x^2 + 2$；

(4) $y = e^x \cos x$.

2. 求下列极限.

(1) $\lim\limits_{x \to 1} \dfrac{\ln x}{x-1}$；

(2) $\lim\limits_{\theta \to 0} \dfrac{\cos\left(\dfrac{\pi}{2}\cos\theta\right)}{\sin\theta}$；

(3) $\lim\limits_{x \to 0} \dfrac{e^x - \cos x}{\sin x}$；

(4) $\lim\limits_{x \to 0} \dfrac{x - \tan x}{x^3}$；

(5) $\lim\limits_{x \to \frac{\pi}{2}} \dfrac{\tan x - 5}{\sec x + 4}$；

(6) $\lim\limits_{x \to +\infty} \dfrac{e^x + e^{-x}}{e^x - e^{-x}}$；

(7) $\lim\limits_{x \to 0} \dfrac{x^2 \sin \dfrac{1}{x}}{\sin x}$；

(8) $\lim\limits_{x \to +\infty} x\left(\dfrac{\pi}{2} - \arctan x\right)$；

(9) $\lim\limits_{x \to 0} \dfrac{\sin^2 x - x\sin x\cos x}{x^4}$；

(10) $\lim\limits_{x \to 0} \left(\dfrac{a^x + b^x}{2}\right)^{\frac{3}{x}}, a > 0, b > 0$ 且 $a \neq 1, b \neq 1$.

3. 证明下列不等式.

(1) 当 $x > 0$ 时,$1 + \dfrac{x}{2} > \sqrt{1+x}$；

(2) 当 $x > 0$ 时,$1 + x\ln(x + \sqrt{1+x^2}) > \sqrt{1+x^2}$.

4. 作下列函数的图像.

(1) $y = \dfrac{2(x+1)}{x^2} - 1$；

(2) $\varphi(x) = \dfrac{1}{\sqrt{2\pi}} e^{-x^2/2}$.

5. 设 $C(q)$ 是生产数量为 q 的某产品的总成本(图 3.18).

（1）解释 $C(0)$ 的含义；

（2）用文字说明随着 q 的增加边际成本如何改变；

（3）用经济术语解释图像的凹凸性.

6. 设总收入和总成本（单位:元）分别由下列两式给出:

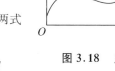

图 3.18　产品的成本

$$R(q) = 5q - 0.003q^2, \quad C(q) = 300 + 1.1q$$

其中 $0 \leqslant q \leqslant 1\,000$，求获得最大利润的 q 的数量.怎样的生产水平将获得最小利润?最小利润是多少?

7. 在一条公路的一侧有某单位的 A, B 两个加工点，A 到公路的距离 AC 为 1 千米，B 到公路的距离 BD 为 1.5 千米，CD 长为 3 千米，如图 3.19 所示.该单位欲在公路旁边修建一个堆货场 M，并从 A, B 两个点各修一条直线道路通往堆货场 M，欲使得 A 和 B 到 M 的道路总长最短，堆货场 M 应修在何处?

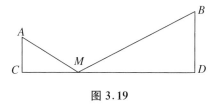

图 3.19

8. 某商店每年销售某种商品 a 件，每次购进的手续费为 b 元，而每件库存费为 c 元 / 年.若该商品均匀销售，且上批销售完立即进下一批，问商店应分几批购进此种商品，能使所用的手续费和库存费总和最少?（注:本题用 a, b, c 表示出结果即可，不考虑结果如何取整）

9. 某厂每批生产某种商品单位的费用为 $C(x) = 5x + 200$，得到的收益是

$$R(x) = 10x - 0.01x^2$$

问:每批生产多少单位时才能使利润最大?

10. 证明:若 $f(x)$ 在有限开区间 (a, b) 内可导，且 $\lim\limits_{x \to a^+} f(x) = \lim\limits_{x \to b^-} f(x)$，则至少存在一点 $\xi \in (a, b)$，使 $f'(\xi) = 0$.

11. 对 $f(x) = \ln(1 + x)$ 应用拉格朗日中值定理，证明:对 $x > 0$ 有

$$0 < \frac{1}{\ln(1 + x)} - \frac{1}{x} < 1$$

12. 求下列极限.

（1）$\lim\limits_{x \to 1} (1 - x^2)^{\frac{1}{\ln(1-x)}}$；　　　　（2）$\lim\limits_{x \to 0} \dfrac{x\mathrm{e}^x - \ln(1 + x)}{x^2}$.

13. 讨论函数 $f(x) = \begin{cases} \left[\dfrac{(1+x)^{\frac{1}{x}}}{\mathrm{e}} \right]^{\frac{1}{x}}, & x > 0 \\ \mathrm{e}^{-\frac{1}{2}}, & x \leqslant 0 \end{cases}$ 在 $x = 0$ 处的连续性.

14. (1) 设 $f(x)$ 在 (a,b) 内二阶可导,且 $f''(x) \neq 0$,证明:$f(x)$ 在 (a,b) 内至多有一个驻点;

(2) 设 $f(x)$ 在 $[a,b]$ 上连续,在 (a,b) 内可导,且 $f(a) > f(b)$,证明:存在 $\xi \in (a,b)$ 使 $f'(\xi) < 0$;

(3) 设 $f(x)$ 在 $[a,b]$ 上连续,在 (a,b) 内可导 $(0 < a < b)$,试证:存在 $\xi \in (a,b)$ 使

$$f(b) - f(a) = \xi f'(\xi) \ln \frac{b}{a}$$

第4章 不定积分

前面我们已经讨论了函数的导数与微分,这一章将讨论与之相反的问题.考虑到经济学上的应用,我们首先给出以下两个引例.

引例 1 设生产某产品 x 单位时的边际成本函数为

$$C'(x) = 3 + \frac{7}{\sqrt[3]{x^2}}$$

且固定成本为 6 000 元,求总成本函数 $C(x)$.

引例 2 经济学中,我们经常考虑商品的需求量 Q 关于其价格 P 的变化规律.假设市场上某种商品的最大需求量为 2 000(即 $Q(0) = 2\,000$)件,其需求量关于价格的变化率(即边际需求)为

$$Q'(P) = -1\,000\ln 2 \cdot \left(\frac{1}{2}\right)^P$$

试求:该商品的需求量 Q 关于价格 P 的函数关系.

从上述两个引例可以看出,本章探讨的中心问题是已知一个函数的导数或微分,反过来去求出这个函数.这正好是微分学的逆问题 —— 不定积分问题.本章我们主要介绍不定积分的概念、性质与常见不定积分的求法.

4.1 不定积分的概念与性质

4.1.1 原函数与不定积分的概念

定义 4.1 设 $f(x)$ 是定义在某区间上的已知函数,如果存在一个函数 $F(x)$,使得对于该区间上的每一点 x,都有

$$F'(x) = f(x) \quad \text{或} \quad dF(x) = f(x)dx$$

则称 $F(x)$ 为 $f(x)$ 在该区间上的原函数.

例如,因为 $(\sin x)' = \cos x$,所以 $\sin x$ 是 $\cos x$ 的原函数;又如当 $x \in (0, +\infty)$

时，因为 $(\sqrt{x})' = \dfrac{1}{2\sqrt{x}}$，所以 $\sqrt{x}$ 是 $\dfrac{1}{2\sqrt{x}}$ 的原函数．

定理 4.1（原函数存在定理）　如果函数 $f(x)$ 在某区间上连续，那么 $f(x)$ 在该区间上的原函数一定存在．

由于初等函数是连续函数，因此初等函数在其定义区间上都有原函数．$f(x)$ 的任意两个原函数之间只差一个常数，即如果 $\Phi(x)$ 和 $F(x)$ 都是 $f(x)$ 的原函数，则 $\Phi(x) - F(x) = C$，C 为某个常数．因此，如果函数 $f(x)$ 在某区间上有原函数 $F(x)$，那么 $f(x)$ 就有无限多个原函数．$F(x) + C$ 都是 $f(x)$ 的原函数，其中 C 是任意常数．

定义 4.2　设 $F(x)$ 为 $f(x)$ 的一个原函数，函数 $f(x)$ 的所有原函数 $F(x) + C$ 叫作 $f(x)$ 的不定积分，记为 $\int f(x)\mathrm{d}x$，即

$$\int f(x)\mathrm{d}x = F(x) + C$$

其中，"$\int$" 称为积分号，$f(x)$ 称为被积函数，$f(x)\mathrm{d}x$ 称为被积表达式，x 称为积分变量．

根据定义，如果 $F(x)$ 是 $f(x)$ 的一个原函数，那么不定积分 $\int f(x)\mathrm{d}x$ 可以表示 $f(x)$ 的任意一个原函数．

例 4.1　求 $\int x^2\mathrm{d}x$．

解　由于 $\left(\dfrac{x^3}{3}\right)' = x^2$，所以 $\dfrac{x^3}{3}$ 是 x^2 的一个原函数，因此

$$\int x^2\mathrm{d}x = \dfrac{x^3}{3} + C$$

例 4.2　求函数 $f(x) = \dfrac{1}{x}$ 的不定积分．

解　当 $x > 0$ 时，$(\ln x)' = \dfrac{1}{x}$，所以

$$\int \dfrac{1}{x}\mathrm{d}x = \ln x + C$$

而当 $x < 0$ 时，$[\ln(-x)]' = -\dfrac{1}{x} \cdot (-1) = \dfrac{1}{x}$，所以

$$\int \dfrac{1}{x}\mathrm{d}x = \ln(-x) + C$$

因此

$$\int \frac{1}{x}\mathrm{d}x = \ln|x| + C, \quad x \neq 0$$

4.1.2　不定积分的几何意义

设 $F(x)$ 是 $f(x)$ 的一个原函数,则 $y = F(x)$ 在平面上表示一条曲线,称它为 $f(x)$ 的一条积分曲线. 于是 $f(x)$ 的不定积分表示一族积分曲线,它们是由 $f(x)$ 的某一条积分曲线沿着 y 轴方向作任意平行移动而产生的所有积分曲线组成的. 显然,族中的每一条积分曲线在具有同一横坐标的 x 点处有互相平行的切线,其斜率都等于 $f(x)$,如图 4.1 所示.

在求原函数的具体问题中,往往先求出原函数的一般表达式 $y = F(x) + C$,再从中确定一个满足条件 $y(x_0) = y_0$(称为初始条件)的原函数 $y = y(x)$. 从几何上讲,就是从积分曲线族中找出一条通过点 (x_0, y_0) 的积分曲线.

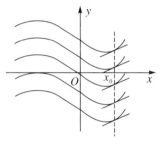

图 4.1

例 4.3　设曲线通过点 $(1, 2)$,其上任意一点处的切线斜率为 $2x$,求此曲线的方程.

解　设所求曲线方程为 $y = f(x)$,由 $f'(x) = 2x$,得

$$y = f(x) = \int 2x\mathrm{d}x = x^2 + C$$

将 $x = 1, y = 2$ 代入上式,即 $2 = 1^2 + C$,解得 $C = 1$,所以,所求曲线方程为 $y = x^2 + 1$.

4.1.3　不定积分的性质

性质 4.1　微分运算与求不定积分的运算是互逆的.

(1) $\dfrac{\mathrm{d}}{\mathrm{d}x}\left[\int f(x)\mathrm{d}x\right] = f(x)$ 或 $\mathrm{d}\left[\int f(x)\mathrm{d}x\right] = f(x)\mathrm{d}x$;

(2) $\int F'(x)\mathrm{d}x = F(x) + C$ 或 $\int \mathrm{d}F(x) = F(x) + C$.

求不定积分与求导数(或微分)互为逆运算. 对一个函数先积分后微分,结果是两种运算互相"抵消",仍等于被积函数(或被积表达式);若先微分后积分,结果与原来函数相差一个常数 C.

例如，$\left[\int \sqrt{3x-1}\,\mathrm{d}x\right]' = \sqrt{3x-1}, \int(\sqrt{3x-1})'\mathrm{d}x = \sqrt{3x-1} + C.$

性质 4.2　　函数的和的不定积分等于各个函数的不定积分的和，即

$$\int[f(x)+g(x)]\mathrm{d}x = \int f(x)\mathrm{d}x + \int g(x)\mathrm{d}x$$

这是因为

$$\left[\int f(x)\mathrm{d}x + \int g(x)\mathrm{d}x\right]' = \left[\int f(x)\mathrm{d}x\right]' + \left[\int g(x)\mathrm{d}x\right]'$$
$$= f(x) + g(x)$$

性质 4.3　　被积函数中不为 0 的常数因子可以提到积分号外面来，即

$$\int kf(x)\mathrm{d}x = k\int f(x)\mathrm{d}x, \quad k \text{ 是常数}, k \neq 0$$

习　题　4.1

1. 已知 $\int f(x)\mathrm{d}x = \mathrm{e}^{-x^2} + C$，求 $f'(x)$.

2. 设 $\dfrac{1}{x}$ 是 $f(x)$ 的一个原函数，求 $f'(x)$.

3. $\int f(x)\mathrm{d}x = x + C$，求 $\int f(1-x)\mathrm{d}x$.

4. 已知某曲线上任一点的切线斜率为 x^3，且经过点 $(2,8)$，求此曲线的方程.

4.2　基本积分公式

由于求不定积分与求导数（或微分）互为逆运算，所以我们由导数的基本公式就可得出积分的基本公式.

(1) $\int k\,\mathrm{d}x = kx + C, k$ 是常数；　　(2) $\int x^{\mu}\,\mathrm{d}x = \dfrac{1}{\mu+1}x^{\mu+1} + C, \mu \neq -1$；

(3) $\int \dfrac{1}{x}\,\mathrm{d}x = \ln|x| + C$；　　(4) $\int a^x\,\mathrm{d}x = \dfrac{a^x}{\ln a} + C, a > 0, a \neq 1$；

(5) $\int \mathrm{e}^x\,\mathrm{d}x = \mathrm{e}^x + C$；　　(6) $\int \sin x\,\mathrm{d}x = -\cos x + C$；

(7) $\int \cos x\,\mathrm{d}x = \sin x + C$；　　(8) $\int \sec^2 x\,\mathrm{d}x = \tan x + C$；

(9) $\displaystyle\int \csc^2 x \, \mathrm{d}x = -\cot x + C$;　　　(10) $\displaystyle\int \sec x \tan x \, \mathrm{d}x = \sec x + C$;

(11) $\displaystyle\int \csc x \cot x \, \mathrm{d}x = -\csc x + C$;　(12) $\displaystyle\int \frac{1}{\sqrt{1-x^2}} \, \mathrm{d}x = \arcsin x + C$;

(13) $\displaystyle\int \frac{1}{1+x^2} \, \mathrm{d}x = \arctan x + C$.

利用基本积分公式及不定积分的基本性质,并借助函数的恒等变形,我们可以求出部分函数的不定积分.这种方法称为直接积分法.

例 4.4　求 $\displaystyle\int \frac{(x-1)^3}{x^2} \, \mathrm{d}x$.

解　原式 $= \displaystyle\int \frac{x^3 - 3x^2 + 3x - 1}{x^2} \, \mathrm{d}x = \int \left(x - 3 + \frac{3}{x} - \frac{1}{x^2}\right) \mathrm{d}x$

$\qquad\qquad = \displaystyle\int x \, \mathrm{d}x - 3 \int \mathrm{d}x + 3 \int \frac{1}{x} \, \mathrm{d}x - \int \frac{1}{x^2} \, \mathrm{d}x$

$\qquad\qquad = \dfrac{1}{2} x^2 - 3x + 3\ln|x| + \dfrac{1}{x} + C$.

例 4.5　求 $\displaystyle\int \frac{1 + x + x^2}{x(1+x^2)} \, \mathrm{d}x$.

解　原式 $= \displaystyle\int \frac{x + (1+x^2)}{x(1+x^2)} \, \mathrm{d}x = \int \left(\frac{1}{1+x^2} + \frac{1}{x}\right) \mathrm{d}x$

$\qquad\qquad = \displaystyle\int \frac{1}{1+x^2} \, \mathrm{d}x + \int \frac{1}{x} \, \mathrm{d}x$

$\qquad\qquad = \arctan x + \ln|x| + C$.

例 4.6　求 $\displaystyle\int \frac{x^4}{1+x^2} \, \mathrm{d}x$.

解　原式 $= \displaystyle\int \frac{x^4 - 1 + 1}{1+x^2} \, \mathrm{d}x = \int \frac{(x^2+1)(x^2-1) + 1}{1+x^2} \, \mathrm{d}x$

$\qquad\qquad = \displaystyle\int \left(x^2 - 1 + \frac{1}{1+x^2}\right) \mathrm{d}x$

$\qquad\qquad = \displaystyle\int x^2 \, \mathrm{d}x - \int \mathrm{d}x + \int \frac{1}{1+x^2} \, \mathrm{d}x$

$\qquad\qquad = \dfrac{1}{3} x^3 - x + \arctan x + C$.

例 4.7　求 $\displaystyle\int \tan^2 x \, \mathrm{d}x$.

解　原式 $= \displaystyle\int (\sec^2 x - 1) \, \mathrm{d}x = \int \sec^2 x \, \mathrm{d}x - \int \mathrm{d}x$

$$= \tan x - x + C.$$

例4.8　求 $\displaystyle\int \frac{1}{\sin^2 \dfrac{x}{2} \cos^2 \dfrac{x}{2}} \mathrm{d}x.$

解　原式 $= 4\displaystyle\int \frac{1}{\sin^2 x} \mathrm{d}x = -4\cot x + C.$

现在我们可以着手解决引例中的问题了.

例4.9　设生产某产品 x 单位时的边际成本函数为

$$C'(x) = 3 + \frac{7}{\sqrt[3]{x^2}}$$

且固定成本为 6 000 元,求总成本函数 $C(x)$.

解　因为总成本函数是边际成本函数的原函数,于是

$$C(x) = \int \left(3 + \frac{7}{\sqrt[3]{x^2}}\right)\mathrm{d}x = 3\int \mathrm{d}x + 7\int x^{-\frac{2}{3}} \mathrm{d}x$$

$$= 3x + 7 \cdot \frac{1}{-\dfrac{2}{3} + 1} \cdot x^{-\frac{2}{3}+1} + C$$

$$= 3x + 21x^{\frac{1}{3}} + C$$

已知固定成本为 6 000 元,即 $C(0) = 6\,000$,代入上式得 $C = 6\,000$.故所求总成本函数为

$$C(x) = 3x + 21x^{\frac{1}{3}} + 6\,000 \ (元)$$

例4.10　经济学中,我们经常考虑商品的需求量 Q 关于其价格 P 的变化规律.假设市场上某种商品的最大需求量为 2 000(即 $Q(0) = 2\,000$)件,其需求量关于价格的变化率(即边际需求)为

$$Q'(P) = -1\,000\ln 2 \cdot \left(\frac{1}{2}\right)^P$$

试求:该商品的需求量 Q 关于价格 P 的函数关系.

解　因为需求量 $Q(P)$ 是边际需求 $Q'(P)$ 的原函数,于是有

$$Q(P) = \int Q'(P)\mathrm{d}P$$

$$= \int \left[-1\,000\ln 2 \cdot \left(\frac{1}{2}\right)^P\right]\mathrm{d}P$$

$$= -1\,000\ln 2 \cdot \frac{\left(\dfrac{1}{2}\right)^P}{\ln \dfrac{1}{2}} + C$$

$$= 1\,000 \left(\frac{1}{2}\right)^P + C$$

已知最大需求量为 $2\,000$,即 $Q(0) = 2\,000$,代入上式得 $C = 1\,000$,故所求需求函数为

$$Q(P) = 1\,000 \left(\frac{1}{2}\right)^P + 1\,000$$

习 题 4.2

1. 求下列不定积分.

(1) $\displaystyle\int \frac{(1-x)^2}{\sqrt{x}}\mathrm{d}x$;

(2) $\displaystyle\int \frac{x^4+1}{x^2+1}\mathrm{d}x$;

(3) $\displaystyle\int e^x 2x \mathrm{d}x$;

(4) $\displaystyle\int \tan^2 x \mathrm{d}x$;

(5) $\displaystyle\int \sqrt[m]{x^n}\mathrm{d}x$;

(6) $\displaystyle\int \frac{1}{x^2(1+x^2)}\mathrm{d}x$;

(7) $\displaystyle\int \frac{x^2}{1+x^2}\mathrm{d}x$;

(8) $\displaystyle\int \sec x(\sec x - \tan x)\mathrm{d}x$;

(9) $\displaystyle\int \cot x(\cot x + \csc x)\mathrm{d}x$;

(10) $\displaystyle\int \frac{1}{1+\cos 2x}\mathrm{d}x$.

2. 设某商品每周生产 x 单位时的边际成本为 $3x+8$ 元 / 单位,固定成本为 60 元.

(1) 求总成本函数 $C(x)$;

(2) 若该商品的需求函数为 $x = 300 - 3P$,求总利润函数 $L(x)$;

(3) 每周生产多少单位产品时获得最大利润?最大利润是多少?

3. 设 $\displaystyle\int f(x)\mathrm{d}x = \sin x + C$,求 $\displaystyle\int f'(x)\mathrm{d}x$.

4. 设 $f(x) = x + \sqrt{x}$, $x > 0$,试求 $\displaystyle\int f'(x^2)\mathrm{d}x$.

5. 求 $\displaystyle\int |x|\mathrm{d}x$.

6. 设 $f(x) = \begin{cases} x^2, & x \leqslant 0 \\ \sin x, & x > 0 \end{cases}$,求 $f(x)$ 的不定积分.

7. 已知 $f(x) = |x-1|$,求它的原函数 $F(x)$.

8. 列车快进站时要减速.若列车减速后的速度为 $v(t) = 1 - \dfrac{1}{3}t$ (千米 / 分钟),问:列车应该在离站台多远的地方开始减速?

4.3　换元积分法

利用不定积分的性质和基本积分公式,只能计算很少量简单函数的不定积分.因此,还需要进一步研究不定积分的其他方法.本节我们把微分法中的链式法则反过来用于求不定积分,所得出的积分法则称为换元积分法.

4.3.1　第一类换元法(凑微分法)

定理 4.2　设 $f(u)$ 具有原函数 $F(u)$,$u = \varphi(x)$ 可导,$\mathrm{d}u = \varphi'(x)\mathrm{d}x$,则

$$\int f[\varphi(x)]\varphi'(x)\mathrm{d}x = \int f(u)\mathrm{d}u = F(u) + C = F[\varphi(x)] + C$$

第一换元法是复合函数求导法则的逆运算,$\varphi'(x)\mathrm{d}x = \mathrm{d}[\varphi(x)]$ 也是微分运算的逆运算,目的是将 $\varphi'(x)\mathrm{d}x$ 凑成中间变量 u 的微分,转化成对中间变量的积分.

例 4.11　求 $\int 2\cos 2x\mathrm{d}x$.

解　原式 $= \int \cos 2x \cdot (2x)'\mathrm{d}x = \int \cos 2x\mathrm{d}(2x)$

$$= \int \cos u\mathrm{d}u = \sin u + C = \sin 2x + C.$$

例 4.12　求 $\int \dfrac{1}{3 + 2x}\mathrm{d}x$.

解　原式 $= \dfrac{1}{2}\int \dfrac{1}{3 + 2x}(3 + 2x)'\mathrm{d}x = \dfrac{1}{2}\int \dfrac{1}{3 + 2x}\mathrm{d}(3 + 2x)$

$$= \dfrac{1}{2}\int \dfrac{1}{u}\mathrm{d}x = \dfrac{1}{2}\ln|u| + C$$

$$= \dfrac{1}{2}\ln|3 + 2x| + C.$$

例 4.13　求 $\int 2x\mathrm{e}^{x^2}\mathrm{d}x$.

解　原式 $= \int \mathrm{e}^{x^2}(x^2)'\mathrm{d}x = \int \mathrm{e}^{x^2}\mathrm{d}(x^2) = \int \mathrm{e}^u\mathrm{d}u$

$$= \mathrm{e}^u + C = \mathrm{e}^{x^2} + C.$$

例 4.14　求 $\displaystyle\int \tan x \mathrm{d}x$.

解　原式 $= \displaystyle\int \frac{\sin x}{\cos x}\mathrm{d}x = -\int \frac{1}{\cos x}\mathrm{d}\cos x$

$\qquad\quad = -\displaystyle\int \frac{1}{u}\mathrm{d}u = -\ln \mid u \mid + C = -\ln \mid \cos x \mid + C,$

即

$$\int \tan x \mathrm{d}x = -\ln \mid \cos x \mid + C$$

类似地,可得 $\displaystyle\int \cot x \mathrm{d}x = \ln \mid \sin x \mid + C$.

例 4.15　求 $\displaystyle\int \frac{1}{a^2 + x^2}\mathrm{d}x$.

解　原式 $= \dfrac{1}{a^2}\displaystyle\int \dfrac{1}{1 + \left(\dfrac{x}{a}\right)^2}\mathrm{d}x = \dfrac{1}{a}\displaystyle\int \dfrac{1}{1 + \left(\dfrac{x}{a}\right)^2}\mathrm{d}\dfrac{x}{a}$

$\qquad\quad = \dfrac{1}{a}\arctan \dfrac{x}{a} + C,$

即

$$\int \frac{1}{a^2 + x^2}\mathrm{d}x = \frac{1}{a}\arctan \frac{x}{a} + C$$

例 4.16　求 $\displaystyle\int \frac{1}{x^2 - a^2}\mathrm{d}x$.

解　原式 $= \dfrac{1}{2a}\displaystyle\int \left(\dfrac{1}{x - a} - \dfrac{1}{x + a}\right)\mathrm{d}x$

$\qquad\quad = \dfrac{1}{2a}\left(\displaystyle\int \dfrac{1}{x - a}\mathrm{d}x - \int \dfrac{1}{x + a}\mathrm{d}x\right)$

$\qquad\quad = \dfrac{1}{2a}\left[\displaystyle\int \dfrac{1}{x - a}\mathrm{d}(x - a) - \int \dfrac{1}{x + a}\mathrm{d}(x + a)\right]$

$\qquad\quad = \dfrac{1}{2a}(\ln \mid x - a \mid - \ln \mid x + a \mid) + C$

$\qquad\quad = \dfrac{1}{2a}\ln \left|\dfrac{x - a}{x + a}\right| + C,$

即

$$\int \frac{1}{x^2 - a^2}\mathrm{d}x = \frac{1}{2a}\ln \left|\frac{x - a}{x + a}\right| + C$$

例 4.17   求 $\displaystyle\int \frac{\mathrm{d}x}{x(1 + 2\ln x)}$.

解   原式 $= \displaystyle\int \frac{\mathrm{d}\ln x}{1 + 2\ln x} = \frac{1}{2}\int \frac{\mathrm{d}(1 + 2\ln x)}{1 + 2\ln x}$

$= \dfrac{1}{2}\ln |\, 1 + 2\ln x \,| + C.$

例 4.18   求 $\displaystyle\int \sin^3 x \,\mathrm{d}x$.

解   原式 $= \displaystyle\int \sin^2 x \cdot \sin x \,\mathrm{d}x = -\int (1 - \cos^2 x)\mathrm{d}\cos x$

$= -\displaystyle\int \mathrm{d}\cos x + \int \cos^2 x \,\mathrm{d}\cos x$

$= -\cos x + \dfrac{1}{3}\cos^3 x + C.$

类似地，可得 $\displaystyle\int \cos^3 x \,\mathrm{d}x = \sin x - \frac{1}{3}\sin^3 x + C.$

例 4.19   求 $\displaystyle\int \cos^2 x \,\mathrm{d}x$.

解   原式 $= \displaystyle\int \frac{1 + \cos 2x}{2}\mathrm{d}x = \frac{1}{2}\left(\int \mathrm{d}x + \int \cos 2x \,\mathrm{d}x\right)$

$= \dfrac{1}{2}\displaystyle\int \mathrm{d}x + \frac{1}{4}\int \cos 2x \,\mathrm{d}(2x) = \frac{1}{2}x + \frac{1}{4}\sin 2x + C.$

类似地，可得 $\displaystyle\int \sin^2 x \,\mathrm{d}x = \frac{1}{2}x - \frac{1}{4}\sin 2x + C.$

例 4.20   求 $\displaystyle\int \csc x \,\mathrm{d}x$.

解   原式 $= \displaystyle\int \frac{1}{\sin x}\mathrm{d}x = \int \frac{1}{2\sin \dfrac{x}{2}\cos \dfrac{x}{2}}\mathrm{d}x$

$= \displaystyle\int \frac{\mathrm{d}\dfrac{x}{2}}{\tan \dfrac{x}{2}\cos^2 \dfrac{x}{2}} = \int \frac{\mathrm{d}\tan \dfrac{x}{2}}{\tan \dfrac{x}{2}} = \ln \left|\, \tan \frac{x}{2} \,\right| + C$

$= \ln |\, \csc x - \cot x \,| + C,$

即

$$\int \csc x \,\mathrm{d}x = \ln |\, \csc x - \cot x \,| + C$$

类似地,可得 $\int \sec x \mathrm{d}x = \ln |\sec x + \tan x| + C.$

4.3.2 第二类换元法

定理 4.3 设 $x = \varphi(t)$ 是单调的、可导的函数,并且 $\varphi'(t) \neq 0.$ 若

$$\int f[\varphi(t)] \varphi'(t) \mathrm{d}t = F(t) + C$$

则有

$$\int f(x) \mathrm{d}x = F[\varphi^{-1}(x)] + C$$

其中 $t = \varphi^{-1}(x)$ 是 $x = \varphi(t)$ 的反函数.

例 4.21 求 $\int \dfrac{x^2}{\sqrt{2x-1}} \mathrm{d}x.$

解 令 $t = \sqrt{2x-1}$,则 $x = \dfrac{1}{2}(t^2+1), \mathrm{d}x = t \mathrm{d}t$,代入原积分,得

$$\int \frac{x^2}{\sqrt{2x-1}} \mathrm{d}x = \int \frac{1}{t} \cdot \frac{1}{4}(t^2+1)^2 t \mathrm{d}t = \frac{1}{20}t^5 + \frac{1}{6}t^3 + \frac{1}{4}t + C$$

$$= \frac{1}{20}(2x-1)^{\frac{5}{2}} + \frac{1}{6}(2x-1)^{\frac{3}{2}} + \frac{1}{4}(2x-1)^{\frac{1}{2}} + C$$

例 4.22 求 $\int \dfrac{\mathrm{d}x}{\sqrt{x} + \sqrt[3]{x}}.$

解 令 $x = t^6, t > 0$,则 $\mathrm{d}x = 6t^5 \mathrm{d}t$,代入原积分,得

$$\int \frac{\mathrm{d}x}{\sqrt{x} + \sqrt[3]{x}} = \int \frac{6t^5 \mathrm{d}t}{t^3 + t^2} = 6 \int \left(t^2 - t + 1 - \frac{1}{1+t} \right) \mathrm{d}t$$

$$= 6 \left[\frac{t^3}{3} - \frac{t^2}{2} + t - \ln(1+t) \right] + C$$

$$= 2\sqrt{x} - 3\sqrt[3]{x} + 6\sqrt[6]{x} - 6\ln(1 + \sqrt[6]{x}) + C$$

例 4.23 求 $\int \sqrt{a^2 - x^2} \mathrm{d}x, a > 0.$

解 设 $x = a \sin t, -\dfrac{\pi}{2} < t < \dfrac{\pi}{2}$,则有

$$\sqrt{a^2 - x^2} = \sqrt{a^2 - a^2 \sin^2 t} = a \cos t$$

和

$$\mathrm{d}x = a \cos t \mathrm{d}t$$

于是

$$\int \sqrt{a^2 - x^2}\,dx = \int a\cos t \cdot a\cos t\,dt = a^2 \int \cos^2 t\,dt$$

$$= a^2\left(\frac{1}{2}t + \frac{1}{4}\sin 2t\right) + C$$

因为 $t = \arcsin \dfrac{x}{a}$，$\sin 2t = 2\sin t\cos t = 2\,\dfrac{x}{a}\cdot \dfrac{\sqrt{a^2-x^2}}{a}$，所以

$$\int \sqrt{a^2 - x^2}\,dx = a^2\left(\frac{1}{2}t + \frac{1}{4}\sin 2t\right) + C$$

$$= \frac{a^2}{2}\arcsin \frac{x}{a} + \frac{1}{2}x\sqrt{a^2-x^2} + C$$

例 4.24　求 $\displaystyle\int \frac{dx}{\sqrt{x^2 + a^2}}$，$a > 0$.

解　设 $x = a\tan t$，$-\dfrac{\pi}{2} < t < \dfrac{\pi}{2}$，则有

$$\sqrt{x^2 + a^2} = \sqrt{a^2 + a^2\tan^2 t} = a\sqrt{1 + \tan^2 t} = a\sec t$$

和

$$dx = a\sec^2 t\,dt$$

于是

$$\int \frac{dx}{\sqrt{x^2 + a^2}} = \int \frac{a\sec^2 t}{a\sec t}\,dt = \int \sec t\,dt$$

$$= \ln|\sec t + \tan t| + C_1$$

因为 $\sec t = \dfrac{\sqrt{x^2+a^2}}{a}$，$\tan t = \dfrac{x}{a}$，所以

$$\int \frac{dx}{\sqrt{x^2 + a^2}} = \ln|\sec t + \tan t| + C_1$$

$$= \ln\left(\frac{x}{a} + \frac{\sqrt{x^2+a^2}}{a}\right) + C_1$$

$$= \ln\left(x + \sqrt{x^2 + a^2}\right) + C$$

其中 $C = C_1 - \ln a$.

例 4.25　求 $\displaystyle\int \frac{dx}{\sqrt{x^2 - a^2}}$，$a > 0$.

解　设 $x = a\sec t$，$0 < t < \dfrac{\pi}{2}$，那么

$$\int \frac{\mathrm{d}x}{\sqrt{x^2 - a^2}} = \int \frac{a\sec t \tan t}{a \tan t}\mathrm{d}t = \int \sec t\,\mathrm{d}t$$

$$= \ln \mid \sec t + \tan t \mid + C$$

$$= \ln \mid x + \sqrt{x^2 - a^2} \mid + C$$

对于 $\dfrac{\pi}{2} < t < \pi$ 的情形,可以得到相同的结果,因此,我们有

$$\int \frac{\mathrm{d}x}{\sqrt{x^2 - a^2}} = \ln \mid x + \sqrt{x^2 - a^2} \mid + C$$

例 4.26　求 $\displaystyle\int \frac{\mathrm{d}x}{\sqrt{x^2 + a^2}}, a > 0.$

解　令 $x = a\tan t, -\dfrac{\pi}{2} < t < \dfrac{\pi}{2},$ 则 $\sqrt{x^2 + a^2} = a\sec t, \mathrm{d}x = a\sec^2 t\,\mathrm{d}t,$
代入原积分,得

$$\int \frac{\mathrm{d}x}{\sqrt{x^2 + a^2}} = \int \sec t\,\mathrm{d}t = \int \frac{\cos t}{1 - \sin^2 t}\mathrm{d}t$$

$$= \frac{1}{2}\int \left(\frac{1}{1 + \sin t} + \frac{1}{1 - \sin t}\right)\mathrm{d}(\sin t)$$

$$= \frac{1}{2}\ln \left|\frac{1 + \sin t}{1 - \sin t}\right| + C_1 = \ln \left|\frac{1 + \sin t}{\cos t}\right| + C_1$$

$$= \ln \mid \sec t + \tan t \mid + C_1$$

$$= \ln \left(\frac{x}{a} + \frac{\sqrt{x^2 + a^2}}{a}\right) + C_1$$

$$= \ln \left(x + \sqrt{x^2 + a^2}\right) + C$$

其中 $C = C_1 - \ln a.$

例 4.27　求 $\displaystyle\int \frac{\mathrm{d}x}{x^2 \sqrt{4 + x^2}}.$

解　令 $x = 2\tan t, -\dfrac{\pi}{2} < t < \dfrac{\pi}{2},$ 则 $\sqrt{4 + x^2} = 2\sec t, \mathrm{d}x = 2\sec^2 t\,\mathrm{d}t,$ 代
入原积分,得

$$\int \frac{\mathrm{d}x}{x^2 \sqrt{4 + x^2}} = \int \frac{2\sec^2 t}{4\tan^2 t \cdot 2\sec t}\mathrm{d}t$$

$$= \frac{1}{4}\int \frac{\cos t}{\sin^2 t}\mathrm{d}t$$

$$= -\frac{1}{4} \cdot \frac{1}{\sin t} + C = -\frac{1}{4} \cdot \frac{\sqrt{4 + x^2}}{x} + C$$

例 4.28   求 $\displaystyle\int \frac{\mathrm{d}x}{x\sqrt{x^2-1}}, x > 1.$

解   显然，此题可以用三角代换法求解，但我们可利用"倒代换法"．令 $x = \dfrac{1}{t}, t > 0$，则 $\mathrm{d}x = -\dfrac{1}{t^2}\mathrm{d}t$，代入原积分，得

$$\int \frac{\mathrm{d}x}{x\sqrt{x^2-1}} = \int \frac{1}{\dfrac{1}{t}\sqrt{\dfrac{1}{t^2}-1}}\left(-\frac{1}{t^2}\right)\mathrm{d}t = -\int \frac{1}{\sqrt{1-t^2}}\mathrm{d}t$$

$$= \arccos t + C = \arccos \frac{1}{x} + C$$

例 4.29   求 $\displaystyle\int \frac{\sqrt{1-x^2}}{x^4}\mathrm{d}x.$

解   令 $x = \dfrac{1}{t}, t > 0$，则 $\sqrt{1-x^2} = \dfrac{\sqrt{t^2-1}}{t}, \mathrm{d}x = -\dfrac{1}{t^2}\mathrm{d}t$，于是

$$\int \frac{\sqrt{1-x^2}}{x^4}\mathrm{d}x = -\int t\sqrt{t^2-1}\,\mathrm{d}t = -\frac{1}{2}\int \sqrt{t^2-1}\,\mathrm{d}(t^2-1)$$

$$= -\frac{1}{2}\cdot\frac{2}{3}(t^2-1)^{\frac{3}{2}} + C = -\frac{(1-x^2)^{\frac{3}{2}}}{3x^3} + C$$

请读者完成 $t < 0$ 的情形．

通过上述例题的求解，我们可以将其计算结果作为公式补充到积分表中，已备查用．

(14) $\displaystyle\int \tan x\,\mathrm{d}x = -\ln|\cos x| + C;$

(15) $\displaystyle\int \cot x\,\mathrm{d}x = \ln|\sin x| + C;$

(16) $\displaystyle\int \sec x\,\mathrm{d}x = \ln|\sec x + \tan x| + C;$

(17) $\displaystyle\int \csc x\,\mathrm{d}x = \ln|\csc x - \cot x| + C;$

(18) $\displaystyle\int \frac{1}{a^2+x^2}\mathrm{d}x = \frac{1}{a}\arctan\frac{x}{a} + C, a > 0;$

(19) $\displaystyle\int \frac{1}{x^2-a^2}\mathrm{d}x = \frac{1}{2a}\ln\left|\frac{x-a}{x+a}\right| + C, a > 0;$

(20) $\displaystyle\int \frac{1}{\sqrt{a^2-x^2}}\mathrm{d}x = \arcsin\frac{x}{a} + C, a > 0;$

$(21) \displaystyle\int \dfrac{\mathrm{d}x}{\sqrt{x^2 \pm a^2}} = \ln\left(x + \sqrt{x^2 \pm a^2}\right) + C, a > 0.$

习　题　4.3

1. 求下列不定积分.

$(1) \displaystyle\int \dfrac{\mathrm{e}^x \mathrm{d}x}{1 + \mathrm{e}^x};$

$(2) \displaystyle\int \dfrac{\ln x}{x}\mathrm{d}x;$

$(3) \displaystyle\int \dfrac{x^2}{1 + x^2}\mathrm{d}x;$

$(4) \displaystyle\int \dfrac{1}{x^2}\sin\dfrac{1}{x}\mathrm{d}x;$

$(5) \displaystyle\int \dfrac{\mathrm{d}x}{9 + 4x^2}, a \neq 0;$

$(6) \displaystyle\int \dfrac{\mathrm{d}x}{x^2 - a^2}, a \neq 0;$

$(7) \displaystyle\int \dfrac{\mathrm{d}x}{\sqrt{1 - 9x^2}}, a > 0;$

$(8) \displaystyle\int x\sqrt{1 - x^2}\,\mathrm{d}x;$

$(9) \displaystyle\int \dfrac{\mathrm{d}x}{x(x^6 + 4)};$

$(10) \displaystyle\int \dfrac{x}{x^4 + 1}\mathrm{d}x;$

$(11) \displaystyle\int \sin^2 x\cos x\,\mathrm{d}x;$

$(12) \displaystyle\int \dfrac{\cos\sqrt{x}}{\sqrt{x}}\mathrm{d}x;$

$(13) \displaystyle\int x\mathrm{e}^{-x^2}\mathrm{d}x;$

$(14) \displaystyle\int \dfrac{\mathrm{e}^{\frac{1}{x}}}{x^2}\mathrm{d}x;$

$(15) \displaystyle\int \mathrm{e}^x\cos \mathrm{e}^x\,\mathrm{d}x;$

$(16) \displaystyle\int \dfrac{\sin x}{1 + \cos x}\mathrm{d}x.$

2. 求下列不定积分.

$(1) \displaystyle\int \dfrac{1}{1 + \sqrt{2x - 3}}\mathrm{d}x;$

$(2) \displaystyle\int x\sqrt[4]{2x + 1}\,\mathrm{d}x;$

$(3) \displaystyle\int \dfrac{\mathrm{d}x}{\sqrt{x} + \sqrt[3]{x}};$

$(4) \displaystyle\int \dfrac{x}{1 + \sqrt[3]{x - 2}}\mathrm{d}x;$

$(5) \displaystyle\int \dfrac{\mathrm{d}x}{x^2\sqrt{4 - x^2}};$

$(6) \displaystyle\int \dfrac{x\mathrm{d}x}{\sqrt{1 + x^2}};$

$(7) \displaystyle\int \dfrac{\sqrt{x^2 - 9}}{x}\mathrm{d}x;$

$(8) \displaystyle\int \dfrac{x\mathrm{d}x}{\sqrt{x^2 + 16x + 63}};$

$(9) \displaystyle\int \dfrac{\mathrm{d}x}{x\sqrt{x^2 + 1}};$

$(10) \displaystyle\int \dfrac{\sqrt{1 + x^2}}{x}\mathrm{d}x.$

3. 若 $\displaystyle\int f(x)\mathrm{d}x = F(x) + C$,求 $\displaystyle\int xf(1 - x^2)\mathrm{d}x.$

4. 若 $\displaystyle\int \dfrac{f'(\ln x)}{x}\mathrm{d}x = x^2 + C$,求 $f(x).$

5. 已知 $f(x)$ 的一个原函数为 $\dfrac{\sin x}{1 + x \cdot \sin x}$, 求 $\displaystyle\int f(x) \cdot f'(x) \mathrm{d}x$.

6. 设 $\displaystyle\int f(x) \mathrm{d}x = \sin x + C$, 求 $\displaystyle\int f(x) \cdot f'(x) \mathrm{d}x$ 及 $\displaystyle\int \dfrac{f'(x)}{f(x)} \mathrm{d}x$.

7. 设 $f(x) \cdot f'(x) = x, f(x) > 0$, 且 $f(1) = \sqrt{2}$, 求 $f(x)$.

4.4 分部积分法

设函数 $u = u(x)$ 及 $v = v(x)$ 具有连续导数, 那么两个函数乘积的导数公式为 $(uv)' = u'v + uv'$, 移项得 $uv' = (uv)' - u'v$. 对这个等式两边求不定积分, 得

$$\int uv' \mathrm{d}x = uv - \int u'v \mathrm{d}x \quad \text{或} \quad \int u \mathrm{d}v = uv - \int v \mathrm{d}u$$

这个公式称为分部积分公式.

例 4.30 求 $\displaystyle\int x \cos x \mathrm{d}x$.

解 原式 $= \displaystyle\int x \mathrm{d}\sin x = x \sin x - \int \sin x \mathrm{d}x$

$$= x \sin x + \cos x + C.$$

例 4.31 求 $\displaystyle\int x \mathrm{e}^x \mathrm{d}x$.

解 原式 $= \displaystyle\int x \mathrm{d}\mathrm{e}^x = x \mathrm{e}^x - \int \mathrm{e}^x \mathrm{d}x = x \mathrm{e}^x - \mathrm{e}^x + C.$

例 4.32 求 $\displaystyle\int x^2 \mathrm{e}^x \mathrm{d}x$.

解 原式 $= \displaystyle\int x^2 \mathrm{d}\mathrm{e}^x = x^2 \mathrm{e}^x - \int \mathrm{e}^x \mathrm{d}x^2$

$$= x^2 \mathrm{e}^x - 2\int x \mathrm{e}^x \mathrm{d}x = x^2 \mathrm{e}^x - 2\int x \mathrm{d}\mathrm{e}^x$$

$$= x^2 \mathrm{e}^x - 2x \mathrm{e}^x + 2\int \mathrm{e}^x \mathrm{d}x$$

$$= x^2 \mathrm{e}^x - 2x \mathrm{e}^x + 2\mathrm{e}^x + C$$

$$= \mathrm{e}^x (x^2 - 2x + 2) + C.$$

例 4.33 求 $\displaystyle\int x \ln (x - 2) \mathrm{d}x$.

解 $\displaystyle\int x \ln (x - 2) \mathrm{d}x = \frac{1}{2} \int \ln (x - 2) \mathrm{d}x^2$

$$= \frac{1}{2}\left[x^2\ln(x-2) - \int x^2 \cdot \frac{1}{x-2}\mathrm{d}x\right]$$

$$= \frac{x^2}{2}\ln(x-2) - \frac{1}{2}\int\left(x+2+\frac{4}{x-2}\right)\mathrm{d}x$$

$$= \frac{x^2}{2}\ln(x-2) - \frac{x^2}{4} - x - 2\ln(x-2) + C.$$

例 4.34　求 $\int\arccos x\mathrm{d}x$.

解　原式 $= x\arccos x - \int x\mathrm{d}\arccos x = x\arccos x + \int x \cdot \frac{1}{\sqrt{1-x^2}}\mathrm{d}x$

$$= x\arccos x - \frac{1}{2}\int(1-x^2)^{-\frac{1}{2}}\mathrm{d}(1-x^2)$$

$$= x\arccos x - \sqrt{1-x^2} + C.$$

例 4.35　求 $\int x\arctan x\mathrm{d}x$.

解　原式 $= \frac{1}{2}\int\arctan x\mathrm{d}x^2$

$$= \frac{1}{2}x^2\arctan x - \frac{1}{2}\int x^2 \cdot \frac{1}{1+x^2}\mathrm{d}x$$

$$= \frac{1}{2}x^2\arctan x - \frac{1}{2}\int\left(1-\frac{1}{1+x^2}\right)\mathrm{d}x$$

$$= \frac{1}{2}x^2\arctan x - \frac{1}{2}x + \frac{1}{2}\arctan x + C.$$

例 4.36　求 $\int\mathrm{e}^x\sin x\mathrm{d}x$.

解　因为

$$\int\mathrm{e}^x\sin x\mathrm{d}x = \int\sin x\mathrm{d}\mathrm{e}^x = \mathrm{e}^x\sin x - \int\mathrm{e}^x\mathrm{d}\sin x$$

$$= \mathrm{e}^x\sin x - \int\mathrm{e}^x\cos x\mathrm{d}x = \mathrm{e}^x\sin x - \int\cos x\mathrm{d}\mathrm{e}^x$$

$$= \mathrm{e}^x\sin x - \mathrm{e}^x\cos x + \int\mathrm{e}^x\mathrm{d}\cos x$$

$$= \mathrm{e}^x\sin x - \mathrm{e}^x\cos x - \int\mathrm{e}^x\sin x\mathrm{d}x$$

所以

$$\int\mathrm{e}^x\sin x\mathrm{d}x = \frac{1}{2}\mathrm{e}^x(\sin x - \cos x) + C$$

例 4.37　求 $\int \sec^3 x \mathrm{d}x$.

解　因为

$$\int \sec^3 x \mathrm{d}x = \int \sec x \cdot \sec^2 x \mathrm{d}x = \int \sec x \mathrm{d}\tan x$$

$$= \sec x \tan x - \int \sec x \tan^2 x \mathrm{d}x$$

$$= \sec x \tan x - \int \sec x (\sec^2 x - 1) \mathrm{d}x$$

$$= \sec x \tan x - \int \sec^3 x \mathrm{d}x + \int \sec x \mathrm{d}x$$

$$= \sec x \tan x + \ln |\sec x + \tan x| - \int \sec^3 x \mathrm{d}x$$

所以

$$\int \sec^3 x \mathrm{d}x = \frac{1}{2}(\sec x \tan x + \ln |\sec x + \tan x|) + C$$

例 4.38　求 $\int \mathrm{e}^{\sqrt{x}} \mathrm{d}x$.

解　令 $x = t^2$，则 $\mathrm{d}x = 2t\mathrm{d}t$，于是

$$\int \mathrm{e}^{\sqrt{x}} \mathrm{d}x = 2 \int t \mathrm{e}^t \mathrm{d}t = 2\mathrm{e}^t(t - 1) + C = 2\mathrm{e}^{\sqrt{x}}(\sqrt{x} - 1) + C$$

或

$$\int \mathrm{e}^{\sqrt{x}} \mathrm{d}x = \int \mathrm{e}^{\sqrt{x}} \mathrm{d}(\sqrt{x})^2 = 2 \int \sqrt{x} \mathrm{e}^{\sqrt{x}} \mathrm{d}\sqrt{x}$$

$$= 2 \int \sqrt{x} \mathrm{d}\mathrm{e}^{\sqrt{x}} = 2\sqrt{x}\mathrm{e}^{\sqrt{x}} - 2 \int \mathrm{e}^{\sqrt{x}} \mathrm{d}\sqrt{x}$$

$$= 2\sqrt{x}\mathrm{e}^{\sqrt{x}} - 2\mathrm{e}^{\sqrt{x}} + C = 2\mathrm{e}^{\sqrt{x}}(\sqrt{x} - 1) + C$$

注　第一换元法与分部积分法的比较：共同点是第一步都是凑微分

$$\int f[\varphi(x)]\varphi'(x)\mathrm{d}x = \int f[\varphi(x)]\mathrm{d}\varphi(x) \xrightarrow{\text{令}\ \varphi(x) = u} \int f(u)\mathrm{d}u$$

$$\int u(x)v'(x)\mathrm{d}x = \int u(x)\mathrm{d}v(x) = u(x)v(x) - \int v(x)\mathrm{d}u(x)$$

注　在分部积分法中，关于如何选择函数 u 与 v，应该注意以下两点：

(1) v 要容易求出（利用凑微分）；

(2) $\int v\mathrm{d}u$ 比 $\int u\mathrm{d}v$ 容易积出.

一般地,如果被积函数是幂函数与三角函数或指数函数乘积时,可设 u 为幂函数;如果被积函数是幂函数与对数函数或反三角函数的乘积时,可设 u 为对数函数和反三角函数.

习　题　4.4

1. 求下列不定积分.

(1) $\displaystyle\int x\sin 3x\,\mathrm{d}x$；

(2) $\displaystyle\int x\mathrm{e}^{-2x+1}\,\mathrm{d}x$；

(3) $\displaystyle\int (x+1)\mathrm{e}^{3x}\,\mathrm{d}x$；

(4) $\displaystyle\int x^2\cos\dfrac{x}{2}\,\mathrm{d}x$；

(5) $\displaystyle\int \arccos x\,\mathrm{d}x$；

(6) $\displaystyle\int \arctan x\,\mathrm{d}x$；

(7) $\displaystyle\int x^2\ln x\,\mathrm{d}x$；

(8) $\displaystyle\int x\arcsin x\,\mathrm{d}x$；

(9) $\displaystyle\int \mathrm{e}^{\sqrt{2x-1}}\,\mathrm{d}x$；

(10) $\displaystyle\int \sin\sqrt{x}\,\mathrm{d}x$；

(11) $\displaystyle\int x\sec^2 x\,\mathrm{d}x$；

(12) $\displaystyle\int x^2\arctan x\,\mathrm{d}x$.

2. 设 $f(x)$ 的一个原函数是 $\dfrac{\sin x}{x}$,求 $\displaystyle\int xf'(x)\,\mathrm{d}x$.

3. 求下列不定积分.

(1) $\displaystyle\int x\arctan x\,\mathrm{d}x$；

(2) $\displaystyle\int \sqrt{x}\sin\sqrt{x}\,\mathrm{d}x$；

(3) $\displaystyle\int \dfrac{\mathrm{d}x}{x^2\sqrt{x^2-1}}$；

(4) $\displaystyle\int \dfrac{x\mathrm{e}^x}{(1+\mathrm{e}^x)^2}\,\mathrm{d}x$；

(5) $\displaystyle\int \dfrac{1}{\sqrt{\mathrm{e}^x-1}}\,\mathrm{d}x$；

(6) $\displaystyle\int \arctan\sqrt{x}\,\mathrm{d}x$；

(7) $\displaystyle\int \ln(1+x^2)\,\mathrm{d}x$；

(8) $\displaystyle\int \dfrac{\ln(1+x)}{\sqrt{x}}\,\mathrm{d}x$；

(9) $\displaystyle\int \dfrac{\ln\ln x}{x}\,\mathrm{d}x$；

(10) $\displaystyle\int \mathrm{e}^{3x}\cos 2x\,\mathrm{d}x$.

4.5　有理函数的积分

有理函数是指由两个多项式的商所表示的函数,即具有如下形式的函数:

$$\frac{P(x)}{Q(x)} = \frac{a_0 x^n + a_1 x^{n-1} + \cdots + a_{n-1} x + a_n}{b_0 x^m + b_1 x^{m-1} + \cdots + b_{m-1} x + b_m}$$

其中 m 和 n 都是非负整数;$a_0, a_1, \cdots, a_n$ 及 $b_0, b_1, \cdots, b_m$ 都是实数,并且 $a_0 \neq 0$,$b_0 \neq 0$. 当 $n < m$ 时,称这个有理函数是真分式;而当 $n \geq m$ 时,称这个有理函数是假分式.

假分式总可以化成一个多项式与一个真分式之和的形式. 例如

$$\frac{x^3 + x + 1}{x^2 + 1} = \frac{x(x^2 + 1) + 1}{x^2 + 1} = x + \frac{1}{x^2 + 1}$$

因此,我们只需要讨论真分式的不定积分.

4.5.1 真分式的分解

根据代数的分项分式定理,有理分式 $\dfrac{P(x)}{Q(x)}$ 能写成下列诸形式之和:

$$\begin{aligned}
\frac{P(x)}{Q(x)} =\ & \frac{A_1}{(x-a)^{n_1}} + \frac{A_2}{(x-a)^{n_1-1}} + \cdots + \frac{A_{n_1}}{x-a} + \cdots \\
& + \frac{B_1}{(x-b)^{n_2}} + \frac{B_2}{(x-b)^{n_2-1}} + \cdots + \frac{B_{n_2}}{x-b} + \cdots \\
& + \frac{M_1 x + N_1}{(x^2+px+q)^{m_1}} + \frac{M_2 x + N_2}{(x^2+px+q)^{m_1-1}} + \cdots + \frac{M_{m_1} x + N_{m_1}}{x^2+px+q} + \cdots \\
& + \frac{U_1 x + V_1}{(x^2+rx+s)^{m_2}} + \frac{U_2 x + V_2}{(x^2+rx+s)^{m_2-1}} + \cdots + \frac{U_{m_2} x + V_{m_2}}{x^2+rx+s}
\end{aligned}$$

其中 $A_i, B_j, M_r, N_k, U_m, V_n$ 都是常数. 等式右端的每个分式都称为 $\dfrac{P(x)}{Q(x)}$ 的部分分式(或称最简分式).

例 4.39 将真分式 $\dfrac{1}{x^2 - a^2}$ 分解为部分分式之和.

解 设

$$\frac{1}{x^2-a^2} = \frac{1}{(x-a)(x+a)} = \frac{A}{x-a} + \frac{B}{x+a}$$

$$= \frac{A(x+a) + B(x-a)}{(x+a)(x-a)}$$

从而有

$$1 = A(x+a) + B(x-a) = (A+B)x + (A-B)a$$

则

$$\begin{cases} A + B = 0 \\ A - B = \dfrac{1}{a} \end{cases}$$

解得 $A = \dfrac{1}{2a}$，$B = -\dfrac{1}{2a}$. 于是

$$\frac{1}{x^2 - a^2} = \frac{1}{2a}\left(\frac{1}{x-a} - \frac{1}{x+a}\right)$$

这种确定待定系数的方法称为比较系数法.

例 4.40　将分式 $\dfrac{2x^4 - x^3 + 4x^2 + 9x - 10}{x^5 + x^4 - 5x^3 - 2x^2 + 4x - 8}$ 分成多项分式.

解　将分母分解因式：

$$x^5 + x^4 - 5x^3 - 2x^2 + 4x - 8 = (x-2)(x+2)^2(x^2 - x + 1)$$

因此,可分成多项分式

$$\frac{2x^4 - x^3 + 4x^2 + 9x - 10}{x^5 + x^4 - 5x^3 - 2x^2 + 4x - 8} = \frac{A}{x-2} + \frac{B}{x+2} + \frac{C}{(x+2)^2} + \frac{Dx+E}{x^2 - x + 1}$$

两边同乘 $(x-2)(x+2)^2(x^2 - x + 1)$,得

$$\begin{aligned} 2x^4 - x^3 + 4x^2 + 9x - 10 &= A(x+2)^2(x^2 - x + 1) \\ &\quad + B(x-2)(x+2)(x^2 - x + 1) \\ &\quad + C(x-2)(x^2 - x + 1) \\ &\quad + (Dx+E)(x-2)(x+2)^2 \end{aligned}$$

比较两边对应项的系数,得

$$\begin{cases} B + A + D = 2 \\ E + 2D + C - B + 3A = -1 \\ -3C + 2E - 4D - 3B + A = 4 \\ 3C - 4E - 8D + 4B = 9 \\ 4A - 2C - 4B - 8E = -10 \end{cases}$$

解之,得

$$A = 1, \quad B = 2, \quad C = -1, \quad D = -1, \quad E = 1$$

于是

$$\frac{2x^4 - x^3 + 4x^2 + 9x - 10}{x^5 + x^4 - 5x^3 - 2x^2 + 4x - 8} = \frac{1}{x-2} + \frac{2}{x+2} - \frac{1}{(x+2)^2} - \frac{x-1}{x^2 - x + 1}$$

例 4.41　将 $\dfrac{2x^2 + 2x + 13}{(x-2)(x^2+1)^2}$ 分成多项分式.

解 设

$$\frac{2x^2 + 2x + 13}{(x - 2)(x^2 + 1)^2} = \frac{A}{x - 2} + \frac{Bx + C}{(x^2 + 1)^2} + \frac{Dx + E}{x^2 + 1}$$

类似例 4.40,比较两边对应项的系数,得

$$A = 1, \quad B = -3, \quad C = -4, \quad D = -1, \quad E = -2$$

从而有

$$\frac{2x^2 + 2x + 13}{(x - 2)(x^2 + 1)^2} = \frac{1}{x - 2} - \frac{3x + 4}{(x^2 + 1)^2} - \frac{x + 2}{x^2 + 1}$$

例 4.42 将 $\dfrac{3x^3 - 1}{(x + 1)^2 (x - 1)^3}$ 分成多项分式.

解 设

$$\frac{3x^3 - 1}{(x + 1)^2 (x - 1)^3} = \frac{A_1}{(x + 1)^2} + \frac{A_2}{(x + 1)} + \frac{B_1}{(x - 1)^3} + \frac{B_2}{(x - 1)^2} + \frac{B_3}{(x - 1)}$$

两边同时乘以 $(x + 1)^2 (x - 1)^3$,再令 $x = 1, x = -1, x = 0, x = 2, x = -2$,易得

$$\frac{3x^3 - 1}{(x + 1)^2 (x - 1)^3} = \frac{1}{2(x + 1)^2} - \frac{3}{8(x + 1)} + \frac{1}{2(x - 1)^3}$$
$$+ \frac{7}{4(x - 1)^2} + \frac{3}{8(x - 1)}$$

4.5.2 真分式的积分

既然我们知道,任意有理分式都能化为形如

$$\frac{A}{(x - a)^n}, \quad \frac{Cx + D}{(x^2 + px + q)^m}$$

分式之和,其中 n, m 是正整数,$x^2 + px + q$ 没有实根,即 $p^2 - 4q < 0$.所以讨论有理分式的不定积分归结为两种类型有理分式的不定积分:

（ⅰ）$\displaystyle\int \frac{A}{(x - a)^k} \mathrm{d}x$;

（ⅱ）$\displaystyle\int \frac{Cx + D}{(x^2 + px + q)^k} \mathrm{d}x$.

其中 A, C, D, a, p, q 都是实数,k 为正整数,且 $p^2 - 4q < 0$.

对于类型（ⅰ）,当 $k = 1$ 时

$$\int \frac{A}{(x - a)^k} \mathrm{d}x = A \ln |x - a| + C$$

当 $k > 1$ 时

$$\int \frac{A}{(x-a)^k}\mathrm{d}x = \frac{A}{(1-k)(x-a)^{k-1}} + C$$

对于类型(ⅱ),当 $k = 1$ 时

$$\int \frac{Cx+D}{x^2+px+q}\mathrm{d}x = \int \frac{Cx + \dfrac{Cp}{2} - \dfrac{Cp}{2} + D}{x^2+px+q}\mathrm{d}x$$

$$= \frac{C}{2}\int \frac{2x+p}{x^2+px+q}\mathrm{d}x + \left(D - \frac{Cp}{2}\right)\int \frac{\mathrm{d}x}{x^2+px+q}$$

$$I = \frac{C}{2}\ln(x^2+px+q) + \frac{2D-Cp}{\sqrt{4q-p^2}}\arctan\frac{2x+p}{\sqrt{4q-p^2}} + C$$

当 $k > 1$ 时,均可归结为求积分$\int \dfrac{1}{(x^2+a^2)^k}\mathrm{d}x$.利用分部积分法可以建立这个积分的递推公式.因此,这种类型的积分也是可以求出来的.

例 4.43　求$\displaystyle\int \frac{x+3}{x^2-5x+6}\mathrm{d}x$.

解　$\displaystyle\int \frac{x+3}{x^2-5x+6}\mathrm{d}x = \int \frac{x+3}{(x-2)(x-3)}\mathrm{d}x$

$$= \int \left(\frac{6}{x-3} - \frac{5}{x-2}\right)\mathrm{d}x$$

$$= \int \frac{6}{x-3}\mathrm{d}x - \int \frac{5}{x-2}\mathrm{d}x$$

$$= 6\ln|x-3| - 5\ln|x-2| + C.$$

例 4.44　求$\displaystyle\int \frac{x-2}{x^2+2x+3}\mathrm{d}x$.

解　$\displaystyle\int \frac{x-2}{x^2+2x+3}\mathrm{d}x = \int \left(\frac{1}{2}\frac{2x+2}{x^2+2x+3} - 3\frac{1}{x^2+2x+3}\right)\mathrm{d}x$

$$= \frac{1}{2}\int \frac{2x+2}{x^2+2x+3}\mathrm{d}x - 3\int \frac{1}{x^2+2x+3}\mathrm{d}x$$

$$= \frac{1}{2}\int \frac{\mathrm{d}(x^2+2x+3)}{x^2+2x+3} - 3\int \frac{\mathrm{d}(x+1)}{(x+1)^2+(\sqrt{2})^2}$$

$$= \frac{1}{2}\ln(x^2+2x+3) - \frac{3}{\sqrt{2}}\arctan\frac{x+1}{\sqrt{2}} + C.$$

例 4.45　求$\displaystyle\int \frac{1}{x(x-1)^2}\mathrm{d}x$.

解　$\displaystyle\int \frac{1}{x(x-1)^2}\mathrm{d}x = \int \left[\frac{1}{x} - \frac{1}{x-1} + \frac{1}{(x-1)^2}\right]\mathrm{d}x$

$$= \int \frac{1}{x}\mathrm{d}x - \int \frac{1}{x-1}\mathrm{d}x + \int \frac{1}{(x-1)^2}\mathrm{d}x$$

$$= \ln \mid x \mid - \ln \mid x-1 \mid - \frac{1}{x-1} + C.$$

例 4.46　求 $\int \frac{\mathrm{d}x}{x^3+1}$.

解　设

$$\frac{1}{x^3+1} = \frac{1}{(x+1)(x^2-x+1)} = \frac{A}{x+1} + \frac{Bx+C}{x^2-x+1}$$

解得

$$\frac{1}{x^3+1} = \frac{1}{3}\left(\frac{1}{x+1} - \frac{x-2}{x^2-x+1}\right)$$

于是

$$\int \frac{\mathrm{d}x}{x^3+1} = \frac{1}{3}\ln \mid x+1 \mid - \frac{1}{3}\int \frac{x-2}{x^2-x+1}\mathrm{d}x$$

$$= \frac{1}{3}\ln \mid x+1 \mid - \frac{1}{6}\ln(x^2-x+1) + \frac{1}{\sqrt{3}}\arctan \frac{x-\frac{1}{2}}{\frac{\sqrt{3}}{2}} + C$$

$$= \frac{1}{6}\ln \frac{(x+1)^2}{x^2-x+1} + \frac{1}{\sqrt{3}}\arctan \frac{2x-1}{\sqrt{3}} + C$$

例 4.47　求 $\int \frac{1-x-x^2}{(x^2+1)^2}\mathrm{d}x$.

解　$\int \frac{1-x-x^2}{(x^2+1)^2}\mathrm{d}x = \int\left[-\frac{1}{x^2+1} + \frac{-x+2}{(x^2+1)^2}\right]\mathrm{d}x$

$$= -\arctan x - \frac{1}{2}\int \frac{2x}{(x^2+1)^2}\mathrm{d}x + 2\int \frac{1}{(x^2+1)^2}\mathrm{d}x$$

$$= -\arctan x - \frac{1}{2}\int \frac{\mathrm{d}(x^2+1)}{(x^2+1)^2} + 2\int \frac{1}{(x^2+1)^2}\mathrm{d}x$$

$$= -\arctan x + \frac{1}{2(x^2+1)} + 2\int \frac{1}{(x^2+1)^2}\mathrm{d}x.$$

由

$$\int \frac{1}{(x^2+1)^2}\mathrm{d}x = \frac{1}{2}\left(\arctan x + \frac{x}{x^2+1}\right) + C$$

代入上式,即得

$$\int \frac{1 - x - x^2}{(x^2 + 1)^2} \mathrm{d}x = \frac{2x + 1}{2(x^2 + 1)} + C$$

综上所述,可将求有理函数积分的步骤归纳如下:

(ⅰ)用多项式除法将有理函数分解为多项式与真分式之和;

(ⅱ)将真分式分解为部分分式之和;

(ⅲ)求出多项式和部分分式的积分,并求这些积分的和.

我们已经从理论上证明有理函数的积分一定能用初等函数来表达,并且积分可以按程序进行.但是这种做法并不简便,其中分解部分分式就不是一件容易的事.因此,即使是有理函数的积分,我们也应当首先应用换元法或部分积分法去探求.如果难以奏效,还可以考虑对分子进行加、减、分、凑,造出分母中的因式进行拆项分解.

现在我们已经体会到,换元积分法和分部积分法是我们求不定积分的基本方法.初等函数的积分公式以及随后补充的积分公式是积分计算的重要参考.我们进行积分运算主要依赖于这"两法一表"来完成.

需要说明的是,我们所说求不定积分,其实是说用初等函数把这个积分表示出来.在这种意义下,不是所有初等函数的积分都可以求出来.例如积分 $\int e^{x^2} \mathrm{d}x$,$\int \frac{\mathrm{d}x}{\ln x}$,$\int \frac{\sin x}{x} \mathrm{d}x$ 虽然存在,但它们都是求不出来的,即不能用初等函数来表示.由此看出,初等函数的不定积分却不一定是初等函数,而可以超出初等函数的范围.

习 题 4.5

1. 求下列不定积分.

(1) $\displaystyle\int \frac{x^5}{1 - x^2} \mathrm{d}x$;

(2) $\displaystyle\int \frac{x}{(x + 1)(x + 2)(x + 3)} \mathrm{d}x$;

(3) $\displaystyle\int \frac{2x^2 - 5x + 5}{(x - 2)(1 - x)^2} \mathrm{d}x$;

(4) $\displaystyle\int \frac{x^5 + 2x^3 - 1}{x + x^3} \mathrm{d}x$.

2. 求下列不定积分.

(1) $\displaystyle\int \frac{6x^2 - 11x + 4}{x(x - 1)^2} \mathrm{d}x$;

(2) $\displaystyle\int \frac{x + 1}{x^2 - x - 12} \mathrm{d}x$;

(3) $\displaystyle\int \frac{1}{x^4(x^2 + 1)^2} \mathrm{d}x$;

(4) $\displaystyle\int \frac{1}{x^6 - x} \mathrm{d}x$;

(5) $\displaystyle\int \frac{x^{2n-1}}{x^n + 1} \mathrm{d}x$;

(6) $\displaystyle\int \frac{x^3}{1 + x^8} \mathrm{d}x$;

(7) $\displaystyle\int \frac{x}{1 - x^4}\mathrm{d}x$;

(8) $\displaystyle\int \frac{x^3 + 1}{(x - 2)^2}\mathrm{d}x$;

(9) $\displaystyle\int \frac{x - 1}{x^2 + 2x + 5}\mathrm{d}x$;

(10) $\displaystyle\int \frac{1}{x(1 + x^{10})}\mathrm{d}x$.

总 习 题 4

1. 求下列不定积分.

(1) $\displaystyle\int \frac{(\arccos x)^2}{\sqrt{1 - x^2}}\mathrm{d}x$;

(2) $\displaystyle\int x\arcsin x\mathrm{d}x$;

(3) $\displaystyle\int \frac{\ln \tan x}{\cos^2 x}\mathrm{d}x$;

(4) $\displaystyle\int \mathrm{e}^x(\cos x - \sin x)\mathrm{d}x$;

(5) $\displaystyle\int \frac{\mathrm{e}^x}{\sqrt{\mathrm{e}^x - 1}}\mathrm{d}x$;

(6) $\displaystyle\int \frac{1 + \cos x}{x + \sin x}\mathrm{d}x$.

2. 求下列不定积分.

(1) $\displaystyle\int \frac{x^2}{\sqrt{x^2 - 1}}\mathrm{d}x$;

(2) $\displaystyle\int \frac{1}{\sqrt{2 + 2x + x^2}}\mathrm{d}x$;

(3) $\displaystyle\int \frac{\arctan 2x}{1 + 4x^2}\mathrm{d}x$;

(4) $\displaystyle\int \frac{\ln (1 + x)}{\sqrt{x}}\mathrm{d}x$;

(5) $\displaystyle\int \frac{\ln x}{(1 + x^2)^{\frac{3}{2}}}\mathrm{d}x$;

(6) $\displaystyle\int \sqrt{1 - x^2} \cdot \arcsin x\mathrm{d}x$;

(7) $\displaystyle\int (\arctan \sqrt{x})^2\mathrm{d}x$;

(8) $\displaystyle\int \frac{\ln (x + \sqrt{1 + x^2})}{(1 + x^2)^{\frac{3}{2}}}\mathrm{d}x$;

(9) $\displaystyle\int x(1 + x^2)\arctan x\mathrm{d}x$;

(10) $\displaystyle\int \frac{x\mathrm{e}^x}{(\mathrm{e}^x - 1)^2}\mathrm{d}x$;

(11) $\displaystyle\int \frac{x^2}{(1 - x^2)^3}\mathrm{d}x$;

(12) $\displaystyle\int \frac{x + 1}{x^2 + 4x + 5}\mathrm{d}x$;

(13) $\displaystyle\int \frac{1}{\sqrt{x - x^2}}\mathrm{d}x$;

(14) $\displaystyle\int \mathrm{e}^x \sqrt{1 - \mathrm{e}^{2x}}\mathrm{d}x$;

(15) $\displaystyle\int \frac{\mathrm{d}x}{(x^2 + 4)^{\frac{3}{2}}}$;

(16) $\displaystyle\int \frac{\arcsin x}{x^2} \cdot \frac{1 + x^2}{\sqrt{1 - x^2}}\mathrm{d}x$;

(17) $\displaystyle\int \mathrm{e}^x \left(\frac{1 - x}{1 + x^2}\right)^2\mathrm{d}x$;

(18) $\displaystyle\int \sqrt{1 - x^2}\arcsin x\mathrm{d}x$;

(19) $\displaystyle\int (2x + 3x^2)\arctan x\mathrm{d}x$;

(20) $\displaystyle\int \arcsin \sqrt{x}\mathrm{d}x$;

(21) $\displaystyle\int \mathrm{e}^{\sqrt[3]{x}}\mathrm{d}x$.

3. 设 $F(x)$ 是 $f(x)$ 的一个原函数, $F(0) = 1$. 若有

$$\frac{f(x)}{F(x)} = \frac{1}{\sqrt{1 + x^2}}$$

求 $f(x)$.

4. 设某商品每天生产 x 单位的固定成本为 40 元, 边际成本函数为 $C'(x) = 0.2x + 2$ (元 / 单位), 求总成本函数与最小平均成本. 若该商品的销售单价为 20 元, 且产品全部售出, 问: 每天生产多少单位时才能获得最大利润, 最大利润是多少?

附: 常用积分表

积分的计算要比导数的计算灵活、复杂. 为了实用的方便, 往往把常用的积分公式汇集成表, 这种表叫作积分表. 求积分时可根据被积函数的类型直接地或经过简单变形后在表内查得所需的结果.

1. 含有 $ax + b$ 的积分

(1) $\int \dfrac{\mathrm{d}x}{ax + b} = \dfrac{1}{a}\ln | ax + b | + C$;

(2) $\int (ax + b)^\mu \mathrm{d}x = \dfrac{1}{a(\mu + 1)}(ax + b)^{\mu+1} + C, \mu \neq -1$;

(3) $\int \dfrac{x}{ax + b}\mathrm{d}x = \dfrac{1}{a^2}(ax + b - b\ln | ax + b |) + C$;

(4) $\int \dfrac{x^2}{ax + b}\mathrm{d}x = \dfrac{1}{a^3}\left[\dfrac{1}{2}(ax + b)^2 - 2b(ax + b) + b^2\ln | ax + b |\right] + C$;

(5) $\int \dfrac{\mathrm{d}x}{x(ax + b)} = -\dfrac{1}{b}\ln \left| \dfrac{ax + b}{x} \right| + C$;

(6) $\int \dfrac{\mathrm{d}x}{x^2(ax + b)} = -\dfrac{1}{bx} + \dfrac{a}{b^2}\ln \left| \dfrac{ax + b}{x} \right| + C$;

(7) $\int \dfrac{x}{(ax + b)^2}\mathrm{d}x = \dfrac{1}{a^2}\left(\ln | ax + b | + \dfrac{b}{ax + b} \right) + C$;

(8) $\int \dfrac{x^2}{(ax + b)^2}\mathrm{d}x = \dfrac{1}{a^3}\left(ax + b - 2b\ln | ax + b | - \dfrac{b^2}{ax + b} \right) + C$;

(9) $\int \dfrac{\mathrm{d}x}{x(ax + b)^2} = \dfrac{1}{b(ax + b)} - \dfrac{1}{b^2}\ln \left| \dfrac{ax + b}{x} \right| + C$.

2. 含有 $\sqrt{ax + b}$ 的积分

(1) $\int \sqrt{ax + b}\mathrm{d}x = \dfrac{2}{3a}\sqrt{(ax + b)^3} + C$;

(2) $\displaystyle\int x\sqrt{ax+b}\,\mathrm{d}x = \frac{2}{15a^2}(3ax-2b)\sqrt{(ax+b)^3} + C$;

(3) $\displaystyle\int x^2\sqrt{ax+b}\,\mathrm{d}x = \frac{2}{105a^3}(15a^2x^2-12abx+8b^2)\sqrt{(ax+b)^3} + C$;

(4) $\displaystyle\int \frac{x}{\sqrt{ax+b}}\mathrm{d}x = \frac{2}{3a^2}(ax-2b)\sqrt{ax+b} + C$;

(5) $\displaystyle\int \frac{x^2}{\sqrt{ax+b}}\mathrm{d}x = \frac{2}{15a^3}(3a^2x^2-4abx+8b^2)\sqrt{ax+b} + C$;

(6) $\displaystyle\int \frac{\mathrm{d}x}{x\sqrt{ax+b}} = \begin{cases} \dfrac{1}{\sqrt{b}}\ln\left|\dfrac{\sqrt{ax+b}-\sqrt{b}}{\sqrt{ax+b}+\sqrt{b}}\right| + C, & b>0 \\[4mm] \dfrac{2}{\sqrt{-b}}\arctan\sqrt{\dfrac{ax+b}{-b}} + C, & b<0 \end{cases}$;

(7) $\displaystyle\int \frac{\mathrm{d}x}{x^2\sqrt{ax+b}} = -\frac{\sqrt{ax+b}}{bx} - \frac{a}{2b}\int \frac{\mathrm{d}x}{x\sqrt{ax+b}}$;

(8) $\displaystyle\int \frac{\sqrt{ax+b}}{x}\mathrm{d}x = 2\sqrt{ax+b} + b\int \frac{\mathrm{d}x}{x\sqrt{ax+b}}$;

(9) $\displaystyle\int \frac{\sqrt{ax+b}}{x^2}\mathrm{d}x = -\frac{\sqrt{ax+b}}{x} + \frac{a}{2}\int \frac{\mathrm{d}x}{x\sqrt{ax+b}}$.

3. 含有 $x^2 \pm a^2$ 的积分

(1) $\displaystyle\int \frac{\mathrm{d}x}{x^2+a^2} = \frac{1}{a}\arctan\frac{x}{a} + C$;

(2) $\displaystyle\int \frac{\mathrm{d}x}{(x^2+a^2)^n} = \frac{x}{2(n-1)a^2(x^2+a^2)^{n-1}} + \frac{2n-3}{2(n-1)a^2}\int \frac{\mathrm{d}x}{(x^2+a^2)^{n-1}}$;

(3) $\displaystyle\int \frac{\mathrm{d}x}{x^2-a^2} = \frac{1}{2a}\ln\left|\frac{x-a}{x+a}\right| + C$.

4. 含有 $ax^2+b, a>0$ 的积分

(1) $\displaystyle\int \frac{\mathrm{d}x}{ax^2+b} = \begin{cases} \dfrac{1}{\sqrt{ab}}\arctan\sqrt{\dfrac{a}{b}}x + C, & b>0 \\[4mm] \dfrac{1}{2\sqrt{-ab}}\ln\left|\dfrac{\sqrt{a}x-\sqrt{-b}}{\sqrt{a}x+\sqrt{-b}}\right| + C, & b<0 \end{cases}$;

(2) $\displaystyle\int \frac{x}{ax^2+b}\mathrm{d}x = \frac{1}{2a}\ln|ax^2+b| + C$;

(3) $\displaystyle\int \frac{x^2}{ax^2+b}\mathrm{d}x = \frac{x}{a} - \frac{b}{a}\int \frac{\mathrm{d}x}{ax^2+b}$;

(4) $\displaystyle\int \frac{\mathrm{d}x}{x(ax^2+b)} = \frac{1}{2b}\ln\frac{x^2}{|ax^2+b|} + C$;

(5) $\displaystyle\int \frac{\mathrm{d}x}{x^2(ax^2+b)} = -\frac{1}{bx} - \frac{a}{b}\int \frac{1}{ax^2+b}\mathrm{d}x$;

(6) $\displaystyle\int \frac{\mathrm{d}x}{x^3(ax^2+b)} = \frac{a}{2b^2}\ln\frac{|ax^2+b|}{x^2} - \frac{1}{2bx^2} + C$;

(7) $\displaystyle\int \frac{\mathrm{d}x}{(ax^2+b)^2} = \frac{x}{2b(ax^2+b)} + \frac{1}{2b}\int \frac{1}{ax^2+b}\mathrm{d}x$.

5. 含有 $\sqrt{x^2+a^2}$, $a>0$ 的积分

(1) $\displaystyle\int \frac{\mathrm{d}x}{\sqrt{x^2+a^2}} = \operatorname{arsh}\frac{x}{a} + C_1 = \ln(x+\sqrt{x^2+a^2}) + C$;

(2) $\displaystyle\int \frac{\mathrm{d}x}{\sqrt{(x^2+a^2)^3}} = \frac{x}{a^2\sqrt{x^2+a^2}} + C$;

(3) $\displaystyle\int \frac{x}{\sqrt{x^2+a^2}}\mathrm{d}x = \sqrt{x^2+a^2} + C$;

(4) $\displaystyle\int \frac{x}{\sqrt{(x^2+a^2)^3}}\mathrm{d}x = -\frac{1}{\sqrt{x^2+a^2}} + C$;

(5) $\displaystyle\int \frac{x^2}{\sqrt{x^2+a^2}}\mathrm{d}x = \frac{x}{2}\sqrt{x^2+a^2} - \frac{a^2}{2}\ln(x+\sqrt{x^2+a^2}) + C$;

(6) $\displaystyle\int \frac{x^2}{\sqrt{(x^2+a^2)^3}}\mathrm{d}x = -\frac{x}{\sqrt{x^2+a^2}} + \ln(x+\sqrt{x^2+a^2}) + C$;

(7) $\displaystyle\int \frac{\mathrm{d}x}{x\sqrt{x^2+a^2}} = \frac{1}{a}\ln\frac{\sqrt{x^2+a^2}-a}{|x|} + C$;

(8) $\displaystyle\int \frac{\mathrm{d}x}{x^2\sqrt{x^2+a^2}} = -\frac{\sqrt{x^2+a^2}}{a^2 x} + C$;

(9) $\displaystyle\int \sqrt{x^2+a^2}\,\mathrm{d}x = \frac{x}{2}\sqrt{x^2+a^2} + \frac{a^2}{2}\ln(x+\sqrt{x^2+a^2}) + C$.

6. 含有 $\sqrt{x^2-a^2}$, $a>0$ 的积分

(1) $\displaystyle\int \frac{\mathrm{d}x}{\sqrt{x^2-a^2}} = \frac{x}{|x|}\operatorname{arch}\frac{|x|}{a} + C_1 = \ln|x+\sqrt{x^2-a^2}| + C$;

(2) $\displaystyle\int \frac{\mathrm{d}x}{\sqrt{(x^2-a^2)^3}} = -\frac{x}{a^2\sqrt{x^2-a^2}} + C$;

(3) $\displaystyle\int \frac{x}{\sqrt{x^2-a^2}}\mathrm{d}x = \sqrt{x^2-a^2} + C$;

(4) $\displaystyle\int \frac{x}{\sqrt{(x^2-a^2)^3}}\mathrm{d}x = -\frac{1}{\sqrt{x^2-a^2}} + C$;

(5) $\displaystyle\int \frac{x^2}{\sqrt{x^2-a^2}}\mathrm{d}x = \frac{x}{2}\sqrt{x^2-a^2} + \frac{a^2}{2}\ln\mid x+\sqrt{x^2-a^2}\mid + C$;

(6) $\displaystyle\int \frac{x^2}{\sqrt{(x^2-a^2)^3}}\mathrm{d}x = -\frac{x}{\sqrt{x^2-a^2}} + \ln\mid x+\sqrt{x^2-a^2}\mid + C$;

(7) $\displaystyle\int \frac{\mathrm{d}x}{x\sqrt{x^2-a^2}} = \frac{1}{a}\arccos\frac{a}{\mid x\mid} + C$;

(8) $\displaystyle\int \frac{\mathrm{d}x}{x^2\sqrt{x^2-a^2}} = \frac{\sqrt{x^2-a^2}}{a^2 x} + C$;

(9) $\displaystyle\int \sqrt{x^2-a^2}\mathrm{d}x = \frac{x}{2}\sqrt{x^2-a^2} - \frac{a^2}{2}\ln\mid x+\sqrt{x^2-a^2}\mid + C$.

7. 含有 $\sqrt{a^2-x^2}, a>0$ 的积分

(1) $\displaystyle\int \frac{\mathrm{d}x}{\sqrt{a^2-x^2}} = \arcsin\frac{x}{a} + C$;

(2) $\displaystyle\int \frac{\mathrm{d}x}{\sqrt{(a^2-x^2)^3}} = -\frac{x}{a^2\sqrt{a^2-x^2}} + C$;

(3) $\displaystyle\int \frac{x}{\sqrt{a^2-x^2}}\mathrm{d}x = -\sqrt{a^2-x^2} + C$;

(4) $\displaystyle\int \frac{x}{\sqrt{(a^2-x^2)^3}}\mathrm{d}x = \frac{1}{\sqrt{a^2-x^2}} + C$;

(5) $\displaystyle\int \frac{x^2}{\sqrt{a^2-x^2}}\mathrm{d}x = -\frac{x}{2}\sqrt{a^2-x^2} + \frac{a^2}{2}\arcsin\frac{x}{a} + C$;

(6) $\displaystyle\int \frac{x^2}{\sqrt{(a^2-x^2)^3}}\mathrm{d}x = \frac{x}{\sqrt{a^2-x^2}} - \arcsin\frac{x}{a} + C$;

(7) $\displaystyle\int \frac{\mathrm{d}x}{x\sqrt{a^2-x^2}} = \frac{1}{a}\ln\frac{a-\sqrt{a^2-x^2}}{\mid x\mid} + C$;

(8) $\displaystyle\int \frac{\mathrm{d}x}{x^2\sqrt{a^2-x^2}} = -\frac{\sqrt{a^2-x^2}}{a^2 x} + C$;

(9) $\displaystyle\int \sqrt{a^2-x^2}\mathrm{d}x = \frac{x}{2}\sqrt{a^2-x^2} - \frac{a^2}{2}\arcsin\frac{x}{a} + C$.

8. 含有三角函数的积分

(1) $\displaystyle\int \sec x\mathrm{d}x = \ln\mid \sec x+\tan x\mid + C$;

(2) $\int \csc x \mathrm{d}x = \ln | \csc x - \cot x | + C$;

(3) $\int \sec x \tan x \mathrm{d}x = \sec x + C$;

(4) $\int \csc x \cot x \mathrm{d}x = - \csc x + C$;

(5) $\int \sin^2 x \mathrm{d}x = \dfrac{x}{2} - \dfrac{1}{4} \sin 2x + C$;

(6) $\int \cos^2 x \mathrm{d}x = \dfrac{x}{2} + \dfrac{1}{4} \sin 2x + C$;

(7) $\int \sin^n x \mathrm{d}x = - \dfrac{1}{n} \sin^{n-1} x \cos x + \dfrac{n-1}{n} \int \sin^{n-2} x \mathrm{d}x$;

(8) $\int \cos^n x \mathrm{d}x = \dfrac{1}{n} \cos^{n-1} x \sin x + \dfrac{n-1}{n} \int \cos^{n-2} x \mathrm{d}x$;

(9) $\int \sin ax \cos bx \mathrm{d}x = - \dfrac{1}{2(a+b)} \cos (a+b)x - \dfrac{1}{2(a-b)} \cos (a-b)x + C$;

(10) $\int \sin ax \sin bx \mathrm{d}x = - \dfrac{1}{2(a+b)} \sin (a+b)x + \dfrac{1}{2(a-b)} \sin (a-b)x + C$;

(11) $\int \cos ax \cos bx \mathrm{d}x = \dfrac{1}{2(a+b)} \sin (a+b)x + \dfrac{1}{2(a-b)} \sin (a-b)x + C$;

(12) $\int \dfrac{\mathrm{d}x}{a + b\sin x} = \dfrac{2}{\sqrt{a^2 - b^2}} \arctan \dfrac{a \tan \dfrac{x}{2} + b}{\sqrt{a^2 - b^2}} + C, a^2 > b^2$;

(13) $\int \dfrac{\mathrm{d}x}{a + b\sin x} = \dfrac{2}{\sqrt{b^2 - a^2}} \ln \left| \dfrac{a \tan \dfrac{x}{2} + b - \sqrt{b^2 - a^2}}{a \tan \dfrac{x}{2} + b + \sqrt{b^2 - a^2}} \right| + C, a^2 < b^2$;

(14) $\int \dfrac{\mathrm{d}x}{a + b\cos x} = \dfrac{2}{a+b} \sqrt{\dfrac{a+b}{a-b}} \arctan \left(\sqrt{\dfrac{a-b}{a+b}} \tan \dfrac{x}{2} \right) + C, a^2 > b^2$;

(15) $\int \dfrac{\mathrm{d}x}{a + b\cos x} = \dfrac{2}{a+b} \sqrt{\dfrac{a+b}{b-a}} \ln \left| \dfrac{\tan \dfrac{x}{2} + \sqrt{\dfrac{a+b}{b-a}}}{\tan \dfrac{x}{2} - \sqrt{\dfrac{a+b}{b-a}}} \right| + C, a^2 < b^2$.

第 5 章　定　积　分

　　本章我们将讨论微积分学的另一个基本问题 —— 定积分问题,我们先从几何学、经济学问题出发引进定积分的定义,然后讨论它的性质、计算方法及其应用. 在这一章中,我们将会学到一个重要定理 —— 微积分基本定理,即牛顿-莱布尼茨公式,这个公式建立了定积分与原函数的重要关系,使得我们在上一章中所学的不定积分具有实质性的意义.

1. 收益流的现值和将来值

　　将来值是指货币资金未来的价值,即一定量的资金在将来某一时点的价值,表现为本利和.现值是指货币资金的现在价值,即将来某一时点的一定资金折合成现在的价值.

　　我们知道,若以连续复利率 r 计息,单笔 P 元人民币从现在起存入银行,t 年末的价值(将来值) 为

$$B = Pe^{rt}$$

若 t 年末得到 B 元人民币,则现在需要存入银行的金额(现值) 为

$$P = Be^{-rt}$$

类似地,我们可以计算以年复利计息的单笔资金的将来值和现值.

　　下面讨论收益流的现值和将来值.

　　先介绍收益流和收益流量(收益率) 的概念.若某公司的收益可以近似看成是连续地发生的,为便于计算,则可将其收益看作是一种随时间连续变化的收益流.而收益流对时间的变化率称为收益流量,收益流量实际上可以理解为收益的"速率",它表示的是 t 时刻的单位时间内的收益,因此也称为收益率,一般用 $P(t)$ 表示;若时间 t 以年为单位,收益以元为单位,则收益流量(收益率) 的单位为元 / 年.若 $P(t) = b$,则称该收益流具有常数收益流量(收益率).

　　如果不考虑利息,则从 $t = 0$ 时刻开始,以 $P(t)$ 为收益率的收益流到 T 时刻的总收益又是多少呢?

2. 收益问题

　　设某商品的价格 P 是销售量 x 的函数 $P = P(x)$.我们来计算:当销售量从 a 变

动到 b 时的收益 R 为多少(设 x 为连续变量).

由于价格随销售量的变动而变动,我们不能直接用销售量乘以价格来计算收益.这就是本章要解决的问题.

5.1 定积分的概念与性质

5.1.1 引例

1. 曲边梯形的面积

如图 5.1 所示,设曲线方程为 $y = f(x)$,且 $f(x)$ 函数在区间 $[a,b]$ 上连续,$f(x) \geqslant 0$.讨论以下曲边梯形的面积.

(1) 分割

在 $[a,b]$ 内任取 $n-1$ 个分点

$$a = x_0 < x_1 < x_2 < \cdots < x_{n-1} < x_n = b,$$

将 $[a,b]$ 分为 n 个小区间 $[x_0,x_1]$,$[x_1,x_2]$,$\cdots$,$[x_{n-1},x_n]$,第 i 个小区间的长度记为 $\Delta x_i = x_i - x_{i-1}(i = 1,2,\cdots,n)$,其中 Δx_i 也代表第 i 个小区间;过各分点 x_i 作垂直于 x 轴的直线,将曲边梯形分割为 n 个小的曲边梯形;

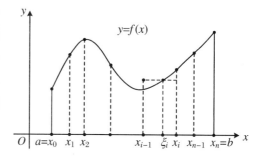

图 5.1

(2) 近似

在 $[x_{i-1},x_i]$ 上任取一点 $\xi_i(i = 1,2,\cdots,n)$,作乘积 $f(\xi_i)\Delta x_i$,则 $f(\xi_i)\Delta x_i$ 为第 i 个小曲边梯形面积的近似值.

(3) 求和

设 A 表示所求曲边梯形的面积,ΔA_i 表示第 i 个小曲边梯形的面积,则

$$A = \sum_{i=1}^{n} \Delta A_i \approx \sum_{i=1}^{n} f(\xi_i)\Delta x_i$$

(4) 取极限

记 $\lambda = \max\{\Delta x_1,\Delta x_2,\cdots,\Delta x_n\}$,若当 $\lambda \to 0$ 时,极限 $\lim\limits_{\lambda \to 0} \sum\limits_{i=1}^{n} f(\xi_i)\Delta x_i$ 存在,则称它为曲边梯形的面积,即

$$A = \lim_{\lambda \to 0} \sum_{i=1}^{n} \Delta A_i = \lim_{\lambda \to 0} \sum_{i=1}^{n} f(\xi_i) \Delta x_i$$

2. 变速直线运动的质点的路程

设质点的速度函数 $v = v(t)$，考虑从时刻 α 到时刻 β 所走过的路程．设 $v(t)$ 在 $[\alpha,\beta]$ 上连续，$v(t) \geqslant 0$，仍然采用分割的方法．

（1）分割

在 $[\alpha,\beta]$ 内任取 $n-1$ 个分点

$$\alpha = t_0 < t_1 < t_2 < \cdots < t_{n-1} < t_n = \beta$$

将 $[\alpha,\beta]$ 分为 n 个小区间 $[t_0,t_1]$，$[t_1,t_2]$，$\cdots$，$[t_{n-1},t_n]$，第 i 个小区间的长度记为 $\Delta t_i = t_i - t_{i-1}(i = 1,2,\cdots,n)$．

（2）近似

在时间间隔 $[t_{i-1},t_i]$ 内，质点的路程近似为 $v(\xi_i) \Delta t_i$，其中 ξ_i 是 $[t_{i-1},t_i]$ 内的任意一点．

（3）求和

设 s 表示质点在 $[\alpha,\beta]$ 上经过的路程，Δs_i 表示质点在第 i 个小区间 $[t_{i-1},t_i]$ 上经过的路程，则 $s = \displaystyle\sum_{i=1}^{n} \Delta s_i \approx \sum_{i=1}^{n} v(\xi_i) \Delta t_i$．

（4）取极限

记 $\lambda = \max\{\Delta t_1,\Delta t_2,\cdots,\Delta t_n\}$，若当 $\lambda \to 0$ 时，和式 $\displaystyle\sum_{i=1}^{n} v(\xi_i) \Delta t_i$ 的极限存在，则它就是质点从时刻 α 到时刻 β 的路程，即 $s = \displaystyle\lim_{\lambda \to 0} \sum_{i=1}^{n} v(\xi_i) \Delta t_i$．

注　以上两例分别讨论了几何量面积和物理量速度，尽管其背景不同，但是处理的方式是相同的，采用的是化整为零、以直代曲、以不变代变、逐渐逼近的方式；共同点是：取决于一个函数以及其自变量的范围，舍弃其实际背景，给出定积分的定义．

下面我们来看**收益**问题的计算方法．

（ⅰ）在 $[a,b]$ 内任意插入 $n-1$ 个分点 $a = x_0 < x_1 < x_2 < \cdots < x_{n-1} < x_n = b$，每个销售段 $[x_{i-1},x_i](i = 1,2,\cdots,n)$ 的销售量为 $\Delta x_i = x_i - x_{i-1}(i = 1,2,\cdots,n)$；

（ⅱ）在每个销售段 $[x_{i-1},x_i]$ 中任取一点 ξ_i，把 $P(\xi_i)$ 作为该段的近似价格，收益近似为

$$\Delta R \approx P(\xi_i)\Delta x_i, \quad i = 1,2,\cdots,n$$

（ⅲ）把 n 段的收益相加，得收益的近似值为

$$\sum_{i=1}^{n} P(\xi_i)\Delta x_i$$

（ⅳ）取极限，令 $\lambda = \max\{\Delta x_1,\Delta x_2,\cdots,\Delta x_n\} \to 0$，则

$$\lim_{\lambda \to 0}\sum_{i=1}^{n} P(\xi_i)\Delta x_i$$

即为所求的收益.

5.1.2 定积分的定义

1. 定义

定义 5.1 设函数 $f(x)$ 在区间 $[a,b]$ 上有界，在 $[a,b]$ 内任意插入 $n-1$ 个分点：

$$a = x_0 < x_1 < x_2 < \cdots < x_{n-1} < x_n = b$$

分割 $[a,b]$ 为 n 个子区间：$[x_0,x_1],[x_1,x_2],\cdots,[x_{i-1},x_i],\cdots,[x_{n-1},x_n]$，第 i 个子区间的长度记为 $\Delta x_i = x_i - x_{i-1}$；任取 $\xi_i \in [x_{i-1},x_i]$，$i = 1,2,\cdots,n$，作和：$\sum_{i=1}^{n} f(\xi_i)\Delta x_i$；对于 $\lambda = \max\{\Delta x_1,\Delta x_2,\cdots,\Delta x_n\}$，如果极限 $\lim_{\lambda \to 0}\sum_{i=1}^{n} f(\xi_i)\Delta x_i$ 存在，则称极限值为函数 $f(x)$ 在区间 $[a,b]$ 上的定积分，记作 $\int_a^b f(x)\mathrm{d}x$，也称函数 $f(x)$ 在区间 $[a,b]$ 上可积，其中 $[a,b]$ 为积分区间，a 为积分下限，b 为积分上限，$f(x)$ 为被积函数，x 为积分变量，$\sum_{i=1}^{n} f(\xi_i)\Delta x_i$ 为积分和.

根据定义，在引例中的曲边梯形的面积用定积分可以表示为 $A = \int_a^b f(x)\mathrm{d}x$；变速直线运动的质点的路程可以表示为 $s = \int_a^b v(t)\mathrm{d}t$；收益问题中的收益可以表示为 $R = \int_a^b P(x)\mathrm{d}x$.

注 （ⅰ）注意在定积分的定义中的两个任意性，函数可积即意味着极限值与对区间 $[a,b]$ 的分割方式及在区间 $[x_{i-1},x_i]$ 上点 ξ_i 的取法无关.

（ⅱ）定积分的积分值只与被积函数、积分区间有关，与积分变量用什么字母无关，即

$$\int_a^b f(x)\mathrm{d}x = \int_a^b f(t)\mathrm{d}t = \int_a^b f(u)\mathrm{d}u$$

（ⅲ）几点规定：① 当 $a > b$ 时，$\int_a^b f(x)\mathrm{d}x = -\int_b^a f(x)\mathrm{d}x$；② 当 $a = b$ 时，

$\int_a^a f(x)\mathrm{d}x = 0.$

2. 定积分存在的条件

（1）闭区间上的连续函数一定可积；

（2）在闭区间上有有限个第一类间断点的函数也可积.

3. 定积分的几何意义

若 $f(x) \geqslant 0$，由引例可知，$\int_a^b f(x)\mathrm{d}x$ 的几何意义是位于 x 轴上方的曲边梯形的面积；

若 $f(x) \leqslant 0$，则 $A = \int_a^b [-f(x)]\mathrm{d}x$ 为位于 x 轴下方的曲边梯形面积，从而定积分 $\int_a^b f(x)\mathrm{d}x$ 代表该面积的负值，即 $A = -\int_a^b f(x)\mathrm{d}x.$

一般地，曲边梯形的面积为 $\int_a^b |f(x)|\mathrm{d}x$，而 $\int_a^b f(x)\mathrm{d}x$ 的几何意义则是曲边梯形面积的代数和.

例 5.1　用定义计算定积分 $\int_a^b x\mathrm{d}x.$

解　被积函数 $f(x) = x$ 在区间 $[a,b]$ 上连续，故一定可积. 从而对于区间 $[a,b]$ 任意的分割点 ξ_i 的任意取法，和式 $\sum_{i=1}^n f(\xi_i)\Delta x_i$ 的极限均存在且相等，因此：

（ⅰ）将区间 $[a,b]$ 划分成 n 等份，每个子区间长度为 $\Delta x_i = \dfrac{b-a}{n}$，$i = 1,2,\cdots,n$，分点为

$$x_0 = a, x_1 = a + \frac{b-a}{n}, x_2 = a + 2 \cdot \frac{b-a}{n}, \cdots, x_n = a + n \cdot \frac{b-a}{n} = b$$

（ⅱ）取 $\xi_i \in [x_{i-1}, x_i]$ 且为此区间的右端点，即 $\xi_i = x_i = a + i \cdot \dfrac{b-a}{n}$，则

$$\sum_{i=1}^{n} f(\xi_i)\Delta x_i = \sum_{i=1}^{n} \xi_i \Delta x_i = \sum_{i=1}^{n}\left(a + i \cdot \frac{b-a}{n}\right) \cdot \frac{b-a}{n}$$

$$= \frac{b-a}{n}\left(\sum_{i=1}^{n} a + \frac{b-a}{n}\sum_{i=1}^{n} i\right)$$

$$= \frac{b-a}{n}\left[na + \frac{b-a}{n} \cdot \frac{n(n+1)}{2}\right]$$

$$= (b-a)\left[a + \frac{b-a}{2} \cdot \left(1 + \frac{1}{n}\right)\right]$$

$$\int_a^b x\,dx = \lim_{n\to\infty}\sum_{i=1}^{n} f(\xi_i)\Delta x_i$$

$$= \lim_{n\to\infty}(b-a)\left[a + \frac{b-a}{2}\left(1 + \frac{1}{n}\right)\right]$$

$$= (b-a)\left(a + \frac{b-a}{2}\right)$$

$$= \frac{b^2 - a^2}{2}$$

例 5.2 将下列和式的极限用定积分表示:

$$\lim_{n\to\infty} n\left(\frac{1}{1+n^2} + \frac{1}{2^2+n^2} + \cdots + \frac{1}{n^2+n^2}\right)$$

解 $n\left(\dfrac{1}{1+n^2} + \dfrac{1}{2^2+n^2} + \cdots + \dfrac{1}{n^2+n^2}\right) = \dfrac{1}{n}\sum_{i=1}^{n}\dfrac{1}{1+\left(\dfrac{i}{n}\right)^2}$

$$= \sum_{i=1}^{n}\frac{1}{1+\left(\dfrac{i}{n}\right)^2} \cdot \frac{1}{n}.$$

此时,取 $\Delta x_i = \dfrac{1}{n}$,即积分区间长为1;取 $\xi_i = x_i = \dfrac{i}{n}$ 正好是将$[0,1]$划分为 n 等份后的分点;又

$$f(\xi_i) = \frac{1}{1+\left(\dfrac{i}{n}\right)^2}$$

故

$$f(x) = \frac{1}{1+x^2}$$

从而

$$\lim_{n\to\infty} n\left(\frac{1}{1+n^2} + \frac{1}{2^2+n^2} + \cdots + \frac{1}{n^2+n^2}\right) = \lim_{n\to\infty}\sum_{i=1}^{n}\frac{1}{1+\left(\frac{i}{n}\right)^2}\cdot\frac{1}{n} = \int_0^1 \frac{1}{1+x^2}\mathrm{d}x$$

习 题 5.1

1. 利用定积分定义计算由抛物线 $y = x^2$,直线 $x = 0, x = 2$ 及 x 轴所围成的图形的面积.

2. 利用定积分定义计算:$\int_0^1 e^x \mathrm{d}x$.

3. 根据定积分的几何意义,指出下列积分的值.

(1) $\int_a^b 3\mathrm{d}x$; (2) $\int_0^a x\mathrm{d}x$;

(3) $\int_{-a}^a \sqrt{a^2-x^2}\mathrm{d}x$; (4) $\int_0^\pi \cos x\mathrm{d}x$.

5.2 定积分的性质

设 $f(x), g(x)$ 在区间 $[a,b]$ 上均可积,则定积分有以下性质.

性质 5.1 函数的和(差)的定积分等于它们的定积分的和(差),即

$$\int_a^b [f(x) \pm g(x)]\mathrm{d}x = \int_a^b f(x)\mathrm{d}x \pm \int_a^b g(x)\mathrm{d}x$$

证
$$\int_a^b [f(x) \pm g(x)]\mathrm{d}x = \lim_{\lambda\to 0}\sum_{i=1}^n [f(\xi_i) \pm g(\xi_i)]\Delta x_i$$
$$= \lim_{\lambda\to 0}\sum_{i=1}^n f(\xi_i)\Delta x_i \pm \lim_{\lambda\to 0}\sum_{i=1}^n g(\xi_i)\Delta x_i$$
$$= \int_a^b f(x)\mathrm{d}x \pm \int_a^b g(x)\mathrm{d}x.$$

此性质对任意有限个函数都是成立的.

性质 5.2 被积函数的常数因子可以提到积分号外,即

$$\int_a^b kf(x)\mathrm{d}x = k\int_a^b f(x)\mathrm{d}x$$

证 $\int_a^b kf(x)\mathrm{d}x = \lim_{\lambda\to 0}\sum_{i=1}^n kf(\xi_i)\Delta x_i = k\lim_{\lambda\to 0}\sum_{i=1}^n f(\xi_i)\Delta x_i = k\int_a^b f(x)\mathrm{d}x.$

性质 5.3 若 $a < c < b$,则 $\int_a^b f(x)\mathrm{d}x = \int_a^c f(x)\mathrm{d}x + \int_c^b f(x)\mathrm{d}x.$

证　因为函数 $f(x)$ 在区间 $[a,b]$ 上可积,所以对 $[a,b]$ 的任何分法,积分和的极限总是不变的.因此,在分区间时,可以令 c 总是个分点.那么,$[a,b]$ 上的积分和等于 $[a,c]$ 上的积分和加上 $[c,b]$ 上的积分和,即

$$\sum_{[a,b]} f(\xi_i)\Delta x_i = \sum_{[a,c]} f(\xi_i)\Delta x_i + \sum_{[c,b]} f(\xi_i)\Delta x_i$$

令 $\lambda \to 0$,上式两端同时取极限,即得

$$\int_a^b f(x)\mathrm{d}x = \int_a^c f(x)\mathrm{d}x + \int_c^b f(x)\mathrm{d}x$$

此性质叫作定积分的可加性.

注　当 c 不在 $[a,b]$ 之间时,即 $a < b < c (c < a < b)$,且 $f(x)$ 在 $[a,c]([c,b])$ 上可积,则等式

$$\int_a^b f(x)\mathrm{d}x = \int_a^c f(x)\mathrm{d}x + \int_c^b f(x)\mathrm{d}x$$

仍成立.

性质 5.4　如果在区间 $[a,b]$ 上,$f(x) \equiv 1$,则 $\int_a^b 1\mathrm{d}x = \int_a^b \mathrm{d}x = b - a$.

证　$\int_a^b 1\mathrm{d}x = \lim_{\lambda\to 0}\sum_{i=1}^n 1\cdot\Delta x_i = \lim_{\lambda\to 0}\sum_{i=1}^n \Delta x_i = \lim_{\lambda\to 0}(b-a) = b - a$.

性质 5.5　$\forall x \in [a,b]$,若 $f(x) \geqslant g(x)$,则 $\int_a^b f(x)\mathrm{d}x \geqslant \int_a^b g(x)\mathrm{d}x$.

证　因为对 $\forall x \in [a,b]$,有 $f(x) \geqslant g(x)$,也就是 $f(x) - g(x) \geqslant 0$,则

$$\int_a^b f(x)\mathrm{d}x - \int_a^b g(x)\mathrm{d}x = \int_a^b [f(x) - g(x)]\mathrm{d}x$$

$$= \lim_{\lambda\to 0}\sum_{i=1}^n [f(\xi_i) - g(\xi_i)]\Delta x_i$$

由于

$$f(\xi_i) - g(\xi_i) \geqslant 0, \quad \Delta x_i \geqslant 0, \quad i = 1,2,\cdots,n$$

所以,上述积分和非负,因此

$$\int_a^b f(x)\mathrm{d}x \geqslant \int_a^b g(x)\mathrm{d}x$$

推论 5.1　若对 $\forall x \in [a,b]$,$f(x) \geqslant 0$,则 $\int_a^b f(x)\mathrm{d}x \geqslant 0$.

推论 5.2　若函数 $f(x)$ 在区间 $[a,b]$ 上可积,则 $|f(x)|$ 也可积,且 $\left|\int_a^b f(x)\mathrm{d}x\right| \leqslant \int_a^b |f(x)|\mathrm{d}x$;如果 $|f(x)| \leqslant M$,则 $\left|\int_a^b f(x)\mathrm{d}x\right| \leqslant M(b-a)$.

性质 5.6(估值定理)　若函数 $f(x)$ 在区间 $[a,b]$ 上可积,且 $m \leqslant f(x) \leqslant M$,则

$$m(b-a) \leqslant \int_a^b f(x)\mathrm{d}x \leqslant M(b-a)$$

证　因为 $m \leqslant f(x) \leqslant M$,所以由性质 5.5,得

$$\int_a^b m\mathrm{d}x \leqslant \int_a^b f(x)\mathrm{d}x \leqslant \int_a^b M\mathrm{d}x$$

再由性质 5.2 及性质 5.4,得

$$m \cdot (b-a) \leqslant \int_a^b f(x)\mathrm{d}x \leqslant M(b-a)$$

这个性质说明,由被积函数在积分区间上的最大值及最小值,可以估计积分值的大致范围.

性质 5.7(定积分中值定理)　设 $f(x)$ 在区间 $[a,b]$ 上连续,则存在 $\xi \in [a,b]$,使

$$\int_a^b f(x)\mathrm{d}x = f(\xi)(b-a)$$

证　因为 $f(x)$ 在区间 $[a,b]$ 上连续,故由闭区间上连续函数的性质知,$f(x)$ 在 $[a,b]$ 上一定存在最大值 M 和最小值 m,由性质 5.6 得到

$$m(b-a) \leqslant \int_a^b f(x)\mathrm{d}x \leqslant M(b-a)$$

即

$$m \leqslant \frac{1}{b-a}\int_a^b f(x)\mathrm{d}x \leqslant M$$

也就是说:$\dfrac{1}{b-a}\int_a^b f(x)\mathrm{d}x$ 是介于 $f(x)$ 在 $[a,b]$ 上最大值 M、最小值 m 之间的一个数. 再利用闭区间上连续函数的介值定理,存在 $\xi \in [a,b]$,使得 $f(\xi) = \dfrac{1}{b-a}\int_a^b f(x)\mathrm{d}x$,即

$$\int_a^b f(x)\mathrm{d}x = f(\xi)(b-a).$$

定积分中值定理的几何意义:若 $f(x)$ 在区间 $[a,b]$ 上连续,且 $f(x) \geqslant 0$,则至少存在一点 ξ,使得以区间 $[a,b]$ 为底,以 $f(\xi)$ 为高的矩形面积与同底的曲边梯形的面积相等. 如图 5.2 所示.

通常称 $\dfrac{1}{b-a}\displaystyle\int_a^b f(x)\mathrm{d}x$ 为函数 $f(x)$ 在闭区间 $[a,b]$ 上的平均值.

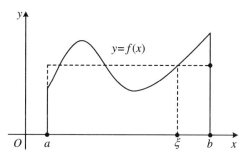

图 5.2

例 5.3 计算连续函数 $f(x)=\sqrt{4-x^2}$ 在区间 $[0,2]$ 上的平均值.

解 $f(x)$ 在区间 $[0,2]$ 上的平均值为

$$\frac{1}{2}\int_0^2\sqrt{4-x^2}\mathrm{d}x=\frac{1}{2}\cdot\frac{1}{4}\pi\cdot 2^2=\frac{\pi}{2}$$

例 5.4 比较积分的大小：$\displaystyle\int_0^1 x\mathrm{d}x,\displaystyle\int_0^1\ln(1+x)\mathrm{d}x$.

解 设 $f(x)=x-\ln(1+x)$，当 $x\in(0,1)$ 时

$$f'(x)=1-\frac{1}{1+x}=\frac{x}{1+x}>0$$

则 $f(x)$ 在 $[0,1]$ 上单调增加，且 $f(0)=0$，从而 $f(x)>0$，即 $x>\ln(1+x)$，于是

$$\int_0^1 x\mathrm{d}x>\int_0^1\ln(1+x)\mathrm{d}x$$

例 5.5 估计积分值 $\displaystyle\int_{\frac{\pi}{4}}^{\frac{5\pi}{4}}(1+\sin^2 x)\mathrm{d}x$.

解 在区间 $\left[\dfrac{\pi}{4},\dfrac{5\pi}{4}\right]$ 上

$$1\leqslant 1+\sin^2 x\leqslant 2,\quad b-a=\frac{5\pi}{4}-\frac{\pi}{4}=\pi$$

所以

$$\pi\leqslant\int_{\frac{\pi}{4}}^{\frac{5\pi}{4}}(1+\sin^2 x)\mathrm{d}x\leqslant 2\pi$$

例 5.6 证明：$\displaystyle\lim_{t\to 0}\int_a^b\sqrt{1+\cos^3 tx}\,\mathrm{d}x=\sqrt{2}(b-a)$.

证 $\displaystyle\lim_{t\to 0}\int_a^b\sqrt{1+\cos^3 tx}\,\mathrm{d}x=\lim_{t\to 0}\sqrt{1+\cos^3(t\xi)}(b-a)=\sqrt{2}(b-a)$.

习　题　5.2

1. 不计算积分,试比较下列各组积分的大小.

(1) $\int_1^2 x^2 \mathrm{d}x$ 与 $\int_1^2 x^3 \mathrm{d}x$;

(2) $\int_1^2 \ln x \mathrm{d}x$ 与 $\int_1^2 (\ln x)^2 \mathrm{d}x$;

(3) $\int_0^{\frac{\pi}{2}} x \mathrm{d}x$ 与 $\int_0^{\frac{\pi}{2}} \sin x \mathrm{d}x$;

(4) $\int_0^1 \dfrac{x}{1+x} \mathrm{d}x$ 与 $\int_0^1 \ln(1+x) \mathrm{d}x$.

2. 估计下列定积分的值.

(1) $\int_0^3 (x^2 - 2x + 3) \mathrm{d}x$;

(2) $\int_{\frac{1}{3}}^{\sqrt{3}} x \arctan x \mathrm{d}x$;

(3) $\int_{-a}^a \mathrm{e}^{-x^2} \mathrm{d}x, a > 0$;

(4) $\int_2^0 \mathrm{e}^{x^2 - x} \mathrm{d}x$.

5.3　微积分基本公式

5.3.1　变速直线运动中的的路程函数与速度函数之间的关系

已知变速直线运动的物体的速度为 $v = v(t)$,则从时刻 a 到时刻 b 物体走过的路程 $s = \int_a^b v(t) \mathrm{d}t$;

如果已知物体的路程函数为 $s = s(t)$,则从时刻 a 到时刻 b 物体走过的路程 $s = s(b) - s(a)$.

因此 $\int_a^b v(t) \mathrm{d}t = s(b) - s(a)$;又 $s(t)$ 是 $v(t)$ 的一个原函数,即 $s'(t) = v(t)$,这个等式表明,$v(t)$ 在 $[a,b]$ 上的定积分恰好等于其原函数 $s(t)$ 在区间 $[a,b]$ 上的增量.

5.3.2　变上限积分及其导数

设函数 $f(x)$ 在 $[a,b]$ 上连续,x 为 $[a,b]$ 上的任意一点,则 $f(x)$ 在 $[a,x]$ 上也连续,因此 $f(x)$ 在 $[a,x]$ 上的定积分 $\int_a^x f(x) \mathrm{d}x$ 存在.此时 x 既表示积分变量,又表示定积分的上限.而定积分的值与积分变量用什么字母无关,为了不至于引起混淆,把积分变量改为其他字母,如用 t 表示,则上面的定积分可以表示为

$$\int_a^x f(t)\mathrm{d}t$$

如果上限在 $[a,b]$ 上任意变动,则对于每一个取定的 x 值, $\int_a^x f(t)\mathrm{d}t$ 都有一个确定的值与之对应. 此时上限为变量的积分 $\int_a^x f(t)\mathrm{d}t$ 就是上限 x 的函数,称此函数为变上限积分,记作 $\Phi(x)$,即

$$\Phi(x) = \int_a^x f(t)\mathrm{d}t, \quad a \leqslant x \leqslant b$$

定理 5.1 设函数 $f(x)$ 在区间 $[a,b]$ 上连续,则变上限积分 $\Phi(x) = \int_a^x f(t)\mathrm{d}t, x \in [a,b]$ 是被积函数 $f(x)$ 在区间 $[a,b]$ 上的一个原函数,即 $\Phi'(x) = f(x), x \in [a,b]$.

证 $\Delta\Phi = \Phi(x+\Delta x) - \Phi(x) = \int_a^{x+\Delta x} f(t)\mathrm{d}t - \int_a^x f(t)\mathrm{d}t$

$$= \left[\int_a^x f(t)\mathrm{d}t + \int_x^{x+\Delta x} f(t)\mathrm{d}t\right] - \int_a^x f(t)\mathrm{d}t$$

$$= \int_x^{x+\Delta x} f(t)\mathrm{d}t = f(\xi)\Delta x.$$

其中, $\xi \in [x, x+\Delta x]$,且

$$\Phi'(x) = \lim_{\Delta x \to 0} \frac{\Delta\Phi}{\Delta x} = \lim_{\Delta x \to 0} \frac{f(\xi)\Delta x}{\Delta x} = \lim_{\Delta x \to 0} f(\xi) = \lim_{\xi \to x} f(\xi) = f(x)$$

该定理表明,当 $f(x)$ 在区间 $[a,b]$ 上连续时, $f(x)$ 一定存在原函数,且 $f(x)$ 的变上限积分

$$\Phi(x) = \int_a^x f(t)\mathrm{d}t$$

就是函数 $f(x)$ 在 $[a,b]$ 上的一个原函数;故该定理称为原函数存在性定理.

5.3.3 牛顿-莱布尼茨公式

定理 5.2 设函数 $f(x)$ 在区间 $[a,b]$ 上连续,且 $F'(x) = f(x)$,则

$$\int_a^b f(x)\mathrm{d}x = F(b) - F(a)$$

证 设 $F(x)$ 是 $f(x)$ 在区间 $[a,b]$ 上的任意一个原函数,则 $F'(x) = f(x)$;又对于 $\Phi(x) = \int_a^x f(t)\mathrm{d}t$,有 $\Phi'(x) = f(x)$,则 $\Phi(x) - F(x) = C$ 或 $\Phi(x) = F(x) + C$,从而

$$\int_a^x f(t)\mathrm{d}t = F(x) + C, \quad x \in [a, b]$$

取 $x = a$：$\int_a^a f(t)\mathrm{d}t = F(a) + C$，即 $F(a) + C = 0, C = -F(a)$；

取 $x = b$：$\int_a^b f(t)\mathrm{d}t = F(b) + C$，即 $\int_a^b f(t)\mathrm{d}t = F(b) + C = F(b) - F(a)$.

上述公式称为牛顿(Newton)-莱布尼茨(Leibniz)公式,也称为微积分基本公式.为了计算中书写方便,通常将牛顿-莱布尼茨公式写为

$$\int_a^b f(x)\mathrm{d}x = F(x)\Big|_a^b = F(b) - F(a)$$

例 5.7 设 $\varphi(x) = \int_1^x \sin t^2 \mathrm{d}t$,求导数 $\varphi'(x)$.

解 $\varphi'(x) = \sin x^2$.

例 5.8 设 $\varphi(x) = \int_x^1 \sqrt[3]{(\sin t)^2}\,\mathrm{d}t$,求导数 $\varphi'(x), \varphi'\left(\dfrac{\pi}{2}\right)$.

解 $\varphi(x) = \int_x^1 \sqrt[3]{(\sin t)^2}\,\mathrm{d}t = -\int_1^x \sqrt[3]{(\sin t)^2}\,\mathrm{d}t$,故 $\varphi'(x) = -\sqrt[3]{(\sin x)^2}$,

$\varphi'\left(\dfrac{\pi}{2}\right) = -1$.

例 5.9 设 $\begin{cases} x = \int_0^t \sin u\,\mathrm{d}u \\[2mm] y = \int_t^0 \cos u\,\mathrm{d}u \end{cases}$,求 $\dfrac{\mathrm{d}y}{\mathrm{d}x}$.

解 $\dfrac{\mathrm{d}y}{\mathrm{d}t} = -\cos t, \dfrac{\mathrm{d}x}{\mathrm{d}t} = \sin t$,故 $\dfrac{\mathrm{d}y}{\mathrm{d}x} = \dfrac{\dfrac{\mathrm{d}y}{\mathrm{d}t}}{\dfrac{\mathrm{d}x}{\mathrm{d}t}} = -\cot t$.

例 5.10 设 $50x^3 + 40 = \int_c^x f(t)\mathrm{d}t$,求 $f(x)$ 及常数 c.

解 两边求导数：$150x^2 = f(x)$,则

$$50x^3 + 40 = \int_c^x 150t^2\,\mathrm{d}t = 50t^3\Big|_c^x = 50x^3 - 50c^3$$

即 $-50c^3 = 40, c = -\sqrt[3]{\dfrac{4}{5}}$.

例 5.11 求函数 $\varphi(x) = \int_0^{x^2} \sin\sqrt{t}\,\mathrm{d}t$ 的导数.

解 $\varphi'(x) = \left(\int_0^{x^2} \sin\sqrt{t}\,\mathrm{d}t\right)' = \sin\sqrt{x^2}\cdot(x^2)' = 2x\sin|x|$.

例 5.12　求 $\dfrac{\mathrm{d}}{\mathrm{d}x}\displaystyle\int_{x^2}^{\sqrt{x}}\cos t^2\mathrm{d}t$.

解　因为

$$\int_{x^2}^{\sqrt{x}}\cos t^2\mathrm{d}t = \int_{x^2}^{0}\cos t^2\mathrm{d}t + \int_{0}^{\sqrt{x}}\cos t^2\mathrm{d}t$$

$$= -\int_{0}^{x^2}\cos t^2\mathrm{d}t + \int_{0}^{\sqrt{x}}\cos t^2\mathrm{d}t$$

故

$$\frac{\mathrm{d}}{\mathrm{d}x}\int_{x^2}^{\sqrt{x}}\cos t^2\mathrm{d}t = -\frac{\mathrm{d}}{\mathrm{d}x}\int_{0}^{x^2}\cos t^2\mathrm{d}t + \frac{\mathrm{d}}{\mathrm{d}x}\int_{0}^{\sqrt{x}}\cos t^2\mathrm{d}t$$

$$= -\cos(x^2)^2 \cdot (x^2)' + \cos(\sqrt{x})^2 \cdot (\sqrt{x})'$$

$$= -2x\cos x^4 + \frac{1}{2\sqrt{x}}\cos x$$

例 5.13　求极限 $\lim\limits_{x\to0}\dfrac{\displaystyle\int_{1}^{\cos x}\mathrm{e}^{-t^2}\mathrm{d}t}{x^2}$.

解　$\lim\limits_{x\to0}\dfrac{\displaystyle\int_{1}^{\cos x}\mathrm{e}^{-t^2}\mathrm{d}t}{x^2}\xlongequal{\frac{0}{0}}\lim\limits_{x\to0}\dfrac{\mathrm{e}^{-\cos^2 x}(-\sin x)}{2x} = -\dfrac{1}{2\mathrm{e}}$.

例 5.14　计算 $\displaystyle\int_{a}^{b}(x-a)^n\mathrm{d}x$.

解　$\displaystyle\int_{a}^{b}(x-a)^n\mathrm{d}x = \dfrac{1}{n+1}(x-a)^{n+1}\Big|_{a}^{b} = \dfrac{1}{n+1}(b-a)^{n+1}$.

例 5.15　计算 $\displaystyle\int_{0}^{\frac{\pi}{2}}\sin 2x\mathrm{d}x$.

解　$\displaystyle\int_{0}^{\frac{\pi}{2}}\sin 2x\mathrm{d}x = -\dfrac{1}{2}\cos 2x\Big|_{0}^{\frac{\pi}{2}} = -\dfrac{1}{2}(\cos\pi - \cos 0) = 1$.

例 5.16　设 $f(x)=\begin{cases}x, & 0\leqslant x<1\\ 3-x, & 1\leqslant x\leqslant 2\end{cases}$,计算 $\displaystyle\int_{0}^{2}f(x)\mathrm{d}x$.

解　$\displaystyle\int_{0}^{2}f(x)\mathrm{d}x = \int_{0}^{1}x\mathrm{d}x + \int_{1}^{2}(3-x)\mathrm{d}x = \dfrac{1}{2}x^2\Big|_{0}^{1} - \dfrac{1}{2}(3-x)^2\Big|_{1}^{2}$

$$= \dfrac{1}{2} - \left(\dfrac{1}{2} - \dfrac{1}{2}\times 4\right) = 2.$$

例 5.17　计算 $\displaystyle\int_{-\mathrm{e}}^{-1}\dfrac{1}{x}\mathrm{d}x$.

解　$\displaystyle\int_{-\mathrm{e}}^{-1}\dfrac{1}{x}\mathrm{d}x = \ln|x|\,\Big|_{-\mathrm{e}}^{-1} = \ln|-1| - \ln|-\mathrm{e}| = -1$.

例 5.18　计算 $\displaystyle\int_{-\frac{\pi}{2}}^{\frac{\pi}{2}} \sqrt{1-\cos 2x}\,\mathrm{d}x$.

解　$\displaystyle\int_{-\frac{\pi}{2}}^{\frac{\pi}{2}} \sqrt{1-\cos 2x}\,\mathrm{d}x = \int_{-\frac{\pi}{2}}^{\frac{\pi}{2}} \sqrt{2\sin^2 x}\,\mathrm{d}x = \sqrt{2}\int_{-\frac{\pi}{2}}^{\frac{\pi}{2}} \mid \sin x \mid \mathrm{d}x$

$$= \sqrt{2}\left(\int_{-\frac{\pi}{2}}^{0} (-\sin x)\,\mathrm{d}x + \int_{0}^{\frac{\pi}{2}} \sin x\,\mathrm{d}x\right)$$

$$= \sqrt{2}\,(-\cos x)\,\Big|_{0}^{\frac{\pi}{2}} + \sqrt{2}\,(\cos x)\,\Big|_{-\frac{\pi}{2}}^{0}$$

$$= \sqrt{2} + \sqrt{2} = 2\sqrt{2}.$$

习　题　5.3

1. 求下列函数的导数.

(1) $y = \displaystyle\int_{0}^{x^2} \sqrt{1+t^2}\,\mathrm{d}t$；

(2) $y = \displaystyle\int_{\ln 2}^{x} t^5 \mathrm{e}^{-3t}\,\mathrm{d}t$；

(3) $y = \displaystyle\int_{x}^{\pi} \frac{\sin t}{t}\,\mathrm{d}t, x > 0$；

(4) $y = \displaystyle\int_{x^2}^{x^3} \frac{t}{1+t^3}\,\mathrm{d}t$.

2. 求下列极限.

(1) $\displaystyle\lim_{x\to 0} \frac{\displaystyle\int_{0}^{x} \cos t^2\,\mathrm{d}t}{x}$；

(2) $\displaystyle\lim_{x\to 1} \frac{\displaystyle\int_{1}^{x} \frac{\ln t}{1+t}\,\mathrm{d}t}{(x-1)^2}$.

3. 当 x 为何值时，$f(x) = \displaystyle\int_{0}^{x} t\mathrm{e}^{-t^2}\,\mathrm{d}t$ 有极值?

4. 已知 $\displaystyle\int_{0}^{y} \mathrm{e}^{t}\,\mathrm{d}t + \int_{0}^{2x} \cos t\,\mathrm{d}t = 0$，求 $\dfrac{\mathrm{d}y}{\mathrm{d}x}$.

5. 设 $g(x)$ 处处连续，$f(x) = \displaystyle\int_{0}^{x} (x-t)g(t)\,\mathrm{d}t$，求 $f'(x), f''(x)$.

6. 设 $f(x) = \begin{cases} x+1, & -1 \leqslant x \leqslant 0 \\ x, & 0 < x \leqslant 1 \end{cases}$，求 $F(x) = \displaystyle\int_{-1}^{x} f(t)\,\mathrm{d}t, x \in [-1,1]$ 的表达式.

7. 计算下列定积分.

(1) $\displaystyle\int_{0}^{2} (3x^2 - x + 1)\,\mathrm{d}x$；

(2) $\displaystyle\int_{1}^{4} \left(2\sqrt{x} + \frac{1}{\sqrt{x}}\right)\mathrm{d}x$；

(3) $\displaystyle\int_{4}^{9} \sqrt{x}(1+\sqrt{x})\,\mathrm{d}x$；

(4) $\displaystyle\int_{0}^{1} \frac{\mathrm{e}^{2x}-1}{\mathrm{e}^{x}+1}\,\mathrm{d}x$；

(5) $\displaystyle\int_{0}^{1} \frac{x^4(1-x^4)}{1+x^2}\,\mathrm{d}x$；

(6) $\displaystyle\int_{0}^{1} \frac{x^4}{1+x^2}\,\mathrm{d}x$；

(7) $\displaystyle\int_{-1}^{0} \frac{3x^4 + 3x^2 + 2}{1+x^2}\,\mathrm{d}x$；

(8) $\displaystyle\int_{0}^{\frac{\pi}{4}} \tan^2 x\,\mathrm{d}x$；

(9) $\displaystyle\int_1^{\sqrt{3}}\dfrac{\mathrm{d}x}{x^2(1+x^2)}$;　　　　　　(10) $\displaystyle\int_{\frac{\pi}{6}}^{\frac{\pi}{4}}\dfrac{\cos 2x}{\cos^2 x\sin^2 x}\mathrm{d}x$;

(11) $\displaystyle\int_0^{\pi}|\sin x-\cos x|\mathrm{d}x$;　　　　　(12) $\displaystyle\int_0^2\max\{x,x^3\}\mathrm{d}x$.

8. 设函数 $f(x)=\begin{cases}\cos x,x\in\left[-\dfrac{\pi}{2},0\right)\\ \mathrm{e}^x,\quad x\in[0,1]\end{cases}$,求 $\displaystyle\int_{-\frac{\pi}{2}}^1 f(x)\mathrm{d}x$ 的值.

5.4　定积分的换元积分法

我们知道,用牛顿-莱布尼茨公式计算定积分,实际上就是计算被积函数的原函数的增量.因此,利用不定积分的换元积分法,我们引入定积分的换元积分法.

5.4.1　定积分的换元积分法

定理 5.3　设函数 $f(x)$ 在区间 $[a,b]$ 上连续,函数 $x=\varphi(t)$ 满足:

(ⅰ) $a=\varphi(\alpha),b=\varphi(\beta)$;

(ⅱ) $\varphi(t)$ 在区间 $[\alpha,\beta]$(或 $[\beta,\alpha]$)上有连续导数,且 $a\leqslant\varphi(t)\leqslant b$,则

$$\int_a^b f(x)\mathrm{d}x=\int_{\alpha}^{\beta}f[\varphi(t)]\varphi'(t)\mathrm{d}t$$

证　由条件,两端的被积函数均连续,故定积分存在.设 $F(x)$ 是 $f(x)$ 的一个原函数,则根据牛顿-莱布尼茨公式

$$\int_a^b f(x)\mathrm{d}x=F(b)-F(a)$$

设 $\Phi(t)=F[\varphi(t)]$,则 $\Phi'(t)=F'[\varphi(t)]\varphi'(t)=f[\varphi(t)]\varphi'(t)$,表明 $\Phi(t)$ 是 $f[\varphi(t)]\varphi'(t)$ 的一个原函数,再根据牛顿-莱布尼茨公式

$$\int_{\alpha}^{\beta}f[\varphi(t)]\varphi'(t)\mathrm{d}t=\Phi(\beta)-\Phi(\alpha)=F[\varphi(\beta)]-F[\varphi(\alpha)]=F(b)-F(a)$$

所以

$$\int_a^b f(x)\mathrm{d}x=\int_{\alpha}^{\beta}f[\varphi(t)]\varphi'(t)\mathrm{d}t$$

注　(ⅰ) $\displaystyle\int_a^b f(x)\mathrm{d}x\xrightarrow{x=\varphi(t)}\int_{\alpha}^{\beta}f[\varphi(t)]\varphi'(t)\mathrm{d}t$,故称为定积分的换元法;

(ⅱ) 换元要注意换积分限,换元后,不一定有 $\beta>\alpha$,要注意上、下限的对应关

系 $a \leftrightarrow \alpha, b \leftrightarrow \beta$；

（ⅲ）换元的公式从右到左进行，即为凑微分方法.

例 5.19　计算定积分 $\displaystyle\int_0^4 \frac{x+1}{\sqrt{2x+1}}\mathrm{d}x$.

解　令 $t = \sqrt{2x+1}$，则 $x = \dfrac{t^2-1}{2}$，$\mathrm{d}x = t\mathrm{d}t$，且 $x = 0 \to t = 1, x = 4 \to$

$t = 3$，所以

$$\int_0^4 \frac{x+1}{\sqrt{2x+1}}\mathrm{d}x = \int_1^3 \frac{\dfrac{t^2-1}{2}+1}{t} \cdot t\mathrm{d}t = \int_1^3 \frac{t^2+1}{2}\mathrm{d}t$$

$$= \left(\frac{t^3}{6} + \frac{t}{2}\right)\Big|_1^3 = 6 - \frac{2}{3} = \frac{16}{3}$$

例 5.20　计算定积分 $\displaystyle\int_{-1}^0 \frac{1}{\sqrt{1+x^2}}\mathrm{d}x$.

解　令 $x = \tan u$，则 $x = 0 \to u = 0, x = -1 \to u = -\dfrac{\pi}{4}, u \in \left[-\dfrac{\pi}{4}, 0\right]$时，

$x \in [-1, 0]$，满足定理条件，故

$$\int_{-1}^0 \frac{1}{\sqrt{1+x^2}}\mathrm{d}x \xlongequal{x = \tan u} \int_{-\frac{\pi}{4}}^0 \frac{1}{|\sec u|}\sec^2 u\,\mathrm{d}u$$

$$= \int_{-\frac{\pi}{4}}^0 \sec u\,\mathrm{d}u = \ln|\sec u + \tan u|\,\Big|_{-\frac{\pi}{4}}^0$$

$$= 0 - \ln|\sqrt{2} - 1| = -\ln(\sqrt{2} - 1)$$

例 5.21　计算定积分 $\displaystyle\int_{-2}^{-\sqrt{2}} \frac{1}{x\sqrt{x^2-1}}\mathrm{d}x$.

解　令 $x = \sec t$，则 $\mathrm{d}x = \sec t\tan t\,\mathrm{d}t, x = -2 \Rightarrow t = \dfrac{2\pi}{3}, x = -\sqrt{2} \Rightarrow t =$

$\dfrac{3\pi}{4}$，故

$$\int_{-2}^{-\sqrt{2}} \frac{1}{x\sqrt{x^2-1}}\mathrm{d}x = \int_{\frac{2\pi}{3}}^{\frac{3\pi}{4}} \frac{1}{\sec t|\tan t|}\sec t\tan t\,\mathrm{d}t$$

$$= -\int_{\frac{2\pi}{3}}^{\frac{3\pi}{4}} \mathrm{d}t = -\frac{\pi}{12}$$

或

$$\int_{-2}^{-\sqrt{2}} \frac{1}{x\sqrt{x^2-1}} \mathrm{d}x = \int_{-2}^{-\sqrt{2}} \frac{1}{-x^2\sqrt{1-\dfrac{1}{x^2}}} \mathrm{d}x = \int_{-2}^{-\sqrt{2}} \frac{1}{\sqrt{1-\dfrac{1}{x^2}}} \mathrm{d}\left(\frac{1}{x}\right)$$

$$= \arcsin \frac{1}{x}\bigg|_{-2}^{-\sqrt{2}} = \arcsin\left(\frac{1}{-\sqrt{2}}\right) - \arcsin\left(\frac{1}{-2}\right)$$

$$= -\frac{\pi}{4} + \frac{\pi}{6} = -\frac{\pi}{12}$$

例 5.22 计算定积分 $\displaystyle\int_1^{\mathrm{e}} \frac{2+\ln x}{x} \mathrm{d}x$.

解法 1 $\displaystyle\int_1^{\mathrm{e}} \frac{2+\ln x}{x} \mathrm{d}x \xlongequal{u=\ln x} \int_0^1 \frac{2+u}{\mathrm{e}^u} \mathrm{e}^u \mathrm{d}u = \int_0^1 (2+u)\mathrm{d}u = 2+\frac{1}{2} = \frac{5}{2}.$

解法 2 $\displaystyle\int_1^{\mathrm{e}} \frac{2+\ln x}{x} \mathrm{d}x = \int_1^{\mathrm{e}} (2+\ln x)\mathrm{d}(2+\ln x)$

$$= \frac{1}{2}(2+\ln x)^2 \bigg|_1^{\mathrm{e}} = \frac{1}{2}(9-4) = \frac{5}{2}.$$

例 5.23 求定积分 $\displaystyle\int_0^{\frac{\pi}{2}} \frac{\sin x}{\sin x + \cos x} \mathrm{d}x$.

解法 1 因为

$$\int_0^{\frac{\pi}{2}} \frac{\sin x}{\sin x + \cos x} \mathrm{d}x = \int_0^{\frac{\pi}{2}} \frac{\sin x + \cos x - \cos x}{\sin x + \cos x} \mathrm{d}x$$

$$= \int_0^{\frac{\pi}{2}} \left(1 - \frac{\cos x}{\sin x + \cos x}\right) \mathrm{d}x$$

$$= \frac{\pi}{2} - \int_0^{\frac{\pi}{2}} \frac{\cos x - \sin x + \sin x}{\sin x + \cos x} \mathrm{d}x$$

$$= \frac{\pi}{2} - \ln(\sin x + \cos x) \bigg|_0^{\frac{\pi}{2}} - \int_0^{\frac{\pi}{2}} \frac{\sin x}{\sin x + \cos x} \mathrm{d}x$$

所以

$$2\int_0^{\frac{\pi}{2}} \frac{\sin x}{\sin x + \cos x} \mathrm{d}x = \frac{\pi}{2}$$

故

$$\int_0^{\frac{\pi}{2}} \frac{\sin x}{\sin x + \cos x} \mathrm{d}x = \frac{\pi}{4}$$

解法 2 因为

$$\int_0^{\frac{\pi}{2}} \frac{\sin x}{\sin x + \cos x} \mathrm{d}x \xlongequal{x=\frac{\pi}{2}-t} \int_{\frac{\pi}{2}}^0 \frac{\sin\left(\dfrac{\pi}{2}-t\right)}{\sin\left(\dfrac{\pi}{2}-t\right) + \cos\left(\dfrac{\pi}{2}-t\right)} \mathrm{d}\left(\frac{\pi}{2}-t\right)$$

$$= \int_0^{\frac{\pi}{2}} \frac{\cos t}{\sin t + \cos t} \mathrm{d}t = \int_0^{\frac{\pi}{2}} \frac{\cos x}{\sin x + \cos x} \mathrm{d}x$$

所以

$$\int_0^{\frac{\pi}{2}} \frac{\sin x}{\sin x + \cos x} \mathrm{d}x + \int_0^{\frac{\pi}{2}} \frac{\cos x}{\sin x + \cos x} \mathrm{d}x = \frac{\pi}{2}$$

从而

$$\int_0^{\frac{\pi}{2}} \frac{\sin x}{\sin x + \cos x} \mathrm{d}x = \int_0^{\frac{\pi}{2}} \frac{\cos x}{\sin x + \cos x} \mathrm{d}x = \frac{\pi}{4}$$

例 5.24　计算定积分 $\int_0^2 f(x-1)\mathrm{d}x$, 其中 $f(x) = \begin{cases} \dfrac{1}{1+x}, & x \geqslant 0 \\ \dfrac{1}{1+\mathrm{e}^x}, & x < 0 \end{cases}$.

解　$\int_0^2 f(x-1)\mathrm{d}x \xlongequal{u=x-1} \int_{-1}^1 f(u)\mathrm{d}u = \int_{-1}^0 \frac{1}{1+\mathrm{e}^u}\mathrm{d}u + \int_0^1 \frac{1}{1+u}\mathrm{d}u$

$$= 1 - \ln(1+\mathrm{e}^u)\Big|_{-1}^0 + \ln(1+u)\Big|_0^1 = \ln(\mathrm{e}+1).$$

或者, 先写出 $f(x-1)$ 的表达式再积分.

例 5.25　设函数 $f(x)$ 在区间 $[-a, a]$ 上连续, 证明:

(1) 若 $f(-x) = -f(x)$, 则 $\int_{-a}^a f(x)\mathrm{d}x = 0$;

(2) 若 $f(-x) = f(x)$, 则 $\int_{-a}^a f(x)\mathrm{d}x = 2\int_0^a f(x)\mathrm{d}x$.

证　因为 $\int_{-a}^a f(x)\mathrm{d}x = \int_0^a f(x)\mathrm{d}x + \int_{-a}^0 f(x)\mathrm{d}x$ 在 $\int_{-a}^0 f(x)\mathrm{d}x$ 中设 $x = -u$, 所以

$$\int_{-a}^0 f(x)\mathrm{d}x = \int_a^0 f(-u)(-\mathrm{d}u) = \int_0^a f(-u)\mathrm{d}u = \int_0^a f(x)\mathrm{d}x$$

则 $\int_{-a}^a f(x)\mathrm{d}x = \int_0^a [f(x) + f(-x)]\mathrm{d}x$.

(1) 当 $f(-x) = -f(x)$ 时

$$\int_{-a}^a f(x)\mathrm{d}x = \int_0^a [f(x) + f(-x)]\mathrm{d}x = 0$$

(2) 当 $f(-x) = f(x)$ 时

$$\int_{-a}^a f(x)\mathrm{d}x = \int_0^a [f(x) + f(-x)]\mathrm{d}x = 2\int_0^a f(x)\mathrm{d}x$$

例 5.26　计算下列积分.

(1) $\int_{-\frac{1}{2}}^{\frac{1}{2}} \frac{(\arctan x)^6}{1+x^2}\mathrm{d}x$;

(2) $\displaystyle\int_{-1}^{1}(x\sqrt{1+x^2}+\sqrt{1-x^2})\mathrm{d}x$;

(3) $\displaystyle\int_{-a}^{a}(x+\sqrt{a^2-x^2})^2\mathrm{d}x$.

解 (1) $\displaystyle\int_{-\frac{1}{2}}^{\frac{1}{2}}\frac{(\arctan x)^6}{1+x^2}\mathrm{d}x = 2\int_0^{\frac{1}{2}}\frac{(\arctan x)^6}{1+x^2}\mathrm{d}x$

$$= 2\int_0^{\frac{1}{2}}(\arctan x)^6 \mathrm{d}\arctan x$$

$$= \frac{2}{7}(\arctan x)^7\Big|_0^{\frac{1}{2}} = \frac{2}{7}\left(\arctan\frac{1}{2}\right)^7.$$

(2) $\displaystyle\int_{-1}^{1}(x\sqrt{1+x^2}+\sqrt{1-x^2})\mathrm{d}x = \int_{-1}^{1}\sqrt{1-x^2}\mathrm{d}x = \frac{1}{2}\pi.$

(3) $\displaystyle\int_{-a}^{a}(x+\sqrt{a^2-x^2})^2\mathrm{d}x = \int_{-a}^{a}(x^2+2x\sqrt{a^2-x^2}+a^2-x^2)\mathrm{d}x$

$$= 2\int_0^{a}a^2\mathrm{d}x = 2a^3.$$

例 5.27 计算 $\displaystyle\int_0^{\pi}\frac{x\sin 2x^2}{1+\sin x^2}\mathrm{d}x$.

解 $\displaystyle\int_0^{\pi}\frac{x\sin 2x^2}{1+\sin x^2}\mathrm{d}x = \int_0^{\pi}\frac{\sin x^2\cos x^2}{1+\sin x^2}\mathrm{d}x^2 = \int_0^{\pi}\frac{\sin x^2}{1+\sin x^2}\mathrm{d}\sin x^2$

$$= \int_0^{\pi}\frac{1+\sin x^2-1}{1+\sin x^2}\mathrm{d}\sin x^2$$

$$= \int_0^{\pi}\left(1-\frac{1}{1+\sin x^2}\right)\mathrm{d}\sin x^2$$

$$= \left[\sin x^2 - \ln(1+\sin x^2)\right]\Big|_0^{\pi}$$

$$= \sin\pi^2 - \ln(1+\sin\pi^2).$$

例 5.28 求函数 $y = \displaystyle\int_0^{x}\frac{3x+1}{x^2-x+1}\mathrm{d}x$ 在 $[0,1]$ 上的最大值和最小值.

解 由 $y' = \dfrac{3x+1}{x^2-x+1} > 0, x\in[0,1]$,可知函数单调增加,从而

$$y_{\min} = y(0) = \int_0^0\frac{3x+1}{x^2-x+1}\mathrm{d}x = 0$$

$$y_{\max} = y(1) = \int_0^1\frac{3x+1}{x^2-x+1}\mathrm{d}x = \frac{3}{2}\int_0^1\frac{2x-1+\dfrac{5}{3}}{x^2-x+1}\mathrm{d}x$$

$$= \frac{3}{2} \int_0^1 \frac{2x-1}{x^2-x+1} \mathrm{d}x + \frac{5}{2} \int_0^1 \frac{1}{x^2-x+1} \mathrm{d}x$$

$$= \frac{3}{2} \int_0^1 \frac{1}{x^2-x+1} \mathrm{d}(x^2-x+1) + \frac{5}{2} \int_0^1 \frac{1}{\left(x-\frac{1}{2}\right)^2+\frac{3}{4}} \mathrm{d}x$$

$$= \frac{3}{2} \ln|x^2-x+1| \Big|_0^1 + \frac{5}{2} \cdot \frac{2}{\sqrt{3}} \arctan \frac{2x-1}{\sqrt{3}} \Big|_0^1 = \frac{5}{3\sqrt{3}} \pi$$

习　题　5.4

1. 计算下列定积分.

(1) $\displaystyle\int_0^4 \frac{\mathrm{d}x}{1+\sqrt{x}}$;

(2) $\displaystyle\int_1^5 \frac{\sqrt{x-1}}{x} \mathrm{d}x$;

(3) $\displaystyle\int_{\frac{1}{2}}^1 \frac{x}{\sqrt{3-2x}} \mathrm{d}x$;

(4) $\displaystyle\int_0^{\frac{\sqrt{2}}{2}} \frac{x^4}{\sqrt{1-x^2}} \mathrm{d}x$;

(5) $\displaystyle\int_{\sqrt{3}}^2 \frac{\sqrt{x^2-3}}{x} \mathrm{d}x$;

(6) $\displaystyle\int_1^{\sqrt{3}} \frac{x^2}{(1+x^2)^{\frac{3}{2}}} \mathrm{d}x$;

(7) $\displaystyle\int_{-\frac{\pi}{2}}^{\frac{\pi}{2}} \cos 5x \cos 2x \, \mathrm{d}x$;

(8) $\displaystyle\int_{-\frac{\pi}{2}}^{\frac{\pi}{2}} \sqrt{\cos x - \cos^3 x} \, \mathrm{d}x$;

(9) $\displaystyle\int_0^{\ln 2} \sqrt{\mathrm{e}^x-1} \, \mathrm{d}x$;

(10) $\displaystyle\int_0^1 \frac{1}{1+\mathrm{e}^x} \mathrm{d}x$.

2. 利用奇偶函数的性质计算下列定积分.

(1) $\displaystyle\int_{-a}^a \ln(x+\sqrt{1+x^2}) \mathrm{d}x$, a 为正常数;

(2) $\displaystyle\int_{-5}^5 \frac{x^3 \sin^2 x}{x^4+2x^2+1} \mathrm{d}x$;

(3) $\displaystyle\int_{-\frac{\pi}{2}}^{\frac{\pi}{2}} 4\cos^4 x \, \mathrm{d}x$;

(4) $\displaystyle\int_{-\frac{1}{2}}^{\frac{1}{2}} \frac{(\arcsin x)^2}{\sqrt{1-x^2}} \mathrm{d}x$.

3. 证明下列各题.

(1) $\displaystyle\int_x^1 \frac{1}{1+x^2} \mathrm{d}x = \int_1^{\frac{1}{x}} \frac{1}{1+x^2} \mathrm{d}x \quad (x>0)$;

(2) $\displaystyle\int_0^1 x^m (1-x)^n \mathrm{d}x = \int_0^1 x^n (1-x)^m \mathrm{d}x$.

4. 设函数 $f(x)$ 在区间 $[0,1]$ 上连续,求证:

(1) $\displaystyle\int_0^{\frac{\pi}{2}} f(\sin x)\mathrm{d}x = \int_0^{\frac{\pi}{2}} f(\cos x)\mathrm{d}x$;

(2) $\displaystyle\int_0^{\pi} x f(\sin x)\mathrm{d}x = \frac{\pi}{2}\int_0^{\pi} f(\sin x)\mathrm{d}x$.

5. 设函数 $f(x)$ 是以 l 为周期的连续函数, 证明: $\displaystyle\int_a^{a+l} f(x)\mathrm{d}x$ 的值与 a 无关.

6. 若 $f(x)$ 为连续的奇函数, 证明: $\displaystyle\int_0^x f(t)\mathrm{d}t$ 是偶函数.

7. 设 $f(x)$ 连续, 求函数 $F(x) = \displaystyle\int_0^{x^2} f(x-t)\mathrm{d}t$ 的导数.

5.5 定积分的分部积分法

设函数 $u(x), v(x)$ 在区间 $[a,b]$ 上有连续的导数, 由 $(uv)' = u'v + uv'$, 有 $uv' = (uv)' - u'v$, 两端作定积分, 得

$$\int_a^b uv'\mathrm{d}x = \int_a^b (uv)'\mathrm{d}x - \int_a^b u'v\mathrm{d}x = (uv)\Big|_a^b - \int_a^b u'v\mathrm{d}x$$

故定积分的分部积分公式为

$$\int_a^b uv'\mathrm{d}x = (uv)\Big|_a^b - \int_a^b u'v\mathrm{d}x$$

或

$$\int_a^b u\,\mathrm{d}v = (uv)\Big|_a^b - \int_a^b v\,\mathrm{d}u$$

例 5.29 计算积分 $\displaystyle\int_0^1 x\arctan x\,\mathrm{d}x$.

解
$$\int_0^1 x\arctan x\,\mathrm{d}x = \frac{1}{2}\int_0^1 \arctan x\,\mathrm{d}(x^2+1)$$
$$= \frac{1}{2}\left[(x^2+1)\arctan x\Big|_0^1 - \int_0^1 \frac{x^2+1}{1+x^2}\mathrm{d}x\right]$$
$$= \frac{1}{2}\left[\left(\frac{\pi}{2}-0\right)-1\right] = \frac{1}{2}\left(\frac{\pi}{2}-1\right).$$

例 5.30 计算积分 $\displaystyle\int_1^{\mathrm{e}} \sqrt[3]{x}\ln x\,\mathrm{d}x$.

解 $\displaystyle\int_1^{\mathrm{e}} \sqrt[3]{x}\ln x\,\mathrm{d}x \xlongequal{\sqrt[3]{x}=u} \int_1^{\sqrt[3]{\mathrm{e}}} u\ln u^3 \cdot 3u^2\,\mathrm{d}u$

$$= \frac{3}{4} \int_1^{\sqrt[3]{e}} \ln u^3 \mathrm{d}u^4$$

$$= \frac{3}{4} \left(u^4 \ln u^3 \Big|_1^{\sqrt[3]{e}} - 3\int_1^{\sqrt[3]{e}} u^6 \cdot \frac{1}{u^3}\mathrm{d}u \right)$$

$$= \frac{3}{4}\left[e^{\frac{4}{3}} - \frac{3}{4}(e^{\frac{4}{3}} - 1) \right]$$

$$= \frac{9}{16} + \frac{3}{16}e^{\frac{4}{3}}.$$

例 5.31 计算积分 $\int_0^\pi e^x \sin x \mathrm{d}x$.

解 $\int_0^\pi e^x \sin x \mathrm{d}x = \int_0^\pi \sin x \mathrm{d}e^x = e^x \sin x \Big|_0^\pi - \int_0^\pi e^x \cos x \mathrm{d}x = -\int_0^\pi e^x \cos x \mathrm{d}x$

$$= -\left(e^x \cos x \Big|_0^\pi + \int_0^\pi e^x \sin x \mathrm{d}x \right)$$

$$= -(-e^\pi - 1) - \int_0^\pi e^x \sin x \mathrm{d}x.$$

移项后可得

$$\int_0^\pi e^x \sin x \mathrm{d}x = \frac{e^\pi + 1}{2}$$

例 5.32 计算积分 $\int_0^{\frac{1}{2}} (\arcsin x)^2 \mathrm{d}x$.

解

$$\int_0^{\frac{1}{2}} (\arcsin x)^2 \mathrm{d}x = x(\arcsin x)^2 \Big|_0^{\frac{1}{2}} - \int_0^{\frac{1}{2}} x \cdot 2\arcsin x \cdot \frac{1}{\sqrt{1-x^2}}\mathrm{d}x$$

$$= \frac{\pi^2}{72} + 2\int_0^{\frac{1}{2}} \arcsin x \mathrm{d}\sqrt{1-x^2}$$

$$= \frac{\pi^2}{72} + 2\left(\sqrt{1-x^2}\arcsin x \Big|_0^{\frac{1}{2}} - \int_0^{\frac{1}{2}} \sqrt{1-x^2} \cdot \frac{1}{\sqrt{1-x^2}}\mathrm{d}x \right)$$

$$= \frac{\pi^2}{72} + \frac{\sqrt{3}\pi}{6} - 1.$$

习 题 5.5

1. 计算下列各积分.

(1) $\int_1^e \ln x \mathrm{d}x$；

(2) $\int_0^1 \arctan x \mathrm{d}x$；

(3) $\int_0^1 x\mathrm{e}^x \mathrm{d}x$;

(4) $\int_0^{\frac{\pi}{4}} x\sin x\mathrm{d}x$;

(5) $\int_1^{\mathrm{e}} (x\ln x)^2 \mathrm{d}x$;

(6) $\int_{\frac{\pi}{4}}^{\frac{\pi}{3}} \dfrac{x}{\sin^2 x} \mathrm{d}x$;

(7) $\int_1^{\mathrm{e}} \cos(\ln x) \mathrm{d}x$;

(8) $\int_0^{\pi} \mathrm{e}^x \cos^2 x\mathrm{d}x$;

(9) $\int_{\frac{1}{\mathrm{e}}}^{\mathrm{e}} |\ln x| \,\mathrm{d}x$;

(10) $\int_{-\frac{1}{2}}^{\frac{1}{2}} \dfrac{x\arcsin x}{\sqrt{1-x^2}} \mathrm{d}x$;

(11) $\int_{\frac{1}{2}}^1 \mathrm{e}^{\sqrt{2x-1}} \mathrm{d}x$;

(12) $\int_0^1 \dfrac{x\mathrm{e}^x}{(1+x)^2} \mathrm{d}x$.

2. 设函数 $f(x)$ 连续,且 $F(x) = \int_0^x f(t)\mathrm{d}t$,证明: $\int_0^1 F(x)\mathrm{d}x = \int_0^1 (1-x)f(x)\mathrm{d}x$.

3. 计算定积分 $\int_0^{\pi} f(x)\mathrm{d}x$,其中 $f(x) = \int_{\pi}^x \dfrac{\sin t}{t}\mathrm{d}t$.

5.6　广 义 积 分

在定积分的定义中,要求积分区间为有限区间 $[a,b]$,被积函数 $f(x)$ 在区间 $[a,b]$ 上要有界,将这两个限制分别放宽,即为两类广义积分.

5.6.1　无穷区间上连续函数的广义积分

引例　设 $f(x) = \mathrm{e}^{-x}$,则 $f(x)$ 在区间 $[0,+\infty)$ 上连续. $\forall B > 0$,图 5.3 中阴影部分的面积为

$$S(B) = \int_0^B \mathrm{e}^{-x}\mathrm{d}x = (-\mathrm{e}^{-x})\Big|_0^B = 1 - \mathrm{e}^{-B}$$

且有

$$\lim_{B\to+\infty} S(B) = \lim_{B\to+\infty}\int_0^B \mathrm{e}^{-x}\mathrm{d}x = \lim_{B\to+\infty}(1-\mathrm{e}^{-B}) = 1$$

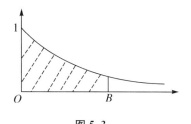

图 5.3

定义 5.2　设函数 $f(x)$ 在区间 $[a,+\infty)$ 上有定义, $\forall b \in (a,+\infty)$,积分 $\int_a^b f(x)\mathrm{d}x$ 均存在.若极限 $\lim_{b\to+\infty}\int_a^b f(x)\mathrm{d}x$ 存在,称 $f(x)$ 在区间 $[a,+\infty)$ 上可积,或称 $f(x)$ 在无穷区间 $[a,+\infty)$ 上的广义积分收敛,并称极限值为 $f(x)$ 在无穷区间 $[a,+\infty)$ 上的广义积分值,记作

$$\int_a^{+\infty} f(x)\mathrm{d}x = \lim_{b\to+\infty}\int_a^b f(x)\mathrm{d}x$$

如果极限 $\lim\limits_{b \to +\infty}\int_a^b f(x)\mathrm{d}x$ 不存在，则称广义积分 $\int_a^{+\infty} f(x)\mathrm{d}x$ 发散.

同理，如果 $f(x)$ 在 $(-\infty, b]$ 上连续，可以定义在区间 $(-\infty, b]$ 上的广义积分为

$$\int_{-\infty}^b f(x)\mathrm{d}x = \lim_{a \to -\infty}\int_a^b f(x)\mathrm{d}x$$

若 $\lim\limits_{a \to -\infty}\int_a^b f(x)\mathrm{d}x$ 存在，则称 $\int_{-\infty}^b f(x)\mathrm{d}x$ 收敛；若 $\lim\limits_{a \to -\infty}\int_a^b f(x)\mathrm{d}x$ 不存在，则称 $\int_{-\infty}^b f(x)\mathrm{d}x$ 发散.

对于广义积分 $\int_{-\infty}^{+\infty} f(x)\mathrm{d}x$，定义其收敛性为：$\int_{-\infty}^{+\infty} f(x)\mathrm{d}x$ 收敛的充要条件是广义积分 $\int_c^{+\infty} f(x)\mathrm{d}x$，$\int_{-\infty}^c f(x)\mathrm{d}x$ 同时收敛（c 为 $(-\infty, +\infty)$ 中的任意一点），并且在收敛时，有 $\int_{-\infty}^{+\infty} f(x)\mathrm{d}x = \int_c^{+\infty} f(x)\mathrm{d}x + \int_{-\infty}^c f(x)\mathrm{d}x$.

注　$\forall b > a$，已知 $f(x)$ 在区间 $[a, b]$ 上的一个原函数是 $F(x)$，则

$$\int_a^{+\infty} f(x)\mathrm{d}x = \lim_{b \to +\infty}\int_a^b f(x)\mathrm{d}x = \lim_{b \to +\infty} F(x)\Big|_a^b$$

$$= \lim_{b \to +\infty}[F(b) - F(a)] = \lim_{b \to +\infty} F(b) - F(a)$$

记 $\lim\limits_{b \to +\infty} F(b) = F(+\infty)$，则有类似于牛顿-莱布尼茨公式的记号：

$$\int_a^{+\infty} f(x)\mathrm{d}x = \lim_{b \to +\infty} F(b) - F(a) = F(+\infty) - F(a)$$

同理，也有

$$\int_{-\infty}^b f(x)\mathrm{d}x = \lim_{a \to -\infty}\int_a^b f(x)\mathrm{d}x = \lim_{a \to -\infty} F(x)\Big|_a^b = \lim_{a \to -\infty}[F(b) - F(a)]$$

$$= F(b) - \lim_{a \to -\infty} F(a) = F(b) - F(-\infty)$$

可以记为

$$\int_{-\infty}^b f(x)\mathrm{d}x = F(x)\Big|_{-\infty}^b = F(b) - F(-\infty)$$

例 5.33　计算积分 $\int_0^{+\infty} \dfrac{1}{1 + x^2}\mathrm{d}x$.

解　$\int_0^{+\infty} \dfrac{1}{1 + x^2}\mathrm{d}x = \lim\limits_{b \to +\infty}\int_0^b \dfrac{1}{1 + x^2}\mathrm{d}x = \lim\limits_{b \to +\infty} \arctan x\Big|_0^b = \lim\limits_{b \to +\infty}(\arctan b) = \dfrac{\pi}{2}$.

注　对于广义积分 $\int_{-\infty}^{+\infty} \dfrac{1}{1 + x^2}\mathrm{d}x$，因为

$$\int_{-\infty}^{0} \frac{1}{1+x^2} dx = \arctan x \Big|_{-\infty}^{0} = 0 - \lim_{x \to -\infty} \arctan x = \frac{\pi}{2}$$

收敛,所以 $\int_{-\infty}^{+\infty} \frac{1}{1+x^2} dx$ 收敛,且

$$\int_{-\infty}^{+\infty} \frac{1}{1+x^2} dx = \int_{0}^{+\infty} \frac{1}{1+x^2} dx + \int_{-\infty}^{0} \frac{1}{1+x^2} dx = \pi$$

例 5.34　计算积分 $\int_{0}^{+\infty} \frac{x}{1+x^2} dx, \int_{\frac{4}{\pi}}^{+\infty} \frac{1}{x^2} \sin \frac{1}{x} dx.$

解　因为

$$\int_{0}^{+\infty} \frac{x}{1+x^2} dx = \frac{1}{2} \ln(1+x^2) \Big|_{0}^{+\infty} = \lim_{x \to +\infty} \frac{1}{2} [\ln(1+x^2) - 0] = +\infty$$

所以 $\int_{0}^{+\infty} \frac{x}{1+x^2} dx$ 发散. 而

$$\int_{\frac{4}{\pi}}^{+\infty} \frac{1}{x^2} \sin \frac{1}{x} dx = -\int_{\frac{4}{\pi}}^{+\infty} \sin \frac{1}{x} d\left(\frac{1}{x}\right) = \left(\cos \frac{1}{x}\right) \Big|_{\frac{4}{\pi}}^{+\infty} = 1 - \cos \frac{\pi}{4} = 1 - \frac{\sqrt{2}}{2}$$

收敛.

例 5.35　计算积分 $\int_{0}^{+\infty} x^3 e^{-x^2} dx.$

解　$\int_{0}^{+\infty} x^3 e^{-x^2} dx = \frac{1}{2} \int_{0}^{+\infty} x^2 e^{-x^2} dx^2 \xlongequal{x^2 = t} \frac{1}{2} \int_{0}^{+\infty} t e^{-t} dt = -\frac{1}{2} \int_{0}^{+\infty} t d(e^{-t})$

$$= -\frac{1}{2} \left[(te^{-t}) \Big|_{0}^{+\infty} - \int_{0}^{+\infty} e^{-t} dt \right]$$

$$= -\frac{1}{2} \left(\lim_{t \to +\infty} te^{-t} - 0 \right) - \frac{1}{2} e^{-t} \Big|_{0}^{+\infty}$$

$$= -\frac{1}{2} \lim_{t \to +\infty} te^{-t} - \frac{1}{2} \left(\lim_{t \to +\infty} e^{-t} - 1 \right) = \frac{1}{2}.$$

例 5.36　讨论广义积分 $\int_{a}^{+\infty} \frac{1}{x^p} dx (a > 0, p > 0)$ 的敛散性.

解　当 $p \neq 1$ 时

$$\int_{a}^{+\infty} \frac{1}{x^p} dx = \frac{1}{-p+1} (x^{-p+1}) \Big|_{a}^{+\infty} = \begin{cases} +\infty(发散), & p < 1 \\ \dfrac{1}{p-1} a^{1-p}, & p > 1 \end{cases}$$

当 $p = 1$ 时

$$\int_{a}^{+\infty} \frac{1}{x^p} dx = \int_{a}^{+\infty} \frac{1}{x} dx = \ln x \Big|_{a}^{+\infty} = +\infty, \quad 发散$$

所以

$$\int_a^{+\infty} \frac{1}{x^p}\mathrm{d}x = \begin{cases} \dfrac{a^{1-p}}{p-1}(收敛), & p>1 \\ 发散, & p\leqslant 1 \end{cases}$$

由此可知，$\int_2^{+\infty}\frac{1}{x^2}\mathrm{d}x$ 收敛，而 $\int_2^{+\infty}\frac{1}{\sqrt{x}}\mathrm{d}x$ 发散.

5.6.2　有限区间上无界函数的广义积分

下面我们来讨论无界函数的广义积分.

定义 5.3　设函数 $f(x)$ 在区间 $(a,b]$ 上连续，且 $\lim\limits_{x\to a^+}f(x)=\infty$，如果极限 $\lim\limits_{\varepsilon\to 0^+}\int_{a+\varepsilon}^b f(x)\mathrm{d}x$ 存在，则称 $f(x)$ 在区间 $(a,b]$ 上可积，称极限值为区间 $(a,b]$ 上无界函数 $f(x)$ 的广义积分，记作

$$\int_a^b f(x)\mathrm{d}x = \lim_{\varepsilon\to 0^+}\int_{a+\varepsilon}^b f(x)\mathrm{d}x$$

也称广义积分 $\int_a^b f(x)\mathrm{d}x$ 收敛；如果极限 $\lim\limits_{\varepsilon\to 0^+}\int_{a+\varepsilon}^b f(x)\mathrm{d}x$ 不存在，则称广义积分发散. 同理，如果 $f(x)$ 在区间 $[a,b)$ 上连续，且 $\lim\limits_{x\to b^-}f(x)=\infty$，则

$$\int_a^b f(x)\mathrm{d}x = \lim_{\varepsilon\to 0^+}\int_a^{b-\varepsilon} f(x)\mathrm{d}x$$

若极限 $\lim\limits_{\varepsilon\to 0^+}\int_a^{b-\varepsilon} f(x)\mathrm{d}x$ 存在，则称广义积分收敛；若极限 $\lim\limits_{\varepsilon\to 0^+}\int_a^{b-\varepsilon} f(x)\mathrm{d}x$ 不存在，则称广义积分发散.

注　（ⅰ）若 $f(x)$ 在区间 (a,b) 内连续，且 $\lim\limits_{x\to a^+}f(x)=\infty$，$\lim\limits_{x\to b^-}f(x)=\infty$，则 $\int_a^b f(x)\mathrm{d}x$ 收敛等价于 $\int_a^c f(x)\mathrm{d}x$ 与 $\int_c^b f(x)\mathrm{d}x$ 均收敛，并且在收敛时，有

$$\int_a^b f(x)\mathrm{d}x = \int_a^c f(x)\mathrm{d}x + \int_c^b f(x)\mathrm{d}x$$

（ⅱ）如果 $F'(x)=f(x),x\in(a,b]$，则

$$\int_a^b f(x)\mathrm{d}x = \lim_{\varepsilon\to 0^+}\int_{a+\varepsilon}^b f(x)\mathrm{d}x = \lim_{\varepsilon\to 0^+}[F(b)-F(a+\varepsilon)] = F(b)-\lim_{\varepsilon\to 0^+}F(a+\varepsilon)$$

即

$$\int_a^b f(x)\mathrm{d}x = F(b) - \lim_{x\to a^+}F(x)$$

记 $\lim\limits_{x\to a^+}F(x)=F(a)$，则有推广的牛顿-莱布尼茨公式：

$$\int_a^b f(x)\mathrm{d}x = F(b) - \lim_{x \to a^+} F(x) = F(b) - F(a) = F(x)\Big|_a^b$$

例 5.37 讨论积分 $\displaystyle\int_a^b \frac{1}{(x-a)^p}\mathrm{d}x, p > 0$ 的敛散性.

解 $x = a$ 是被积函数 $\dfrac{1}{(x-a)^p}$ 的无界点,故当 $p \neq 1$ 时

$$\int_a^b \frac{1}{(x-a)^p}\mathrm{d}x = \frac{1}{-p+1}(x-a)^{-p+1}\Big|_a^b = \begin{cases} \dfrac{(b-a)^{1-p}}{1-p}, & p < 1 \\[3mm] +\infty(\text{发散}), & p > 1 \end{cases}$$

当 $p = 1$ 时

$$\int_a^b \frac{1}{(x-a)^p}\mathrm{d}x = \int_a^b \frac{1}{x-a}\mathrm{d}x = \ln(x-a)\Big|_a^b = +\infty$$

所以

$$\int_a^b \frac{1}{(x-a)^p}\mathrm{d}x = \begin{cases} \dfrac{(b-a)^{1-p}}{1-p}, & p < 1 \\[3mm] +\infty(\text{发散}), & p \geqslant 1 \end{cases}$$

例 5.38 已知 $\displaystyle\int_0^{+\infty} \frac{\sin x}{x}\mathrm{d}x = \frac{\pi}{2}$,求积分 $\displaystyle\int_0^{+\infty} \frac{\sin x\cos x}{x}\mathrm{d}x$.

解 $\displaystyle\int_0^{+\infty} \frac{\sin x\cos x}{x}\mathrm{d}x = \frac{1}{2}\int_0^{+\infty} \frac{\sin 2x}{x}\mathrm{d}x = \frac{1}{2}\int_0^{+\infty} \frac{\sin t}{t}\mathrm{d}t = \frac{\pi}{4}$.

例 5.39 已知 $f(x) = \begin{cases} 0, & -\infty < x \leqslant 0 \\[2mm] \dfrac{1}{2}x, & 0 < x \leqslant 2 \\[2mm] 1, & 2 < x < +\infty \end{cases}$,试用分段函数表示 $\displaystyle\int_{-\infty}^x f(t)\mathrm{d}t$.

解 当 $-\infty < x \leqslant 0$ 时

$$\int_{-\infty}^x f(t)\mathrm{d}t = 0$$

当 $0 < x \leqslant 2$ 时

$$\int_{-\infty}^x f(t)\mathrm{d}t = \int_{-\infty}^0 f(t)\mathrm{d}t + \int_0^x f(t)\mathrm{d}t = \int_0^x \frac{1}{2}t\mathrm{d}t = \frac{x^2}{4}$$

当 $2 < x < +\infty$ 时

$$\int_{-\infty}^x f(t)\mathrm{d}t = \int_{-\infty}^0 f(t)\mathrm{d}t + \int_0^2 f(t)\mathrm{d}t + \int_2^x f(t)\mathrm{d}t$$

$$= 0 + \int_0^2 \frac{1}{2}t\mathrm{d}t + \int_2^x 1\mathrm{d}t = x - 1$$

故

$$\int_{-\infty}^{x} f(t)\mathrm{d}t = \begin{cases} 0, & -\infty < x \leqslant 0 \\ \dfrac{1}{4}x^2, & 0 < x \leqslant 2 \\ x-1, & 2 < x < +\infty \end{cases}$$

5.6.3 Γ函数

下面我们来讨论积分区间无限且含有参变量的广义积分：

$$\Gamma(s) = \int_{0}^{+\infty} x^{s-1}\mathrm{e}^{-x}\mathrm{d}x, \quad s > 0$$

它是参变量 s 的函数，称为 Γ 函数（Gamma 函数）.

Γ 函数具有如下重要性质：

$$\Gamma(s+1) = s\Gamma(s), \quad s > 0$$

这是因为

$$\Gamma(s+1) = \int_{0}^{+\infty} x^{(s+1)-1}\mathrm{e}^{-x}\mathrm{d}x = \int_{0}^{+\infty} x^{s}\mathrm{e}^{-x}\mathrm{d}x = -\int_{0}^{+\infty} x^{s}\mathrm{d}(\mathrm{e}^{-x})$$

$$= -x^{s}\mathrm{e}^{-x}\Big|_{0}^{+\infty} + \int_{0}^{+\infty} \mathrm{e}^{-x}\mathrm{d}x^{s} = 0 + s\int_{0}^{+\infty} x^{s-1}\mathrm{e}^{-x}\mathrm{d}x$$

$$= s\Gamma(s)$$

这是一个递推公式. 特别地，当 $s = n$ 为正整数时，有

$$\Gamma(n+1) = n\Gamma(n) = n(n-1)\Gamma(n-1) = \cdots$$
$$= n \cdot (n-1) \cdot (n-2) \cdot \cdots \cdot 2 \cdot 1 \cdot \Gamma(1) = n!\Gamma(1)$$

而

$$\Gamma(1) = \int_{0}^{+\infty} \mathrm{e}^{-x}\mathrm{d}x = -\mathrm{e}^{-x}\Big|_{0}^{+\infty} = 1$$

所以

$$\Gamma(n+1) = n!$$

Γ 函数除了有上面的形式外，还可以这样来表示. 例如，令 $x = v^2$，那么

$$\Gamma(s) = \int_{0}^{+\infty} x^{s-1}\mathrm{e}^{-x}\mathrm{d}x = \int_{0}^{+\infty} v^{2s-2}\mathrm{e}^{-v^2}2v\mathrm{d}v$$

$$= 2\int_{0}^{+\infty} v^{2s-1}\mathrm{e}^{-v^2}\mathrm{d}v$$

当 $s = \dfrac{1}{2}$ 时

$$\Gamma\left(\frac{1}{2}\right) = 2\int_0^{+\infty} e^{-v^2}\,dv = 2 \cdot \frac{\sqrt{\pi}}{2} = \sqrt{\pi}$$

例 5.40　计算下列各值.

(1) $\dfrac{\Gamma(6)}{2\Gamma(3)}$;　　　　　　　　(2) $\dfrac{\Gamma(3.5)\Gamma(4.5)}{\Gamma(5.5)}$.

解　(1) $\dfrac{\Gamma(6)}{2\Gamma(3)} = \dfrac{5!}{2 \times 2!} = \dfrac{5 \times 4 \times 3 \times 2}{2 \times 2} = 30$.

(2) $\dfrac{\Gamma(3.5)\Gamma(4.5)}{\Gamma(5.5)} = \dfrac{2.5 \times 1.5 \times 0.5 \times \Gamma(0.5)\Gamma(4.5)}{4.5 \times \Gamma(4.5)} = \dfrac{5}{12}\Gamma(0.5) = \dfrac{5}{12}\sqrt{\pi}$.

例 5.41　求 $\displaystyle\int_0^{+\infty} x^7 e^{-x^2}\,dx$ 的值.

解　令 $u = x^2$,则

$$\int_0^{+\infty} x^7 e^{-x^2}\,dx = \frac{1}{2}\int_0^{+\infty} u^3 e^{-u}\,du = \frac{1}{2}\Gamma(4)$$

$$= \frac{1}{2} \times 3! = 3$$

习　题　5.6

1. 讨论下列广义积分的敛散性.

(1) $\displaystyle\int_1^{+\infty} \frac{1}{\sqrt{x}}\,dx$;　　　　　　　(2) $\displaystyle\int_0^{+\infty} \frac{dx}{(1+x)^4}$;

(3) $\displaystyle\int_{-\infty}^0 x e^x\,dx$;　　　　　　　(4) $\displaystyle\int_2^{+\infty} \frac{dx}{x^2+x-2}$;

(5) $\displaystyle\int_{-\infty}^{+\infty} \frac{dx}{1+x^2}$;　　　　　　(6) $\displaystyle\int_0^1 \ln x\,dx$;

(7) $\displaystyle\int_1^2 \frac{x}{\sqrt{x-1}}\,dx$;　　　　　　(8) $\displaystyle\int_0^2 \frac{1}{(x-2)^2}\,dx$;

(9) $\displaystyle\int_1^2 \frac{1}{x\sqrt{x^2-1}}\,dx$.

2. 讨论积分 $\displaystyle\int_0^{+\infty} \frac{1}{\sqrt{x}(1+x)}\,dx$ 的敛散性.

3. 计算.

(1) $\dfrac{\Gamma(7)}{2\Gamma(4)\Gamma(3)}$;　　　　　　　(2) $\displaystyle\int_0^{+\infty} x^4 e^{-x}\,dx$.

4. 利用 $\Gamma\left(\dfrac{1}{2}\right)$ 计算.

$(1) \int_0^{+\infty} e^{-a^2 x^2} dx$；　　　　　　　　$(2) \int_{-\infty}^{+\infty} \frac{2}{\sqrt{2\pi}} e^{-\frac{x^2}{2}} dx$.

总　习　题　5

1. 设 $\int_0^y e^t dt + \int_0^x \cos t^2 dt = 0$，求 y'.

2. 设 $f(x) = e^x + x \int_0^1 f(\sqrt{x}) dx$，求 $f(x)$.

3. 求下列积分.

$(1) \int_0^{\frac{\pi}{2}} \frac{dx}{1 + \cos^2 x}$；　　　　　　　　$(2) \int_0^a \frac{dx}{x + \sqrt{a^2 - x^2}}, a > 0$；

$(3) \int_0^{\pi} x^2 \mid \cos x \mid dx$；　　　　　　$(4) \int_{\frac{1}{2}}^{\frac{3}{2}} \frac{dx}{\sqrt{\mid x^2 - x \mid}}$.

4. 设 $f(x)$ 在 $[a, b]$ 上连续，且 $f(x) > 0$，证明：方程
$$\int_a^x f(t) dt + \int_b^x \frac{1}{f(t)} dt = 0$$
在 (a, b) 内有且仅有一根.

5. 设 $f(x)$ 为连续函数，且存在常数 a，满足：$e^{x-1} - x = \int_x^a f(t) dt$，求 $f(x)$ 及常数 a.

6. 设 $f(x) = \begin{cases} \dfrac{1}{1+x}, & x \geqslant 0 \\ \dfrac{1}{1+e^x}, & x < 0 \end{cases}$，求 $\int_0^2 f(x-1) dx$.

7. 已知 $f(0) = 1, f(2) = 3, f'(2) = 5$，求 $\int_0^1 x f''(2x) dx$.

8. 设 $\int_0^x (x-t) f(t) dt = 1 - \cos x$，证明：$\int_0^{\frac{\pi}{2}} f(x) dx = 1$.

9. 设 $f(x)$ 在 $[-1, 1]$ 上连续，且满足方程
$$f(x) + \int_0^1 f(x) dx = \frac{1}{2} - x^3$$
求 $\int_{-1}^1 f(x) \sqrt{1 - x^2} dx$.

10. 证明：$\int_0^{\frac{\pi}{2}} \cos^m x \sin^m x dx = 2^{-m} \int_0^{\frac{\pi}{2}} \cos^m x dx$.

第6章 定积分的应用

定积分的应用非常广泛,它已成为解决物理、科技、经济等领域内许多问题的重要工具.

问题 1 我们都很容易计算出规则图形的面积,那对于不规则图形的面积我们又应该怎么计算呢?

问题 2 随着社会经济的高速发展,我国的贫富差距有不断扩大的趋势,如何反映这种贫富差距的状况呢?

问题 3 宇宙空间中任何两个有质量的物体之间都存在引力,那么应该怎么来计算呢?

上面的几个问题对应了定积分的几个基本的应用 —— 几何上的应用、经济上的应用和物理上的应用.下面我们先来讨论定积分在几何上的应用,我们先从微元法说起.

6.1 定积分的微元法

定积分是求某种总量的数学模型,它在几何学、物理学、经济学、社会学等方面都有着广泛的应用,显示了它的巨大魅力.也正是这些广泛的应用,推动着积分学的不断发展和完善.因此,在学习的过程中,我们不仅要掌握计算某些实际问题的公式,更重要的还在于深刻领会用定积分解决实际问题的基本思想和方法 —— **微元法**,不断积累和提高数学的应用能力.

5.1 节讨论计算曲边梯形面积的四个步骤中,关键是第二步,即确定

$$\Delta A \approx f(\xi_i)\Delta x_i$$

在实用上,为简便起见,省略下标 i,用 ΔA 表示任一小区间 $[x, x+\mathrm{d}x]$ 上的小曲边梯形的面积,这样

$$A = \sum \Delta A$$

取 $[x,x+\mathrm{d}x]$ 的左端点 x 为 ξ_i,以点 x 处的函数值 $f(x)$ 为高,$\mathrm{d}x$ 为底的矩形面积为 ΔA 的近似值(如图 6.1 阴影部分所示),即

$$\Delta A \approx f(x)\mathrm{d}x$$

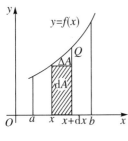

图 6.1

上式右端 $f(x)\mathrm{d}x$ 称为**面积微元**或**面积元素**,记为 $\mathrm{d}A = f(x)\mathrm{d}x$,于是面积 A 就是将这些微元在区间 $[a,b]$ 上的"无限累加",即 a 到 b 的定积分

$$A = \int_a^b \mathrm{d}A = \int_a^b f(x)\mathrm{d}x$$

通过上面的做法,我们可以把定积分——和式的极限理解成无限多个微分之和,即积分是微分的无限累加.

概括上述过程,对一般的定积分问题,所求量 F 的积分表达式,可按以下步骤确定:

(ⅰ) 确定积分变量 x,求出积分区间 $[a,b]$;

(ⅱ) 在 $[a,b]$ 上,任取一微小区间 $[x,x+\mathrm{d}x]$,求出部分量 ΔF 的近似值,$\Delta F \approx \mathrm{d}F = f(x)\mathrm{d}x$(称它为所求量 F 的微元);

(ⅲ) 将 $\mathrm{d}F$ 在 $[a,b]$ 上积分,即得到所求量 $F = \int_a^b \mathrm{d}F = \int_a^b f(x)\mathrm{d}x$,通常把这种方法叫作微元法(或元素法).

6.2　定积分的几何应用

定积分在几何上的应用可以说是积分学对数学的一个贡献.下面我们就利用微元法讨论定积分在几何上的应用.

6.2.1　平面图形的面积

1. 直角坐标的情形

由微元法可知,曲线 $y = f(x)(f(x) \geqslant 0)$ 及直线 $x = a$,$x = b(a < b)$ 与 x 轴所围成的曲边梯形面积

$$A = \int_a^b f(x)\mathrm{d}x$$

(ⅰ) 由曲线 $y = f(x)$ 与 $y = g(x)$ 及直线 $x = a$,$x = b(a < b)$ 且 $f(x) \geqslant$

$g(x)$ 所围成的图形面积为 A,则

$$A = \int_a^b f(x)\mathrm{d}x - \int_a^b g(x)\mathrm{d}x = \int_a^b [f(x) - g(x)]\mathrm{d}x$$

事实上,在 x 的变化区间 $[a,b]$ 上,任取一小区间 $[x,x+\mathrm{d}x]$,其对应的小曲边梯形的面积 $\Delta A \approx [f(x) - g(x)]\mathrm{d}x$,即面积元素 $\mathrm{d}A = [f(x) - g(x)]\mathrm{d}x$(如图 6.2 阴影部分所示),所以曲边梯形的面积为

$$A = \int_a^b f(x)\mathrm{d}x - \int_a^b g(x)\mathrm{d}x = \int_a^b [f(x) - g(x)]\mathrm{d}x$$

类似地,可得到:

（ⅱ）由曲线 $x = \varphi_1(y)$,$x = \varphi_2(y)$ 及直线 $y = c$,$y = d (c < d)$ 且 $\varphi_1(y) \leqslant \varphi_2(y)$ 所围成的图形面积 $A = \int_c^d \varphi_2(y)\mathrm{d}y - \int_c^d \varphi_1(y)\mathrm{d}y = \int_c^d [\varphi_2(y) - \varphi_1(y)]\mathrm{d}y$(如图 6.3 所示).

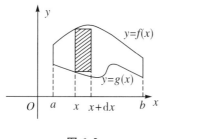

图 6.2

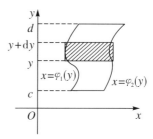

图 6.3

例 6.1　求 $y = 2x$ 和 $y = 3 - x^2$ 所围成图形的面积.

解　如图 6.4 所示,由 $\begin{cases} y = 2x \\ y = 3 - x^2 \end{cases}$ 解得交点:$(-3, -6)$ 与 $(1,2)$,所以

$$S = \int_{-3}^{1} (3 - x^2 - 2x)\mathrm{d}x = \left(3x - \frac{1}{3}x^3 - x^2\right)\Big|_{-3}^{1} = \frac{32}{3}$$

例 6.2　计算抛物线 $y^2 = 2x$ 与直线 $y = x - 4$ 所围成图形的面积.

解　如图 6.5 所示,由 $\begin{cases} y^2 = 2x \\ y = x - 4 \end{cases}$ 解得交点:$(2, -2)$ 和 $(8,4)$.选择积分变量并定区间.若选取 y 为积分变量,则

$$-2 \leqslant y \leqslant 4, \quad \mathrm{d}A = \left[(y + 4) - \frac{1}{2}y^2\right]\mathrm{d}y$$

若选取 x 为积分变量,则 $0 \leqslant x \leqslant 8$,在 $0 \leqslant x \leqslant 2$ 上

$$\mathrm{d}A = [\sqrt{2x} - (-\sqrt{2x})]\mathrm{d}x = 2\sqrt{2x}\mathrm{d}x$$

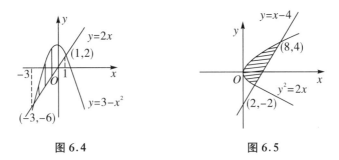

图 6.4   图 6.5

在 $2 \leqslant x \leqslant 8$ 上

$$dA = \left[\sqrt{2x} - (x - 4)\right]dx = (4 + \sqrt{2x} - x)dx$$

很显然，选取 y 为积分变量会容易很多．

$$A = \int_{-2}^{4}\left(y + 4 - \frac{1}{2}y^2\right)dy = \left(\frac{y^2}{2} + 4y - \frac{y^3}{6}\right)\Big|_{-2}^{4} = 18$$

当然，选取 x 为积分变量，也能够计算出图形的面积，只不过计算麻烦些，这表明积分变量的选取有个合理性的问题．

$$A = \int_{0}^{2}2\sqrt{2x}\,dx + \int_{2}^{8}(4 + \sqrt{2x} - x)dx$$

$$= \frac{4\sqrt{2}}{3}x^{\frac{3}{2}}\Big|_{0}^{2} + \left(4x + \frac{2\sqrt{2}}{3}x^{\frac{3}{2}} - \frac{1}{2}x^2\right)\Big|_{2}^{8}$$

$$= 18$$

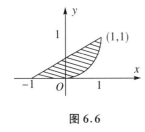

图 6.6

例 6.3   求由曲线 $y = x^2 (x \geqslant 0)$，$y = \frac{1}{2}x + \frac{1}{2}$ 和 x 轴围成的平面图形的面积．

解   如图 6.6 所示，所求平面图形的面积

$$A = \int_{0}^{1}\left[\sqrt{y} - (2y - 1)\right]dy = \left(\frac{2}{3}y^{\frac{3}{2}} - y^2 + y\right)\Big|_{0}^{1} = \frac{2}{3}$$

当然，选取 x 为积分变量也可计算出来：

$$A = \int_{-1}^{0}\left(\frac{1}{2}x + \frac{1}{2} - 0\right)dx + \int_{0}^{1}\left(\frac{1}{2}x + \frac{1}{2} - x^2\right)dx$$

$$= \left(\frac{x^2}{4} + \frac{x}{2}\right)\Big|_{-1}^{0} + \left(\frac{x^2}{4} + \frac{x}{2} - \frac{x^3}{3}\right)\Big|_{0}^{1} = \frac{2}{3}$$

2. 极坐标情形

设平面图形是由曲线 $r = \varphi(\theta)$ 及射线 $\theta = \alpha$，$\theta = \beta$ 所围成的曲边扇形．取极角 θ 为积分变量，则 $\alpha \leqslant \theta \leqslant \beta$，在平面图形中任意截取一典型的面积元素 ΔA，它

是极角变化区间为 $[\theta,\theta + \mathrm{d}\theta]$ 的窄曲边扇形,如图 6.7 所示.

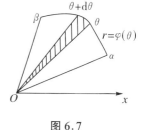

ΔA 的面积可近似地用半径为 $r = \varphi(\theta)$、中心角为 $\mathrm{d}\theta$ 的窄圆边扇形的面积来代替,即

$$\Delta A \approx \frac{1}{2}\varphi^2(\theta)\mathrm{d}\theta$$

从而得到了曲边扇形的面积元素

$$\mathrm{d}A = \frac{1}{2}\varphi^2(\theta)\mathrm{d}\theta$$

从而

$$A = \int_\alpha^\beta \frac{1}{2}\varphi^2(\theta)\mathrm{d}\theta$$

图 6.7

例 6.4　计算心脏线 $r = a(1 + \cos\theta)(a > 0)$ 所围成的图形面积.

解　由于心脏线关于极轴对称,所以

$$A = 2\int_0^\pi \frac{1}{2}a^2(1 + \cos\theta)^2\mathrm{d}\theta = a^2\int_0^\pi \left(2\cos^2\frac{\theta}{2}\right)^2\mathrm{d}\theta$$

$$= 4a^2\int_0^\pi \cos^4\frac{\theta}{2}\mathrm{d}\theta = 8a^2\int_0^{\frac{\pi}{2}}\cos^4 t\,\mathrm{d}t \quad \left(\diamondsuit\frac{\theta}{2} = t\right)$$

$$= \frac{3}{2}a^2\pi$$

6.2.2　旋转体的体积

旋转体是由一个平面图形绕该平面内一条定直线旋转一周而生成的立体,该定直线称为旋转轴.例如,圆柱可以看作矩形绕它的一条边、圆锥可以看作直角三角形绕它的一条直角边、圆台可以看作直角梯形绕它的直角腰、球体可以看作半圆绕直径旋转一周而成的立体,它们都是旋转体.

如图 6.8 所示,计算由曲线 $y = f(x)$,直线 $x = a$,$x = b$ 及 x 轴所围成的曲边梯形绕 x 轴旋转一周而生成的立体的体积.

取 x 为积分变量,则 $x \in [a,b]$,对于区间 $[a,b]$ 上的任一区间 $[x,x + \mathrm{d}x]$,它所对应的窄曲边梯形绕 x 轴旋转而生成的薄片似的立体的体积近似等于以 $f(x)$ 为底半径、$\mathrm{d}x$ 为高的圆柱体体积,即体积元素为

$$\mathrm{d}V = \pi[f(x)]^2\mathrm{d}x$$

所求的旋转体的体积为

$$V = \int_a^b \pi \left[f(x) \right]^2 \mathrm{d}x$$

同理可得，由连续曲线 $x = \varphi(y)$，直线 $y = c, y = d$ 及 y 轴所围成的曲边梯形绕 y 轴旋转一周所成的旋转体的体积为

$$V = \int_c^d \pi \left[\varphi(y) \right]^2 \mathrm{d}y$$

例 6.5 求由直线 $y = \dfrac{r}{h}x$ 及直线 $x = 0, x = h(h > 0)$ 和 x 轴所围成的三角形绕 x 轴旋转而生成的立体的体积（如图 6.9 所示）.

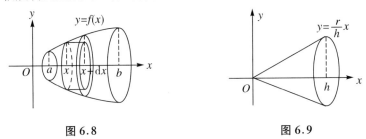

图 6.8　　　　　　　　　　　　　图 6.9

解　取 x 为积分变量，则 $x \in \left[0, h \right]$，故

$$V = \int_0^h \pi \left(\frac{r}{h}x \right)^2 \mathrm{d}x = \frac{\pi r^2}{h^2} \int_0^h x^2 \mathrm{d}x = \frac{\pi}{3} r^2 h$$

例 6.6 计算椭圆 $\dfrac{x^2}{a^2} + \dfrac{y^2}{b^2} = 1$ 所围成的图形分别绕 x 轴、y 轴旋转而成的立体体积（如图 6.10 所示）.

解　由于图形关于坐标轴对称，所以要求的体积 V 是椭圆在第一象限内形成的曲边梯形绕坐标轴旋转所生成的旋转体体积的 2 倍，即

$$V_x = 2\pi \int_0^a y^2 \mathrm{d}x = 2\pi \int_0^a \frac{b^2}{a^2}(a^2 - x^2)\mathrm{d}x = \frac{4}{3}\pi ab^2$$

类似地，有

$$V_y = 2\pi \int_0^b x^2 \mathrm{d}x = 2\pi \int_0^b \frac{a^2}{b^2}(b^2 - y^2)\mathrm{d}y = \frac{4}{3}\pi a^2 b$$

特别地，当 $a = b$ 时，就得到半径为 a 的球体体积公式

$$V = \frac{4}{3}\pi a^3$$

例 6.7 计算摆线的一拱

$$\begin{cases} x = a(t - \sin t) \\ y = a(1 - \cos t) \end{cases}, \quad 0 \leqslant t \leqslant 2\pi$$

以及 $y = 0$ 所围成的平面图形绕 y 轴旋转而生成的立体的体积(如图 6.11 所示).

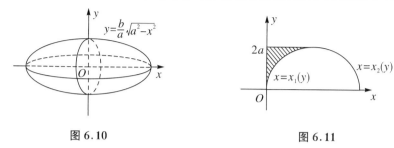

图 6.10　　　　　　　　　　　　　　图 6.11

解　$V = \int_0^{2a} \pi \cdot x_2^2(y)\mathrm{d}y - \int_0^{2a} \pi \cdot x_1^2(y)\mathrm{d}y$

$= \pi \int_{2\pi}^{\pi} a^2 (t - \sin t)^2 \cdot a\sin t\,\mathrm{d}t - \pi \int_0^{\pi} a^2 (t - \sin t)^2 \cdot a\sin t\,\mathrm{d}t$

$= -\pi a^3 \int_0^{2\pi} (t - \sin t)^2 \sin t\,\mathrm{d}t$

$= 6\pi^3 a^3.$

6.2.3　平行截面面积为已知的立体的体积(截面法)

由旋转体体积的计算过程可以发现:如果知道该立体上垂直于一定轴的各个截面的面积,那么这个立体的体积也可以用定积分来计算.

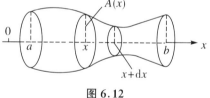

图 6.12

如图 6.12 所示,取定轴为 x 轴,且设该立体在过点 $x = a$,$x = b$ 且垂直于 x 轴的两个平面之内,以 $A(x)$ 表示过点 x 且垂直于 x 轴的截面面积.取 x 为积分变量,它的变化区间为 $[a,b]$.立体中相应于 $[a,b]$ 上任一小区间 $[x, x + \mathrm{d}x]$ 的一薄片的体积近似等于底面积为 $A(x)$、高为 $\mathrm{d}x$ 的扁圆柱体的体积,即体积元素为

$$\mathrm{d}V = A(x)\mathrm{d}x$$

于是,该立体的体积为

$$V = \int_a^b A(x)\mathrm{d}x$$

对于例 6.6,可以先计算平行截面的面积,再求立体的体积(如图 6.13 所示).

这个旋转体可看作是由上半个椭圆 $y = \dfrac{b}{a}\sqrt{a^2 - x^2}$ 及 x 轴所围成的图形绕 x

轴旋转所生成的立体.

在 $x(-a \leqslant x \leqslant a)$ 处，用垂直于 x 轴的平面去截立体所得截面积为

$$A(x) = \pi \cdot \left(\frac{b}{a} \sqrt{a^2 - x^2} \right)^2$$

则立体体积为

$$V = \int_{-a}^{a} A(x)\mathrm{d}x = \frac{\pi b^2}{a^2} \int_{-a}^{a} (a^2 - x^2)\mathrm{d}x = \frac{4}{3}\pi ab^2$$

例 6.8　一平面经过半径为 R 的正圆柱体的底圆中心，并与底面交成角 α，计算这平面截圆柱体所得立体的体积.

解　取这平面与正圆柱体底面的交线为 x 轴，底面上过圆心且垂直于 x 轴的直线为 y 轴，于是底圆的方程为 $x^2 + y^2 = R^2$（如图 6.14 所示）. 取 x 为积分变量，$x \in [-R, R]$，立体中过点 x 且垂直于 x 轴的截面是一个直角三角形，它的两条直角边的长分别为 $y = \sqrt{R^2 - x^2}$ 和 $y\tan \alpha = \sqrt{R^2 - x^2}\tan \alpha$，因而截面面积为

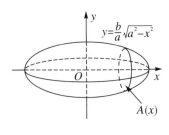

图 6.13

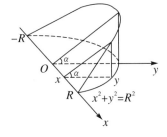

图 6.14

$$A(x) = \frac{1}{2}\sqrt{R^2 - x^2} \cdot \sqrt{R^2 - x^2}\tan \alpha$$

$$= \frac{1}{2}(R^2 - x^2)\tan \alpha$$

于是，体积元素为

$$\mathrm{d}V = \frac{1}{2}(R^2 - x^2)\tan \alpha \mathrm{d}x$$

所以立体体积为

$$V = \int_{-R}^{R} \frac{1}{2}(R^2 - x^2)\tan \alpha \mathrm{d}x$$

$$= \frac{1}{2}\tan \alpha \left(R^2 x - \frac{1}{3}x^3 \right)\Big|_{-R}^{R}$$

$$= \frac{2}{3}R^3\tan \alpha$$

6.2.4　平面曲线的弧长

1．直角坐标情形

设函数 $f(x)$ 在区间 $[a,b]$ 上具有一阶连续的导数,计算曲线 $y = f(x)$ 的长度 s．取 x 为积分变量,则 $x \in [a,b]$,在 $[a,b]$ 上任取一小区间 $[x,x+\mathrm{d}x]$,那么这一小区间所对应的曲线弧段的长度 Δs 可以用它的弧微分 $\mathrm{d}s$ 来近似(如图 6.15 所示)．于是,弧长元素为

$$\mathrm{d}s = \sqrt{(\mathrm{d}x)^2 + (\mathrm{d}y)^2} = \sqrt{1 + \left[f'(x)\right]^2}\,\mathrm{d}x$$

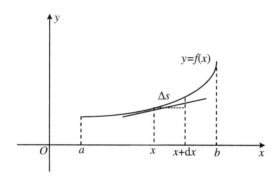

图 6.15

弧长为

$$s = \int_a^b \sqrt{1 + \left[f'(x)\right]^2}\,\mathrm{d}x$$

例 6.9　计算曲线 $y = \dfrac{2}{3}x^{\frac{3}{2}}\,(a \leqslant x \leqslant b)$ 的弧长．

解　$\mathrm{d}s = \sqrt{1 + (\sqrt{x})^2}\,\mathrm{d}x = \sqrt{1 + x}\,\mathrm{d}x$,

$$s = \int_a^b \sqrt{1 + x}\,\mathrm{d}x = \frac{2}{3}(1 + x)^{\frac{3}{2}}\,\bigg|_a^b = \frac{2}{3}\left[(1 + b)^{\frac{3}{2}} - (1 + a)^{\frac{3}{2}}\right]$$

2．参数方程的情形

若曲线由参数方程

$$\begin{cases} x = \varphi(t) \\ y = \phi(t) \end{cases}, \quad \alpha \leqslant t \leqslant \beta$$

给出,计算它的弧长时,只需要将弧微分写成

$$\mathrm{d}s = \sqrt{(\mathrm{d}x)^2 + (\mathrm{d}y)^2} = \sqrt{\left[\varphi'(t)\right]^2 + \left[\phi'(t)\right]^2}\,\mathrm{d}t$$

的形式,从而有

$$s = \int_a^b \sqrt{[\varphi'(t)]^2 + [\phi'(t)]^2}\,\mathrm{d}t$$

例 6.10　计算半径为 π 的圆周长度.

解　圆的参数方程为

$$\begin{cases} x = r\cos t \\ y = r\sin t \end{cases}, \quad 0 \leqslant t \leqslant 2\pi$$

$$\mathrm{d}s = \sqrt{(-r\sin t)^2 + (r\cos t)^2}\,\mathrm{d}t = r\,\mathrm{d}t$$

$$s = \int_0^{2\pi} r\,\mathrm{d}t = 2\pi r$$

3．极坐标情形

若曲线由极坐标方程

$$r = r(\theta), \quad \alpha \leqslant \theta \leqslant \beta$$

给出，要导出它的弧长计算公式，只需要将极坐标方程化成参数方程，再利用参数方程下的弧长计算公式即可.

曲线的参数方程为

$$\begin{cases} x = r(\theta)\cos\theta \\ y = r(\theta)\sin\theta \end{cases}, \quad \alpha \leqslant \theta \leqslant \beta$$

此时 θ 变成了参数，且弧长元素为

$$\begin{aligned} \mathrm{d}s &= \sqrt{(\mathrm{d}x)^2 + (\mathrm{d}y)^2} \\ &= \sqrt{(r'\cos\theta - r\sin\theta)^2(\mathrm{d}\theta)^2 + (r'\sin\theta + r\cos\theta)^2(\mathrm{d}\theta)^2} \\ &= \sqrt{r^2 + r'^2}\,\mathrm{d}\theta \end{aligned}$$

从而有

$$s = \int_a^\beta \sqrt{r^2 + r'^2}\,\mathrm{d}\theta$$

例 6.11　计算心脏线 $r = a(1 + \cos\theta)(0 \leqslant \theta \leqslant 2\pi)$ 的弧长.

解　$\mathrm{d}s = \sqrt{a^2(1 + \cos\theta)^2 + (-a\sin\theta)^2}\,\mathrm{d}\theta$

$$\qquad = \sqrt{4a^2\left[\cos^4\frac{\theta}{2} + \sin^2\frac{\theta}{2}\cos^2\frac{\theta}{2}\right]}\,\mathrm{d}\theta$$

$$\qquad = 2a\left|\cos\frac{\theta}{2}\right|\mathrm{d}\theta.$$

$$s = \int_0^{2\pi} 2a\left|\cos\frac{\theta}{2}\right|\mathrm{d}\theta = 4a\int_0^{\pi}|\cos\varphi|\,\mathrm{d}\varphi$$

$$= 4a\Big[\int_0^{\frac{\pi}{2}} \cos\varphi\,\mathrm{d}\varphi + \int_{\frac{\pi}{2}}^{\pi} (-\cos\varphi)\,\mathrm{d}\varphi\Big] = 8a.$$

习　题　6.2

1. 求由下列曲线所围平面图形的面积.

(1) 抛物线 $y = x^2$ 与 $y = 2 - x^2$;

(2) 曲线 $y = \mathrm{e}^x, y = \mathrm{e}^{-x}$ 及直线 $x = 2$;

(3) 第一象限中 $y = 2x^2, y = x^2$ 与 $y = 1$;

(4) $y = |\ln x|, x = \dfrac{1}{\mathrm{e}}, x = \mathrm{e}$ 及 $y = 0$;

(5) $y = x^2$ 与 $x + y = 2$;

(6) $y = \cos x$ 与 x 轴, 在区间 $[0, \pi]$ 上.

2. 求由抛物线 $y^2 = 2px$ 及其在点 $\left(\dfrac{p}{2}, p\right)$ 处的法线所围成的图形的面积.

3. 抛物线 $y^2 = 2x$ 把圆 $x^2 + y^2 \leqslant 8$ 分成两部分, 求这两部分面积之比.

4. 过坐标原点作曲线 $y = \ln x$ 的切线, 该切线与曲线 $y = \ln x$ 及 x 轴围成平面图形 D.

(1) 求 D 的面积 A;

(2) 求 D 绕直线 $x = \mathrm{e}$ 旋转一周所得旋转体的体积 V.

5. 计算由曲线 $y = \sin x (0 \leqslant x \leqslant \pi)$ 和 x 轴所围成图形绕 y 轴旋转一周所得旋转体的体积.

6. 过曲线 $y = x^2 (x \geqslant 0)$ 上某点 P 作一切线, 使之与曲线及 x 轴所围图形的面积为 $\dfrac{1}{12}$. 求:

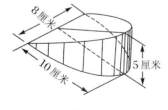

图 6.16

(1) 切点 P 的坐标;

(2) 过切点 P 的切线方程;

(3) 由上述图形绕 x 轴旋转而成旋转体体积 V.

7. 如图 6.16 所示, 直椭圆柱体被通过底面短轴的斜平面所截, 试求截得楔形体的体积.

8. 计算底面是半径为 R 的圆, 而垂直于底面上一条固定直径的所有截面都是等边三角形的立体体积.

9. 求下列曲线的弧长.

(1) $y = x^{\frac{3}{2}}, 0 \leqslant x \leqslant 4$;

(2) $x = a\cos^3 t, y = a\sin^3 t, a > 0, 0 \leqslant t \leqslant 2\pi$;

(3) $\rho = a\theta, a > 0, 0 \leqslant \theta \leqslant 2\pi$.

6.3　定积分的经济应用

经济学中经常用定积分来解决实际问题. 在第 2 章中, 我们知道由某经济函数通过求导数可以求出其边际经济函数. 这一节我们来讨论: 在给出某边际经济函数的基础上, 求其在某个条件下的原经济函数.

6.3.1　由边际函数求原函数

由边际分析可知, 对一已知经济函数 $F(x)$, 它的边际函数就是它的导函数 $F'(x)$. 作为导数（微分）的逆运算, 若已知边际函数 $F'(x)$, 求不定积分 $\int F'(x)\mathrm{d}x$, 可得原经济函数 $F(x) = \int F'(x)\mathrm{d}x$, 其中积分常数 C 由 $F(0) = F_0$ 的具体条件确定. 也可由牛顿-莱布尼茨公式 $\int_0^x F'(t)\mathrm{d}t = F(x) - F(0)$ 移项, 直接得到经济函数

$$F(x) = F(0) + \int_0^x F'(t)\mathrm{d}t$$

例 6.12　生产某产品的边际成本函数为 $C'(x) = 3x^2 - 14x + 100$, 固定成本 $C(0) = 10\,000$, 求生产 x 个产品的总成本函数.

解　由题意知

$$
\begin{aligned}
C(x) &= C(0) + \int_0^x C'(t)\mathrm{d}t \\
&= 10\,000 + \int_0^x (3t^2 - 14t + 100)\mathrm{d}t \\
&= 10\,000 + (t^3 - 7t^2 + 100t)\Big|_0^x \\
&= x^3 - 7x^2 + 100x + 10\,000
\end{aligned}
$$

例 6.13　已知边际收益为 $R'(x) = 78 - 2x$, 设 $R(0) = 0$, 求收益函数 $R(x)$.

解　由题意知

$$
\begin{aligned}
R(x) &= R(0) + \int_0^x R'(t)\mathrm{d}t = 0 + \int_0^x (78 - 2x)\mathrm{d}t \\
&= (78t - t^2)\Big|_0^x = 78x - x^2
\end{aligned}
$$

6.3.2　由变化率求总量

已知某经济函数的总产量变化率 $F'(x)$,可求出经济函数从 a 到 b 的总产量变动值,即

$$F(b) - F(a) = \int_a^b F'(x)\mathrm{d}x$$

例 6.14　某工厂生产某商品在时刻 t 的总产量变化率为 $x'(t) = 100 + 12t$（单位 / 小时),求由 $t = 2$ 到 $t = 4$ 这两个小时的总产量.

解　两个小时的总产量为

$$Q = \int_2^4 x'(t)\mathrm{d}t = \int_2^4 (100 + 12t)\mathrm{d}t = (100t + 6t^2)\Big|_2^4 = 272$$

例 6.15　生产某产品的边际成本为 $C'(x) = 150 - 0.2x$,当产量由 200 增加到 300 时,需增加多少成本?

解　需增加的成本为

$$C = \int_{200}^{300} C'(x)\mathrm{d}x = \int_{200}^{300} (150 - 0.2x)\mathrm{d}x = (150x - 0.1x^2)\Big|_{200}^{300} = 10\ 000$$

6.3.3　由边际函数求最优化问题

例 6.16　某企业生产 q 吨产品时的边际成本为 $C'(q) = \dfrac{1}{50}q + 30$,且固定成本为 900 元,问:产量为多少时平均成本最低?

解　首先求出平均成本函数.由

$$C(q) = \int_0^q C'(q)\mathrm{d}q + C_0 = \int_0^q \left(\frac{1}{50}q + 30\right)\mathrm{d}q + 900 = \frac{1}{100}q^2 + 30q + 900$$

得平均成本函数

$$\overline{C}(q) = \frac{C(q)}{q} = \frac{1}{100}q + 30 + \frac{900}{q}$$

求导,得

$$\overline{C}'(q) = \frac{1}{100} - \frac{900}{q^2}$$

令 $\overline{C}'(q) = 0$,解得 $q_1 = 300(q_2 = -300,$ 舍去$)$.再由实际问题可知 $\overline{C}(q)$ 有最小值,故当产量为 300 吨时,平均成本最低.

6.3.4　收益流的现值和将来值

1. 收益流

(1) 收益流 $R(t)$

随时间 t 连续变化的收益称为收益流,记为 $R(t)$.

(2) 收益流量 $P(t)$

收益流 $R(t)$ 对时间的变化率称为收益流量,记为 $P(t)$,即 $P(t) = R'(t)$. 若收益以元为单位,时间 t 以年为单位,则收益流量单位为:元 / 年.

2. 将来值和现值

(1) 将来值

将收益流存入银行并加上利息之后的存款值称为收益流的将来值.

(2) 现值

收益流的现值是这样一笔款项,若把它存入可获息的银行,将来从收益流中获得的总收益,与包括利息在内的银行存款值有相同的价值.

3. 计算公式

假设连续复利率为 r,收益流的收益流量为 $P(t)$ 元 / 年,时间段为现在 $t = 0$ 到 $t = T$ 年,那么:

(i) 收益流的现值为:$R_0 = \int_0^T P(t)\mathrm{e}^{-rt}\mathrm{d}t$.

证　取 $[0, T]$ 中的任一小区间 $[t, t + \mathrm{d}t]$,在 $[t, t + \mathrm{d}t]$ 期间的收益为 $P(t)\mathrm{d}t$,在经济学上其现值应为 $P(t)\mathrm{e}^{-rt}\mathrm{d}t$,所以收益流的现值为

$$R_0 = \int_0^T P(t)\mathrm{e}^{-rt}\mathrm{d}t$$

(ii) 收益流的将来值为:$R_T = \int_0^T P(t)\mathrm{e}^{r(T-t)}\mathrm{d}t$.

证　取 $[0, T]$ 中的任一小区间 $[t, t + \mathrm{d}t]$,在 $[t, t + \mathrm{d}t]$ 期间的收益为 $P(t)\mathrm{d}t$,其将来值应为 $P(t)\mathrm{e}^{r(T-t)}\mathrm{d}t$,所以收益流的将来值为

$$R_T = \int_0^T P(t)\mathrm{e}^{r(T-t)}\mathrm{d}t$$

例 6.17　假设以连续复利率 $r = 0.1$ 计息.

(1) 求收益流量为 100 元 / 年的收益在 20 年期间的现值和将来值.

(2) 将来值和现值的关系如何?解释这一关系.

解　(1) 收益在 20 年期间的现值

$$R_0 = \int_0^{20} 100\mathrm{e}^{-0.1t}\mathrm{d}t = 1\,000(1 - \mathrm{e}^{-2}) \approx 864.66\,(\text{元})$$

将来值

$$R_{20} = \int_0^{20} 100\mathrm{e}^{0.1(20-t)}\mathrm{d}t = 1\,000(1 - \mathrm{e}^{-2})\mathrm{e}^2 \approx 6\,389.06\,(\text{元})$$

(2) $R_{20} = \mathrm{e}^2 R_0$.

说明　将单独的一笔款项 R_0 存入银行,并以连续复利率 $r = 0.1$ 计息,那么这笔款项 20 年后的将来值为 $R_0\mathrm{e}^{0.1\cdot20} = \mathrm{e}^2 R_0$,这个将来值正好等于收益流在 20 年期间的将来值 R_{20}.

例 6.18　设有一项计划现在($t = 0$)需要投入 1 000 万元,在 10 年中每年收益为 200 万元.若连续复利率为 5%,求收益资本价 W(设购置的设备 10 年后完全失去价值).

解　由于

$$\text{资本的价值} = \text{收益流的现值} - \text{投入资金的现值}$$

所以

$$W = \int_0^{10} 200\mathrm{e}^{-0.05t}\mathrm{d}t - 1\,000 = 4\,000(1 - \mathrm{e}^{-0.5}) - 1\,000 \approx 573.88\,(\text{万元})$$

6.3.5　消费者剩余

"消费者剩余"的概念,是纽约大学教授马歇尔在《经济学原理》一书中提出来的.消费者剩余是经济学中的重要概念.它的具体定义是:消费者为购买一种物品所愿意支付的价格与实际支付价格的差价,即

消费者剩余 = 愿意支付的金额 - 实际支付的金额

假定消费者愿意为某商品所付的价格 P 是由其需求曲线 $P = D(Q)$ 决定的,其中 Q 为需求量,它是价格的减函数.在一定条件下(利用需求曲线图),消费者剩余的货币价值可以用需求曲线以下、价格线以上的面积来衡量,如图 6.17 所示.

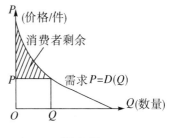

图 6.17

这表明市场经济中某个消费者对价格为 P 的某商品购买量为 Q 时,消费者剩余(简记为 CS)为

$$CS = \int_0^Q D(Q)\mathrm{d}Q - PQ$$

例 6.19　如果需求曲线为 $D(Q) = 18 - 3Q$,并已知需求量为 2 单位,试求消

费者剩余 CS.

解　由需求量可知市场价格

$$P = D(2) = 18 - 3 \times 2 = 12$$

从而得消费者剩余为

$$CS = \int_0^Q D(Q)\mathrm{d}Q - PQ$$

$$= \int_0^2 (18 - 3Q)\mathrm{d}Q - 12 \times 2$$

$$= \left(18Q - \frac{3Q^2}{2}\right)\Big|_0^2 - 24$$

$$= 6$$

6.3.6　国民收入分配

为了研究国民收入在国民之间的分配问题,著名统计学家 M·O·洛伦兹 (Max Otto Lorenz)1907 年提出了著名的洛伦兹曲线,如图 6.18 所示.

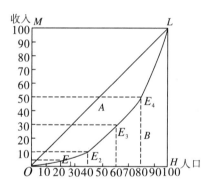

图 6.18

图 6.18 中横轴 OH 表示人口(按收入由低到高分组)的累积百分比,纵轴 OM 表示收入的累积百分比,弧线 OL 为洛伦兹曲线.

洛伦兹曲线的弯曲程度有重要意义.一般来讲,它反映了收入分配的不平等程度.弯曲程度越大,收入分配越不平等,反之亦然.特别是,如果所有收入都集中在一人手中,而其余人均一无所获时,收入分配达到完全不平等,洛伦兹曲线成为折线 OHL.另一方面,若任一人口百分比均等于其收入百分比,从而人口累计百分比等于收入累计百分比,则收入分配是完全平等的,洛伦兹曲线成为通过原点的 45° 线 OL.

一般来说,一个国家的收入分配,既不是完全不平等,也不是完全平等的,而是介于两者之间. 相应的洛伦兹曲线既不是折线 OHL, 也不是 $45°$ 线 OL, 而是如图中这样向横轴突出的弧线 OL, 尽管突出的程度有所不同.

将洛伦兹曲线与 $45°$ 线之间的部分 A 叫作"不平等面积", 当收入分配达到完全不平等时, 洛伦兹曲线成为折线 OHL, OHL 与 $45°$ 线之间的面积 $A + B$ 叫作"完全不平等面积". 不平等面积与完全不平等面积之比, 称为基尼系数, 记作 G. 基尼系数 $G = \dfrac{A}{A + B}$. 显然, 基尼系数不会大于 1, 也不会小于零. 基尼系数是衡量一国贫富差距的标准.

假定某国某一时期国民收入分配的洛伦兹曲线可近似由 $y = f(x)$ 表示, 则不平等面积

$$A = \int_0^1 \big[x - f(x)\big]\mathrm{d}x = \frac{1}{2} - \int_0^1 f(x)\mathrm{d}x$$

从而可得基尼系数

$$G = \frac{A}{A + B} = \frac{\dfrac{1}{2} - \displaystyle\int_0^1 f(x)\mathrm{d}x}{\dfrac{1}{2}} = 1 - 2\int_0^1 f(x)\mathrm{d}x$$

例 6.20　某国某年国民收入在国民之间分配的洛伦兹曲线可近似由 $y = x^2$, $x \in [0,1]$ 表示, 试求该国的基尼系数.

解　不平等面积

$$A = \frac{1}{2} - \int_0^1 f(x)\mathrm{d}x = \frac{1}{2} - \int_0^1 x^2\mathrm{d}x = \frac{1}{2} - \frac{1}{3}x^3 \Big|_0^1 = \frac{1}{6}$$

因此, 基尼系数

$$G = \frac{A}{A + B} = \frac{\dfrac{1}{6}}{\dfrac{1}{2}} = \frac{1}{3} = 0.\dot{3}$$

习　题　6.3

1. 已知边际成本 $C'(q) = 12\mathrm{e}^{0.5q}$, 固定成本为 26, 求总成本函数.

2. 设某产品在时刻 t 总产量的变化率为 $f(t) = 100 + 12t - 0.6t^2$(单位 / 小时), 求从 $t = 2$ 到 $t = 4$ 的总产量(t 的单位为小时).

3. 某产品的边际成本为 $\dfrac{160}{\sqrt[3]{q}}$(元 / 件), q 为生产量. 现生产 500 件产品的总成本为 17 000 元, 试求总成本函数.

4. 某产品生产 q 单位时总收入 R 的变化率为 $R'(q) = 200 - \dfrac{q}{100}$. 求:

(1) 生产 50 单位时的总收入;

(2) 在生产 100 单位的基础上再生产 100 单位时总收入的增量.

5. 已知某产品的边际成本 $C'(Q) = 2$ 元 / 件, 固定成本为 0, 边际收入为 $R'(Q) = 20 - 0.02Q$.

(1) 产量为多少时利润最大?

(2) 在最大利润的基础上再生产 40 件, 利润会发生什么变化?

6. 已知生产某产品 x(百台)的边际成本和边际收入分别为 $C'(x) = 3 + \dfrac{1}{3}x$ (万元 / 百台), $R'(x) = 7 - x$ (万元 / 百台)(其中 $C(x)$ 和 $R(x)$ 分别是总成本函数、总收入函数).

(1) 若固定成本 $C(0) = 1$ 万元, 求总成本函数、总收入函数和总利润函数.

(2) 产量为多少时, 总利润最大? 最大总利润是多少?

7. 假设以连续复利率 0.05 计息, 求收益流量为 1 000 元 / 年的收益在 10 年期间的现值和将来值.

8. 如果需求曲线 $D(Q) = 50 - 0.025Q^2$, 并已知需求量为 20 单位, 试求消费者剩余 CS.

9. 假设某国某年的国民收入在国民之间分配的洛伦兹曲线可近似由 $y = x^5, x \in [0,1]$ 表示, 试求该国的基尼系数.

总 习 题 6

1. 求下列曲线围成平面图形面积.

(1) $y = 2x^2, y = x^2, x = 1$;

(2) $y = \cos x, x = -\dfrac{\pi}{2}, x = \dfrac{\pi}{2}, y = 0$;

(3) $y = -x^2 + 4x - 3$ 及其在点 $(0, -3)$ 与点 $(3,0)$ 处的切线.

2. 求由下列曲线所围成图形绕指定轴旋转所得旋转体的体积.

(1) $y = x^2, y = 0, x = 1$, 绕 x 轴;

(2) $y = x^3, x = 2, y = 0$, 绕 x 轴和 y 轴;

(3) $y = \sqrt{x}, x = 1$ 与 $y = 0$, 绕 x 轴;

(4) $y^2 = x - 1$ 与 $y - 1 = 2(x - 2)$, 绕 y 轴.

3. 假设你有一张硬纸板, 其图形如图 6.19 所示的区域, 这一区域左边以 $x = a$ 为界, 右边以 $x = b$ 为界, 上边以 $y = f(x)$ 为界, 下边以 $y = g(x)$ 为界. 如果密度 $\rho(x)$(单位:

克／厘米²)仅随 x 变化.试求表示这一区域总质量的表达式(用 $f(x),g(x)$ 和 $\rho(x)$ 表示).

4. 有一锥形火山,在海拔 h 米高处圆截面的半径近似为 $\dfrac{6 \cdot 10^4}{\sqrt{h+195}}$ 米,火山基底的海拔

高度为 120 米,火山顶海拔 4 390 米,如图 6.20 所示,试求这座火山的体积.

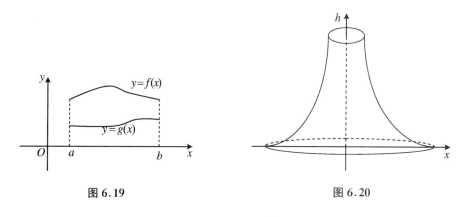

图 6.19　　　　　　　　　　　　　　　　　图 6.20

5. 位于汽车前灯后的反射镜被制成抛物线 $x = \dfrac{4}{9}y^2$ 的形状,横截面为圆形,如图 6.21

所示,这一反射镜内部到镜口的距离为 4,试求反射镜围成的空间区域的体积.

6. 小文在 xOy 平面上行走,他从原点出发,在 t 时刻到达点 (t,t^2),t 时刻他的速度 v 是

多少?(注: $v = \dfrac{\mathrm{d}s}{\mathrm{d}t}$,其中 s 为走过的距离,如图 6.22 所示.)

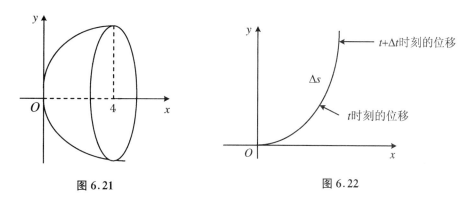

图 6.21　　　　　　　　　　　　　　　　　图 6.22

阅 读 材 料

前面内容中我们讨论了定积分的几何应用、经济应用,除此之外,我们还可以

用定积分来求函数的平均数.

大家知道，若给定 n 个数 $y_1, y_2, \cdots, y_n$，那么它的平均值在解决问题时是有用的，对于给定的 n 个数，只要将这 n 个数加起来，再被 n 除即可，但如果给出的是一个连续函数，怎样求平均值呢？

从定积分的定义看出，$f(x)$ 在区间 $[a,b]$ 上的平均值可以用一个和式的极限给出，记作 $\overline{f}_{[a,b]}$，即

$$\overline{f}_{[a,b]} = \lim_{n \to \infty} \frac{1}{b-a} \sum_{i=1}^{n} f(\xi_i) \Delta x_i$$

$$\overline{f}_{[a,b]} = \frac{1}{b-a} \int_a^b f(x) \mathrm{d}x$$

例如，某工厂有台主要设备的折旧率为 $f = f(t)$（连续函数），其中 t（单位：月）是自从上一次大修结束起计算的时间，f（单位：元）表示在时刻 t 的金额.假设每次大修花费 A 元，问：下一次大修选在什么时间最合适？

自上一次大修后到某一时刻 t，这台设备折旧金额为 $\int_0^t f(s)\mathrm{d}s$ 元，于是，如果就在时刻 t 进行大修，那么这台机器设备在 $[0,t]$ 这段时间内的月平均花费就是

$$C(t) = \frac{1}{t}\left[A + \int_0^t f(s)\mathrm{d}s \right]$$

显然，下一次大修应选在使平均花费达到最小的时刻 T 进行，由于

$$C'(t) = \frac{1}{t^2}\left[tf(t) - \int_0^t f(s)\mathrm{d}s - A \right]$$

令 $C'(T) = 0$，得

$$Tf(T) - \int_0^T f(s)\mathrm{d}s - A = 0$$

由此可以解出下一次大修的最佳时间 T.

思考题：在某高速公路出口处，交通警察记录了几个星期内平均车辆行驶速度.据统计表明，一个普通工作日中的下午 1:00 到 6:00 之间，此出口处在 t 时刻的平均车辆行驶速度为

$$S(t) = 2t^3 - 21t^2 + 60t + 40 \text{（千米／小时）}$$

试计算下午 1:00 到 6:00 内的平均车辆行驶速度.

第7章　多元函数微分法及其应用

7.1　多元函数的基本概念

在前面的章节中,我们所讨论的经济函数只有一个自变量,即一元函数,作为因变量的经济量由作为自变量的经济量唯一确定,但在大量的实际问题中,会出现多个因素共同确定某一经济量的现象,例如,工厂生产某种产品,其产量由多种投入要素,如资本、劳动等确定;又如,在轿车的消费市场中,轿车的需要量不仅受其价格的影响,还会受到诸如其他车型的价格、汽油的价格、消费者的收入、各种税费以及对未来价格的预期等诸多因素的影响.为了建立此类问题的数学模型,需要引入多元函数的概念.

本书讨论最简单且唯一具有直观的几何图形的一类多元函数 —— 二元函数,所得到的结果不难推广到一般多元函数中去.

7.1.1　平面点集,n 维空间

1. 平面点集

（1）邻域

设 $P_0(x_0, y_0)$ 为 xOy 平面上一个点,δ 为一个正数,集合

$$U(P_0, \delta) = \{P \mid \mid PP_0 \mid < \delta\}$$

为点 P_0 的 δ 邻域(以 P_0 为中心,以 δ 为半径的邻域),即

$$U(P_0, \delta) = \{(x, y) \mid \sqrt{(x - x_0)^2 + (y - y_0)^2} < \delta\}$$

P_0 的去心 δ 邻域(以 P_0 为中心,以 δ 为半径的去心邻域) 为

$$\mathring{U}(P_0, \delta) = \{P \mid 0 < \mid PP_0 \mid < \delta\}$$

或

$$\mathring{U}(P_0, \delta) = \{(x, y) \mid 0 < \sqrt{(x - x_0)^2 + (y - y_0)^2} < \delta\}$$

$U(P_0)(\mathring{U}(P_0))$ 也通常称为点 P_0 的（去心）邻域.

（2）内点

设 E 为平面点集，P 为一点，如果存在 $U(P) \subset E$，则 P 称为 E 的内点.集合

$$E = \{(x,y) \mid x^2 + y^2 < 1\}$$

的点都是 E 的内点.

（3）外点

设 E 为平面点集，P 为一点，如果存在 $U(P)$ 使得 $U(P) \bigcap E = \varnothing$，则 P 称为 E 的外点.

（4）边界点

设 E 为平面点集，P 为一点，如果 P 的任何邻域既含有属于 E 的点，又含有不属于 E 的点，则 P 称为 E 的边界点.

（5）边界

平面点集 E 的边界点的全体称为 E 的边界，记为 ∂E.

注　E 的内点一定属于 E；E 的外点一定不属于 E；E 的边界点可能属于 E，也可能不属于 E.

（6）聚点

设 E 为平面点集，P 为一点，如果 P 的任何去心邻域 $\mathring{U}(P,\delta)$ 总含有 E 中的点，即对于任何 $\delta > 0$，$\mathring{U}(P,\delta) \bigcap E \neq \varnothing$，则 P 称为 E 的聚点.

由定义，点集 E 的聚点可以属于 E，也可以不属于 E.如 $\{(x,y) \mid x^2 + y^2 = 1\}$ 中的点也是 $E = \{(x,y) \mid x^2 + y^2 < 1\}$ 的聚点.

（7）开集

如果点集 E 的点都是 E 的内点，则 E 称为开集.

（8）闭集

如果点集 E 的余集 E^c 是开集，或者说点集 E 的聚点都属于 E，则 E 称为闭集.

例如，$E = \{(x,y) \mid x^2 + y^2 < 1\}$ 为开集；$\{(x,y) x^2 + y^2 \leqslant 1\}$ 为闭集；$\{(x,y) \mid 1 < x^2 + y^2 \leqslant 2\}$ 既不是开集，也不是闭集.

（9）连通集

如果点集 E 中的任何两点总可用完全属于 E 的折线连接，则 E 称为连通集.

（10）区域

连通的开集称为区域（开区域）.

（11）闭区域

区域连同其边界构成的集合称为闭区域.

例如,$E = \{(x,y) \mid x^2 + y^2 < 1\}$ 是区域;$\{(x,y) \mid x^2 + y^2 \leqslant 1\}$ 为闭区域;$\{(x,y) \mid 1 < x^2 + y^2 \leqslant 2\}$ 不是区域,也不是闭区域.

(12) 有界集

对于平面点集 E,如果存在某一正数 r,使得 $E \subset U(O, r)$,则 E 称为有界集;否则,E 称为无界集.

例如,$E = \{(x,y) \mid 1 < x^2 + y^2 \leqslant 2\}$ 为有界集;$\{(x,y) \mid x + y > 0\}$ 为无界集.

2. n 维空间

集合

$$\{(x_1, x_2, \cdots, x_n) \mid x_i \in \mathbf{R}, i = 1, 2, \cdots, n\}$$

记为 $\mathbf{R}^n$.

在 $\mathbf{R}^n$ 中定义线性运算:$\boldsymbol{x} = (x_1, x_2, \cdots, x_n) \in \mathbf{R}^n$,$\boldsymbol{y} = (y_1, y_2, \cdots, y_n) \in \mathbf{R}^n$,定义

$$\boldsymbol{x} + \boldsymbol{y} = (x_1 + y_1, x_2 + y_2, \cdots, x_n + y_n)$$

$$\lambda \boldsymbol{x} = (\lambda x_1, \lambda x_2, \cdots, \lambda x_n), \quad \lambda \in \mathbf{R}$$

在 $\mathbf{R}^n$ 中定义线性运算后,$\mathbf{R}^n$ 称为 n 维空间.

$\mathbf{R}^n$ 中两点间 $\boldsymbol{x} = (x_1, x_2, \cdots, x_n)$ 与 $\boldsymbol{y} = (y_1, y_2, \cdots, y_n)$ 的距离定义为

$$\rho(\boldsymbol{x}, \boldsymbol{y}) = \sqrt{(x_1 - y_1)^2 + (x_2 - y_2)^2 + \cdots + (x_n - y_n)^2}$$

7.1.2　多元函数概念

例 7.1　圆柱体的体积

$$V = \pi r^2 h, \quad \{(r, h) \mid r > 0, h > 0\}$$

例 7.2　设 R 是电阻 R_1 与 R_2 并联后的总电阻,则

$$R = \frac{R_1 R_2}{R_1 + R_2}, \quad \{(R_1, R_2) \mid R_1 > 0, R_2 > 0\}$$

定义 7.1　设 D 是 $\mathbf{R}^2$ 的一个非空子集,称映射 $f: D \rightarrow R$ 为定义在 D 上的二元函数,记为

$$z = f(x, y), \quad (x, y) \in D$$

或

$$z = f(P), \quad P \in D$$

其中点集 D 称为函数的定义域,集合

$$f(D) = \{z \mid z = f(x, y), (x, y) \in D\}$$

称为函数的值域.

类似地,可以定义三元函数 $u = f(x, y, z), (x, y, z) \in D$ 以及 n 元函数

$$u = f(x_1, x_2, \cdots, x_n), \quad (x_1, x_2, \cdots, x_n) \in D$$

或

$$u = f(P), \quad P(x_1, x_2, \cdots, x_n) \in D$$

一般情况,用算式表达的多元函数 $u = f(P)$,其定义域为使算式有意义的点 P 的全体所构成的集合.例如, $z = \ln(x + y)$ 的定义域为

$$D = \{(x, y) \mid x + y > 0\}$$

函数 $z = \arcsin(x^2 + y^2)$ 的定义域为

$$D = \{(x, y) \mid x^2 + y^2 \leqslant 1\}$$

下面给出二元函数直观的描述,对于二元函数 $z = f(x, y)$, $\mathbf{R}^3$ 中的点集

$$\{(x, y, z) \mid z = f(x, y), (x, y) \in D\}$$

称为二元函数 $z = f(x, y)$ 的图像.一般情况,二元函数 $z = f(x, y)$ 的图像为一个曲面.如 $z = x^2 + y^2$ 的图像为旋转抛物面; $z = \sqrt{1 - x^2 - y^2}$ 的图像为上半球面.

下面介绍几个常见的多元经济函数.

1. 多元需求函数与供给函数

设商品的需求量为 Q_d,影响 Q_d 的因素有该商品的价格 P 与此商品有关的其余 n 种商品的价格 $P_1, \cdots, P_n$;消费者的收入 M;消费者对商品价格的预期 P_e 等.若影响需求的诸因素均变化,则 Q_d 是各因素的函数

$$Q_d = f(P; P_1, \cdots, P_n; M; P_e)$$

厂商对商品的供给量为 Q_s,除商品的价格 P 外,影响 Q_s 的因素还有:相关商品的价格 $P_1, \cdots, P_n$;生产要素的价格 C;生产技术参数 ρ 及厂商对价格的预期 P_e 等. Q_s 是各因素的函数

$$Q_s = g(P; P_1, \cdots, P_n; C; \rho; P_e)$$

需求函数与供给函数比较复杂,在实际的讨论中,可假设其中的部分因素不变,从而 Q_d 与 Q_s 为其余因素的函数.

例如,某商品的需求函数为

$$Q_d = 10 P^{-\frac{1}{2}} P_1^{\frac{1}{3}} M^{\frac{1}{4}}$$

其中 Q_d 为该商品需求量, P 为其价格, P_1 为某相关商品的价格, M 为消费者的

收入.

2. 生产函数

设生产一种产品需投入的要素为资本 K 与劳动 L,产量为 Q,则 Q 是 K 与 L 的函数

$$Q = f(K, L)$$

称此函数为**生产函数**. 常用的生产函数有:Cobb-Douglas 生产函数

$$Q = AK^{\alpha}L^{\beta}, \quad A, \alpha, \beta > 0$$

3. 效用函数

设定消费者消费 n 种商品,消费量分别为 $x_1, x_2, \cdots, x_n$,消费者的总效用为 U,则 U 是 $x_1, x_2, \cdots, x_n$ 的 n 元函数

$$U = f(x_1, x_2, \cdots, x_n)$$

7.1.3　多元函数的极限

与一元函数极限类似,但由于自变量个数增多,多元函数的极限比一元复杂,请务必弄清异同. 对于二元函数 $z = f(x, y)$,$(x, y) \rightarrow (x_0, y_0)$ 或 $P(x, y) \rightarrow P_0(x_0, y_0)$ 表示为

$$|PP_0| = \sqrt{(x - x_0)^2 + (y - y_0)^2} \rightarrow 0$$

定义 7.2　设二元函数 $f(P) = f(x, y)$ 的定义域为 D,$P_0(x_0, y_0)$ 为 D 的聚点,如果存在常数 A,对于任意给定的正数 ε,总存在正数 δ,使得当点 $P(x, y) \in D \bigcap \mathring{U}(P_0, \delta)$ 时,都有

$$|f(P) - A| = |f(x, y) - A| < \varepsilon$$

则常数 A 称为函数 $f(x, y)$ 当 $(x, y) \rightarrow (x_0, y_0)$ 时的极限,记为

$$\lim_{(x, y) \rightarrow (x_0, y_0)} f(x, y) = A \quad \text{或} \quad f(x, y) \rightarrow A, \quad (x, y) \rightarrow (x_0, y_0)$$

也可记为

$$\lim_{P \rightarrow P_0} f(P) = A \quad \text{或} \quad f(P) \rightarrow A, \quad P \rightarrow P_0$$

例 7.3　设 $f(x, y) = (x^2 + y^2)\sin \dfrac{1}{x^2 + y^2}$,求证:$\lim\limits_{(x, y) \rightarrow (0, 0)} f(x, y) = 0$.

证　由于

$$|f(x, y) - 0| = \left| (x^2 + y^2)\sin \frac{1}{x^2 + y^2} - 0 \right| \leqslant x^2 + y^2$$

因此,任给 $\varepsilon > 0$,取 $\delta = \sqrt{\varepsilon}$,当 $0 < \sqrt{x^2 + y^2} < \delta$ 时,有

$$| f(x,y) - 0 | \leqslant x^2 + y^2 < \delta^2 = \varepsilon$$

所以

$$\lim_{(x,y)\to(0,0)} f(x,y) = 0$$

注　$\lim\limits_{(x,y)\to(x_0,y_0)} f(x,y) = A$ 是 $P(x,y)$ 以任何方式趋向于 $P_0(x_0,y_0)$ 时，$f(x,y)$ 都趋向于 A，或者说 $P(x,y)$ 沿任何路径趋向于 $P_0(x_0,y_0)$ 时，$f(x,y)$ 都趋向于 A. 如果 $P(x,y)$ 沿不同路径趋向于 $P_0(x_0,y_0)$ 时，$f(x,y)$ 趋向于不同的极限，则 $P(x,y)$ 趋向于 $P_0(x_0,y_0)$ 时，$f(x,y)$ 没有极限.

例 7.4　考查函数

$$f(x,y) = \begin{cases} \dfrac{xy}{x^2 + y^2}, & x^2 + y^2 \neq 0 \\ 0, & x^2 + y^2 = 0 \end{cases}$$

当 $P(x,y) \to O(0,0)$ 时的极限情况.

解　当 $P(x,y)$ 沿 x 轴方向趋向于 $O(0,0)$ 时，有

$$\lim_{(x,y)\to(x_0,y_0)} f(x,y) = \lim_{\substack{x\to 0 \\ y=0}} f(x,y) = \lim_{x\to 0} f(x,0) = \lim_{x\to 0} 0 = 0$$

当 $P(x,y)$ 沿 $x = y$ 方向趋向于 $O(0,0)$ 时，有

$$\lim_{(x,y)\to(x_0,y_0)} f(x,y) = \lim_{\substack{x\to 0 \\ y=x\to 0}} f(x,y) = \lim_{x\to 0} \frac{x^2}{2x^2} = \lim_{x\to 0} \frac{1}{2} = \frac{1}{2}$$

因此，当 $P(x,y) \to O(0,0)$ 时，$f(x,y)$ 没有极限.

7.1.4　多元函数的连续性

定义 7.3　设二元函数 $f(P) = f(x,y)$ 的定义域为 D，$P_0(x_0,y_0)$ 为 D 的聚点，且 $P_0 \in D$，如果

$$\lim_{(x,y)\to(x_0,y_0)} f(x,y) = f(x_0,y_0)$$

则称函数 $f(x,y)$ 在点 $P_0(x_0,y_0)$ 处连续.

如果函数 $f(x,y)$ 在 D 的每一点处都连续，则称函数 $f(x,y)$ 在 D 上连续，或者说 $f(x,y)$ 是 D 上的连续函数.

定义 7.4　设函数 $f(x,y)$ 的定义域为 D，$P_0(x_0,y_0)$ 为 D 的聚点，如果函数 $f(x,y)$ 在点 $P_0(x_0,y_0)$ 处不连续，则称点 $P_0(x_0,y_0)$ 为函数 $f(x,y)$ 的间断点.

例如，根据前面的讨论，函数

$$f(x,y) = \begin{cases} \dfrac{xy}{x^2 + y^2}, & x^2 + y^2 \neq 0 \\ 0, & x^2 + y^2 = 0 \end{cases}$$

在 $O(0,0)$ 不连续, $O(0,0)$ 是函数 $f(x,y)$ 的一个间断点. 又如函数

$$f(x,y) = \sin \frac{1}{x^2 + y^2 - 1}$$

在圆周 $C = \{(x,y) \mid x^2 + y^2 = 1\}$ 上的点没有定义, 因此, $f(x,y)$ 在圆周 C 上不连续.

　　与一元函数连续性类似, 可得一切多元初等函数在其定义区域(包含在定义内的区域)内是连续的.

　　如果 $f(x,y)$ 是初等函数, $P_0(x_0,y_0)$ 是其定义区域内的一点, 则

$$\lim_{(x,y)\to(x_0,y_0)} f(x,y) = f(x_0,y_0)$$

例如

$$\lim_{(x,y)\to(1,2)} \frac{x+y}{xy} = \frac{1+2}{1 \cdot 2} = \frac{3}{2}$$

例 7.5　求 $\displaystyle\lim_{(x,y)\to(0,2)} \frac{\sin xy}{x}$.

解　$\displaystyle\lim_{(x,y)\to(0,2)} \frac{\sin xy}{x} = \lim_{(x,y)\to(0,2)} \frac{\sin xy}{xy} \cdot y$

$$= \lim_{(x,y)\to(0,2)} \frac{\sin xy}{xy} \cdot \lim_{(x,y)\to(0,2)} y = 2.$$

例 7.6　求 $\displaystyle\lim_{(x,y)\to(0,0)} \frac{\sqrt{xy+1}-1}{xy}$.

解　$\displaystyle\lim_{(x,y)\to(0,0)} \frac{\sqrt{xy+1}-1}{xy} = \lim_{(x,y)\to(0,0)} \frac{xy+1-1}{xy(\sqrt{xy+1}+1)}$

$$= \lim_{(x,y)\to(0,0)} \frac{1}{\sqrt{xy+1}+1} = \frac{1}{2}.$$

　　与闭区间上一元连续函数的性质类似, 在有界闭区域上连续的多元函数具有如下性质:

　　有界性质　在有界闭区域 D 上连续的多元函数必定在 D 上有界.

　　最大值与最小值性质　在有界闭区域 D 上连续的多元函数必定在 D 上取得它的最大值和最小值.

　　介值性质　在有界闭区域 D 上连续的多元函数必取得介于最大值和最小值之间的任何值.

　　习　题　7.1

　　1. 求下列函数的定义域.

(1) $z = \sqrt{x} + y$；   (2) $z = \arccos \dfrac{u}{\sqrt{x^2 + y^2}}$；

(3) $z = \sqrt{1 - \dfrac{x^2}{a^2} - \dfrac{y^2}{b^2}}$；   (4) $z = \sqrt{\sin(x^2 + y^2)}$.

2. 设 $F(x, y) = \ln x \ln y$，证明：$F(xy, uv) = F(x, u) + F(x, v) + F(y, u) + F(y, v)$.

3. 求下列极限.

(1) $\lim\limits_{(x,y)\to(0,3)} \dfrac{\sin xy}{x}$；   (2) $\lim\limits_{(x,y)\to(\infty,\infty)} (x^2 + y^2) \sin \dfrac{1}{x^2 + y^2}$.

4. 证明：当 $(x, y) \to (0,0)$ 时，函数 $f(x, y) = \dfrac{x + y}{x - y}$ 不存在极限.

7.2　偏　导　数

　　一元函数导数是描述因变量相对于自变量变化快慢的程度，对于多元函数，如何刻画因变量相对于各个自变量的变化呢?我们在经济分析时，一个因素由多个其他因素决定或影响，但有时只要考虑只由其中某一个自变量引起的变化问题. 例如，某厂生产两种产品 A 与 B，产量分别为 Q_1 与 Q_2，总收益为 $R(Q_1, Q_2)$. B 产品为老产品，市场需求比较稳定，A 产品为新开发的产品，有较大的市场潜力. 工厂在保持 B 产品产量 Q_2 不变的前提下，欲增加 A 产品产量 Q_1，那么总收益将如何变化是工厂最关心的问题. 在总收益 $R(Q_1, Q_2)$ 中，将 Q_1 看作常数，即视 R 为 Q_1 的一元函数，此时 R 对 Q_1 的导数可反映由 Q_1 的变化引起的总收益 R 变化的快慢程度，这种由某一自变量变化而其余自变量固定不变时所得到的"导数"就是多元函数的偏导数.

7.2.1　偏导数的定义与计算

　　定义 7.5　设函数 $z = f(x, y)$ 在点 (x_0, y_0) 的某邻域内有定义，如果

$$\lim_{\Delta x \to 0} \frac{f(x_0 + \Delta x, y_0) - f(x_0, y_0)}{\Delta x}$$

存在，则称此极限为函数 $z = f(x, y)$ 在点 (x_0, y_0) 处**对 x 的偏导数**，记为

$$\frac{\partial z}{\partial x}\bigg|_{\substack{x=x_0 \\ y=y_0}}, \quad \frac{\partial f}{\partial x}\bigg|_{\substack{x=x_0 \\ y=y_0}}, \quad z_x\bigg|_{\substack{x=x_0 \\ y=y_0}} \quad \text{或} \quad f_x(x_0, y_0)$$

即

$$f_x(x_0,y_0) = \lim_{\Delta x \to 0} \frac{f(x_0+\Delta x,y_0)-f(x_0,y_0)}{\Delta x}$$

类似地,函数 $z=f(x,y)$ 在点 (x_0,y_0) 处对 y 的偏导数记为

$$\frac{\partial z}{\partial y}\bigg|_{\substack{x=x_0\\y=y_0}}, \quad \frac{\partial f}{\partial y}\bigg|_{\substack{x=x_0\\y=y_0}}, \quad z_y\bigg|_{\substack{x=x_0\\y=y_0}} \quad \text{或} \quad f_y(x_0,y_0)$$

定义为

$$f_y(x_0,y_0) = \lim_{\Delta y \to 0} \frac{f(x_0,y_0+\Delta y)-f(x_0,y_0)}{\Delta y}$$

如果函数 $z=f(x,y)$ 在区域 D 内每一点 (x,y) 处的偏导数都存在,则在区域 D 内定义两个偏导函数 $f_x(x,y)$ 与 $f_y(x,y)$. 偏导函数也简称为偏导数.

偏导数的概念可推广到二元以上的函数. 例如,三元函数 $u=f(x,y,z)$ 在 (x,y,z) 处对 x 的偏导数定义为

$$f_x(x,y,z) = \lim_{\Delta x \to 0} \frac{f(x+\Delta x,y,z)-f(x,y,z)}{\Delta x}$$

类似地,可定义 $f_y(x,y,z)$ 和 $f_z(x,y,z)$.

例 7.7 求 $z=x^2+3xy+y^2$ 在点 $(1,2)$ 处的偏导数.

解 将 y 看成常数,得

$$\frac{\partial z}{\partial x} = 2x+3y$$

同理

$$\frac{\partial z}{\partial y} = 3x+2y$$

因此,得

$$\frac{\partial z}{\partial x}\bigg|_{\substack{x=1\\y=2}} = 2\cdot 1+3\cdot 2 = 8, \quad \frac{\partial z}{\partial y}\bigg|_{\substack{x=1\\y=2}} = 3\cdot 1+2\cdot 2 = 7$$

例 7.8 求 $z=x^2\sin 2y$ 的偏导数.

解 $\dfrac{\partial z}{\partial x} = 2x\sin 2y, \dfrac{\partial z}{\partial y} = x^2\cos 2y\cdot 2 = 2x^2\cos 2y.$

例 7.9 设 $z=x^y(x>0,x\neq 1)$,求证:

$$\frac{x}{y}\frac{\partial z}{\partial x} + \frac{1}{\ln x}\frac{\partial z}{\partial y} = 2z$$

证 由

$$\frac{\partial z}{\partial x} = yx^{y-1}, \quad \frac{\partial z}{\partial y} = x^y\ln x$$

得

$$\frac{x}{y} \frac{\partial z}{\partial x} + \frac{1}{\ln x} \frac{\partial z}{\partial y} = \frac{x}{y} \cdot yx^{y-1} + \frac{1}{\ln x} \cdot x^y \ln x = x^y + x^y = 2z$$

例 7.10　求 $r = \sqrt{x^2 + y^2 + z^2}$ 的偏导数.

解　将 y 和 z 看成常数,得

$$\frac{\partial r}{\partial x} = \frac{2x}{2\sqrt{x^2 + y^2 + z^2}} = \frac{x}{r}$$

由于所给函数关于自变量的对称性,故

$$\frac{\partial r}{\partial y} = \frac{y}{r}, \quad \frac{\partial r}{\partial z} = \frac{z}{r}$$

例 7.11　考查函数

$$z = f(x,y) = \begin{cases} \dfrac{xy}{x^2 + y^2}, & x^2 + y^2 \neq 0 \\ 0, & x^2 + y^2 = 0 \end{cases}$$

在点 $(0,0)$ 处的偏导数.

解　求函数在点 $(0,0)$ 处对 x 的偏导数,有

$$f_x(0,0) = \lim_{\Delta x \to 0} \frac{f(0 + \Delta x, 0) - f(0,0)}{\Delta x} = \lim_{\Delta x \to 0} \frac{0 - 0}{\Delta x} = 0$$

同样地,有

$$f_y(0,0) = \lim_{\Delta y \to 0} \frac{f(0, 0 + \Delta y) - f(0,0)}{\Delta y} = \lim_{\Delta y \to 0} \frac{0 - 0}{\Delta y} = 0$$

即函数在点 $(0,0)$ 处的两个偏导数都存在.但由 7.1 节讨论知道,该函数在点 $(0,0)$ 处是不连续的.

7.2.2　偏导数的几何意义

由偏导数的定义,$f_x(x_0, y_0)$ 可看成函数 $z = f(x, y_0)$ 在点 x_0 处的导数,根据导数的几何意义,$f_x(x_0, y_0)$ 是曲线 $\begin{cases} z = f(x,y) \\ y = y_0 \end{cases}$ 在点 $M_0(x_0, y_0)$ 处的切线对 x 轴的斜率.同理,$f_y(x_0, y_0)$ 是曲线 $\begin{cases} z = f(x,y) \\ x = x_0 \end{cases}$ 在点 $M_0(x_0, y_0)$ 处的切线对 y 轴的斜率.

7.2.3　偏导数的经济意义

设某产品的需求量 $Q = Q(P, y)$,其中 P 为该产品的价格,y 为消费者的

收入.

记需求量 Q 对于价格 P、收入 y 的偏改变量分别为

$$\Delta_P Q = Q(P + \Delta P, y) - Q(P, y)$$

和

$$\Delta_y Q = Q(P, y + \Delta y) - Q(P, y)$$

易见，$\dfrac{\Delta_P Q}{\Delta P}$ 表示 Q 对价格 P 由 P 变到 $P + \Delta P$ 的平均变化率. 而

$$\frac{\partial Q}{\partial P} = \lim_{\Delta P \to 0} \frac{\Delta_P Q}{\Delta P}$$

表示当价格为 P、收入为 y 时，Q 对于 P 的变化率. 称

$$E_P = \lim_{\Delta P \to 0} \frac{\Delta_P Q / Q}{\Delta P / P} = -\frac{\partial Q}{\partial P} \cdot \frac{P}{Q}$$

为**需求 Q 对价格 P 的偏弹性**.

同理，$\dfrac{\Delta_y Q}{\Delta y}$ 表示 Q 对收入 y 由 y 变到 $y + \Delta y$ 的平均变化率. 而

$$\frac{\partial Q}{\partial y} = \lim_{\Delta y \to 0} \frac{\Delta_y Q}{\Delta y}$$

表示当价格为 P、收入为 y 时，Q 对于 y 的变化率. 称

$$E_y = \lim_{\Delta y \to 0} \frac{\Delta_y Q / Q}{\Delta y / y} = -\frac{\partial Q}{\partial y} \cdot \frac{y}{Q}$$

为**需求 Q 对收入 y 的偏弹性**.

设需求函数为 $Q = f(P, P_1, M)$，这里 Q 为该商品的需求量，P 为该商品的价格，P_1 和 M 分别为相关商品的价格与消费者的收入. 偏导数 $\dfrac{\partial Q}{\partial P}, \dfrac{\partial Q}{\partial P_1}, \dfrac{\partial Q}{\partial M}$ 分别称为自身价格 P 的边际需求、相关价格 P_1 的边际需求和收入 M 的边际需求. 当 P_1 和 M 不变时，价格上涨 1 单位，需求量大约减少 $-\dfrac{\partial Q}{\partial P}$ 单位$\left(\text{通常有} \dfrac{\partial Q}{\partial P} < 0\right)$. 对 $\dfrac{\partial Q}{\partial P_1}$ 和 $\dfrac{\partial Q}{\partial M}$ 有类似解释：如果 $\dfrac{\partial Q}{\partial P_1} > 0$，说明两种商品是互辅的，此时称相关商品为互补品；如果 $\dfrac{\partial Q}{\partial M} > 0$，说明需求量与收入同方向变化，商品是一种正常商品；如果 $\dfrac{\partial Q}{\partial M} < 0$，说明收入增多反而会使需求量减少，商品是一种劣质品.

生产函数 $Q = f(K, L)$ 的偏导数 $\dfrac{\partial Q}{\partial K}, \dfrac{\partial Q}{\partial L}$ 分别称为资本 K 的边际产量和劳动 L 的边际产量，表示在另一投入要素不变时，单位要素对产量 Q 的贡献.

二元效用函数 $U = f(x_1, x_2)$ 及成本函数 $C(Q_1, Q_2)$、收入函数 $R(Q_1, Q_2)$ 均可定义关于各自变量的边际函数.

例 7.12   有两种商品,其需求函数分别为 $Q_1 = 120 - 0.3P_2^2 - 2P_1^2, Q_2 = 250 - 0.2P_1^2 - 3P_2^2$,现根据偏导数讨论这两种商品之间的关系.

解   由题意可求边际需求函数分别为

$$\frac{\partial Q_1}{\partial P_2} = -0.6P_2 < 0, \qquad \frac{\partial Q_2}{\partial P_1} = -0.4P_1 < 0$$

由以上可见,第二种商品价格上升导致第一种商品需求量下降,第一种商品价格上升也导致第二种商品需求量下降.

7.2.4   高阶偏导数

一般情况下,函数 $z = f(x, y)$ 的两个偏导数 $f_x(x, y)$ 和 $f_y(x, y)$ 仍然是 x, y 的函数.因此,可以考虑 $f_x(x, y)$ 和 $f_y(x, y)$ 的偏导数,即**二阶偏导数**,依次记为

$$\frac{\partial}{\partial x}\left(\frac{\partial z}{\partial x}\right) = \frac{\partial^2 z}{\partial x^2} = f_{xx}(x, y), \quad \frac{\partial}{\partial y}\left(\frac{\partial z}{\partial x}\right) = \frac{\partial^2 z}{\partial x \partial y} = f_{xy}(x, y)$$

$$\frac{\partial}{\partial x}\left(\frac{\partial z}{\partial y}\right) = \frac{\partial^2 z}{\partial y \partial x} = f_{yx}(x, y), \quad \frac{\partial}{\partial y}\left(\frac{\partial z}{\partial y}\right) = \frac{\partial^2 z}{\partial y^2} = f_{yy}(x, y)$$

类似地,可定义三阶、四阶以及 n 阶偏导数.二阶以及二阶以上偏导数统称为**高阶偏导数**.

例 7.13   设 $z = x^3 y^2 - 3xy^3 - xy + 1$,求 $\dfrac{\partial^2 z}{\partial x^2}, \dfrac{\partial^2 z}{\partial x \partial y}, \dfrac{\partial^2 z}{\partial y \partial x}, \dfrac{\partial^2 z}{\partial y^2}$ 及 $\dfrac{\partial^3 z}{\partial x^3}$.

解   由

$$\frac{\partial z}{\partial x} = 3x^2 y^2 - 3y^3 - y, \qquad \frac{\partial z}{\partial y} = 2x^3 y - 9xy^2 - x$$

得

$$\frac{\partial^2 z}{\partial x^2} = 6xy^2, \qquad \frac{\partial^2 z}{\partial x \partial y} = 6x^2 y - 9y^2 - 1$$

$$\frac{\partial^2 z}{\partial y \partial x} = 6x^2 y - 9y^2 - 1, \qquad \frac{\partial^2 z}{\partial y^2} = 2x^3 - 18xy, \qquad \frac{\partial^3 z}{\partial x^3} = 6y^2$$

由此例看出: $\dfrac{\partial^2 z}{\partial x \partial y} = \dfrac{\partial^2 z}{\partial y \partial x}$.本书所涉及的函数都满足与求导数的次序无关的条件.

习   题   7.2

1. 计算下列函数在给定点的偏导数.

(1) 设 $z = \dfrac{x + y}{x - y}$，求 $z'_x(1,2), z'_y(1,2)$；

(2) 设 $f(x, y) = \arctan \dfrac{y}{x}$，求 $f'_x(1,1), f'_y(-1, -1)$.

2. 计算下列函数的偏导数.

(1) $z = x^3 y - xy^3$；　　　　　　　　　(2) $z = x^2 y^2$；

(3) $z = e^{xy} - x^2 y$；　　　　　　　　　(4) $z = e^{\sin x} \cos y$.

3. 计算下列函数的二阶偏导数.

(1) $z = x\ln(x + y)$；　　　　　　　　(2) $z = x^4 + y^4 - 4x^2 y^2$.

4. 设 $f(x, y, z) = xy^2 + yz^2 + zx^2$，求 $f''_{xx}(0,0,1), f''_{yz}(0, -1,1)$.

5. 设 $u = (x - y)(y - z)(z - x)$，证明：$\dfrac{\partial u}{\partial x} + \dfrac{\partial u}{\partial y} + \dfrac{\partial u}{\partial z} = 0$.

6. 设生产函数 $Q = 10K^{0.4} L^{0.6}$，求 $K = 8, L = 20$ 时资本和劳动的边际产量.

7.3　全　微　分

在实际问题中，有时需要研究自变量发生改变时的因变量的增量，但一般来说，因变量的增量的计算是比较困难的，对于一元函数 $y = f(x)$，曾讨论过用自变量增量的线性函数 $A\Delta x$ 近似代替函数增量 Δy，对于二元函数是否有类似描述呢？由此我们讨论全微分的概念.

7.3.1　全微分的定义

根据一元函数微分学增量与微分的关系，可得
$$f(x + \Delta x, y) - f(x, y) \approx f_x(x, y)\Delta x$$
$$f(x, y + \Delta y) - f(x, y) \approx f_y(x, y)\Delta y$$
其中 $f(x + \Delta x, y) - f(x, y)$ 与 $f(x, y + \Delta y) - f(x, y)$ 称为**偏增量**，$f_x(x, y)\Delta x$ 与 $f_y(x, y)\Delta y$ 称为**偏微分**.

函数 $z = f(x, y)$ 在点 (x, y) 处的**全增量**为
$$\Delta z = f(x + \Delta x, y + \Delta y) - f(x, y)$$

定义 7.6　如果函数 $z = f(x, y)$ 在点 (x, y) 处的全增量
$$\Delta z = f(x + \Delta x, y + \Delta y) - f(x, y)$$
可表示为

$$\Delta z = A\Delta x + B\Delta y + o(\rho)$$

其中 A，B 不依赖于 Δx，Δy 而仅与 x，y 有关，$\rho = \sqrt{(\Delta x)^2 + (\Delta y)^2}$，则称函数 $z = f(x,y)$ 在点 (x,y) 处可微分，而 $A\Delta x + B\Delta y$ 称为函数 $z = f(x,y)$ 在点 (x,y) 处的全微分，记为 $\mathrm{d}z$，即

$$\mathrm{d}z = A\Delta x + B\Delta y$$

如果函数 $z = f(x,y)$ 在区域 D 内每一点都可微分，则称函数 $z = f(x,y)$ 在区域 D 内可微分.

如果函数 $z = f(x,y)$ 在点 (x,y) 处可微分，即

$$f(x + \Delta x, y + \Delta y) - f(x,y) = A\Delta x + B\Delta y + o(\rho)$$

或

$$f(x + \Delta x, y + \Delta y) = f(x,y) + A\Delta x + B\Delta y + o(\rho)$$

因此

$$\lim_{\substack{\Delta x \to 0 \\ \Delta y \to 0}} f(x + \Delta x, y + \Delta y) = \lim_{\substack{\Delta x \to 0 \\ \Delta y \to 0}} \left[f(x,y) + A\Delta x + B\Delta y + o(\rho) \right] = f(x,y)$$

这说明函数 $z = f(x,y)$ 在点 (x,y) 处连续.

定理 7.1（必要条件） 如果函数 $z = f(x,y)$ 在点 (x,y) 处可微分，则函数 $z = f(x,y)$ 在点 (x,y) 处的偏导数 $\dfrac{\partial z}{\partial x}$，$\dfrac{\partial z}{\partial y}$ 存在，而且有

$$\mathrm{d}z = \frac{\partial z}{\partial z}\Delta x + \frac{\partial z}{\partial y}\Delta y$$

证 设 $z = f(x,y)$ 在点 (x,y) 处可微分，则

$$f(x + \Delta x, y + \Delta y) - f(x,y) = A\Delta x + B\Delta y + o(\rho)$$

取 $\Delta y = 0$，得

$$f(x + \Delta x, y) - f(x,y) = A\Delta x + o(|\Delta x|)$$

因此，得

$$\lim_{\Delta x \to 0} \frac{f(x + \Delta x, y) - f(x,y)}{\Delta x} = \lim_{\Delta x \to 0}\left[A + \frac{o(|\Delta x|)}{\Delta x} \right] = A$$

即 $\dfrac{\partial z}{\partial x}$ 存在，且 $\dfrac{\partial z}{\partial x} = A$. 同理可证 $\dfrac{\partial z}{\partial y} = B$.

但是，如果一个函数 $z = f(x,y)$ 偏导数存在，函数不一定可微分. 考查函数

$$f(x,y) = \begin{cases} \dfrac{xy}{\sqrt{x^2 + y^2}}, & x^2 + y^2 \neq 0 \\ 0, & x^2 + y^2 = 0 \end{cases}$$

在 $(0,0)$ 处,偏导数存在,且 $f_x(0,0) = 0, f_y(0,0) = 0$,从而

$$\Delta z - \left[f_x(0,0)\Delta x + f_y(0,0)\Delta y\right] = \frac{\Delta x \cdot \Delta y}{\sqrt{(\Delta x)^2 + (\Delta y)^2}}$$

注意到

$$\lim_{\rho \to 0}\frac{\dfrac{\Delta x \cdot \Delta y}{\sqrt{(\Delta x)^2 + (\Delta y)^2}}}{\rho} = \lim_{\rho \to 0}\frac{\Delta x \cdot \Delta y}{(\Delta x)^2 + (\Delta y)^2}$$

不存在,即 $\Delta z - \left[f_x(0,0)\Delta x + f_y(0,0)\Delta y\right]$ 不能表示为 ρ 的高阶无穷小,故函数 $z = f(x,y)$ 在点 $(0,0)$ 处是不可微分的.

定理 7.2(充分条件)　　如果函数 $z = f(x,y)$ 的偏导数 $\dfrac{\partial z}{\partial x}, \dfrac{\partial z}{\partial y}$ 在点 (x,y) 处连续,则函数在该点可微分.

证　考查全增量

$$\begin{aligned}\Delta z &= f(x + \Delta x, y + \Delta y) - f(x,y)\\ &= f(x + \Delta x, y + \Delta y) - f(x, y + \Delta y) + f(x, y + \Delta y) - f(x,y)\end{aligned}$$

应用微分中值定理,得

$$f(x + \Delta x, y + \Delta y) - f(x, y + \Delta y) = f_x(x + \theta_1\Delta x, y + \Delta y)\Delta x, \quad 0 < \theta_1 < 1$$

$$f(x, y + \Delta y) - f(x,y) = f_y(x, y + \theta_2\Delta y)\Delta y, \quad 0 < \theta_2 < 1$$

由 $f(x,y)$ 的偏导数 $f_x(x,y), f_y(x,y)$ 在点 (x,y) 处连续,可得

$$f_x(x + \theta_1\Delta x, y + \Delta y)\Delta x = f_x(x,y)\Delta x + \varepsilon_1\Delta x$$

$$f_y(x, y + \theta_2\Delta y)\Delta y = f_y(x,y)\Delta y + \varepsilon_2\Delta y$$

这里,当 $\Delta x \to 0, \Delta y \to 0$ 时,$\varepsilon_1 \to 0, \varepsilon_2 \to 0$,因此

$$\Delta z = f_x(x,y)\Delta x + f_y(x,y)\Delta y + \varepsilon_1\Delta x + \varepsilon_2\Delta y$$

由于

$$\left|\frac{\varepsilon_1\Delta x + \varepsilon_2\Delta y}{\rho}\right| \leqslant |\varepsilon_1| + |\varepsilon_2|$$

故当 $\Delta x \to 0, \Delta y \to 0$,即 $\rho \to 0$ 时,$\varepsilon_1\Delta x + \varepsilon_2\Delta y \to 0$,即函数 $f(x,y)$ 在点 (x,y) 处可微分.

自变量 x, y 的增量就是其微分,即 $\mathrm{d}x = \Delta x, \mathrm{d}y = \Delta y$.因此对于可微分的函数 $z = f(x,y)$,其全微分可写成

$$\mathrm{d}z = \frac{\partial z}{\partial x}\mathrm{d}x + \frac{\partial z}{\partial y}\mathrm{d}y$$

对于可微分的三元函数 $u = f(x,y,z)$,也有

$$du = \frac{\partial u}{\partial x}dx + \frac{\partial u}{\partial y}dy + \frac{\partial u}{\partial z}dz$$

例 7.14 计算函数 $z = x^2 y + y^2$ 的全微分.

解 由 $\frac{\partial z}{\partial x} = 2xy, \frac{\partial z}{\partial y} = x^2 + 2y$, 得

$$dz = 2xydx + (x^2 + 2y)dy$$

例 7.15 计算函数 $z = e^{xy}$ 在点 $(2,1)$ 处的全微分.

解 由

$$\frac{\partial z}{\partial x} = ye^{xy}, \quad \frac{\partial z}{\partial y} = xe^{xy}$$

得

$$\frac{\partial z}{\partial x}\Big|_{\substack{x=2 \\ y=1}} = e^2, \quad \frac{\partial z}{\partial y}\Big|_{\substack{x=2 \\ y=1}} = 2e^2$$

因此

$$dz = e^2 dx + 2e^2 dy$$

例 7.16 计算函数 $u = x + \sin\frac{y}{2} + e^{yz}$ 的全微分.

解 由

$$\frac{\partial u}{\partial x} = 1, \quad \frac{\partial u}{\partial y} = \frac{1}{2}\cos\frac{y}{2} + ze^{yz}, \quad \frac{\partial u}{\partial z} = ye^{yz}$$

得

$$du = dx + \left(\frac{1}{2}\cos\frac{y}{2} + ze^{yz}\right)dy + ye^{yz}dz$$

7.3.2 全微分在近似计算中的应用

如果函数 $z = f(x, y)$ 在点 (x, y) 处可微分，则

$$\Delta z \approx dz = f_x(x, y)\Delta x + f_y(x, y)\Delta y$$

或

$$f(x + \Delta x, y + \Delta y) \approx f(x, y) + f_x(x, y)\Delta x + f_y(x, y)\Delta y$$

或

$$f(x, y) \approx f(x_0, y_0) + f_x(x_0, y_0)(x - x_0) + f_y(x_0, y_0)(y - y_0)$$

例 7.17 计算 $1.04^{2.02}$ 的近似值.

解 设 $f(x, y) = x^y$, 则 $1.04^{2.02} = f(1.04, 2.02)$. 取 $x = 1, y = 2, \Delta x =$

$0.04, \Delta y = 0.02.$由

$$f(1,2) = 1, \quad f_x(1,2) = 2, \quad f_y(1,2) = 0$$

得

$$1.04^{2.02} = f(1.04, 2.02) \approx 1 + 2 \times 0.04 + 0 \times 0.02 = 1.08$$

习　题　7.3

1. 计算下列函数在给定点处的全微分.

(1) $z = x^2 y^3, (2, -1), \Delta x = 0.02, \Delta y = 0.01$;

(2) $z = e^{xy}, (1,1), \Delta x = 0.15, \Delta y = 0.1$;

(3) $z = \ln(x^2 + y^2), (2,1), \Delta x = 0.1, \Delta y = -0.1$;

(4) $z = \dfrac{y}{x}, (2,1), \Delta x = 0.1, \Delta y = -0.2.$

2. 计算下列函数的全微分.

(1) $z = \sqrt{\dfrac{x}{y}}$;

(2) $z = \dfrac{y}{\sqrt{x^2 + y^2}}$;

(3) $z = x^2 + xy^2 + \sin xy$;

(4) $z = \arctan xy.$

3. 计算近似值.

(1) $\sqrt{1.02^3 + 1.97^3}$;

(2) $10.1^{2.03}.$

4. 一无盖圆柱形容器,内高为 20 厘米,内半径为 4 厘米,壁与底的厚度均为 0.1 厘米,求容器外壳体积的近似值.

5. 某一工厂生产一产品的产量 Q 与其厂内技术工人人数 x 和非技术工人人数 y 有关且满足 $Q(x,y) = x^2 y$,现工厂需要调整人员安排,由原来 5 名技术工人减少 1 人,现问非技术工人由原来 8 人调整到多少人,才确保产量变化不大?

7.4　多元复合函数的求导法则

　　前面我们接触的是一些简单函数,但实际问题大多是一些结构比较复杂的函数,也就是所谓的复合函数,我们又如何去分析因变量相对于自变量的变化呢?求一元函数复合函数的导数时采用"剥壳"法,也就是"链式法则",可以很好地解决问题,对于多元函数我们是否也有类似的好方法呢?

　　定理 7.3　如果函数 $u = \varphi(t)$ 及 $v = \psi(t)$ 都在 t 处可导,函数 $z = f(u,v)$

在对应点 (u,v) 处具有连续偏导数,则复合函数 $z = f[\varphi(t),\psi(t)]$ 在 t 处可导,而且有

$$\frac{\mathrm{d}z}{\mathrm{d}t} = \frac{\partial z}{\partial u} \cdot \frac{\mathrm{d}u}{\mathrm{d}t} + \frac{\partial z}{\partial v} \cdot \frac{\mathrm{d}v}{\mathrm{d}t}$$

证 设 t 有增量 Δt 时, $u = \varphi(t)$ 及 $v = \psi(t)$ 的对应增量为

$$\Delta u = \varphi(t + \Delta t) - \varphi(t), \quad \Delta v = \psi(t + \Delta t) - \psi(t)$$

因此

$$\Delta z = \frac{\partial z}{\partial u} \cdot \Delta u + \frac{\partial z}{\partial v} \cdot \Delta v + \varepsilon_1 \Delta u + \varepsilon_2 \Delta v$$

这里,当 $\Delta u \to 0, \Delta v \to 0$ 时, $\varepsilon_1 \to 0, \varepsilon_2 \to 0$.两边除以 Δt,得

$$\frac{\Delta z}{\Delta t} = \frac{\partial z}{\partial u} \cdot \frac{\Delta u}{\Delta t} + \frac{\partial z}{\partial v} \cdot \frac{\Delta v}{\Delta t} + \varepsilon_1 \frac{\Delta u}{\Delta t} + \varepsilon_2 \frac{\Delta v}{\Delta t}$$

因为当 $\Delta t \to 0$ 时, $\Delta u \to 0, \Delta v \to 0, \dfrac{\Delta u}{\Delta t} \to \dfrac{\mathrm{d}u}{\mathrm{d}t}, \dfrac{\Delta v}{\Delta t} \to \dfrac{\mathrm{d}v}{\mathrm{d}t}$,得

$$\lim_{\Delta t \to 0} \frac{\Delta z}{\Delta t} = \frac{\partial z}{\partial u} \cdot \frac{\mathrm{d}u}{\mathrm{d}t} + \frac{\partial z}{\partial v} \cdot \frac{\mathrm{d}v}{\mathrm{d}t}$$

即

$$\frac{\mathrm{d}z}{\mathrm{d}t} = \frac{\partial z}{\partial u} \cdot \frac{\mathrm{d}u}{\mathrm{d}t} + \frac{\partial z}{\partial v} \cdot \frac{\mathrm{d}v}{\mathrm{d}t} \tag{7.1}$$

类似地,对于三元函数 $z = f(u,v,w), u = \varphi(t), v = \psi(t), w = \omega(t)$,其复合函数 $z = f[\varphi(t),\psi(t),\omega(t)]$,有

$$\frac{\mathrm{d}z}{\mathrm{d}t} = \frac{\partial z}{\partial u} \cdot \frac{\mathrm{d}u}{\mathrm{d}t} + \frac{\partial z}{\partial v} \cdot \frac{\mathrm{d}v}{\mathrm{d}t} + \frac{\partial z}{\partial w} \cdot \frac{\mathrm{d}w}{\mathrm{d}t} \tag{7.2}$$

例 7.18 设 $z = \arcsin(x - y), x = 3t, y = 4t^3$,求 $\dfrac{\mathrm{d}z}{\mathrm{d}t}$.

解 利用式(7.1),得

$$\begin{aligned}
\frac{\mathrm{d}z}{\mathrm{d}x} &= \frac{\partial z}{\partial x} \cdot \frac{\mathrm{d}x}{\mathrm{d}t} + \frac{\partial z}{\partial y} \cdot \frac{\mathrm{d}y}{\mathrm{d}t} \\
&= \frac{1}{\sqrt{1 - (x - y)^2}} \cdot 3 + \frac{1}{\sqrt{1 - (x - y)^2}} \cdot (-1) \cdot 12t^2 \\
&= \frac{1}{\sqrt{1 - (3t - 4t^3)^2}} (3 - 12t^2)
\end{aligned}$$

定理 7.4 如果函数 $u = \varphi(x,y)$ 及 $v = \psi(x,y)$ 都在点 (x,y) 处具有对 x 及 y 的偏导数,函数 $z = f(u,v)$ 在对应点 (u,v) 处具有连续偏导数,则复合函数

$z = f[\varphi(x,y), \psi(x,y)]$ 在点 (x,y) 处的两个偏导数存在,而且有

$$\frac{\partial z}{\partial x} = \frac{\partial z}{\partial u} \cdot \frac{\partial u}{\partial x} + \frac{\partial z}{\partial v} \cdot \frac{\partial v}{\partial x} \tag{7.3}$$

$$\frac{\partial z}{\partial y} = \frac{\partial z}{\partial u} \cdot \frac{\partial u}{\partial y} + \frac{\partial z}{\partial v} \cdot \frac{\partial v}{\partial y} \tag{7.4}$$

证明与定理 7.3 类似.

类似地,对于三元函数 $z = f(u,v,w), u = \varphi(x,y), v = \psi(x,y), w = \omega(x,y)$,其复合函数 $z = f[\varphi(x,y), \psi(x,y), \omega(x,y)]$,有

$$\frac{\partial z}{\partial x} = \frac{\partial z}{\partial u} \cdot \frac{\partial u}{\partial x} + \frac{\partial z}{\partial v} \cdot \frac{\partial v}{\partial x} + \frac{\partial z}{\partial w} \cdot \frac{\partial w}{\partial x} \tag{7.5}$$

$$\frac{\partial z}{\partial y} = \frac{\partial z}{\partial u} \cdot \frac{\partial u}{\partial y} + \frac{\partial z}{\partial v} \cdot \frac{\partial v}{\partial y} + \frac{\partial z}{\partial w} \cdot \frac{\partial w}{\partial y} \tag{7.6}$$

例 7.19 设 $z = e^u \sin v, u = xy, v = x + y$,求 $\dfrac{\partial z}{\partial x}, \dfrac{\partial z}{\partial y}$.

解 由式 (7.3) 或式 (7.4),得

$$\frac{\partial z}{\partial x} = \frac{\partial z}{\partial u} \cdot \frac{\partial u}{\partial x} + \frac{\partial z}{\partial v} \cdot \frac{\partial v}{\partial x} = e^u \sin v \cdot y + e^u \cos v \cdot 1$$
$$= e^{xy}[y\sin(x+y) + \cos(x+y)]$$

$$\frac{\partial z}{\partial y} = \frac{\partial z}{\partial u} \cdot \frac{\partial u}{\partial y} + \frac{\partial z}{\partial v} \cdot \frac{\partial v}{\partial y} = e^u \sin v \cdot x + e^u \cos v \cdot 1$$
$$= e^{xy}[x\sin(x+y) + \cos(x+y)]$$

例 7.20 设函数 $z = f(u,v)$ 在对应点 (u,v) 处具有连续偏导数,函数 $u = \varphi(x,y)$ 在点 (x,y) 处具有对 x 及 y 的偏导数,$v = \psi(y)$ 在点 y 处可导,求复合函数 $z = f[\varphi(x,y), \psi(y)]$ 的偏导数.

解 本题属于定理 7.4 的特例,即 $\dfrac{\partial v}{\partial x} = 0, \dfrac{\partial v}{\partial y}$ 转化为 $\dfrac{\mathrm{d}v}{\mathrm{d}y}$,因此有

$$\frac{\partial z}{\partial x} = \frac{\partial z}{\partial u} \cdot \frac{\partial u}{\partial x}$$

$$\frac{\partial z}{\partial y} = \frac{\partial z}{\partial u} \cdot \frac{\partial u}{\partial y} + \frac{\partial z}{\partial v} \cdot \frac{\mathrm{d}v}{\mathrm{d}y}$$

例 7.21 设 $z = f(u,x,y)$ 具有连续偏导数,而 $u = \varphi(x,y)$ 具有偏导数,求复合函数 $z = f[\varphi(x,y), x, y]$ 的偏导数.

解 本题可看成式 (7.5)、式 (7.6) 的特例,即 $z = f(u,v,w)$,而 $u = \varphi(x,y)$,$v = x, w = y$,因此,得

$$\frac{\partial v}{\partial x} = 1, \quad \frac{\partial w}{\partial x} = 0, \quad \frac{\partial v}{\partial y} = 0, \quad \frac{\partial w}{\partial y} = 1$$

这样

$$\frac{\partial z}{\partial x} = \frac{\partial f}{\partial u} \cdot \frac{\partial u}{\partial x} + \frac{\partial f}{\partial x}$$

$$\frac{\partial z}{\partial y} = \frac{\partial f}{\partial u} \cdot \frac{\partial u}{\partial y} + \frac{\partial f}{\partial y}$$

注　注意$\frac{\partial z}{\partial x}$与$\frac{\partial f}{\partial x}$、$\frac{\partial z}{\partial y}$与$\frac{\partial f}{\partial y}$的差别.

例 7.22　设 $w = f(x + y + z, xyz)$，f 具有二阶连续偏导数，求$\frac{\partial w}{\partial x}$, $\frac{\partial^2 w}{\partial x \partial z}$.

解　令 $u = x + y + z, v = xyz$，并引入记号

$$f_1' = \frac{\partial f(u, v)}{\partial u}, \quad f_2' = \frac{\partial f(u, v)}{\partial v}$$

得

$$\frac{\partial w}{\partial x} = \frac{\partial f}{\partial u} \cdot \frac{\partial u}{\partial x} + \frac{\partial f}{\partial v} \cdot \frac{\partial v}{\partial x} = f_1' + yzf_2'$$

$$\frac{\partial^2 w}{\partial x \partial z} = \frac{\partial}{\partial z}(f_1' + yzf_2') = \frac{\partial f_1'}{\partial z} + yf_2' + yz\frac{\partial f_2'}{\partial z}$$

再记

$$f_{11}'' = \frac{\partial^2 f(u, v)}{\partial u^2}, \quad f_{12}'' = f_{21}'' = \frac{\partial^2 f(u, v)}{\partial u \partial v}, \quad f_{22}'' = \frac{\partial^2 f(u, v)}{\partial v^2}$$

得

$$\begin{aligned}
\frac{\partial^2 w}{\partial x \partial z} &= \frac{\partial}{\partial z}(f_1' + yzf_2') \\
&= \frac{\partial f_1'}{\partial z} + yf_2' + yz\frac{\partial f_2'}{\partial z} \\
&= f_{11}'' + xyf_{12}'' + yf_2' + yz(f_{21}'' + xyf_{22}'') \\
&= f_{11}'' + y(x + z)f_{12}'' + xy^2 zf_{22}'' + yf_2'
\end{aligned}$$

对多元复合函数求偏导数是一个难点.求多元复合函数的偏导数时,建议大家画出因变量到每一个自变量的关系图.求对某一自变量的偏导数:在关系图中,因变量到此自变量的路线数就是公式中的项数,某一路线经过的"路段"数就是该项的因式个数.这就是"链式法则".记住口诀:**"沿线相乘,分线相加,单路全导,又路偏导"**.

全微分形式不变性　设 $z = f(u, v)$ 具有连续偏导数,则有全微分

$$dz = \frac{\partial z}{\partial u}du + \frac{\partial z}{\partial v}dv$$

如果 u,v 又是 x,y 的函数,即 $u = \varphi(x,y), v = \psi(x,y)$,则复合函数

$$z = f[\varphi(x,y), \psi(x,y)]$$

的全微分为

$$dz = \frac{\partial z}{\partial x}dx + \frac{\partial z}{\partial y}dy$$

由复合函数的偏导数公式,得

$$dz = \left(\frac{\partial z}{\partial u} \cdot \frac{\partial u}{\partial x} + \frac{\partial z}{\partial v} \cdot \frac{\partial v}{\partial x}\right)dx + \left(\frac{\partial z}{\partial u} \cdot \frac{\partial u}{\partial y} + \frac{\partial z}{\partial v} \cdot \frac{\partial v}{\partial y}\right)dy$$

$$= \frac{\partial z}{\partial u}\left(\frac{\partial u}{\partial x}dx + \frac{\partial u}{\partial y}dy\right) + \frac{\partial z}{\partial v}\left(\frac{\partial v}{\partial x}dx + \frac{\partial v}{\partial y}dy\right)$$

$$= \frac{\partial z}{\partial u}du + \frac{\partial z}{\partial v}dv$$

这说明:无论 u,v 是自变量或是中间变量,函数 $z = f(u,v)$ 的全微分的形式

$$dz = \frac{\partial z}{\partial u}du + \frac{\partial z}{\partial v}dv$$

总是正确的.这个性质称为全微分形式不变性.

例 7.23　设 $u = f(x,y,z), y = \varphi(x,t), t = \psi(x,z)$,其中 f, φ 与 ψ 都具有一阶连续偏导数,求 $\dfrac{\partial u}{\partial x}, \dfrac{\partial u}{\partial z}$.

解　对各个函数求全微分,得

$$du = \frac{\partial f}{\partial x}dx + \frac{\partial f}{\partial y}dy + \frac{\partial f}{\partial z}dz$$

$$dy = \frac{\partial \varphi}{\partial x}dx + \frac{\partial \varphi}{\partial t}dt$$

$$dt = \frac{\partial \psi}{\partial x}dx + \frac{\partial \psi}{\partial z}dz$$

代入,得

$$du = \frac{\partial f}{\partial x}dx + \frac{\partial f}{\partial y}\left[\frac{\partial \varphi}{\partial x}dx + \frac{\partial \varphi}{\partial t}\left(\frac{\partial \psi}{\partial x}dx + \frac{\partial \psi}{\partial z}dz\right)\right] + \frac{\partial f}{\partial z}dz$$

$$= \left(\frac{\partial f}{\partial x} + \frac{\partial f}{\partial y}\frac{\partial \varphi}{\partial x} + \frac{\partial f}{\partial y}\frac{\partial \varphi}{\partial t}\frac{\partial \psi}{\partial x}\right)dx + \left(\frac{\partial f}{\partial y}\frac{\partial \varphi}{\partial t}\frac{\partial \psi}{\partial z} + \frac{\partial f}{\partial z}\right)dz$$

利用全微分的形式不变性,得

$$\frac{\partial u}{\partial x} = \frac{\partial f}{\partial x} + \frac{\partial f}{\partial y}\frac{\partial \varphi}{\partial x} + \frac{\partial f}{\partial y}\frac{\partial \varphi}{\partial t}\frac{\partial \psi}{\partial x}$$

$$\frac{\partial u}{\partial z} = \frac{\partial f}{\partial y}\frac{\partial \varphi}{\partial t}\frac{\partial \psi}{\partial z} + \frac{\partial f}{\partial z}$$

习　题　7.4

1. 计算下列函数的偏导数或导数.

(1) 设 $z = u^2 + v^2$，而 $u = x + y$，$v = x - y$，求 $\frac{\partial z}{\partial x}, \frac{\partial z}{\partial y}$；

(2) 设 $z = e^{x+y}$，而 $x = \sin t$，$y = \cos t$，求 $\frac{dz}{dt}$；

(3) 设 $z = u^2 \ln v$，而 $u = \frac{x}{y}$，$v = 3x - 2y$，求 $\frac{\partial z}{\partial x}, \frac{\partial z}{\partial y}$；

(4) 设 $z = \arctan xy$，而 $y = e^x$，求 $\frac{dz}{dx}$.

2. 计算下列函数的一阶偏导数（f 有一阶连续偏导数）.

(1) $z = f(x^2 - y^2, e^{xy})$；

(2) $u = f\left(\frac{x}{y}, \frac{y}{z}\right)$.

3. 计算下列函数的二阶偏导数 $\frac{\partial^2 z}{\partial x^2}, \frac{\partial^2 z}{\partial y^2}, \frac{\partial^2 z}{\partial x \partial y}$（$f$ 有二阶连续偏导数或导数）.

(1) $z = f(x^2 + y^2)$；

(2) $z = f(xy, y)$.

7.5　隐函数的求导公式

前面讨论的函数形式都是因变量关于自变量的一个解析式，但有时我们常常遇到函数是由方程来确定的，我们称其为隐函数.在讲述一元函数时，我们曾利用一元复合函数求导法则求由方程 $F(x, y) = 0$ 确定的函数的导数，但它是否能确定一个函数？再者，有更多变量的方程能否确定（一元或多元）函数？其导数又如何去求？

7.5.1　一个方程的情形

定理 7.5（隐函数存在定理 1）　设函数 $F(x, y)$ 在点 $P(x_0, y_0)$ 的某一邻域内具有连续偏导数,且 $F(x_0,y_0)=0, F_y(x_0,y_0)\neq 0$,则方程 $F(x,y)=0$ 在点 (x_0,y_0) 的某一邻域内恒能唯一确定一个连续且具有连续导数的函数 $y=f(x)$, 满足条件 $y_0=f(x_0)$,并有

$$\frac{\mathrm{d}y}{\mathrm{d}x}=-\frac{F_x}{F_y}$$

分析　设函数 $y=f(x)$ 由方程 $F(x,y)=0$ 确定,则

$$F[x,f(x)]\equiv 0$$

两边对 x 求导数,得

$$F_x+F_y\cdot\frac{\mathrm{d}y}{\mathrm{d}x}=0$$

因此,得

$$\frac{\mathrm{d}y}{\mathrm{d}x}=-\frac{F_x}{F_y}$$

对于函数 $y=f(x)$ 求二阶导数,得

$$\frac{\mathrm{d}^2 y}{\mathrm{d}x^2}=\frac{\partial}{\partial x}\left(-\frac{F_x}{F_y}\right)+\frac{\partial}{\partial y}\left(-\frac{F_x}{F_y}\right)\cdot\frac{\mathrm{d}y}{\mathrm{d}x}$$

$$=-\frac{F_y F_{xx}-F_x F_{yx}}{F_y^2}-\frac{F_y F_{xy}-F_x F_{yy}}{F_y^2}\cdot\left(-\frac{F_x}{F_y}\right)$$

$$=-\frac{F_{xx}F_y^2-2F_{xy}F_x F_y+F_{yy}F_x^2}{F_y^3}$$

例 7.24　设函数 $y=f(x)$ 由方程 $\sin y+\mathrm{e}^x-xy^2=0$ 确定,求 $\dfrac{\mathrm{d}y}{\mathrm{d}x}$.

解　由

$$F(x,y)=\sin y+\mathrm{e}^x-xy^2$$

得

$$\frac{\mathrm{d}y}{\mathrm{d}x}=-\frac{F_x}{F_y}=-\frac{\mathrm{e}^x-y^2}{\cos y-2xy}$$

例 7.25　设方程 $x^2+y^2-1=0$ 在点 $(0,1)$ 的某邻域内确定 $y=y(x)$, 求 $\dfrac{\mathrm{d}^2 y}{\mathrm{d}x^2}\bigg|_{x=0}$.

解　由于 $F(x,y)=x^2+y^2-1$,故

$$\frac{\mathrm{d}y}{\mathrm{d}x}=-\frac{2x}{2y}=-\frac{x}{y}$$

$$\frac{\mathrm{d}^2 y}{\mathrm{d}x^2} = \frac{\mathrm{d}}{\mathrm{d}x}\left(-\frac{x}{y}\right) = -\frac{y - x \cdot \dfrac{\mathrm{d}y}{\mathrm{d}x}}{y^2} = -\frac{y - x \cdot \left(-\dfrac{x}{y}\right)}{y^2}$$

$$= -\frac{y^2 + x^2}{y^3} = -\frac{1}{y^3}$$

由于是在点 $(0,1)$ 的某邻域内，故 $x = 0$ 时，$y = 1$，因此

$$\frac{\mathrm{d}^2 y}{\mathrm{d}x^2}\bigg|_{x=0} = -1$$

定理 7.6(隐函数存在定理 2)   设函数 $F(x,y,z)$ 在点 $P(x_0,y_0,z_0)$ 的某一邻域内具有连续偏导数，且 $F(x_0,y_0,z_0) = 0, F_z(x_0,y_0,z_0) \neq 0$，则方程 $F(x,y,z) = 0$ 在点 (x_0,y_0,z_0) 的某一邻域内恒能唯一确定一个连续且具有连续偏导数的函数 $z = f(x,y)$，满足条件 $z_0 = f(x_0,y_0)$，并有

$$\frac{\partial z}{\partial x} = -\frac{F_x}{F_z}, \quad \frac{\partial z}{\partial y} = -\frac{F_y}{F_z}$$

分析   设函数 $z = f(x,y)$ 由方程 $F(x,y,z) = 0$ 确定，则

$$F[x,y,f(x,y)] \equiv 0$$

两边分别对 x,y 求偏导数，得

$$F_x + F_z \cdot \frac{\partial z}{\partial x} = 0, \quad F_y + F_z \cdot \frac{\partial z}{\partial y} = 0$$

因此，得

$$\frac{\partial z}{\partial x} = -\frac{F_x}{F_z}, \quad \frac{\partial z}{\partial y} = -\frac{F_y}{F_z}$$

例 7.26   设 $x^2 + y^2 + z^2 - 4z = 0$，求 $\dfrac{\partial^2 z}{\partial x^2}$.

解   由

$$F(x,y,z) = x^2 + y^2 + z^2 - 4z$$

得

$$\frac{\partial z}{\partial x} = -\frac{F_x}{F_z} = -\frac{2x}{2z - 4} = \frac{x}{2 - z}$$

从而

$$\frac{\partial^2 z}{\partial x^2} = \frac{\partial}{\partial x}\left(\frac{\partial z}{\partial x}\right) = \frac{\partial}{\partial x}\left(\frac{x}{2 - z}\right) = \frac{(2 - z) - x \cdot \left(-\dfrac{\partial z}{\partial x}\right)}{(2 - z)^2}$$

$$= \frac{(2 - z) + x \cdot \left(\dfrac{x}{2 - z}\right)}{(2 - z)^2} = \frac{(2 - z)^2 + x^2}{(2 - z)^3}$$

习　题　7.5

1. 求下列隐函数的偏导数或导数.

(1) 设 $xy + x + y = 1$,求 $\dfrac{\mathrm{d}y}{\mathrm{d}x}$;

(2) 设 $x^y = y^x$,求 $\dfrac{\mathrm{d}y}{\mathrm{d}x}$;

(3) 设 $\mathrm{e}^z = xyz$,求 $\dfrac{\partial z}{\partial x}, \dfrac{\partial z}{\partial y}$;

(4) 设 $\cos^2 x + \cos^2 y + \cos^2 z = 1$,求 $\dfrac{\partial z}{\partial x}, \dfrac{\partial z}{\partial y}$;

(5) 设 $f(x + y + z, x^2 + y^2 + z^2) = 0, f$ 可微,求 $\dfrac{\partial z}{\partial x}, \dfrac{\partial z}{\partial y}$.

2. 设 $2\sin(x + 2y - 3z) = x + 2y - 3z$,则 $\dfrac{\partial z}{\partial x} + \dfrac{\partial z}{\partial y} = 1$.

3. 设 $F(x, y) = f[x + g(y)], f$ 二阶可导, g 一阶可导,证明:

$$\frac{\partial F}{\partial x} \cdot \frac{\partial^2 F}{\partial x \partial y} = \frac{\partial F}{\partial y} \cdot \frac{\partial^2 F}{\partial x^2}$$

4. 设 $u = f(z), z$ 是由 $z = y + x\varphi(z)$ 确定的 x, y 的函数, f, φ 皆可微,求证:

$$\frac{\partial u}{\partial x} = \varphi(z) \frac{\partial u}{\partial y}$$

7.6　多元函数的极值及其求法

在介绍一元函数时,我们曾讨论过如何利用一元函数的导数去求一元函数极值与最值问题,但实际生产活动和经济分析中经常考虑一个因素受到其他多因素影响的多元函数情形,例如,经济管理中常考虑利润、效益最大化,成本最小化问题.我们如何去利用多元函数偏导数解决诸如此类问题呢?

7.6.1　多元函数的极值

定义 7.7　设函数 $z = f(x, y)$ 的定义域为 $D, P_0(x_0, y_0)$ 为 D 的内点. 如果存在 P_0 的某个邻域 $U(P_0) \subset D$,使得对于该邻域内异于 P_0 的任何点 (x, y),都有

$$f(x, y) < f(x_0, y_0)$$

则称函数 $f(x, y)$ 在点 (x_0, y_0) 处有极大值 $f(x_0, y_0)$,点 (x_0, y_0) 称为函数 $f(x, y)$

的极大值点;如果存在 P_0 的某个邻域 $U(P_0) \subset D$,使得对于该邻域内异于 P_0 的任何点 (x,y),都有

$$f(x,y) > f(x_0,y_0)$$

则称函数 $f(x,y)$ 在点 (x_0,y_0) 处有极小值 $f(x_0,y_0)$,点 (x_0,y_0) 称为函数 $f(x,y)$ 的极小值点. 极大值、极小值统称为函数的极值,使得函数取得极值的点称为极值点.

例 7.27　函数 $z = 3x^2 + 4y^2$ 在点 $(0,0)$ 处有极小值.

例 7.28　函数 $z = -\sqrt{x^2 + y^2}$ 在点 $(0,0)$ 处有极大值.

例 7.29　函数 $z = xy$ 在点 $(0,0)$ 处既不取得极大值也不取得极小值,即 $(0,0)$ 不是极值点.

定理 7.7(必要条件)　设函数 $z = f(x,y)$ 在点 (x_0,y_0) 处具有偏导数,且在点 (x_0,y_0) 处有极值,则

$$f_x(x_0,y_0) = 0, \quad f_y(x_0,y_0) = 0$$

证　不妨设 $z = f(x,y)$ 在点 (x_0,y_0) 处取得极大值. 由定义 7.7,对在点 (x_0,y_0) 的某邻域内异于 (x_0,y_0) 的点 (x,y),都有

$$f(x,y) < f(x_0,y_0)$$

特别地,在该邻域内取 $y = y_0$,而 $x \neq x_0$ 的点,也有

$$f(x,y_0) < f(x_0,y_0)$$

即一元函数 $f(x,y_0)$ 在 $x = x_0$ 处取得极大值,因此,必有

$$f_x(x_0,y_0) = 0$$

同理,可证明

$$f_y(x_0,y_0) = 0$$

如果 $z = f(x,y)$ 在点 (x_0,y_0) 处具有偏导数,且在点 (x_0,y_0) 处有极值,则曲面 $z = f(x,y)$ 在点 $(x_0,y_0,z_0)(z_0 = f(x_0,y_0))$ 的切平面为

$$z = z_0$$

与二元函数类似,如果三元函数 $u = f(x,y,z)$ 在点 (x_0,y_0,z_0) 处具有偏导数,且在点 (x_0,y_0,z_0) 处取得极值,则必有

$$f_x(x_0,y_0,z_0) = 0, \quad f_y(x_0,y_0,z_0) = 0, \quad f_z(x_0,y_0,z_0) = 0$$

使得 $f_x(x_0,y_0) = 0, f_y(x_0,y_0) = 0$ 同时成立的点 (x_0,y_0) 称为函数 $z = f(x,y)$ 的驻点. 由定理 7.7 知道:具有偏导数的极值点一定是驻点;但驻点不一定是极值点,例如 $z = xy$;极值点不一定是驻点,偏导数不存在的点也可能是极值点,

例如 $z = \sqrt{x^2 + y^2}$.

定理 7.8(充分条件)   设函数 $z = f(x,y)$ 在点 (x_0, y_0) 的某邻域内具有一阶及二阶连续偏导数,又 $f_x(x_0, y_0) = 0, f_y(x_0, y_0) = 0$,令

$$f_{xx}(x_0, y_0) = A, \quad f_{xy}(x_0, y_0) = B, \quad f_{yy}(x_0, y_0) = C$$

则:

(ⅰ)当 $AC - B^2 > 0$ 时具有极值,且当 $A < 0$ 时有极大值,当 $A > 0$ 时有极小值;

(ⅱ)当 $AC - B^2 < 0$ 时没有极值;

(ⅲ)当 $AC - B^2 = 0$ 时可能有极值,也可能没有极值,需另作讨论.

由此得求极值的一般方法:

第一步   解方程组

$$f_x(x_0, y_0) = 0, \quad f_y(x_0, y_0) = 0$$

以求得所有的驻点.

第二步   对于每一个驻点 (x_0, y_0),求出二阶偏导数值 A, B 和 C.

第三步   对于每一个驻点 (x_0, y_0),确定 $AC - B^2$ 的符号,以判定该点是否为极值点,如是,是极大值点还是极小值点,并求出该极值点所对应的极值.

例 7.30   求函数 $f(x, y) = x^3 - y^3 + 3x^2 + 3y^2 - 9x$ 的极值.

解   解方程组

$$\begin{cases} 3x^2 + 6x - 9 = 0 \\ -3y^2 + 6y = 0 \end{cases}$$

求得驻点为 $(1,0), (1,2), (-3,0), (-3,2)$.

求出二阶偏导数

$$f_{xx}(x, y) = 6x + 6, \quad f_{xy}(x, y) = 0, \quad f_{yy}(x, y) = -6y + 6$$

在点 $(1,0)$ 处,$AC - B^2 = 12 \cdot 6 > 0$,且 $A > 0$,故 $f(1,0) = -5$ 为极小值;

在点 $(1,2)$ 处,$AC - B^2 = 12 \cdot (-6) < 0$,故 $f(1,2)$ 不是极值;

在点 $(-3,0)$ 处,$AC - B^2 = -12 \cdot 6 < 0$,故 $f(-3,0)$ 不是极值;

在点 $(-3,2)$ 处,$AC - B^2 = -12 \cdot (-6) > 0$,且 $A < 0$,故 $f(-3,2) = 31$ 为极大值.

7.6.2   多元函数的最大值与最小值

如果函数 $f(x,y)$ 在有界闭区域 D 上连续,在 D 内可微分且只有有限个驻点,

求 $f(x,y)$ 在 D 上的最大值与最小值. 其方法为：

（ⅰ）求出 $f(x,y)$ 在 D 上的全体驻点，并求出 $f(x,y)$ 在各驻点处的函数值；

（ⅱ）求出 $f(x,y)$ 在 D 的边界上的最大值和最小值；

（ⅲ）将 $f(x,y)$ 在各驻点处的函数值与 $f(x,y)$ 在 D 的边界上的最大值和最小值相比较，最大者为 $f(x,y)$ 在 D 上的最大值，最小者为 $f(x,y)$ 在 D 上的最小值.

对于实际问题，如果根据问题的性质，知道函数 $f(x,y)$ 的最大值（最小值）一定在区域 D 的内部取得，而函数 $f(x,y)$ 在 D 的内部只有一个驻点，则驻点处的函数值就是 $f(x,y)$ 在 D 上的最大值（最小值）.

例 7.31 某工厂生产两种产品，总成本函数为 $C = Q_1^2 + 2Q_1Q_2 + Q_2^2 + 5$，两种产品的需求函数为 $Q_1 = 26 - P_1, Q_2 = 10 - \dfrac{1}{4}P_2$，试问：当两种产品产量分别为多少时，该工厂获利最大？并求出最大利润.

解 由已知，总受益函数为

$$R = P_1 Q_1 + P_2 Q_2 = (26 - Q_1)Q_1 + (40 - 4Q_2)Q_2$$

故总利润函数为

$$L = R - C = 26Q_1 + 40Q_2 - 2Q_1^2 - 2Q_1Q_2 - 5Q_2^2 - 5$$

对 Q_1, Q_2 分别求偏导数，得

$$\frac{\partial L}{\partial Q_1} = 26 - 4Q_1 - 2Q_2$$

$$\frac{\partial L}{\partial Q_2} = 40 - 2Q_1 - 10Q_2$$

解得唯一驻点，$Q_1 = 5, Q_2 = 3$. 由于是实际问题，最大利润总可达到，因此当 $Q_1 = 5, Q_2 = 3$ 时，工厂可获得最大利润是 $L(5,3) = 120$.

7.6.3 条件极值，拉格朗日乘数法

前面我们讨论的最值问题除了在其自然定义域内，没有其他任何限制，但实际生活中，往往要讨论不仅有其自身定义域限制还有其他条件的约束，例如，求表面积为 a^2 的最大长方体的体积. 设长方体的三边为 x, y 和 z，则 $V = xyz$，但需满足条件 $2(xy + yz + xz) = a^2$，即求 $V = xyz$ 在条件 $2(xy + yz + xz) = a^2$ 下的极值. 解出 $z = \dfrac{a^2 - 2xy}{2(x+y)}$，代入，得

$$V = \frac{xy}{2}\left(\frac{a^2 - 2xy}{x + y}\right)$$

化为无条件极值.但如果不能求解代入,我们又该如何解决此类条件极值问题呢?

一般地,我们讨论函数 $z = f(x, y)$ 在条件 $\varphi(x, y) = 0$ 下取得极值的必要条件.

如果函数 $z = f(x, y)$ 在点 (x_0, y_0) 处取得极值,首先有

$$\varphi(x_0, y_0) = 0$$

设 $\varphi_y(x_0, y_0) \neq 0$,由隐函数存在定理,$\varphi(x, y) = 0$ 确定一个隐函数 $y = \psi(x)$,满足 $y_0 = \psi(x_0)$.因此,$z = f(x, y)$ 在点 (x_0, y_0) 处取得极值等价于 $z = f[x, \psi(x)]$ 在点 x_0 处取得极值,从而

$$\frac{\mathrm{d}z}{\mathrm{d}x}\bigg|_{x = x_0} = f_x(x_0, y_0) + f_y(x_0, y_0) \cdot \frac{\mathrm{d}y}{\mathrm{d}x}\bigg|_{x = x_0} = 0$$

又

$$\frac{\mathrm{d}y}{\mathrm{d}x}\bigg|_{x = x_0} = -\frac{\varphi_x(x_0, y_0)}{\varphi_y(x_0, y_0)}$$

代入,得

$$f_x(x_0, y_0) - f_y(x_0, y_0) \cdot \frac{\varphi_x(x_0, y_0)}{\varphi_y(x_0, y_0)} = 0$$

令 $\dfrac{f_y(x_0, y_0)}{\varphi_y(x_0, y_0)} = \lambda$,$z = f(x, y)$ 在 (x_0, y_0) 取得极值的条件可表述为

$$\begin{cases} f_x(x_0, y_0) + \lambda\varphi_x(x_0, y_0) = 0 \\ f_y(x_0, y_0) + \lambda\varphi_y(x_0, y_0) = 0 \\ \varphi(x_0, y_0) = 0 \end{cases}$$

若引入辅助函数

$$L(x, y) = f(x, y) + \lambda\varphi(x, y)$$

则条件可表述为

$$\begin{cases} L_x(x_0, y_0) = 0 \\ L_y(x_0, y_0) = 0 \\ \varphi(x_0, y_0) = 0 \end{cases}$$

我们称这种求条件极值的方法为**拉格朗日乘数法**,即要找函数 $z = f(x, y)$ 在条件 $\varphi(x, y) = 0$ 下可能取得极值的点.可以先作拉格朗日函数

$$L(x, y) = f(x, y) + \lambda\varphi(x, y)$$

其中 λ 为参数，解方程组

$$\begin{cases} f_x(x,y) + \lambda\varphi_x(x,y) = 0 \\ f_y(x,y) + \lambda\varphi_y(x,y) = 0 \\ \varphi(x,y) = 0 \end{cases}$$

由此解出 x，y 及 λ，其中 (x,y) 就是函数 $z = f(x,y)$ 在条件 $\varphi(x,y) = 0$ 下可能取得极值的点.

例 7.32　生产某种产品必须投入两个要素，x_1 和 x_2 分别为两个要素的投入量，Q 为产出量；若生产函数为 $Q = 2x_1^\alpha x_2^\beta$，其中 α,β 为正常数，且 $\alpha + \beta = 1$. 假设两要素的价格分别为 p_1 和 p_2，试问：当产出量为 12 时，两要素各投入多少可以使得投入总费用最少？

解　令

$$F(x_1,x_2,\lambda) = p_1 x_1 + p_2 x_2 + \lambda(2x_1^\alpha x_2^\beta - 12)$$

则

$$\begin{cases} \dfrac{\partial F}{\partial x_1} = p_1 + 2\lambda\alpha x_1^{\alpha-1} x_2^\beta = 0 \\[2mm] \dfrac{\partial F}{\partial x_2} = p_2 + 2\lambda\beta x_1^\alpha x_2^{\beta-1} = 0 \\[2mm] \dfrac{\partial F}{\partial \lambda} = 2x_1^\alpha \cdot x_2^\beta - 12 = 0 \end{cases}$$

由前两式可得 $\dfrac{p_2}{p_1} = \dfrac{2\lambda\beta x_1^\alpha x_2^{\beta-1}}{2\lambda\alpha x_1^{\alpha-1} x_2^\beta} = \dfrac{\beta x_1}{\alpha x_2}$，故 $x_1 = \dfrac{p_2\alpha}{p_1\beta}x_2$，代入第三式解得

$$x_2 = 6\left(\frac{p_1\beta}{p_2\alpha}\right)^\alpha, \quad x_1 = 6\left(\frac{p_2\alpha}{p_1\beta}\right)^\beta$$

因驻点唯一，且实际问题存在最小值，故当 $x_1 = 6\left(\dfrac{p_2\alpha}{p_1\beta}\right)^\beta$，$x_2 = 6\left(\dfrac{p_1\beta}{p_2\alpha}\right)^\alpha$ 时，投入总费用最小.

对多元经济函数的优化问题，应根据题设确定相应的目标函数. 若是无条件极值，可直接应用导数的性质求解；若是条件极值，则可采用拉格朗日乘数法求解，此时应注意区分目标函数和约束条件.

习　题　7.6

1. 求下列函数的极值.

(1) $z = x^2 - xy + y^2 + 9x - 6y + 20$；

(2) $z = xy + \dfrac{1}{x} + \dfrac{1}{y}$;

(3) $z = 4x - 4y - x^2 - y^2$;

(4) $z = \sin x + \sin y + \sin(x + y), 0 \leqslant x, y \leqslant \dfrac{\pi}{2}$.

2. 欲围一面积为 60 米^2 的长方形场地,材料造价正面每米 10 元,其余三面每米 5 元,问怎样围造价最低?

3. 欲造一容量为 216 分米^3 的长方体箱子,怎样能使所用材料最省?

4. 设生产函数 $Q = 8K^{\frac{1}{4}}L^{\frac{1}{2}}$,产品的价格 $P = 4$,而投入的价格 $P_K = 8$, $P_L = 4$,求使利润最大化的投入水平、产出水平和最大利润.

5. 为销售某产品需在电视和报纸上做广告,当两种广告费分别为 x_1, x_2 万元时,增加的销售收入为 $y = \dfrac{200x_1}{5 + x_1} + \dfrac{100x_2}{10 + x_2}$(万元),若销售毛利率为 20%,总广告费为 25 万元,求最佳广告策划.

总　习　题　7

1. 设 $f\left(x + y, \dfrac{y}{x}\right) = x^2 - y^2$,求 $f(x, y)$.

2. 求极限: $\lim\limits_{(x, y) \to (0,0)} \dfrac{xy}{\sqrt{xy + 1} - 1}$.

3. 求偏导数.

(1) $z = \sin x + \cos^2 xy$;　　　　(2) $z = (1 + xy)^y$.

4. 求全微分.

(1) $z = \arctan \dfrac{xy}{x^2 + y^2}$;　　　　(2) $z = \dfrac{x^2 + 1}{x^2 - 1} + \cos x^2 y^3$.

5. 求函数 $z = x^2 + 12xy + 2y^2$ 在区域 $D: 4x^2 + y^2 \leqslant 25$ 上的最大值和最小值.

6. 某厂要用铁板做成一个体积为 2 米^3 有盖长方体水箱,问:当长、宽、高各取怎样的尺寸时,才能使用料最省?

7. 求表面积为 a^2 而体积最大的长方体的体积.

第 8 章 重 积 分

定积分解决了定义在一维区间上函数的一类和式的极限问题,为了处理客观世界中形态各异的对象,还需要建立多元函数在高维区域上和式的极限问题,这就是本章要讨论的二重积分和三重积分.在本章我们将引入这些积分的概念,提供有关的计算方法,并介绍它们的一些应用.

8.1 二重积分的概念

和定积分一样,重积分也是一类和式的极限,为了说明对这类极限研究的需要,先从一个例子说起.

8.1.1 曲顶柱体的体积

在初等数学中,我们已经学会计算一般立体的体积,特别是柱体体积的计算已经有了很成熟的公式,至于由任意曲面作为顶的立体的体积,就不会算了.

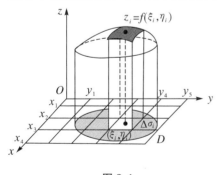

图 8.1

设有一立体,它的底是 xOy 平面上的闭区域 D,它的侧面是以 D 的边界为准线、母线平行于 z 轴的柱面,它的顶是曲面 $z = f(x, y)$.这里,$f(x, y) \geqslant 0$,且在 D 上连续.这种立体叫作**曲顶柱体**,如图 8.1 所示.

如何计算曲顶柱体的体积 V?

分析　如果此柱体的顶为平面,即 $z = c$,则此曲顶柱体的体积为 $V = c \cdot S(D)$,这里 $S(D)$ 是指 D 的面积.

对于一般的曲顶柱体,求其近似值,具体的方法是:

（ⅰ）用一组曲线网把区域 D 分成 n 个小闭区域 $\sigma_1, \sigma_2, \cdots, \sigma_n$,它们的面积记

作 $\Delta\sigma_1,\Delta\sigma_2,\cdots,\Delta\sigma_n$,这样曲顶柱被分成了 n 个小曲顶柱体 $\Delta V_1,\Delta V_2,\cdots,\Delta V_n$;

（ⅱ）在每个小区域上任取一点:$(\xi_i,\eta_i)\in\sigma_i,i=1,2,\cdots,n$,用 $f(\xi_i,\eta_i)$ 代表第 i 个小曲顶柱体的高,并把所有小柱体的体积用平顶柱体的体积表示:$\Delta V_i=f(\xi_i,\eta_i)\Delta\sigma_i,i=1,2,\cdots,n$;

（ⅲ）求和,得曲顶柱体体积的近似值 $V\approx\sum\limits_{i=1}^{n}f(\xi_i,\eta_i)\cdot\Delta\sigma_i$,把 D 分得越来越细,求出的和越接近真实的体积值;

（ⅳ）设 n 个小闭区域的直径最大者是 d,即

$$d=\max\{d(\sigma_1),d(\sigma_2),\cdots,d(\sigma_n)\}$$

当 $d\to0$ 时,$\sum\limits_{i=1}^{n}f(\xi_i,\eta_i)\Delta\sigma_i$ 的极限便是我们要求的体积 V,即

$$V=\lim_{d\to0}\sum_{i=1}^{n}f(\xi_i,\eta_i)\cdot\Delta\sigma_i$$

虽然该类问题和我们以前求曲边梯形在表面上有所差异,但解决的方法是相同的,都是求同一结构的总和的极限.其实还有许多实际问题的解决都可以归结于求这类极限.故我们有必要在抽象的形式下研究它.

8.1.2　二重积分的概念

定义 8.1　如果 $z=f(x,y)$ 是有界闭区域 D 上的有界函数,把区域 D 任意分成 n 个小区域 $\sigma_1,\sigma_2,\cdots,\sigma_n$,第 i 个小区域的面积记作 $\Delta\sigma_i,i=1,2,\cdots,n$,在每个小区域内任取一点 $(\xi_i,\eta_i)\in\sigma_i,i=1,2,\cdots,n$,作和

$$S=\sum_{i=1}^{n}f(\xi_i,\eta_i)\cdot\Delta\sigma_i \tag{8.1}$$

设 $d=\max\{d(\sigma_1),d(\sigma_2),\cdots,d(\sigma_n)\}$,若极限 $\lim\limits_{d\to0}\sum\limits_{i=1}^{n}f(\xi_i,\eta_i)\Delta\sigma_i$ 存在,则称 $f(x,y)$ 在区域 D 上**可积**,而把极限值称为函数 $z=f(x,y)$ 在闭区域 D 上的**二重积分**记作 $\iint\limits_{D}f(x,y)\mathrm{d}\sigma$,即

$$\iint\limits_{D}f(x,y)\mathrm{d}\sigma=\lim_{d\to0}\sum_{i=1}^{n}f(\xi_i,\eta_i)\Delta\sigma_i$$

其中 $f(x,y)$ 叫作**被积函数**,$\mathrm{d}\sigma$ 叫作**面积元素**,x 和 y 叫作**积分变量**,D 叫作**积分区域**,$f(x,y)\mathrm{d}\sigma$ 叫作**被积表达式**.

曲顶柱体的体积 V 就是曲面方程 $z=f(x,y)\geqslant0$ 在区域 D 上的二重积分.

8.1.3　关于定义的两点说明

说明8.1　根据定义,当积分和式(8.1)的极限存在时,称此极限为 $f(x,y)$ 在 D 上的二重积分,此时称 $f(x,y)$ 在 D 上是可积的.则有:

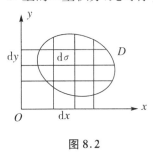

图 8.2

（ⅰ）若函数 $f(x,y)$ 在有界闭区域 D 上连续,则 $f(x,y)$ 在 D 上的二重积分存在;

（ⅱ）若函数 $f(x,y)$ 在有界闭区域 D 上有界且分片连续,则 $f(x,y)$ 在 D 上可积.

说明8.2　由以上定义可知,如果 $f(x,y)$ 在 D 上可积,则积分和式(8.1)的极限一定存在,且与 D 的分法无关.因此在直角坐标系中,我们可以用一些平行于坐标轴的网状直线分割区域 D(如图8.2所示),除了少数边缘上的小区域外,其余的小区域都是矩形,设它的边长是 Δx_j 和 Δy_k,则 $\Delta\sigma_i = \Delta x_j\Delta y_k$,因此,面积元素 $\mathrm{d}\sigma$ 有时也用 $\mathrm{d}x\mathrm{d}y$ 表示.于是,在直角坐标系下,二重积分也可以记作

$$\iint\limits_{D}f(x,y)\mathrm{d}\sigma = \iint\limits_{D}f(x,y)\mathrm{d}x\mathrm{d}y$$

其中 $\mathrm{d}x\mathrm{d}y$ 叫作直角坐标系中的面积元素.

8.1.4　二重积分的几何意义

二重积分 $\iint\limits_{D}f(x,y)\mathrm{d}\sigma$ 有如下解释:如果 $f(x,y)\geqslant 0$,被积函数可解释为曲顶柱体顶上的点 $(x,y,f(x,y))$ 的竖坐标,二重积分的几何意义就是曲顶柱体的体积;如果 $f(x,y)\leqslant 0$,柱体在 xOy 面的下方,二重积分就等于柱体体积的负值.如果 $f(x,y)$ 在 D 的某些部分区域上是正的,而在其余部分区域上是负的,那么二重积分就等于 xOy 面上方的柱体体积减去 xOy 面下方的柱体体积所得之差.

习　题　8.1

1. 设有平面薄片,占有 xOy 面上的闭区域 D,它在点 (x,y) 处的面密度为 $\rho(x,y)$,这里 $\rho(x,y)>0$ 且在 D 上连续,试求该平面薄片的质量,并用二重积分表示该平面薄片的质量.

2. 设有一平面薄板(不计其厚度),占有 xOy 面上的闭区域 D,薄板上分布有密度为 $\rho(x,y)$ 的电荷,这里 $\rho(x,y)>0$ 且在 D 上连续,试求该平面薄板上的全部电荷 Q,并用二重积分的形式表示该平面薄板上的全部电荷 Q.

3. 用二重积分的形式表示半径为 a 的均匀半圆薄片(面密度为常量 ρ)对于其直径的转动惯量.

8.2 二重积分的基本性质

由二重积分的定义可知,二重积分从本质上和一元函数的定积分是一样的,所以二重积分与一元函数的定积分具有相应的性质.下面论及的函数均假定在 D 上可积.

性质 8.1 常数因子可以提到积分号外面,即

$$\iint\limits_D kf(x,y)\mathrm{d}\sigma = k\iint\limits_D f(x,y)\mathrm{d}\sigma, \quad k \text{ 是常数}$$

证 由

$$\iint\limits_D kf(x,y)\mathrm{d}\sigma = \lim_{d\to 0}\sum_{i=1}^n kf(\xi_i,\eta_i)\Delta\sigma_i = k\lim_{d\to 0}\sum_{i=1}^n f(\xi_i,\eta_i)\Delta\sigma_i$$

$$= k\iint\limits_D f(x,y)\mathrm{d}\sigma$$

即得证.

性质 8.2 函数的代数和的积分等于各个函数积分的代数和,即

$$\iint\limits_D [f(x,y)+g(x,y)]\mathrm{d}\sigma = \iint\limits_D f(x,y)\mathrm{d}\sigma + \iint\limits_D g(x,y)\mathrm{d}\sigma$$

证 由

$$\iint\limits_D [f(x,y)+g(x,y)]\mathrm{d}\sigma$$

$$= \lim_{d\to 0}\sum_{i=1}^n [f(\xi_i,\eta_i)+g(\xi_i,\eta_i)]\Delta\sigma_i$$

$$= \lim_{d\to 0}\Big[\sum_{i=1}^n f(\xi_i,\eta_i)\Delta\sigma_i + \sum_{i=1}^n g(\xi_i,\eta_i)\Delta\sigma_i\Big]$$

$$= \lim_{d\to 0}\sum_{i=1}^n f(\xi_i,\eta_i)\Delta\sigma_i + \lim_{d\to 0}\sum_{i=1}^n g(\xi_i,\eta_i)\Delta\sigma_i$$

$$= \iint\limits_D f(x,y)\mathrm{d}\sigma + \iint\limits_D g(x,y)\mathrm{d}\sigma$$

即得证.

性质 8.3(区域可加性) 如果积分区域 D 被一曲线分成 D_1,D_2 两个区域,

则有

$$\iint\limits_{D} f(x,y)\mathrm{d}\sigma = \iint\limits_{D_1} f(x,y)\mathrm{d}\sigma + \iint\limits_{D_2} f(x,y)\mathrm{d}\sigma$$

证　$\displaystyle\iint\limits_{D} f(x,y)\mathrm{d}\sigma = \lim_{d\to 0}\sum_{i=1}^{n} f(\xi_i,\eta_i)\Delta\sigma_i$

$$= \lim_{d\to 0}\Big[\sum_{i=k_1}^{k_{m_1}} f(\xi_i,\eta_i)\Delta\sigma_i + \sum_{j=t_1}^{t_{m_2}} f(\xi_j,\eta_j)\Delta\sigma_j\Big]$$

$$= \lim_{d\to 0}\sum_{i=k_1}^{k_{m_1}} f(\xi_i,\eta_i)\Delta\sigma_i + \lim_{d\to 0}\sum_{j=t_1}^{t_{m_2}} f(\xi_j,\eta_j)\Delta\sigma_j$$

$$= \iint\limits_{D_1} f(x,y)\mathrm{d}\sigma + \iint\limits_{D_2} f(x,y)\mathrm{d}\sigma.$$

其中 D_1 由 $\Delta\sigma_{k_1},\cdots,\Delta\sigma_{k_{m_1}}$ 组成，D_2 由 $\Delta\sigma_{t_1},\cdots,\Delta\sigma_{t_{m_2}}$ 组成.

性质 8.4　如果在区域 D 上恒有 $f(x,y)=1$，则

$$\iint\limits_{D} f(x,y)\mathrm{d}\sigma = \sigma$$

其中 σ 是区域 D 的面积.

证　因为 $f(x,y)=1$，所以 $\forall(\xi_i,\eta_i)\in\Delta\sigma_i\subset D$，有

$$f(\xi_i,\eta_i)=1$$

$$\iint\limits_{D} f(x,y)\mathrm{d}\sigma = \lim_{d\to 0}\sum_{i=1}^{n} f(\xi_i,\eta_i)\Delta\sigma_i$$

$$= \lim_{d\to 0}\sum_{i=1}^{n} 1\cdot\Delta\sigma_i = \lim_{d\to 0}\sum_{i=1}^{n}\Delta\sigma_i$$

$$= S(D) = \sigma$$

性质 8.5　如果在区域 D 上总有 $f(x,y)\geqslant 0$，则 $\displaystyle\iint\limits_{D} f(x,y)\mathrm{d}\sigma\geqslant 0$.

证　$\displaystyle\iint\limits_{D} f(x,y)\mathrm{d}\sigma = \lim_{d\to 0}\sum_{i=1}^{n} f(\xi_i,\eta_i)\Delta\sigma_i$. 又因为 $f(x,y)\geqslant 0$，所以 $\forall(\xi_i,\eta_i)$ $\in\Delta\sigma_i\subset D$，有 $f(\xi_i,\eta_i)\geqslant 0$，根据极限的局部保号性，有

$$\iint\limits_{D} f(x,y)\mathrm{d}\sigma = \lim_{d\to 0}\sum_{i=1}^{n} f(\xi_i,\eta_i)\Delta\sigma_i\geqslant 0$$

根据以上的性质，很容易证明以下的两个推论成立.

推论 8.1　如果在区域 D 上总有 $f(x,y)\geqslant g(x,y)$，则

$$\iint\limits_{D} f(x,y)\mathrm{d}\sigma \geqslant \iint\limits_{D} g(x,y)\mathrm{d}\sigma$$

推论 8.2　对于任意的函数 $f(x,y)$ 在任意可积区域 D 上都有

$$\left|\iint\limits_{D} f(x,y)\mathrm{d}\sigma\right| \leqslant \iint\limits_{D} |f(x,y)|\,\mathrm{d}\sigma$$

以上推论的证明留给读者练习.

性质 8.6　设 M 与 m 分别是函数 $z = f(x,y)$ 在 D 上的最大值与最小值,σ 是 D 的面积,则有

$$m\sigma \leqslant \iint\limits_{D} f(x,y)\mathrm{d}\sigma \leqslant M\sigma$$

证　$\iint\limits_{D} f(x,y)\mathrm{d}\sigma = \lim\limits_{d\to 0}\sum\limits_{i=1}^{n} f(\xi_i,\eta_i)\Delta\sigma_i$. 因为 M 与 m 分别是函数 $z = f(x,y)$ 在 D 上的最大值与最小值,所以 $m \leqslant f(x,y) \leqslant M$,故 $\forall (\xi_i,\eta_i) \in \Delta\sigma_i \subset D$,有 $m \leqslant f(\xi_i,\eta_i) \leqslant M$.

根据极限的局部保号性,则有

$$m\sigma \leqslant \lim\limits_{d\to 0}\sum\limits_{i=1}^{n} m\Delta\sigma_i \leqslant \lim\limits_{d\to 0}\sum\limits_{i=1}^{n} f(\xi_i,\eta_i)\Delta\sigma_i \leqslant \lim\limits_{d\to 0}\sum\limits_{i=1}^{n} M\Delta\sigma_i = M\sigma$$

所以

$$m\sigma \leqslant \iint\limits_{D} f(x,y)\mathrm{d}\sigma \leqslant M\sigma$$

即得证.

性质 8.7(二重积分中值定理)　如果函数 $f(x,y)$ 在有界闭区域 D 上连续,σ 是 D 的面积,则在 D 上至少存在一点 (ξ,η),使得

$$\iint\limits_{D} f(x,y)\mathrm{d}\sigma = f(\xi,\eta)\cdot\sigma$$

证　函数 $f(x,y)$ 在有界闭区域 D 上连续,则根据有界闭区域上连续函数的性质,$f(x,y)$ 在 D 上一定存在最大值和最小值,分别记为 M 与 m.

根据性质 8.6 的结论,有

$$m\sigma \leqslant \iint\limits_{D} f(x,y)\mathrm{d}\sigma \leqslant M\sigma$$

$$m \leqslant \frac{1}{\sigma}\iint\limits_{D} f(x,y)\mathrm{d}\sigma \leqslant M$$

再根据有界闭区域上函数的界值定理,在 D 上至少存在一点 (ξ,η),使得

$$\frac{1}{\sigma}\iint\limits_{D}f(x,y)\mathrm{d}\sigma = f(\xi,\eta)$$

故

$$\iint\limits_{D}f(x,y)\mathrm{d}\sigma = f(\xi,\eta)\cdot\sigma$$

即得证.

二重积分中值定理的几何意义：在区域 D 上以曲面 $f(x,y)$ 为顶的曲顶柱体的体积,等于区域 D 上以某一点 (ξ,η) 的函数值 $f(\xi,\eta)$ 为高的平顶柱体的体积.

习　题　8.2

1. 设 $I_1 = \iint\limits_{D_1}(x^2 + y^2)^3\mathrm{d}\sigma$,其中 D_1 是矩形闭区域 $-1\leqslant x\leqslant 1$, $-2\leqslant y\leqslant 2$, $I_2 = \iint\limits_{D_2}(x^2 + y^2)^3\mathrm{d}\sigma$,其中 D_2 是矩形闭区域 $0\leqslant x\leqslant 1, 0\leqslant y\leqslant 2$.试用二重积分的几何意义说明 I_1 与 I_2 的关系.

2. 比较下列积分的大小.

(1) $\iint\limits_{D}(x + y)^2\mathrm{d}\sigma$ 与 $\iint\limits_{D}(x + y)^3\mathrm{d}\sigma$,其中 D 由 x 轴、y 轴及直线 $x + y = 1$ 围成；

(2) $\iint\limits_{D}(x + y)^2\mathrm{d}\sigma$ 与 $\iint\limits_{D}(x + y)^3\mathrm{d}\sigma$,其中 D 由圆 $(x - 2)^2 + (y - 1)^2 = 2$ 围成；

(3) $\iint\limits_{D}\ln(x + y)\mathrm{d}\sigma$ 与 $\iint\limits_{D}[\ln(x + y)]^2\mathrm{d}\sigma$,其中 D 是以 $A(1,0)$, $B(1,1)$, $C(2,0)$ 为顶点的三角形闭区域；

(4) $\iint\limits_{D}\ln(x + y)\mathrm{d}\sigma$ 与 $\iint\limits_{D}[\ln(x + y)]^2\mathrm{d}\sigma$,其中 D 是矩形闭区域 $3\leqslant x\leqslant 5, 0\leqslant y\leqslant 1$.

3. 设 $D:x^2 + y^2\leqslant t^2$,试利用积分中值定理求极限 $\lim\limits_{t\to 0}\frac{1}{t^2}\iint\limits_{D}\cos(x + 2y)\mathrm{d}x\mathrm{d}y$.

8.3　直角坐标系下的二重积分的计算

计算二重积分的基本思路是将二重积分化为累次积分,通过逐次计算定积分求得二重积分的值.

8.3.1　化二重积分为二次积分

1. 积分区域 D 是矩形区域

设 D 是矩形区域:$a \leqslant x \leqslant b, c \leqslant y \leqslant d, z = f(x,y)$ 在 D 上连续,则对任意固定的 $x \in [a,b], f(x,y)$ 作为 y 的函数在 $[c,d]$ 上可积,即 $\int_c^d f(x,y)\mathrm{d}y$ 是 x 的函数,记作

$$F(x) = \int_c^d f(x,y)\mathrm{d}y$$

$F(x)$ 称为由含变量 x 的积分 $\int_c^d f(x,y)\mathrm{d}y$ 所确定的函数(以下同).

在区间 $[a,b]$ 及 $[c,d]$ 内分别插入分点:$a = x_0 < x_1 < \cdots < x_{n-1} < x_n = b, c = y_0 < y_1 < \cdots < y_{m-1} < y_m = d$,作两组直线 $x = x_i (i = 1,2,\cdots,n), y = y_j (j = 1,2,\cdots,m)$ 将矩形 D 分成 $n \times m$ 个小矩形区域 $\Delta_{ij} : x_{i-1} \leqslant x \leqslant x_i, y_{j-1} \leqslant y \leqslant y_j (i = 1,2,\cdots,n; j = 1,2,\cdots,m)$(如图 8.3 所示).

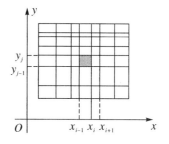

图 8.3

设 $f(x,y)$ 在 Δ_{ij} 上的最大、最小值分别为 M_{ij} 和 m_{ij},在 $[x_{i-1}, x_i]$ 中任取一点 ξ_i,则有

$$m_{ij}\Delta y_j \leqslant \int_{y_{j-1}}^{y_j} f(\xi_i, y)\mathrm{d}y \leqslant M_{ij}\Delta y_j$$

对所有的 j 相加,得

$$\sum_{j=1}^m m_{ij}\Delta y_j \leqslant \int_c^d f(\xi_i, y)\mathrm{d}y \leqslant \sum_{j=1}^m M_{ij}\Delta y_j$$

再乘以 Δx_i,然后对所有的 i 相加,得

$$\sum_{i=1}^n \sum_{j=1}^m m_{ij}\Delta x_i \Delta y_j \leqslant \sum_{i=1}^n F(\xi_i)\Delta x_i \leqslant \sum_{i=1}^n \sum_{j=1}^m M_{ij}\Delta x_i \Delta y_j$$

记 $d = \max_{i,j}\{\Delta_{ij}$ 的直径$\}$,由于 $f(x,y)$ 在 D 上连续,所以可积,当 $d \to 0$ 时,上述不等式两端趋于同一极限——$f(x,y)$ 在 D 上的二重积分.于是 $F(x)$ 在 $[a,b]$ 上可积,而且

$$\iint_D f(x,y)\mathrm{d}x\mathrm{d}y = \int_a^b F(x)\mathrm{d}x = \int_a^b \left[\int_c^d f(x,y)\mathrm{d}y\right]\mathrm{d}x$$

这样,二重积分可以化为两次定积分来计算.同样,也可以采用先对 x 后对 y 的次序

$$\iint\limits_{D} f(x,y)\mathrm{d}x\mathrm{d}y = \int_{c}^{d}\left[\int_{a}^{b} f(x,y)\mathrm{d}x\right]\mathrm{d}y$$

为了书写方便,我们把

$$\int_{a}^{b}\left[\int_{c}^{d} f(x,y)\mathrm{d}y\right]\mathrm{d}x \quad 记作 \quad \int_{a}^{b}\mathrm{d}x\int_{c}^{d} f(x,y)\mathrm{d}y$$

$$\int_{c}^{d}\left[\int_{a}^{b} f(x,y)\mathrm{d}x\right]\mathrm{d}y \quad 记作 \quad \int_{c}^{d}\mathrm{d}y\int_{a}^{b} f(x,y)\mathrm{d}x$$

则有

$$\iint\limits_{D} f(x,y)\mathrm{d}x\mathrm{d}y = \int_{a}^{b}\mathrm{d}x\int_{c}^{d} f(x,y)\mathrm{d}y = \int_{c}^{d}\mathrm{d}y\int_{a}^{b} f(x,y)\mathrm{d}x$$

注　可以证明,上述公式当被积函数 $f(x,y)$ 在 D 上可积时也成立.

2. 积分区域 D 是 X 型区域

如图 8.4 所示,所谓 X 型区域,即任何平行于 y 轴的直线与 D 的边界最多交于两点或有一段重合,这时 D 可表示为 $y_1(x) \leqslant y \leqslant y_2(x)$,$a \leqslant x \leqslant b$,$y_1(x)$,$y_2(x)$ 连续,这时可作一包含 D 的矩形区域 $D_1:a \leqslant x \leqslant b$,$c \leqslant y \leqslant d$,并作一辅助函数

$$\overline{f}(x,y) = \begin{cases} f(x,y), & (x,y) \in D \\ 0, & (x,y) \notin D \end{cases}$$

于是,由积分的性质及前面的结果知

$$\iint\limits_{D} f(x,y)\mathrm{d}x\mathrm{d}y = \iint\limits_{D_1} \overline{f}(x,y)\mathrm{d}x\mathrm{d}y$$

$$= \int_{a}^{b}\mathrm{d}x\int_{c}^{d} \overline{f}(x,y)\mathrm{d}y = \int_{a}^{b}\mathrm{d}x\int_{y_1(x)}^{y_2(x)} f(x,y)\mathrm{d}y$$

3. 积分区域 D 是 Y 型区域

如图 8.5 所示,所谓 Y 型区域,即任何平行于 x 轴的直线与 D 的边界最多交于两点或有一段重合,这时 D 可表示为 $x_1(y) \leqslant x \leqslant x_2(y)$,$c \leqslant y \leqslant d$,$x_1(y)$,$x_2(y)$ 连续.

完全类似于积分区域 D 是 X 型区域的情形,可得

$$\iint\limits_{D} f(x,y)\mathrm{d}x\mathrm{d}y = \int_{c}^{d}\mathrm{d}y\int_{x_1(y)}^{x_2(y)} f(x,y)\mathrm{d}x$$

4. 积分区域 D 既不是 X 型区域,也不是 Y 型区域

如果积分区域 D 既不是 X 型区域,也不是 Y 型区域,则可以把区域 D 分割成有限个区域,使每个子区域是 X 型或 Y 型,然后利用积分区域可加性计算,如图8.6

所示.

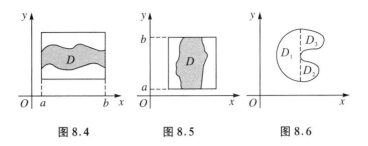

图 8.4   图 8.5   图 8.6

8.3.2　例题选讲

例 8.1　求 $\iint\limits_{D} e^{x+y} \mathrm{d}x\mathrm{d}y$,其中 $D:0 \leqslant x \leqslant 1, 1 \leqslant y \leqslant 2$.

解　积分区域是矩形区域,有

$$\iint\limits_{D} e^{x+y}\mathrm{d}x\mathrm{d}y = \int_0^1 \mathrm{d}x \int_1^2 e^{x+y}\mathrm{d}y$$

对于第一次积分,y 是积分变量,x 可以认为是常量,于是

$$\int_1^2 e^{x+y}\mathrm{d}y = e^x \int_1^2 e^y \mathrm{d}y = e^x(e^2 - e)$$

因此

$$\int_0^1 \mathrm{d}x \int_1^2 e^{x+y}\mathrm{d}y = \int_0^1 e^x(e^2 - e)\mathrm{d}x = e(e-1)^2$$

例 8.2　求 $\iint\limits_{D} e^{\frac{x}{y}}\mathrm{d}x\mathrm{d}y$,其中 D 是由 $y^2 = x$,$y = 1$ 及 y 轴所围成的区域.

解　如图 8.7 所示,积分区域 D 既是 X 型区域,又是 Y 型区域,因此

$$\iint\limits_{D} e^{\frac{x}{y}}\mathrm{d}x\mathrm{d}y = \int_0^1 \mathrm{d}x \int_{\sqrt{x}}^1 e^{\frac{x}{y}}\mathrm{d}y$$

或

$$\iint\limits_{D} e^{\frac{x}{y}}\mathrm{d}x\mathrm{d}y = \int_0^1 \mathrm{d}y \int_0^{y^2} e^{\frac{x}{y}}\mathrm{d}x$$

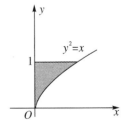

图 8.7

由于 $\int e^{\frac{x}{y}}\mathrm{d}y$ 难以求出,因此,先对 x 再对 y 积分,所以

$$\iint\limits_{D} e^{\frac{x}{y}}\mathrm{d}x\mathrm{d}y = \int_0^1 \mathrm{d}y \int_0^{y^2} e^{\frac{x}{y}}\mathrm{d}x = \int_0^1 y(e^y - 1)\mathrm{d}y = \frac{1}{2}$$

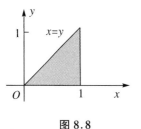

图 8.8

例 8.3　计算积分 $\int_0^1 \mathrm{d}y \int_y^1 \mathrm{e}^{x^2} \mathrm{d}x$.

解　若直接计算, $\int \mathrm{e}^{x^2} \mathrm{d}x$ 不是初等函数, 因此考虑交换积分次序. 首先确定积分区域 D. D 由下面三条直线围成: $y = 0, x = y, x = 1$, 如图 8.8 所示, 此区域也可以看成 X 型区域, 因此

$$\int_0^1 \mathrm{d}y \int_y^1 \mathrm{e}^{x^2} \mathrm{d}x = \iint\limits_D \mathrm{e}^{x^2} \mathrm{d}x \mathrm{d}y = \int_0^1 \mathrm{d}x \int_0^x \mathrm{e}^{x^2} \mathrm{d}y = \int_0^1 x \mathrm{e}^{x^2} \mathrm{d}x = \frac{1}{2}(\mathrm{e} - 1)$$

例 8.4　求两个底圆半径相等的直交圆柱面: $x^2 + y^2 = R^2$ 及 $x^2 + z^2 = R^2$ 所围成的立体的体积.

解　利用立体关于坐标平面的对称性, 只需算出它在第一象限部分的体积即可.

所求第一象限部分可以看成是一个曲顶柱体, 它的底是半径为 R 的圆的四分之一部分, 它的顶是曲面 $z = \sqrt{R^2 - x^2}$, 如图 8.9 所示. 于是

$$V_1 = \iint\limits_D \sqrt{R^2 - x^2} \mathrm{d}\sigma$$

化为累次积分, 得

$$V_1 = \iint\limits_D \sqrt{R^2 - x^2} \mathrm{d}\sigma$$

$$= \int_0^R \mathrm{d}x \int_0^{\sqrt{R^2-x^2}} \sqrt{R^2 - x^2} \mathrm{d}y = \int_0^R (R^2 - x^2) \mathrm{d}x = \frac{2}{3} R^3$$

从而所求立体体积为

$$V = 8V_1 = \frac{16}{3} R^3$$

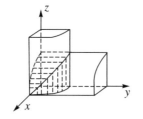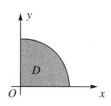

图 8.9

习　题　8.3

1. 交换二次积分的次序.

(1) $\int_1^2 \mathrm{d}x \int_x^{x^2} f(x,y)\mathrm{d}y + \int_2^8 \mathrm{d}x \int_x^8 f(x,y)\mathrm{d}y$;

(2) $\int_0^1 \mathrm{d}y \int_0^y f(x,y)\mathrm{d}x + \int_1^2 \mathrm{d}y \int_0^{2-y} f(x,y)\mathrm{d}x$.

2. 求证:$\int_0^1 \mathrm{d}y \int_0^{\sqrt{y}} \mathrm{e}^y f(x)\mathrm{d}x + \int_0^1 (e - \mathrm{e}^{x^2}) f(x)\mathrm{d}x$. (提示:交换积分次序.)

3. 计算下列二重积分.

(1) $\iint_D x\mathrm{e}^{xy}\mathrm{d}\sigma, D = \{(x,y) \mid 0 \leqslant x \leqslant 1, 0 \leqslant y \leqslant 1\}$;

(2) $\iint_D xy^2 \mathrm{d}\sigma, D$ 是由抛物线 $y^2 = 2px$ 和直线 $x = \dfrac{p}{2}(p > 0)$ 围成的区域;

(3) $\iint_D (x + 6y)\mathrm{d}\sigma, D$ 是由 $y = x, y = 5x, x = 1$ 围成的区域;

(4) $\iint_D (x^2 + y^2)\mathrm{d}\sigma, D$ 是由 $y = x, y = x + a, y = a, y = 3a(a > 0)$ 围成的区域;

(5) $\iint_D \mathrm{e}^{-(x^2+y^2)}\mathrm{d}\sigma, D$ 是圆域 $x^2 + y^2 \leqslant R^2$;

(6) $\iint_D 4 - x - y\mathrm{d}\sigma, D$ 是圆域 $x^2 + y^2 \leqslant 2y$.

提示:化为二次积分时注意两种积分次序中有一种可以计算出二重积分.

8.4　利用极坐标计算二重积分

从直角坐标到极坐标的变量代换是二重积分计算中十分常见的代换.区域边界或被积函数易于用极坐标表示时,采用极坐标往往能带来很大的便利.

8.4.1　极坐标系下的面积元素

在直角坐标系中,我们用两组平行于坐标轴的直线把区域 D 分成若干方形小块,因而求得 $\Delta\sigma = \Delta x_i \Delta y_i$.

在极坐标系中,我们用 $r =$ 常数,$\theta =$ 常数的曲线网分割区域 D,如图 8.10 所示,在阴影部分所对应的扇环形区域,圆心角是 $\Delta\theta$,外弧半径是 $r + \Delta r$,内弧半径

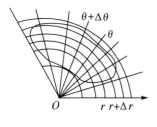

图 8.10

是 r，因此，阴影部分的面积是

$$\Delta\sigma = \frac{1}{2}(r+\Delta r)^2 \Delta\theta - \frac{1}{2}r^2\Delta\theta$$

$$= r \cdot \Delta r \cdot \Delta\theta + \frac{1}{2}(\Delta r)^2\Delta\theta$$

略去高阶无穷小，便有

$$\Delta\sigma \approx r \cdot \Delta r \cdot \Delta\theta$$

所以面积元素是

$$\mathrm{d}\sigma = r \cdot \mathrm{d}r \cdot \mathrm{d}\theta$$

8.4.2 积分公式

被积函数变为

$$f(x,y) = f(r\cos\theta, r\sin\theta)$$

于是在直角坐标系中的二重积分变为在极坐标系中的二重积分：

$$\iint\limits_D f(x,y)\mathrm{d}\sigma = \iint\limits_D f(r\cos\theta, r\sin\theta)r\mathrm{d}r\mathrm{d}\theta$$

类似于直角坐标的情形，如果对每条过极点的射线 $\theta = \theta_0$ 与区域的边界至多有两个交点 $r_1(\theta_0)$ 及 $r_2(\theta_0)$，$r_1(\theta_0) \leqslant r_2(\theta_0)$，而 θ 的范围是 $\alpha \leqslant \theta \leqslant \beta$，则区域 D 可表示为（如图 8.11 所示）

$$D = \{(r,\theta) \mid r_1(\theta) \leqslant r \leqslant r_2(\theta), \alpha \leqslant \theta \leqslant \beta\}$$

因此二重积分可化为累次积分：

$$\iint\limits_D f(r\cos\theta, r\sin\theta)r\mathrm{d}r\mathrm{d}\theta = \int_\alpha^\beta \mathrm{d}\theta \int_{r_1(\theta)}^{r_2(\theta)} f(r\cos\theta, r\sin\theta)r\mathrm{d}r$$

如果极点在区域 D 的内部或边界，则 $r_1(\theta) = 0$，如图 8.12 所示，此时二重积分可分别表示为

$$\int_0^{2\pi} \mathrm{d}\theta \int_0^{r(\theta)} f(r\cos\theta, r\sin\theta)r\mathrm{d}r$$

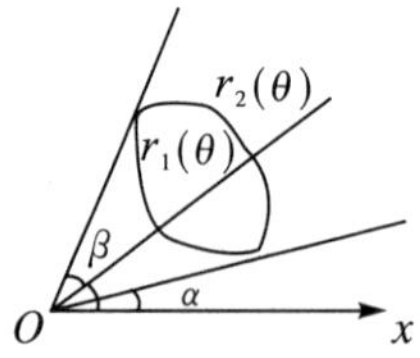

图 8.11

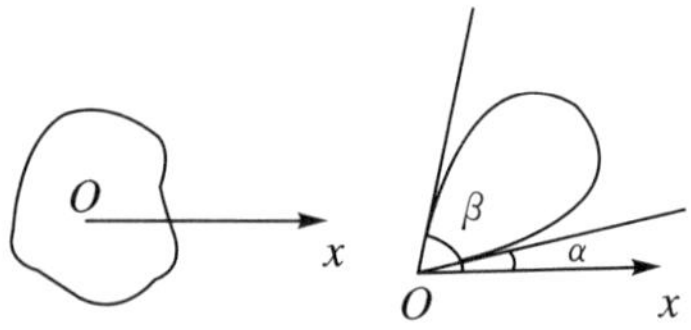

图 8.12

或

$$\int_{\alpha}^{\beta} \mathrm{d}\theta \int_{0}^{r(\theta)} f(r\cos\theta, r\sin\theta) r \mathrm{d}r$$

8.4.3　例题选讲

例 8.5　计算半径为 R 的圆的面积.

解　取圆心为极点,则圆的面积 A 可表示为

$$A = \iint_{D} \mathrm{d}\sigma$$

其中 D 是圆的内部区域,因此

$$A = \int_{0}^{2\pi} \mathrm{d}\theta \int_{0}^{R} r \mathrm{d}r = \int_{0}^{2\pi} \frac{R^2}{2} \mathrm{d}\theta = \pi R^2$$

例 8.6　计算二重积分 $\displaystyle\iint_{D} \frac{\mathrm{d}x\mathrm{d}y}{1+x^2+y^2}$,其中区域 $D = \{(x,y) \mid 1 \leqslant x^2+y^2 \leqslant 4\}$.

解　利用极坐标,区域的边界曲线是 $r_1(\theta) = 1$ 与 $r_2(\theta) = 2$,因此

$$\iint_{D} \frac{\mathrm{d}x\mathrm{d}y}{1+x^2+y^2} = \int_{0}^{2\pi} \mathrm{d}\theta \int_{1}^{2} \frac{r}{1+r^2} \mathrm{d}r = \int_{0}^{2\pi} \frac{1}{2}\ln\frac{5}{2} \mathrm{d}\theta = \pi\ln\frac{5}{2}$$

例 8.7　求球体 $x^2+y^2+z^2 \leqslant 4a^2$ 被圆柱面 $x^2+y^2 = 2ax (a>0)$ 所截得的立体的体积(如图 8.13 所示).

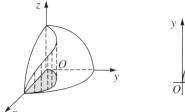

图 8.13

解　由对称性,所截的部分是以 D 为底的曲顶柱体体积的 4 倍,而曲顶柱体顶面的方程是 $z = \sqrt{4a^2-x^2-y^2}$.因此

$$V = 4\iint_{D} \sqrt{4a^2-x^2-y^2} \mathrm{d}x\mathrm{d}y$$

利用极坐标,便得

$$V = 4\iint_{D} \sqrt{4a^2-r^2} r \mathrm{d}r \mathrm{d}\theta$$

$$= 4 \int_0^{\frac{\pi}{2}} \mathrm{d}\theta \int_0^{2a\cos\theta} \sqrt{4a^2 - r^2}\, r\,\mathrm{d}r$$

$$= \frac{32}{3}a^3 \int_0^{\frac{\pi}{2}} (1 - \sin^3\theta)\mathrm{d}\theta = \frac{32}{3}a^3 \left(\frac{\pi}{2} - \frac{2}{3} \right)$$

例 8.8 计算 Possion 积分：$I = \int_{-\infty}^{+\infty} \mathrm{e}^{-x^2}\mathrm{d}x$.

解 $\int \mathrm{e}^{-x^2}\mathrm{d}x$ 不是初等函数，"积"不出来. 我们先求 $k = \iint\limits_{D} \mathrm{e}^{-(x^2+y^2)}\mathrm{d}x\mathrm{d}y$，其中 D 是整个平面，显然，这类似于一元函数的广义积分，因此，k 可用累次积分表示为

$$k = \int_{-\infty}^{+\infty} \mathrm{d}x \int_{-\infty}^{+\infty} \mathrm{e}^{-(x^2+y^2)}\mathrm{d}y = \int_{-\infty}^{+\infty} \mathrm{e}^{-x^2}\mathrm{d}x \int_{-\infty}^{+\infty} \mathrm{e}^{-y^2}\mathrm{d}y = I^2$$

而把上述积分用极坐标表示，便有

$$k = \int_0^{2\pi} \mathrm{d}\theta \int_0^{+\infty} \mathrm{e}^{-r^2}\, r\,\mathrm{d}r$$

又

$$\int_0^{+\infty} \mathrm{e}^{-r^2}\, r\,\mathrm{d}r = \left(-\frac{\mathrm{e}^{-r^2}}{2} \right) \bigg|_0^{+\infty} = \frac{1}{2}$$

所以

$$k = \int_0^{2\pi} \frac{1}{2}\mathrm{d}\theta = \pi$$

于是

$$I^2 = \pi, \quad I = \sqrt{\pi}$$

习 题 8.4

1. 把下列积分化为极坐标形式，并计算积分值.

(1) $\int_0^1 \mathrm{d}x \int_0^1 f(x,y)\mathrm{d}y$；

(2) $\int_0^2 \mathrm{d}x \int_x^{\sqrt{3}x} f(\sqrt{x^2+y^2})\mathrm{d}y$.

2. 利用极坐标计算下列各题.

(1) $\iint\limits_{D} \mathrm{e}^{x^2+y^2}\mathrm{d}\sigma$，其中 D 是圆形闭区域 $x^2 + y^2 \leqslant 4$；

(2) $\iint\limits_{D} \ln(1 + x^2 + y^2)\mathrm{d}\sigma$，其中 D 是圆周 $x^2 + y^2 = 1$ 及坐标轴所围成的在第一象限内的闭区域；

(3) $\iint\limits_{D} \arctan \dfrac{y}{x} \mathrm{d}\sigma$，其中 D 是圆周 $x^2 + y^2 = 1, x^2 + y^2 = 4$ 及直线 $y = 0, y = x$ 所围成的在第一象限内的闭区域.

总　习　题　8

1. $\displaystyle\int_0^1 \mathrm{d}x \int_0^{1-x} f(x, y)\mathrm{d}y = (\quad)$.

A. $\displaystyle\int_0^{1-x} \mathrm{d}y \int_0^1 f(x, y)\mathrm{d}x$　　　　　　B. $\displaystyle\int_0^1 \mathrm{d}y \int_0^{1-x} f(x, y)\mathrm{d}x$

C. $\displaystyle\int_0^1 \mathrm{d}y \int_0^1 f(x, y)\mathrm{d}x$　　　　　　D. $\displaystyle\int_0^1 \mathrm{d}y \int_0^{1-y} f(x, y)\mathrm{d}x$

2. 设 $D = \{(x, y) \mid x^2 + y^2 \leqslant a^2\}$，当 $a = (\quad)$ 时，$\iint\limits_{D} \sqrt{a^2 - x^2 - y^2}\mathrm{d}x\mathrm{d}y = \pi$.

A. 1　　　　　　　　　　　　B. $\sqrt[3]{\dfrac{3}{2}}$

C. $\sqrt[3]{\dfrac{3}{4}}$　　　　　　　　　　D. $\sqrt[3]{\dfrac{1}{2}}$

3. 当 D 是由$(\quad)$围成的区域时，$\iint\limits_{D} \mathrm{d}x\mathrm{d}y = 1$.

A. x 轴, y 轴及 $2x + y - 2 = 0$

B. $x = 1, x = 2$ 及 $y = 3, y = 4$

C. $|x| = \dfrac{1}{2}, |y| = \dfrac{1}{2}$

D. $|x + y| = 1, |x - y| = 1$

4. 化二重积分 $\iint\limits_{D} f(x, y)\mathrm{d}x\mathrm{d}y$ 为二次积分(写出两种积分次序).

(1) $D = \{(x, y) \mid |x| \leqslant 1, |y| \leqslant 1\}$；

(2) D 是由 y 轴, $y = 1$ 及 $y = x$ 围成的区域；

(3) D 是由 x 轴, $y = \ln x$ 及 $x = \mathrm{e}$ 围成的区域；

(4) D 是由 x 轴, 圆 $x^2 + y^2 - 2x = 0$ 在第一象限的部分及直线 $x + y = 2$ 围成的区域；

(5) D 是由 x 轴与抛物线 $y = 4 - x^2$ 在第二象限的部分及圆 $x^2 + y^2 - 4y = 0$ 在第一象限的部分围成的区域.

5. 计算下列各式的值：

(1) $\iint\limits_{D} y^2 \mathrm{d}\sigma$，其中 D 是由 $x = -2, y = 2$，及 $x = -\sqrt{2y - y^2}$ 所围成的区域；

(2) $\lim\limits_{\substack{n\to\infty\\m\to\infty}}\sum\limits_{i=1}^{m}\sum\limits_{j=1}^{n}\dfrac{n}{(m+n)(n^2+j^2)}$.

6. 计算下列曲线所围成的面积.

(1) $y=x^2,y=x+2$；

(2) $y=\sin x,y=\cos x,x=0$.

7. 计算下列曲面所围成立体的体积.

(1) $z=1+x+y,z=0,x+y=1,x=0,y=0$；

(2) $z=x^2+y^2,y=1,z=0,y=x^2$.

8. 求证：$\iint\limits_{D}f(xy)\mathrm{d}x\mathrm{d}y=\ln 2\int_{1}^{2}f(u)\mathrm{d}u$，其中 D 是由 $xy=1,xy=2,y=x$ 及 $y=4x(x>0,y>0)$ 所围成的区域.

9. 设 $f(t)$ 是半径为 t 的圆的周长,试证：

$$\frac{1}{2\pi}\iint\limits_{x^2+y^2\leqslant a^2}\mathrm{e}^{-\frac{(x^2+y^2)}{2}}\mathrm{d}x\mathrm{d}y=\frac{1}{2\pi}\int_{0}^{a}f(t)\mathrm{e}^{-\frac{t^2}{2}}\mathrm{d}t$$

10. 设 $p(x)$ 是 $[a,b]$ 上非负连续函数,$f(x),g(x)$ 在 $[a,b]$ 上连续且单调递增,证明：

$$\int_{a}^{b}p(x)f(x)\mathrm{d}x\int_{a}^{b}p(x)g(x)\mathrm{d}x\leqslant\int_{a}^{b}p(x)\mathrm{d}x\int_{a}^{b}p(x)f(x)g(x)\mathrm{d}x$$

11. 设 $f(x)$ 在 $[0,a]$ 上连续,证明：$\int_{0}^{a}f(x)\mathrm{d}x\int_{x}^{a}f(y)\mathrm{d}y=\dfrac{1}{2}\left[\int_{0}^{a}f(x)\mathrm{d}x\right]^2$.

第9章　无穷级数

离散经济变量的无限求和问题是经济数学的重要组成部分,它是表示经济函数、研究经济函数性质并进行数值计算的有效工具.本章讨论此类问题及其经济应用.

一个商品有商品的效用,财富有财富的效用,技术有技术的效用,那么,这些不同领域的效用是否有相同的规则来度量呢?如何从一些关系中确定出效用函数?这些是很数学化的问题.

人们认识到效用函数的意义,明确它的作用,经历了一个漫长的阶段.最初,人们认为财富越多越好,对"好"这个意义是不明确的,首先指出财富的效用这一思想是著名的数学家伯努利(Bernoulli),他是从著名的彼得堡悖论得到启发的.问题是这样的:掷一枚均匀的硬币,正、反面出现的机会都是 $\frac{1}{2}$,设定这样的游戏规则,如果第一次出现正面,可得 $4(=2^2)$ 元,否则将输掉 4 元;如果第 n 次才出现正面可得 2^n 元,否则将输掉 2^n 元……问谁愿意出多少钱来参加这一赌博?从理论上分析,第 n 次才出现正面的概率是 $\frac{1}{2^n}$,因此,这一赌博平均可得的收入应是

$$\frac{1}{2} \cdot 2 + \frac{1}{2^2} \cdot 2^2 + \frac{1}{2^3} \cdot 2^3 + \cdots = +\infty \tag{9.1}$$

也就是说,它的期望收益是"无穷大",然而谁也不愿意出"无穷大"这么多钱来参加这一游戏.伯努利认为,因为钱的多少的效用是不同的,只有 10 元钱的人,多了 1 元钱的效用,与有 100 万元的人多了 1 万元的效用是很不相同的,他提出应该用 $\ln x$ 来衡量钱的效用,这样,上面的计算就应改为

$$\frac{1}{2} \cdot \ln 2 + \frac{1}{2^2} \cdot \ln 2^2 + \frac{1}{2^3} \cdot \ln 2^3 + \cdots = +\infty \tag{9.2}$$

当然,是否应该用 $\ln x$ 来衡量财富 x 的效用,这是可以讨论的.伯努利首次提出效用这一概念是非常有意义的,效用 $u(x)$ 是财富 x 的函数,x 越大它也越大,即 $u(x)$ 是 x 的增函数,故 $\frac{\mathrm{d}u(x)}{\mathrm{d}x} > 0$;另一方面,它的增长率是递减的,也就是

$\dfrac{\mathrm{d}^2 u(x)}{\mathrm{d}x^2} < 0$. 我们取 $u(x) = \ln x$, 在 $x > 0$ 这个区域内, 有

$$\frac{\mathrm{d}u(x)}{\mathrm{d}x} = \frac{1}{x} > 0, \quad \frac{\mathrm{d}^2 u(x)}{\mathrm{d}x^2} = -\frac{1}{x^2} < 0$$

它完全符合要求. 当然, 满足这两个条件的函数是非常多的, 应该怎样来确定一个合理的效用函数呢? 这一问题经过了几百年, 到 20 世纪中叶才得到回答.

在上面讨论的效用问题中, 我们遇到了无限个数相加的问题 (式(9.1)、式(9.2)). 很自然地, 我们要问, 这种"无限个数相加"是否一定有意义? 若不一定的话, 那么怎么来判别? 这正是本章要讨论的数项级数的一些概念.

9.1 常数项级数的概念与性质

9.1.1 常数项级数的概念

设

$$u_1, \quad u_2, \quad \cdots, \quad u_n, \quad \cdots$$

为一个数列, 则表达式

$$u_1 + u_2 + \cdots + u_n + \cdots$$

称为 (常数项) 无穷级数, 简称 (常数项) 级数, 记为 $\displaystyle\sum_{n=1}^{\infty} u_n$, 即

$$\sum_{n=1}^{\infty} u_n = u_1 + u_2 + \cdots + u_n + \cdots \tag{9.3}$$

其中 u_n 称为级数的一般项.

对于级数 (9.3), 前 n 项的和

$$s_n = u_1 + u_2 + \cdots + u_n = \sum_{i=1}^{n} u_i$$

称为级数 (9.3) 的前 n 项和 (部分和), 即

$$s_1 = u_1, \quad s_2 = u_1 + u_2, \quad \cdots, \quad s_n = u_1 + u_2 + \cdots + u_n, \quad \cdots$$

因此, 级数 (9.3) 的前 n 项和构成一个数列, 也称为级数 (9.3) 的部分和数列.

定义 9.1 如果级数 $\displaystyle\sum_{n=1}^{\infty} u_n$ 的前 n 项和数列 $\{s_n\}$ 有极限 s, 即

$$\lim_{n \to \infty} s_n = s$$

则称无穷级数 $\sum\limits_{n=1}^{\infty} u_n$ 收敛，s 称为级数的和，并记为

$$s = u_1 + u_2 + \cdots + u_n + \cdots \quad \text{或} \quad s = \sum_{n=1}^{\infty} u_n$$

如果数列 $\{s_n\}$ 没有极限，则称无穷级数 $\sum\limits_{n=1}^{\infty} u_n$ 发散.

由上述定义可知，只有当级数收敛时，无穷多个实数相加才是有意义的，并且它们的和就是级数部分和数列的极限.所以，级数的收敛与数列的收敛本质上是一回事.

例 9.1　无穷级数

$$\sum_{n=1}^{\infty} aq^{n-1} = a + aq + aq^2 + \cdots + aq^{n-1} + \cdots$$

称为等比级数(几何级数)，其中 $a \neq 0$，q 称为级数的公比.讨论级数的**敛散性**.

解　如果 $q \neq 1$，部分和

$$s_n = a + aq + aq^2 + \cdots + aq^{n-1} = \frac{a - aq^n}{1-q} = \frac{a}{1-q} - \frac{aq^n}{1-q}$$

因此，当 $|q| < 1$ 时

$$\lim_{n \to \infty} s_n = \lim_{n \to \infty} \left(\frac{a}{1-q} - \frac{aq^n}{1-q} \right) = \frac{a}{1-q}$$

故级数 $\sum\limits_{n=1}^{\infty} aq^{n-1}$ 收敛于 $\dfrac{a}{1-q}$，或

$$\sum_{n=1}^{\infty} aq^{n-1} = \frac{a}{1-q}, \quad |q| < 1$$

如果 $|q| > 1$，由于 $\lim\limits_{n \to \infty} aq^n = \infty$，发散，得部分和数列 $\{s_n\}$ 没有极限，故级数 $\sum\limits_{n=1}^{\infty} aq^{n-1}$ 发散.

注　在经济学中，首项 a 为初始投资，公比 q 为边际消费倾向 MPC，则投资产生的乘数作用形成几何级数 $\sum\limits_{n=1}^{\infty} aq^{n-1}$.

例 9.2　判定无穷级数

$$\frac{1}{1 \cdot 2} + \frac{1}{2 \cdot 3} + \cdots + \frac{1}{n \cdot (n+1)} + \cdots$$

的敛散性.

解　由于

$$u_n = \frac{1}{n \cdot (n+1)} = \frac{1}{n} - \frac{1}{n+1}$$

因此

$$s_n = \frac{1}{1 \cdot 2} + \frac{1}{2 \cdot 3} + \cdots + \frac{1}{n \cdot (n+1)}$$

$$= \left(1 - \frac{1}{2}\right) + \left(\frac{1}{2} - \frac{1}{3}\right) + \cdots + \left(\frac{1}{n} - \frac{1}{n+1}\right)$$

$$= 1 - \frac{1}{n+1}$$

从而

$$\lim_{n \to \infty} s_n = \lim_{n \to \infty} \left(1 - \frac{1}{n+1}\right) = 1$$

故所给级数收敛,其和为 1.

例9.3 证明:无穷级数 $\sum_{n=1}^{\infty} \frac{1}{n} = 1 + \frac{1}{2} + \frac{1}{3} + \cdots + \frac{1}{n} + \cdots$ 是发散的.

证明 用反证法:假设级数是收敛的,它的和为 S.于是 $\lim_{n \to \infty}(S_{2n} - S_n) = S - S = 0$,而

$$S_{2n} - S_n = \frac{1}{n+1} + \frac{1}{n+2} + \cdots + \frac{1}{2n} > \frac{n}{2n} = \frac{1}{2}$$

在上式中令 $n \to \infty$ 得:$0 \geqslant \frac{1}{2}$,矛盾.所以该级数是发散的.

9.1.2 常数项级数的性质

性质9.1 如果级数 $\sum_{n=1}^{\infty} u_n$ 收敛于 s,则级数 $\sum_{n=1}^{\infty} ku_n$ 也收敛,且收敛于 ks.

证 设级数 $\sum_{n=1}^{\infty} u_n$ 与 $\sum_{n=1}^{\infty} ku_n$ 的部分和分别为 s_n 和 σ_n,则

$$\sigma_n = ku_1 + ku_2 + \cdots + ku_n = k(u_1 + u_2 + \cdots + u_n) = ks_n$$

因此

$$\lim_{n \to \infty} \sigma_n = \lim_{n \to \infty} ks_n = k \lim_{n \to \infty} s_n = ks$$

性质9.2 如果级数 $\sum_{n=1}^{\infty} u_n$ 与 $\sum_{n=1}^{\infty} v_n$ 分别收敛于 s 和 σ,则级数 $\sum_{n=1}^{\infty} (u_n \pm v_n)$ 也收敛,且其和为 $s \pm \sigma$.

证 设级数 $\sum_{n=1}^{\infty} u_n$ 与 $\sum_{n=1}^{\infty} v_n$ 的部分和分别为 s_n 和 σ_n,则级数 $\sum_{n=1}^{\infty} (u_n \pm v_n)$ 的

部分和为

$$\tau_n = (u_1 \pm v_1) + (u_2 \pm v_2) + \cdots + (u_n \pm v_n)$$
$$= (u_1 + u_2 + \cdots + u_n) \pm (v_1 + v_2 + \cdots + v_n)$$
$$= s_n \pm \sigma_n$$

因此

$$\lim_{n \to \infty} \tau_n = \lim_{n \to \infty}(s_n \pm \sigma_n) = \lim_{n \to \infty} s_n \pm \lim_{n \to \infty} \sigma_n = s \pm \sigma$$

性质 9.3 在级数中去掉、加上或改变有限项,不会改变级数的收敛性.

证 以去掉 k 项为例.设级数为

$$u_1 + u_2 + \cdots + u_k + u_{k+1} + u_{k+2} + \cdots + u_{k+n} + \cdots$$

去掉前 k 项,得级数

$$u_{k+1} + u_{k+2} + \cdots + u_{k+n} + \cdots$$

由此得

$$\sigma_n = u_{k+1} + u_{k+2} + \cdots + u_{k+n} = s_{n+k} - s_k$$

由于 s_k 为常数,故 σ_n 与 s_{k+n} 同时有极限或同时没有极限,即级数

$$u_1 + u_2 + \cdots + u_k + u_{k+1} + u_{k+2} + \cdots + u_{k+n} + \cdots$$

与

$$u_{k+1} + u_{k+2} + \cdots + u_{k+n} + \cdots$$

同时收敛或同时发散.

性质 9.4 如果级数 $\sum_{n=1}^{\infty} u_n$ 收敛,则对这个级数的项任意加括号后所成的级数收敛,且其和不变.

性质 9.5(级数收敛的必要条件) 如果级数 $\sum_{n=1}^{\infty} u_n$ 收敛,则它的一般项 u_n 趋向于 0,即

$$\lim_{n \to \infty} u_n = 0$$

证 由于级数 $\sum_{n=1}^{\infty} u_n$ 收敛,故其前 n 项和数列 $\{s_n\}$ 收敛.又由

$$u_n = s_{n+1} - s_n$$

得

$$\lim_{n \to \infty} u_n = \lim_{n \to \infty}(s_{n+1} - s_n) = s - s = 0$$

由此可知,如果 $\lim_{n \to \infty} u_n \neq 0$,则级数 $\sum_{n=1}^{\infty} u_n$ 一定发散.例如,级数 $\sum_{n=1}^{\infty} \frac{n}{2n+1}$,因

为 $\lim\limits_{n\to\infty}\dfrac{n}{2n+1}=\dfrac{1}{2}$，所以级数 $\sum\limits_{n=1}^{\infty}\dfrac{n}{2n+1}$ 发散.

注　一般项 $u_n\to 0$ 的级数，不一定收敛. 例如：级数 $\sum\limits_{n=1}^{\infty}\ln\dfrac{n+1}{n}$ 满足 $\lim\limits_{n\to\infty}u_n=$

$\lim\limits_{n\to\infty}\ln\dfrac{n+1}{n}=0$，但此级数是发散的.

习　题　9.1

1. 写出级数 $\dfrac{1}{2}+\dfrac{3}{2\cdot 4}+\dfrac{5}{2\cdot 4\cdot 6}+\dfrac{7}{2\cdot 4\cdot 6\cdot 8}+\cdots$ 的一般项.

2. 求级数 $\sum\limits_{n=1}^{\infty}\left[\dfrac{1}{2^n}+\dfrac{3}{n(n+1)}\right]$ 的和.

3. 判别级数 $\dfrac{1}{2}+\dfrac{1}{10}+\dfrac{1}{2^2}+\dfrac{1}{2\times 10}+\cdots+\dfrac{1}{2^n}+\dfrac{1}{n\times 10}+\cdots$ 是否收敛.

4. 判别级数 $\sum\limits_{n=1}^{\infty}(\sqrt{n+2}-2\sqrt{n+1}+\sqrt{n})$ 的敛散性.

5. 判别级数 $\sum\limits_{n=1}^{\infty}n^2\left(1-\cos\dfrac{1}{n}\right)$ 的敛散性.

6. 判别级数 $\sum\limits_{n=1}^{\infty}\dfrac{\ln^n 3}{3^n}$ 的敛散性.

9.2　常数项级数的判别法

9.2.1　正项级数

如果 $u_n\geqslant 0, n=1,2,\cdots$，则级数

$$u_1+u_2+\cdots+u_n+\cdots$$

称为正项级数. 对于正项级数，其前 n 项和数列 $\{s_n\}$ 满足

$$s_1\leqslant s_2\leqslant\cdots\leqslant s_n\leqslant\cdots$$

定理9.1　正项级数 $\sum\limits_{n=1}^{\infty}u_n$ 收敛的充要条件是：它的前 n 项和数列 $\{s_n\}$ 有界.

定理9.2（比较判别法）　设 $\sum\limits_{n=1}^{\infty}u_n$ 和 $\sum\limits_{n=1}^{\infty}v_n$ 都是正项级数，且 $u_n\leqslant v_n$，

$n = 1, 2, \cdots$. 若级数 $\displaystyle\sum_{n=1}^{\infty} v_n$ 收敛,则级数 $\displaystyle\sum_{n=1}^{\infty} u_n$ 也收敛;若级数 $\displaystyle\sum_{n=1}^{\infty} u_n$ 发散,则级数 $\displaystyle\sum_{n=1}^{\infty} v_n$ 也发散.

证　设级数 $\displaystyle\sum_{n=1}^{\infty} v_n$ 收敛于 σ,则级数 $\displaystyle\sum_{n=1}^{\infty} u_n$ 的部分和

$$s_n = u_1 + u_2 + \cdots + u_n \leqslant v_1 + v_2 + \cdots + v_n \leqslant \sigma, \quad n = 1, 2, \cdots$$

即部分和数列 $\{s_n\}$ 有界,由定理 9.1,级数 $\displaystyle\sum_{n=1}^{\infty} u_n$ 也收敛.

反之,如果级数 $\displaystyle\sum_{n=1}^{\infty} u_n$ 发散,从而它的部分和数列 $\{s_n\}$ 无界. 又由

$$s_n = u_1 + u_2 + \cdots + u_n \leqslant v_1 + v_2 + \cdots + v_n = \sigma_n$$

得级数 $\displaystyle\sum_{n=1}^{\infty} v_n$ 的部分和数列 $\{\sigma_n\}$ 也无界,故级数 $\displaystyle\sum_{n=1}^{\infty} v_n$ 发散.

例 9.4　讨论 p-级数

$$1 + \frac{1}{2^p} + \frac{1}{3^p} + \frac{1}{4^p} + \cdots + \frac{1}{n^p} + \cdots$$

的敛散性,其中常数 $p > 0$.

解　当 $p \leqslant 1$ 时,$\dfrac{1}{n^p} \geqslant \dfrac{1}{n}$,由于级数 $\displaystyle\sum_{n=1}^{\infty} \frac{1}{n}$ 发散,故 $\displaystyle\sum_{n=1}^{\infty} \frac{1}{n^p}$ 发散.

当 $p > 1$ 时,由于 $k - 1 \leqslant x \leqslant k$ 时,有 $\dfrac{1}{k^p} \leqslant \dfrac{1}{x^p}$,因此

$$\frac{1}{k^p} = \int_{k-1}^{k} \frac{1}{k^p} \mathrm{d}x \leqslant \int_{k-1}^{k} \frac{1}{x^p} \mathrm{d}x$$

从而

$$s_n = 1 + \sum_{k=2}^{n} \frac{1}{k^p} \leqslant 1 + \sum_{k=2}^{n} \int_{k-1}^{k} \frac{1}{x^p} \mathrm{d}x$$

$$= 1 + \int_{1}^{n} \frac{1}{x^p} \mathrm{d}x = 1 + \frac{1}{p-1}\left(1 - \frac{1}{n^{p-1}}\right) < 1 + \frac{1}{p-1}, \quad n = 1, 2, \cdots$$

因此,s_n 有界,所以,级数 $\displaystyle\sum_{n=1}^{\infty} \frac{1}{n^p}$ 当 $p > 1$ 时收敛.

综合得:p-级数当 $p > 1$ 时收敛,当 $p \leqslant 1$ 时发散.

例 9.5　证明:级数 $\displaystyle\sum_{n=1}^{\infty} \frac{1}{\sqrt{n(n+1)}}$ 是发散的.

证　由 $n(n+1) < (n+1)^2$,得 $\dfrac{1}{\sqrt{n(n+1)}} > \dfrac{1}{n+1}$. 又由于级数

$$\sum_{n=1}^{\infty} \frac{1}{n+1} = \frac{1}{2} + \frac{1}{3} + \cdots + \frac{1}{n+1} + \cdots$$

是发散的，由比较判别法知道，级数 $\sum_{n=1}^{\infty} \dfrac{1}{\sqrt{n(n+1)}}$ 发散.

定理 9.3（比较判别法的极限形式）　设 $\sum_{n=1}^{\infty} u_n$ 和 $\sum_{n=1}^{\infty} v_n$ 都是正项级数，

且 $\lim\limits_{n \to \infty} \dfrac{u_n}{v_n} = l$，则：

（ⅰ）如果 $0 < l < + \infty$，$\sum_{n=1}^{\infty} u_n$ 与 $\sum_{n=1}^{\infty} v_n$ 同时收敛或同时发散；

（ⅱ）如果 $l = 0$，$\sum_{n=1}^{\infty} v_n$ 收敛时，$\sum_{n=1}^{\infty} u_n$ 也收敛；

（ⅲ）如果 $l = + \infty$，$\sum_{n=1}^{\infty} v_n$ 发散时，$\sum_{n=1}^{\infty} u_n$ 也发散.

证　（ⅰ）由于 $\lim\limits_{n \to \infty} \dfrac{u_n}{v_n} = l$，取 $\varepsilon = 1$，存在正整数 N，当 $n > N$ 时

$$\left| \frac{u_n}{v_n} - l \right| < 1 \quad \text{或} \quad l - 1 < \frac{u_n}{v_n} < l + 1$$

即

$$u_n < (l+1)v_n \quad \text{或} \quad (l-1)v_n < u_n, \quad n > N$$

因此有：如果 $\sum_{n=1}^{\infty} v_n$ 收敛，$\sum_{n=1}^{\infty} u_n$ 也收敛；如果 $\sum_{n=1}^{\infty} u_n$ 收敛，$\sum_{n=1}^{\infty} v_n$ 也收敛；如果 $\sum_{n=1}^{\infty} v_n$ 发散，$\sum_{n=1}^{\infty} u_n$ 也发散；如果 $\sum_{n=1}^{\infty} u_n$ 发散，$\sum_{n=1}^{\infty} v_n$ 也发散.

例 9.6　判定级数 $\sum_{n=1}^{\infty} \sin \dfrac{1}{n}$ 的敛散性.

解　由于

$$\lim_{n \to \infty} \frac{\sin \dfrac{1}{n}}{\dfrac{1}{n}} = 1 > 0$$

而级数 $\sum_{n=1}^{\infty} \dfrac{1}{n}$ 发散，根据定理 9.3，得到此级数发散.

例 9.7　判定级数 $\sum_{n=1}^{\infty} \tan^2 \dfrac{\pi}{n}$ 的敛散性.

解　由于

$$\lim_{n\to\infty}\frac{\tan^2\dfrac{\pi}{n}}{\left(\dfrac{\pi}{n}\right)^2}=\lim_{n\to\infty}\frac{\sin^2\dfrac{\pi}{n}}{\left(\dfrac{\pi}{n}\right)^2\cdot\cos^2\dfrac{\pi}{n}}=1$$

而级数 $\displaystyle\sum_{n=1}^{\infty}\left(\dfrac{\pi}{n}\right)^2$ 收敛,根据定理 9.3,此级数也收敛.

定理 9.4(达朗贝尔比值判别法) 设 $\displaystyle\sum_{n=1}^{\infty}u_n$ 为正项级数,如果

$$\lim_{n\to\infty}\frac{u_{n+1}}{u_n}=\rho$$

则当 $\rho<1$ 时级数收敛;当 $\rho>1\left(\text{或}\lim_{n\to\infty}\dfrac{u_{n+1}}{u_n}=\infty\right)$ 时级数发散;当 $\rho=1$ 时级数可能收敛也可能发散.

证 设 $\rho<1$,由于 $\lim_{n\to\infty}\dfrac{u_{n+1}}{u_n}=\rho$,存在 $\varepsilon>0$ 使得 $\rho+\varepsilon=r<1$,由极限定义,存在正整数 N,当 $n>N$ 时

$$\left|\frac{u_{n+1}}{u_n}\right|<\rho+\varepsilon=r<1$$

即

$$u_{N+1}<ru_N,u_{N+2}<ru_{N+1}<r^2u_N,\cdots,u_{N+k}<ru_{N+k-1}<\cdots<r^ku_N,\cdots$$

由 $\displaystyle\sum_{k=1}^{\infty}r^ku_N$ 收敛,得 $\displaystyle\sum_{k=1}^{\infty}u_{N+k}$ 收敛,从而 $\displaystyle\sum_{n=1}^{\infty}u_n$ 收敛.

注 对于 $\displaystyle\sum_{n=1}^{\infty}\dfrac{1}{n^p}$,一定有 $\lim_{n\to\infty}\dfrac{u_{n+1}}{u_n}=\lim_{n\to\infty}\dfrac{\dfrac{1}{(n+1)^p}}{\dfrac{1}{n^p}}=\lim_{n\to\infty}\left(\dfrac{n}{n+1}\right)^p=1$,但级数 $\displaystyle\sum_{n=1}^{\infty}\dfrac{1}{n^p}$ 可能收敛也可能发散.

例 9.8 证明:级数

$$1+\frac{1}{1}+\frac{1}{1\cdot2}+\frac{1}{1\cdot2\cdot3}+\cdots+\frac{1}{(n-1)!}+\cdots$$

收敛,并估计用级数的部分和 s_n 近似代替级数的和 s 所产生的误差.

解 因为

$$\lim_{n\to\infty}\frac{u_{n+1}}{u_n}=\lim_{n\to\infty}\frac{\dfrac{1}{n!}}{\dfrac{1}{(n-1)!}}=\lim_{n\to\infty}\frac{(n-1)!}{n!}=\lim_{n\to\infty}\frac{1}{n}=0$$

故级数收敛.

用级数的部分和 s_n 近似代替级数的和 s 所产生的误差为

$$|r| = s - s_n = \frac{1}{n!} + \frac{1}{(n+1)!} + \frac{1}{(n+2)!} + \cdots$$

$$= \frac{1}{n!}\Big[1 + \frac{1}{n+1} + \frac{1}{(n+1)(n+2)} + \cdots\Big]$$

$$< \frac{1}{n!}\Big(1 + \frac{1}{n} + \frac{1}{n^2} + \cdots\Big)$$

$$= \frac{1}{n!} \cdot \frac{1}{1 - \frac{1}{n}} = \frac{1}{(n-1)(n-1)!}$$

例 9.9　判定级数

$$\frac{1}{10} + \frac{1 \cdot 2}{10^2} + \frac{1 \cdot 2 \cdot 3}{10^3} + \cdots + \frac{n!}{10^n} + \cdots$$

的敛散性.

解　由于

$$\lim_{n\to\infty}\frac{u_{n+1}}{u_n} = \lim_{n\to\infty}\frac{\frac{(n+1)!}{10^{n+1}}}{\frac{n!}{10^n}} = \lim_{n\to\infty}\frac{n+1}{10} = \infty$$

故级数是发散的.

定理 9.5（根值判别法）　设 $\sum\limits_{n=1}^{\infty} u_n$ 为正项级数,如果

$$\lim_{n\to\infty}\sqrt[n]{u_n} = \rho$$

则当 $\rho < 1$ 时级数收敛;当 $\rho > 1$(或 $\lim\limits_{n\to\infty}\sqrt[n]{u_n} = +\infty$)时级数发散;当 $\rho = 1$ 时级数可能收敛也可能发散.

例 9.10　判别级数 $\sum\limits_{n=1}^{\infty}\frac{2+(-1)^n}{2^n}$ 的敛散性.

解　因为

$$\lim_{n\to\infty}\sqrt[n]{u_n} = \lim_{n\to\infty}\sqrt[n]{\frac{2+(-1)^n}{2^n}} = \frac{1}{2}\lim_{n\to\infty}\sqrt[n]{2+(-1)^n} = \frac{1}{2}$$

由根值判别法知道此级数收敛.

9.2.2　交错级数

如果 $u_n \geqslant 0, n = 1, 2, \cdots,$ 则

$$u_1 - u_2 + u_3 - u_4 + \cdots$$

或

$$- u_1 + u_2 - u_3 + u_4 - \cdots$$

称为交错级数.交错级数通常表示为 $\sum\limits_{n=1}^{\infty} (-1)^{n-1} u_n$ 或 $\sum\limits_{n=1}^{\infty} (-1)^n u_n, u_n \geqslant 0, n = 1, 2, \cdots$.

定理 9.6(莱布尼茨定理)　如果交错级数 $\sum\limits_{n=1}^{\infty} (-1)^{n-1} u_n$ 满足:

（ⅰ） $u_n \geqslant u_{n+1}, n = 1, 2, \cdots$;

（ⅱ） $\lim\limits_{n \to \infty} u_n = 0$,

则级数收敛,且其和 $s \leqslant u_1$,用 s_n 代替 s 所产生的误差 $|r_n| \leqslant |u_{n+1}|$.

证　由于

$$s_{2n} = (u_1 - u_2) + (u_3 - u_4) + \cdots + (u_{2n-1} - u_{2n})$$

或

$$s_{2n} = u_1 - (u_2 - u_3) - (u_4 - u_5) - \cdots - (u_{2n-2} - u_{2n-1}) - u_{2n}$$

故 s_{2n} 单调增加,且 $s_{2n} \leqslant u_1$,因此得

$$\lim_{n \to \infty} s_{2n} = s \leqslant u_1$$

又由

$$s_{2n+1} = s_{2n} + u_{2n+1}$$

得

$$\lim_{n \to \infty} s_{2n+1} = \lim_{n \to \infty} (s_{2n} + u_{2n+1}) = s$$

因此 $\lim\limits_{n \to \infty} s_n = s$,即级数收敛.

例如,级数 $\sum\limits_{n=1}^{\infty} (-1)^{n-1} \dfrac{1}{n}$, $\sum\limits_{n=1}^{\infty} (-1)^{n-1} \dfrac{1}{\sqrt{n}}$, $\sum\limits_{n=1}^{\infty} (-1)^{n-1} \ln \left(1 + \dfrac{1}{n}\right)$ 都是收敛的.

9.2.3　绝对收敛与条件收敛

设 $\sum\limits_{n=1}^{\infty} u_n$ 为一般的常数项级数.如果正项级数 $\sum\limits_{n=1}^{\infty} |u_n|$ 收敛,则级数 $\sum\limits_{n=1}^{\infty} u_n$ 绝对收敛;如果级数 $\sum\limits_{n=1}^{\infty} u_n$ 收敛,但是正项级数 $\sum\limits_{n=1}^{\infty} |u_n|$ 发散,则级数 $\sum\limits_{n=1}^{\infty} u_n$ 条件收敛.

例如，$\displaystyle\sum_{n=1}^{\infty}(-1)^{n-1}\frac{1}{n}$ 条件收敛，$\displaystyle\sum_{n=1}^{\infty}(-1)^{n-1}\frac{1}{n^2}$ 绝对收敛.

定理 9.7　如果级数 $\displaystyle\sum_{n=1}^{\infty}u_n$ 绝对收敛,则级数 $\displaystyle\sum_{n=1}^{\infty}u_n$ 必定收敛.

证　　令

$$v_n = \frac{1}{2}(u_n + |u_n|)$$

则 $v_n \geqslant 0$ 且 $v_n \leqslant |u_n|$. 又由于 $\displaystyle\sum_{n=1}^{\infty}|u_n|$ 收敛,由比较法知道 $\displaystyle\sum_{n=1}^{\infty}v_n$ 收敛.又由

$$u_n = 2v_n - |u_n|$$

得

$$\sum_{n=1}^{\infty}u_n = 2\sum_{n=1}^{\infty}v_n - \sum_{n=1}^{\infty}|u_n|$$

故级数 $\displaystyle\sum_{n=1}^{\infty}u_n$ 收敛.

例 9.11　判定级数 $\displaystyle\sum_{n=1}^{\infty}\frac{\sin n\alpha}{n^2}$ 的敛散性.

解　因为 $\left|\dfrac{\sin n\alpha}{n^2}\right| \leqslant \dfrac{1}{n^2}$, 而且正项级数 $\displaystyle\sum_{n=1}^{\infty}\frac{1}{n^2}$ 收敛,故级数 $\displaystyle\sum_{n=1}^{\infty}\left|\frac{\sin n\alpha}{n^2}\right|$ 收敛,因此,级数 $\displaystyle\sum_{n=1}^{\infty}\frac{\sin n\alpha}{n^2}$ 收敛且绝对收敛.

习　题　9.2

1. 设正项级数 $\displaystyle\sum_{n=1}^{\infty}u_n$ 收敛,能否推得 $\displaystyle\sum_{n=1}^{\infty}u_n^2$ 收敛?反之是否成立?

2. 判别下列级数的敛散性.

(1) $\displaystyle\sum_{n=1}^{\infty}\left(1 - \cos\frac{\pi}{n}\right)$;　　(2) $\displaystyle\sum_{n=1}^{\infty}\frac{n+2}{2^n}$;　　(3) $\displaystyle\sum_{n=1}^{\infty}\frac{9n}{(2n-1)(n+2)}$;

(4) $\displaystyle\sum_{n=1}^{\infty}\frac{1}{\sqrt[n]{n}}$;　　　　　　(5) $\displaystyle\sum_{n=1}^{\infty}\frac{(n+1)^3}{n!}$;　　(6) $\displaystyle\sum_{n=1}^{\infty}\frac{(n!)^2}{4n^3}$.

3. 判别级数 $\displaystyle\sum_{n=1}^{\infty}\ln\left(1 + \frac{1}{n^2}\right)$ 的敛散性.

4. 判别级数 $\displaystyle\sum_{n=1}^{\infty}\sqrt{n+1}\left(1 - \cos\frac{\pi}{n}\right)$ 的敛散性.

5. 判定下列级数是绝对收敛、条件收敛,还是发散.

(1) $\displaystyle\sum_{n=0}^{\infty} \frac{(-1)^n}{2^n} \sin \frac{\pi}{n+1}$;　　　　　　(2) $\displaystyle\sum_{n=1}^{\infty} (-1)^{n-1} \ln \frac{n+1}{n}$;

(3) $\displaystyle\sum_{n=1}^{\infty} (-1)^{n-1} \left(\frac{1}{n} - \frac{1}{n+1} \right)$;　　　(4) $\displaystyle\sum_{n=1}^{\infty} (-1)^{n-1} \frac{n^{2n}}{(2n-1)!}$.

9.3　幂　级　数

9.3.1　函数项级数的概念

给定一个定义在区间 I 上的函数列

$$u_1(x), \quad u_2(x), \quad \cdots, \quad u_n(x), \quad \cdots$$

则表达式

$$u_1(x) + u_2(x) + \cdots + u_n(x) + \cdots \tag{9.4}$$

称为函数项无穷级数,简称为函数项级数,可记为 $\displaystyle\sum_{n=1}^{\infty} u_n(x)$.

对于每一个 $x_0 \in I$,函数项级数(9.4)成为常数项级数

$$u_1(x_0) + u_2(x_0) + \cdots + u_n(x_0) + \cdots \tag{9.5}$$

如果常数项级数(9.5)收敛,则 x_0 称为函数项级数(9.4)的收敛点;如果常数项级数(9.5)发散,则 x_0 称为函数项级数(9.4)的发散点.函数项级数(9.4)的收敛点的全体称为函数项级数(9.4)的收敛域;函数项级数(9.4)的发散点的全体称为函数项级数(9.4)的发散域.

对于函数项级数(9.4)的收敛域内的任意点 x,级数

$$u_1(x) + u_2(x) + \cdots + u_n(x) + \cdots$$

的和为 s, s 为定义在函数项级数(9.4)的收敛域上的函数,称为函数项级数(9.4)的和函数,即当 x 属于级数(9.4)的收敛域时,有

$$s(x) = u_1(x) + u_2(x) + \cdots + u_n(x) + \cdots$$

设函数项级数(9.4)的前 n 项和为 $s_n(x)$,则在函数项级数(9.4)的收敛域上有

$$\lim_{n \to \infty} s_n(x) = s$$

设 $r_n(x) = s(x) - s_n(x)$ 为函数项级数(9.4)的余项,则在函数项级数(9.4)的收敛域上,有

$$\lim_{n \to \infty} r_n(x) = 0$$

9.3.2　幂级数及其收敛性

形如

$$a_0 + a_1 x + a_2 x^2 + a_3 x^3 + \cdots + a_{n-1} x^{n-1} + \cdots \tag{9.6}$$

的函数项级数称为幂级数,其中 $a_0, a_1, a_2, a_3, \cdots, a_{n-1}, \cdots$ 称为幂级数(9.6)的系数. 幂级数常记为 $\sum\limits_{n=0}^{\infty} a_n x^n$. 例如

$$1 + x + x^2 + x^3 + \cdots + x^{n-1} + \cdots$$

$$1 + x + \frac{1}{2!} x^2 + \frac{1}{3!} x^3 + \cdots + \frac{1}{n!} x^n + \cdots$$

$$x + \frac{1}{3!} x^3 + \frac{1}{5!} x^5 + \cdots + \frac{1}{(2n-1)!} x^{2n-1} + \cdots$$

都为幂级数.

定理 9.8(阿贝尔定理)　如果幂级数 $\sum\limits_{n=0}^{\infty} a_n x^n$ 在 $x = x_0, x_0 \neq 0$ 处收敛,则对于满足不等式 $|x| < |x_0|$ 的一切 x,幂级数(9.6)绝对收敛;如果幂级数 $\sum\limits_{n=0}^{\infty} a_n x^n$ 在 $x = x_0, x_0 \neq 0$ 处发散,则对于满足不等式 $|x| > |x_0|$ 的一切 x,幂级数(9.6)都发散.

证　设 x_0 是幂级数(9.6)的收敛点,即级数

$$a_0 + a_1 x_0 + a_2 x_0^2 + a_3 x_0^3 + \cdots + a_{n-1} x_0^{n-1} + a_n x_0^n + \cdots$$

收敛,由级数收敛的必要条件,得

$$\lim_{n \to \infty} a_n x_0^n = 0$$

因此,存在常数 M,使得

$$|a_n x_0^n| \leqslant M, \quad n = 1, 2, \cdots$$

又由于

$$|a_n x^n| = \left| a_n x_0^n \cdot \frac{x^n}{x_0^n} \right| = |a_n x_0^n| \cdot \left| \frac{x^n}{x_0^n} \right| \leqslant M \cdot \left| \frac{x}{x_0} \right|^n$$

故当 $|x| < |x_0|$ 时,等比级数 $\sum\limits_{n=0}^{\infty} M \cdot \left| \frac{x}{x_0} \right|^n$ 收敛,因此级数 $\sum\limits_{n=0}^{\infty} |a_n x^n|$ 收敛,即级数 $\sum\limits_{n=0}^{\infty} a_n x^n$ 当 $|x| < |x_0|$ 时绝对收敛.

定理9.8的第二部分用反证法证明.如果级数 $\sum\limits_{n=0}^{\infty} a_n x^n$ 在 $x = x_0$ 点发散,而有 $|x_1| > |x_0|$ 使得级数 $\sum\limits_{n=0}^{\infty} a_n x_1^n$ 收敛,由定理9.8的第一部分知道,级数 $\sum\limits_{n=0}^{\infty} a_n x^n$ 在 $x = x_0$ 点一定是收敛的,这与定理9.8的条件矛盾,故对于一切满足 $|x| > |x_0|$ 的 x,级数 $\sum\limits_{n=0}^{\infty} a_n x^n$ 发散.

由阿贝尔定理知道,如果幂级数(9.6)在 $x = x_0$ 处收敛,则幂级数(9.6)在开区间 $(-|x_0|, |x_0|)$ 内收敛;如果幂级数(9.6)在 $x = x_1$ 处发散,则幂级数(9.6)在闭区间 $[-|x_1|, |x_1|]$ 外发散.由此可得如下推论.

推论 9.1 设有 $x_0, x_0 \neq 0$ 使得幂级数(9.6)在 $x = x_0$ 处收敛,又有 x_1 使得幂级数(9.6)在 $x = x_1$ 处发散,则必存在正数 R 使得幂级数(9.6)在开区间 $(-R, R)$ 内收敛,在 $[-R, R]$ 外发散.

正数 R 称为幂级数(9.6)的收敛半径.

定理 9.9 对于幂级数(9.6),如果
$$\lim_{n \to \infty} \left| \frac{a_{n+1}}{a_n} \right| = \rho$$
则幂级数(9.6)的收敛半径
$$R = \begin{cases} \dfrac{1}{\rho}, & \rho \neq 0 \\ +\infty, & \rho = 0 \\ 0, & \rho = +\infty \end{cases}$$

证 考查正项级数
$$|a_0| + |a_1 x| + |a_2 x^2| + \cdots + |a_{n-1} x^{n-1}| + |a_n x^n| + \cdots$$
由于
$$\lim_{n \to \infty} \frac{|a_{n+1} x^{n+1}|}{|a_n x^n|} = \lim_{n \to \infty} \left| \frac{a_{n+1}}{a_n} \right| |x|$$
所以:

（ⅰ）如果 $\lim\limits_{n \to \infty} \left| \frac{a_{n+1}}{a_n} \right| = \rho, \rho \neq 0$,则当 $\rho |x| < 1$,也就是 $|x| < \frac{1}{\rho}$ 时,幂级数(9.6)收敛且绝对收敛;

（ⅱ）如果 $\rho = 0$,则对于任何 $x \neq 0$,$\lim\limits_{n \to \infty} \frac{|a_{n+1} x^{n+1}|}{|a_n x^n|} = \lim\limits_{n \to \infty} \left| \frac{a_{n+1}}{a_n} \right| |x| = 0 <$

1,从而幂级数(9.6)绝对收敛,即 $R = +\infty$;

（ⅲ）如果 $\rho = +\infty$,则除 $x = 0$ 外, $\lim\limits_{n \to \infty} \dfrac{\left| a_{n+1} x^{n+1} \right|}{\left| a_n x^n \right|} = \lim\limits_{n \to \infty} \left| \dfrac{a_{n+1}}{a_n} \right| \mid x \mid > 1$,从而幂级数(9.6) 必发散.这时 $R = 0$.

例 9.12　求幂级数

$$x - \frac{x^2}{2} + \frac{x^3}{3} - \cdots + (-1)^{n-1} \frac{x^n}{n} + \cdots$$

的收敛半径和收敛域.

解　由于

$$\rho = \lim_{n \to \infty} \left| \frac{a_{n+1}}{a_n} \right| = \lim_{n \to \infty} \frac{\dfrac{1}{n+1}}{\dfrac{1}{n}} = 1$$

所以收敛半径为

$$R = \frac{1}{\rho} = 1$$

当 $x = 1$ 时,级数为交错级数:

$$1 - \frac{1}{2} + \frac{1}{3} - \cdots + (-1)^{n-1} \frac{1}{n} + \cdots$$

此级数收敛.

当 $x = -1$ 时,级数为

$$-1 - \frac{1}{2} - \frac{1}{3} - \cdots - \frac{1}{n} - \cdots$$

此级数发散.这样,收敛域是 $(-1,1]$.

例 9.13　求幂级数

$$1 + x + \frac{x^2}{2!} + \frac{x^3}{3!} + \cdots + \frac{x^n}{n!} + \cdots$$

的收敛域.

解　由于

$$\rho = \lim_{n \to \infty} \left| \frac{a_{n+1}}{a_n} \right| = \lim_{n \to \infty} \frac{\dfrac{1}{(n+1)!}}{\dfrac{1}{n!}} = \lim_{n \to \infty} \frac{1}{n+1} = 0$$

因此,收敛半径为 $R = +\infty$.从而,收敛域为 $(-\infty, +\infty)$.

例 9.14　求幂级数 $\sum\limits_{n=0}^{\infty} n! x^n$ 的收敛半径.

解　由于

$$\rho = \lim_{n \to \infty} \left| \frac{a_{n+1}}{a_n} \right| = \lim_{n \to \infty} \frac{(n+1)!}{n!} = +\infty$$

因此收敛半径为 $R = 0$,即此级数仅在 $x = 0$ 处收敛.

例 9.15　求幂级数 $\sum_{n=1}^{\infty} \frac{(x-1)^n}{2^n \cdot n}$ 的收敛域.

解　设 $s = x - 1$,则幂级数变为 $\sum_{n=1}^{\infty} \frac{s^n}{2^n \cdot n}$. 由于

$$\rho = \lim_{n \to \infty} \left| \frac{a_{n+1}}{a_n} \right| = \lim_{n \to \infty} \frac{2^n \cdot n}{2^{n+1}(n+1)} = \frac{1}{2}$$

因此,收敛半径为 $R = 2$,收敛区间为 $|s| < 2$,即 $-1 < x < 3$.

当 $x = 3$ 时,级数为 $\sum_{n=1}^{\infty} \frac{1}{n}$,此级数发散;当 $x = -1$ 时,级数为 $\sum_{n=1}^{\infty} \frac{(-1)^n}{n}$,此级数收敛.所以,原级数的收敛域为 $[-1, 3)$.

9.3.3　级数的运算

加法:设

$$a_0 + a_1 x + a_2 x^2 + \cdots + a_n x^n + \cdots, \quad x \in (-R_1, R_1)$$

及

$$b_0 + b_1 x + b_2 x^2 + \cdots + b_n x^n + \cdots, \quad x \in (-R_2, R_2)$$

则

$$(a_0 + a_1 x + a_2 x^2 + \cdots + a_n x^n + \cdots) \pm (b_0 + b_1 x + b_2 x^2 + \cdots + b_n x^n + \cdots)$$

$$= (a_0 \pm b_0) + (a_1 \pm b_1)x + (a_2 \pm b_2)x^2 + \cdots$$

$$+ (a_n \pm b_n)x^n + \cdots, \quad x \in (-R, R)$$

其中 $R = \min\{R_1, R_2\}$.

乘法:

$$(a_0 + a_1 x + a_2 x^2 + \cdots + a_n x^n + \cdots)(b_0 + b_1 x + b_2 x^2 + \cdots + b_n x^n + \cdots)$$

$$= a_0 b_0 + (a_0 b_1 + a_1 b_0)x + (a_0 b_2 + a_1 b_1 + a_2 b_0)x^2 + \cdots$$

$$+ (a_0 b_n + a_1 b_{n-1} + \cdots + a_n b_0)x^n + \cdots, \quad x \in (-R, R)$$

其中 $R = \min\{R_1, R_2\}$.

除法:

$$\frac{a_0 + a_1 x + a_2 x^2 + \cdots + a_n x^n + \cdots}{b_0 + b_1 x + b_2 x^2 + \cdots + b_n x^n + \cdots} = c_0 + c_1 x + c_2 x^2 + \cdots + c_n x^n + \cdots$$

其中 $b_0 \neq 0, c_0, c_1, c_2, \cdots$ 按下面方法确定：

$$a_0 = b_0 c_0$$
$$a_1 = b_1 c_0 + b_0 c_1$$
$$a_2 = b_2 c_0 + b_1 c_1 + b_0 c_2$$
$$\cdots$$

幂级数和函数的性质：

性质 9.6　幂级数 $\sum\limits_{n=0}^{\infty} a_n x^n$ 的和函数 $s(x)$ 在收敛域 I 上连续.

性质 9.7　幂级数 $\sum\limits_{n=0}^{\infty} a_n x^n$ 的和函数 $s(x)$ 在收敛域 $(-R, R)$ 内可导，而且可逐项求导，即

$$s'(x) = \left(\sum_{n=0}^{\infty} a_n x^n\right)' = \sum_{n=0}^{\infty} (a_n x^n)' = \sum_{n=0}^{\infty} n a_n x^{n-1} = \sum_{n=1}^{\infty} n a_n x^{n-1}$$

性质 9.8　幂级数 $\sum\limits_{n=0}^{\infty} a_n x^n$ 的和函数 $s(x)$ 在收敛域 I 上可积分，而且可逐项积分，即

$$\int_0^x s(x)\mathrm{d}x = \int_0^x \left(\sum_{n=0}^{\infty} a_n x^n\right)\mathrm{d}x = \sum_{n=0}^{\infty} \int_0^x (a_n x^n)\mathrm{d}x = \sum_{n=0}^{\infty} \frac{a_n}{n+1} x^{n+1}, \quad x \in I$$

注　幂级数 $\sum\limits_{n=0}^{\infty} a_n x^n$ 经逐项求导或逐项积分后，收敛半径不变，但收敛域可能变化.

例 9.16　求幂级数 $\sum\limits_{n=0}^{\infty} \dfrac{x^n}{n+1}$ 的和函数.

解　由

$$\lim_{n \to \infty} \left|\frac{a_{n+1}}{a_n}\right| = \lim_{n \to \infty} \frac{n+1}{n+2} = 1$$

得收敛半径 $R = 1$.

在 $x = -1$ 处，幂级数成为 $\sum\limits_{n=0}^{\infty} \dfrac{(-1)^n}{n+1}$，收敛；在 $x = 1$ 处，幂级数成为 $\sum\limits_{n=0}^{\infty} \dfrac{1}{n+1}$，发散.故幂级数 $\sum\limits_{n=0}^{\infty} \dfrac{x^n}{n+1}$ 的收敛域为 $I = [-1, 1)$.

设和函数为 $s(x)$，即

$$s(x) = \sum_{n=0}^{\infty} \frac{x^n}{n+1}, \quad x \in [-1, 1)$$

于是

$$xs(x) = \sum_{n=0}^{\infty} \frac{x^{n+1}}{n+1}$$

逐项求导数,得

$$\left[xs(x)\right]' = \left(\sum_{n=0}^{\infty} \frac{x^{n+1}}{n+1}\right)' = \sum_{n=0}^{\infty} \left(\frac{x^{n+1}}{n+1}\right)'$$

$$= \sum_{n=0}^{\infty} x^n = \frac{1}{1-x}, \quad x \in [-1,1)$$

从而

$$xs(x) = \int_0^x \left[xs(x)\right]' \mathrm{d}x = \int_0^x \frac{1}{1-x} \mathrm{d}x = -\ln(1-x), \quad x \in [-1,1)$$

因此,当 $x \neq 0$ 时

$$s(x) = -\frac{1}{x}\ln(1-x)$$

易得 $s(0) = a_0 = 1$,从而

$$s(x) = \begin{cases} -\dfrac{1}{x}\ln(1-x), & x \in [-1,1), x \neq 0 \\ 1, & x = 0 \end{cases}$$

习　题　9.3

1. 幂级数逐项求导后,收敛半径不变,那么它的收敛域是否也不变?

2. 求下列幂级数的收敛域.

(1) $\displaystyle\sum_{n=1}^{\infty} (-1)^n \frac{x^n}{n}$;

(2) $\displaystyle\sum_{n=1}^{\infty} (-nx)^n$;

(3) $\displaystyle\sum_{n=1}^{\infty} \frac{x^n}{n!}$;

(4) $\displaystyle\sum_{n=1}^{\infty} (-1)^n \frac{2^n}{\sqrt{n}} \left(x - \frac{1}{2}\right)^n$.

3. 求幂级数 $\displaystyle\sum_{n=0}^{\infty} \frac{(2n)!}{(n!)^2} x^{2n}$ 的收敛半径.

4. 求幂级数 $\displaystyle\sum_{n=1}^{\infty} nx^{n-1}$ 的和函数.

总　习　题　9

1. 判定下列级数的敛散性.

(1) $\sum_{n=1}^{\infty} \left(\dfrac{n}{2n+1} \right)^n$；

(2) $\sum_{n=1}^{\infty} \dfrac{3^n n!}{n^n}$；

(3) $\sum_{n=1}^{\infty} n \tan \dfrac{3}{2^n}$；

(4) $\sum_{n=1}^{\infty} \dfrac{(n!)^2}{4n^3}$.

2. 证明：$\lim\limits_{n \to +\infty} \dfrac{1}{n} \sum_{k=1}^{n} \ln \left(1 + \dfrac{1}{k^2} \right) = 0$.

3. 求下列幂级数的收敛域.

(1) $\sum_{n=1}^{\infty} \dfrac{n!}{n^n} x^n$；

(2) $\sum_{n=1}^{\infty} \dfrac{4^n + (-5)^n}{n} x^n$；

(3) $\sum_{n=0}^{\infty} \dfrac{1}{6^n (2n+1)} (x+2)^n$；

(4) $\sum_{n=1}^{\infty} \dfrac{(-1)^{n-1}}{(2n-1)(2n-1)!} x^{2n-1}$.

4. 求下列幂级数的收敛域，并在收敛域内求其和函数.

(1) $\sum_{n=0}^{\infty} \dfrac{1}{3^n} x^n$；

(2) $\sum_{n=0}^{\infty} \dfrac{1}{2n+1} x^{2n+1}$；

(3) $\sum_{n=1}^{\infty} \dfrac{(-1)^n}{2n-1} x^{2n-1}$；

(4) $\sum_{n=1}^{\infty} \dfrac{1}{n(n+1)} x^n$.

第 10 章　常微分方程

在实际问题中,我们研究的对象 —— 变量往往是以函数关系的形式建立了变量间的客观联系,但却很难直接得到所研究的变量之间的函数关系,反而更容易建立这些变量的导数或微分之间的关系,即得到一个关于未知函数的导数或微分的方程,我们称此方程为微分方程.通过求解这样的微分方程,我们同样可以建立所研究的变量之间的函数关系,这样的过程称为解微分方程.现实世界中的许许多多问题都可以在一定的条件下抽象为微分方程,例如人口的增长问题、经济的增长问题等都可归结为微分方程的问题.这时的微分方程习惯上称为所研究问题的**数学模型**,如人口模型、经济增长模型等.

因此微分方程是数学联系实际并应用于实际的重要途径和桥梁,是数学及其他学科进行科学研究的强有力的工具.微分方程是一门独立的数学学科,有完整的理论体系.我们在这一章主要介绍微分方程的一些基本概念、几种常用微分方程的求解方法.

10.1　微分方程的基本概念

10.1.1　微分方程的概念

微分方程在科技、工程、经济管理、生态、环境、人口、交通等各个领域中有着广泛的应用.大量的实际问题需要用微分(或差分)方程来描述.建立数学模型,绝大多数情况下都是想得到变量之间的函数关系,然而,由于实际问题的复杂性,直接建立函数关系并不容易,但却知道因变量相对于一个或多个自变量变化率或改变量的有关信息,而这样的问题,建立未知函数所满足的微分方程却常常比较容易.

例 10.1(人口变化方程)　若 P 代表一大群居民在某个时刻 t 的人数,直接确定该函数比较复杂,若进一步设 $t + \Delta t$ 时刻的人口数量为 $P(t + \Delta t)$,但通过分析

或观测及背景知识可较方便得到或近似得到 $P(t)$ 的平均变化率,它往往是 P 和 t 的函数:

$$\frac{\Delta P}{\Delta t} = \frac{P(t + \Delta t) - P(t)}{\Delta t} = f(t, P) \tag{10.1}$$

必要时可以表示日变化率、年变化率等或更大、更小的时间单位,以满足建模的需要.而有的时候更关心的是该量的瞬时变化率,需要在式(10.1)中令 $\Delta t \to 0$,即有

$$\lim_{\Delta t \to 0} \frac{\Delta P}{\Delta t} = P' = \frac{dP}{dt} \tag{10.2}$$

这里 $\dfrac{dP}{dt}$ 表示导数或称为瞬时变化率,该方程是一个微分方程.

在很多情况下瞬时变化率有着确定的物理意义,比如运动物体的速度、加速度,几何中曲线的切线斜率等.而有的时候瞬时变化率意义却不明显,如财政收支的增加率、种群的变化率等.

建立微分方程要对实际研究现象或问题做具体分析,然后利用已有规律或者模型,近似地得到各种因素变化率之间的关系,来寻求变量之间满足的微分方程.

例 10.2(市场价格变化方程)　对于纯粹的市场经济来说,商品市场价格取决于市场供需之间的关系,市场价格能促使商品的供给与需求相等(这样的价格称为(静态)均衡价格).也就是说,如果不考虑商品价格形成的动态过程,那么商品的市场价格应能保证市场的供需平衡,但是,实际的市场价格不会恰好等于均衡价格,而且价格也不会是静态的,应是随时间不断变化的动态过程.所以必须建立描述市场价格形成的动态过程的数学模型.

假设在某一时刻 t,商品的价格为 $P(t)$,它与该商品的均衡价格间有差别,此时,存在供需差,此供需差促使价格变动.对新的价格,又有新的供需差,如此不断调节,就构成市场价格形成的动态过程,假设价格 $P(t)$ 的变化率 $\dfrac{dP}{dt}$ 与需求和供给之差成正比,并记 $f(P)$ 为需求函数,$g(P)$ 为供给函数,于是

$$\frac{dP}{dt} = k[f(P) - g(P)]$$

其中 k 为参数.一般我们假设需求与价格呈负线性关系,而供给与价格呈正线性关系,故可设 $f(P) = -a_1 P + a_2$,$g(P) = b_1 P + b_2$,则上式变为

$$\frac{dP}{dt} = -k(a_1 + b_1)P + k(a_2 - b_2) \tag{10.3}$$

这也是一个微分方程,表现为价格影响需求与供给的动态过程,而需求与供给反过

来又影响价格的动态过程,并指出了动态价格逐步向均衡价格靠拢的变化趋势.以后我们将详解.

像式(10.2)、式(10.3)等含有自变量(t)、自变量的未知函数(P)及未知函数的(若干阶)导数(P')或微分的方程称为**微分方程**.

如果未知函数是一元的,通常称此方程为**常微分方程**;如果未知函数是多元的,通常称此方程为**偏微分方程**.本书中只讨论常微分方程.

10.1.2　微分方程的阶

微分方程中出现的未知函数的导数或微分的最高阶的阶数称为**微分方程的阶**.

例如式(10.3)是一阶微分方程;$y' = 4x + 10$ 是一阶微分方程;$y''' = x + 5(y')^5 + 6$ 是三阶微分方程.

微分方程中未知函数的导数或微分的最高阶数是一阶,称此方程为**一阶微分方程**,记为 $F(x, y, y') = 0$ 或 $y' = f(x, y)$,例如式(10.3);微分方程中未知函数的导数或微分是二阶及以上,称此方程为**高阶微分方程**.因此一般的 n 阶微分方程可表示为

$$F(x, y, y', \cdots, y^{(n)}) = 0 \quad \text{或} \quad y^{(n)} = f(x, y, y', \cdots, y^{(n-1)})$$

10.1.3　微分方程的解

若把函数 $y = \varphi(x)$ 代入微分方程使微分方程恒成立,则称 $y = \varphi(x)$ 是该**微分方程的一个解**.

例如 $y = 2x^2 + 10x, y = 2x^2 + 10x + 5, y = 2x^2 + 10x + C$($C$ 是任意常数)都是微分方程 $y' = 4x + 10$ 的解.

10.1.4　微分方程的通解、特解

把含有与微分方程的阶数相同个数的独立的任意常数(即它们不能合并而使得任意常数的个数减少)的解称为该**微分方程的通解**;不含任意常数的微分方程的解称为该**微分方程的特解**.

例如 $y = 2x^2 + 10x + C$(C 是任意常数)是微分方程 $y' = 4x + 10$ 的通解,$y = C_1\sin x + C_2\cos x$ 是微分方程 $y'' + y = 0$ 的通解;而 $y = 2x^2 + 10x, y = 2x^2 + 10x + 5$ 是微分方程 $y' = 4x + 10$ 的特解,$y = 3\sin x + 5\cos x$ 是微分方程 $y'' +$

$y = 0$ 的特解.

10.1.5　微分方程的通解与特解的关系

微分方程的通解通过一定的条件确定其中的每一个任意常数的数值,这时的微分方程的解即为特解;确定每一个任意常数的值的条件称为初始条件;微分方程与初始条件合称为**微分方程的初始问题**.例如一阶微分方程的初始问题写为

$$\begin{cases} F(x,y,y') = 0 \\ y\Big|_{x=0} = y_0, \quad y'\Big|_{x=0} = y_0' \end{cases}$$

其中 $y\Big|_{x=0} = y_0, y'\Big|_{x=0} = y_0'$ 称为它的**初始条件**.

例如 $y = C_1\sin x + C_2\cos x$ 是微分方程 $y'' + y = 0$ 的通解;加上条件 $y\Big|_{x=0} = -1, y'\Big|_{x=0} = 1$ 可确定 $C_1 = 1, C_2 = -1$,从而得到 $y = \sin x - \cos x$ 是微分方程 $y'' + y = 0$ 的特解——其中条件 $y\Big|_{x=0} = -1, y'\Big|_{x=0} = 1$ 是微分方程 $y'' + y = 0$ 的初始条件,把

$$\begin{cases} y'' + y = 0 \\ y\Big|_{x=0} = -1, y'\Big|_{x=0} = 1 \end{cases}$$

称为微分方程的初值问题.

微分方程的解的几何意义是一条曲线,称为微分方程的**积分曲线**.通解的几何形状是一族积分曲线,特解是这一族积分曲线中某一条积分曲线.初值问题的几何意义就是求微分方程满足初始条件的那条积分曲线.

例 10.3　验证

$$y = C_1\sin x + C_2\cos x + \frac{1}{2}e^x \tag{10.4}$$

是微分方程

$$y'' + y = e^x \tag{10.5}$$

的解.

解　因为

$$y' = C_1\cos x - C_2\sin x + \frac{1}{2}e^x$$

$$y'' = -C_1\sin x - C_2\cos x + \frac{1}{2}e^x$$

故 $y'' + y = -C_1 \sin x - C_2 \cos x + \dfrac{1}{2}e^x + C_1 \sin x + C_2 \cos x + \dfrac{1}{2}e^x = e^x$ 成立.

函数(10.4)及其导数代入微分方程(10.5)后成为一个恒等式,因此函数(10.4)是微分方程(10.5)的解.

例 10.4 已知函数 $y = C_1 \sin x + C_2 \cos x + \dfrac{1}{2}e^x$ 是微分方程 $y'' + y = e^x$ 的

通解,求满足初始条件 $y\Big|_{x=0} = 0, y'\Big|_{x=0} = 0$ 的特解.

解 将 $y\Big|_{x=0} = 0, y'\Big|_{x=0} = 0$ 代入例 10.3 中 y, y' 的表达式,得

$$\begin{cases} C_1 \sin 0 + C_2 \cos 0 + \dfrac{1}{2}e^0 = 0 \\ C_1 \cos 0 - C_2 \sin 0 + \dfrac{1}{2}e^0 = 0 \end{cases}$$

即

$$\begin{cases} C_2 + \dfrac{1}{2} = 0 \\ C_1 + \dfrac{1}{2} = 0 \end{cases}$$

解得 $c_1 = -\dfrac{1}{2}, c_2 = -\dfrac{1}{2}$;故所求特解为 $y = -\dfrac{1}{2}\sin x - \dfrac{1}{2}\cos x + \dfrac{1}{2}e^x$.

例 10.5 在某池塘内养鱼,由于条件限制最多只能养 5 000 条. 在时刻 t 的鱼数 y 是时间 t 的函数 $y = y(t)$,其变化率与鱼数 y 和 $5\,000 - y$ 的乘积成正比. 现已知池塘内放养鱼 500 条,5 个月后池塘内有鱼 750 条,试求该问题的初值问题.

解 由已知可得微分方程

$$\frac{\mathrm{d}y}{\mathrm{d}t} = ky(5\,000 - y), \quad k \text{ 为常数}$$

满足的初始条件为

$$y\Big|_{t=0} = 500, \quad y\Big|_{t=5} = 750$$

习 题 10.1

1. 指出下列微分方程的阶数.

(1) $x^3 y''' + x^2 y'' - 4xy' = 3x^2$;

(2) $y^{(4)} - 4y''' + 10y'' - 12y' + 5y = \sin 2x$;

(3) $y^{(n)} + 1 = 0$.

2. 验证下列函数是否为所给微分方程的解.

(1) $y' + 2y = 10, y = 5e^{-2x} + 5$;

(2) $y'' - 2y' + y = 0, y = Ce^x$;

(3) $xy' + y = \cos x, y = \dfrac{\sin x}{x}$.

3. 给定一阶微分方程 $\dfrac{dy}{dx} = 2x$.

(1) 求出它的通解；

(2) 求通过点 $(1,4)$ 的特解.

4. 某商品的需求量 x 对价格 P 的弹性为 $-P\ln 3$. 若该商品的最大需求量为 $1\,200$(即 $P = 0$ 时，$x = 1\,200$)(P 的单位为元，x 的单位为千克)，试求需求量 x 与价格 P 的微分方程的初值问题.

10.2　一阶微分方程

一阶微分方程的一般形式为

$$F(x, y, y') = 0 \tag{10.6}$$

如果从方程(10.6)中能解出 y'，则一阶微分方程可表示为

$$y' = f(x, y) \tag{10.7}$$

一阶微分方程有时也可以写成如下的对称形式：

$$P(x, y)dx + Q(x, y)dy = 0 \tag{10.8}$$

如果一阶微分方程为 $\dfrac{dy}{dx} = f(x)$ 或 $dy = f(x)dx$，则只需将等式两边分别积分即得

$$y = \int f(x)dx + C$$

但并非所有一阶微分方程都可以如此求解，比如 $\dfrac{dy}{dx} = x^3 y$，就不能用上面所述的求法，原因是方程右端含有未知函数，积分 $\int x^3 y dx$ 求不出来. 为了解决这个困难，在方程的两端同乘以 $\dfrac{dx}{y}$，使方程变为 $\dfrac{dy}{y} = x^3 dx$. 这样，变量 y 与 x 被分离在等式的

两端,然后两端积分,得

$$\int \frac{\mathrm{d}y}{y} = \int x^3 \mathrm{d}x + C \quad \Rightarrow \quad \ln \mid y \mid = \frac{1}{4}x^4 + C$$

如此得到的函数是原来的微分方程的解吗?(读者自己验证.)

本节中将介绍几种特殊类型的一阶微分方程及其解法.

1. 可变量分离的微分方程与分离变量法

形如

$$\frac{\mathrm{d}y}{\mathrm{d}x} = f(x,y)$$

其中函数 $f(x,y)$ 可以变为 $f(x,y) = f(x)g(y)$,即形如

$$\frac{\mathrm{d}y}{\mathrm{d}x} = f(x)g(y) \tag{10.9}$$

的一阶微分方程称为**可分离变量的微分方程**,其中 $f(x),g(y)$ 分别是 x,y 的连续函数.

求解方法:**分离变量法**.

首先分离变量,即把 $f(x),\mathrm{d}x$ 与 $g(y),\mathrm{d}y(g(y) \neq 0)$ 分别移到方程的两端,得

$$\frac{\mathrm{d}y}{g(y)} = f(x)\mathrm{d}x$$

再将两端分别求积分即可求得微分方程的通解:

$$\int \frac{\mathrm{d}y}{g(y)} = \int f(x)\mathrm{d}x + C, \quad C \text{ 是任意常数}$$

注　(ⅰ) 只有满足 $g(y) \neq 0$ 才可以移项;如果 $g(y) = 0$,则不妨设 $y = y_0$ 是 $g(y) = 0$ 的零点,即 $g(y_0) = 0$,代入原方程可知常数函数 $y = y_0$ 显然是方程 (10.9) 的一个特解.

(ⅱ) 在上述的通解表示式中,$\int \dfrac{\mathrm{d}y}{g(y)}$ 与 $\int f(x)\mathrm{d}x$ 表示的是一个原函数,而不是不定积分;两个不定积分中出现的任意常数归并在一起记为 C.

例 10.6　求微分方程 $\dfrac{\mathrm{d}y}{\mathrm{d}x} = 3x^2(1 + y^2)$ 的通解.

解　分离变量,可得

$$\frac{\mathrm{d}y}{1 + y^2} = 3x^2 \mathrm{d}x$$

两端分别求积分得到通解

$$\int \frac{\mathrm{d}y}{1+y^2} = \int 3x^2 \mathrm{d}x + C$$

即

$$\arctan y = x^3 + C$$

其中 C 是任意常数.通解也可写为 $y = \tan(x^3 + C)$,其中 C 是任意常数.

例 10.7　某商品的需求量 x 对价格 P 的弹性为 $-P\ln 3$.若该商品的最大需求量为 $1\,200$(即 $P = 0$ 时,$x = 1\,200$)(P 的单位为元,x 的单位为千克),试求需求量 x 与价格 P 的函数关系,并求当价格为 1 元时市场上对该商品的需求量.

解　由已知

$$\frac{P}{x} \cdot \frac{\mathrm{d}x}{\mathrm{d}P} = -P\ln 3$$

即

$$\frac{\mathrm{d}x}{\mathrm{d}P} = -x\ln 3$$

分离变量,得

$$\frac{\mathrm{d}x}{x} = -\ln 3\mathrm{d}P$$

两边积分,得

$$\ln x = -P\ln 3 + \ln C$$

所以

$$x = C \cdot 3^{-P}$$

再由当 $P = 0$,$x = 1\,200$,得

$$C = 1\,200$$

所以

$$x = 1\,200 \cdot 3^{-P}$$

当价格为 1 元时,市场对该产品的需求量为

$$x = 1\,200 \cdot 3^{-1} = 400 \,(千克)$$

2. 齐次方程

如果一阶微分方程

$$\frac{\mathrm{d}y}{\mathrm{d}x} = f(x,y)$$

中的函数 $f(x,y)$ 可以变为 $\dfrac{y}{x}$ 的函数,即微分方程为 $\dfrac{\mathrm{d}y}{\mathrm{d}x} = g\left(\dfrac{y}{x}\right)$ 的形式,习惯上称

这样的微分方程为**齐次方程**. 例如方程

$$(xy - y^2)\mathrm{d}x - (x^2 - 2xy)\mathrm{d}y = 0$$

就是齐次方程,因为我们可以把此方程化为

$$\frac{\mathrm{d}y}{\mathrm{d}x} = \frac{xy - y^2}{x^2 - 2xy} = \frac{\dfrac{y}{x} - \left(\dfrac{y}{x}\right)^2}{1 - 2\left(\dfrac{y}{x}\right)}$$

要求出齐次方程的通解,我们可以用变量代换的方法:

设齐次方程为

$$\frac{\mathrm{d}y}{\mathrm{d}x} = g\left(\frac{y}{x}\right) \tag{10.10}$$

假设 $u = \dfrac{y}{x}$,则可以把齐次方程(10.10)化为可分离变量的微分方程. 因为 $u = \dfrac{y}{x}$,则 $y = ux$,$\dfrac{\mathrm{d}y}{\mathrm{d}x} = u + x\dfrac{\mathrm{d}u}{\mathrm{d}x}$,代入方程(10.10),可把原方程变为

$$u + x\frac{\mathrm{d}u}{\mathrm{d}x} = g(u)$$

即

$$x\frac{\mathrm{d}u}{\mathrm{d}x} = g(u) - u$$

分离变量,得

$$\frac{\mathrm{d}u}{g(u) - u} = \frac{\mathrm{d}x}{x}$$

等式两端积分,得

$$\int \frac{\mathrm{d}u}{g(u) - u} = \int \frac{\mathrm{d}x}{x} + C$$

记 $G(u)$ 为 $\dfrac{1}{g(u) - u}$ 的一个原函数,再把 $u = \dfrac{y}{x}$ 代入,则可得方程(10.10)的通解为 $G(u) = \ln|x| + C$,C 为任意常数. 若再代入初始条件,则可以得到特解.

例 10.8　解方程

$$y^2 + x^2\frac{\mathrm{d}y}{\mathrm{d}x} = xy\frac{\mathrm{d}y}{\mathrm{d}x}$$

解　原方程可变为

$$\frac{\mathrm{d}y}{\mathrm{d}x} = \frac{y^2}{xy - x^2} = \frac{\left(\dfrac{y}{x}\right)^2}{\dfrac{y}{x} - 1}$$

显然是齐次方程. 故令 $u = \dfrac{y}{x}$，则

$$y = ux, \quad \dfrac{\mathrm{d}y}{\mathrm{d}x} = u + x\dfrac{\mathrm{d}u}{\mathrm{d}x}$$

于是，原方程变为

$$u + x\dfrac{\mathrm{d}u}{\mathrm{d}x} = \dfrac{u^2}{u - 1}$$

即

$$x\dfrac{\mathrm{d}u}{\mathrm{d}x} = \dfrac{u}{u - 1}$$

再分离变量，得

$$\left(1 - \dfrac{1}{u}\right)\mathrm{d}u = \dfrac{\mathrm{d}x}{x}$$

两端积分，得

$$u - \ln|u| + C = \ln|x|$$

即 $\ln|ux| = u + C$，以 $\dfrac{y}{x}$ 代换上式中的 u，便得到原方程的通解为

$$\ln|y| = \dfrac{y}{x} + C$$

注　齐次方程的求解实质是通过变量替换，将方程转化为可分离变量的方程. 变量替换法在解微分方程中有着特殊的作用. 但困难之处是如何选择适宜的变量替换. 一般来说，变量替换的选择并没有一定的规律，往往要根据所考虑的微分方程的特点而构造. 对于初学者，不妨多试一试，尝试几个直截了当的变量替换.

3. 一阶线性微分方程

例 10.2 得到的方程

$$\dfrac{\mathrm{d}P}{\mathrm{d}t} = -k(a_1 + b_1)P + k(a_2 - b_2)$$

是形如

$$\dfrac{\mathrm{d}y}{\mathrm{d}x} + P(x)y = Q(x) \tag{10.11}$$

的方程，称为**一阶线性微分方程**，因为它对于未知函数 y 及其导数是一次方程. 如果方程 (10.11) 中的 $Q(x) \equiv 0$，则把此时的方程 (10.11) 称为**齐次**的；如果 $Q(x)$ 不恒等于零，则把方程 (10.11) 称为非齐次的.

设方程 (10.11) 是非齐次的微分方程，为求出其通解，首先我们讨论方程

(10.11) 所对应的齐次方程

$$\frac{\mathrm{d}y}{\mathrm{d}x} + P(x)y = 0 \tag{10.12}$$

的通解问题. 显然这是一个可分离变量的方程,分离变量,得

$$\frac{\mathrm{d}y}{y} = -P(x)\mathrm{d}x$$

两端积分,得

$$\ln|y| = -\int P(x)\mathrm{d}x + C_1$$

或

$$y = C \cdot \mathrm{e}^{-\int P(x)\mathrm{d}x}, \qquad \text{其中 } C = \pm\, \mathrm{e}^{C_1}$$

这是方程(10.11) 对应的齐次线性微分方程(10.12) 的通解.

现在我们使用所谓的**常数变易法**来求非齐次线性方程(10.11) 的通解. 此方法是将方程(10.12) 的通解中的常数 C 换成 x 的未知函数 $u(x)$,即作变换

$$y = u \cdot \mathrm{e}^{-\int P(x)\mathrm{d}x} \tag{10.13}$$

假设方程(10.13) 是非齐次线性方程(10.11) 的解,则如果能求得 $u(x)$ 是什么,问题也就解决了. 为此两边求导,得

$$\frac{\mathrm{d}y}{\mathrm{d}x} = u'\mathrm{e}^{-\int P(x)\mathrm{d}x} - uP(x)\mathrm{e}^{-\int P(x)\mathrm{d}x} \tag{10.14}$$

将方程(10.13) 和方程(10.14) 代入方程(10.11),得

$$u'\mathrm{e}^{-\int P(x)\mathrm{d}x} - uP(x)\mathrm{e}^{-\int P(x)\mathrm{d}x} + P(x)u\mathrm{e}^{-\int P(x)\mathrm{d}x} = Q(x)$$

即

$$u'\mathrm{e}^{-\int P(x)\mathrm{d}x} = Q(x)$$

则

$$u' = Q(x)\mathrm{e}^{\int P(x)\mathrm{d}x}$$

得

$$u = \int Q(x)\mathrm{e}^{\int P(x)\mathrm{d}x}\mathrm{d}x + C$$

将上式代入方程(10.13),得到非齐次线性微分方程(10.11) 的通解为

$$y = \mathrm{e}^{-\int P(x)\mathrm{d}x}\left[\int Q(x)\mathrm{e}^{\int P(x)\mathrm{d}x}\mathrm{d}x + C\right] \tag{10.15}$$

注　式(10.15) 中的不定积分 $\int P(x)\mathrm{d}x$ 和 $\int Q(x)\mathrm{e}^{\int P(x)\mathrm{d}x}\mathrm{d}x$ 分别理解为一个原函数.

将式(10.15)写成如下两项之和：

$$y = Ce^{-\int P(x)dx} + e^{-\int P(x)dx}\int Q(x)e^{\int P(x)dx}dx$$

不难发现：第一项是对应的齐次线性方程(10.12)的通解；第二项是对应的非齐次线性方程(10.11)的一个特解(在方程(10.11)的通解(10.15)中取 $C = 0$ 即得此特解)．由此得到一阶线性非齐次微分方程通解的结构为对应的齐次线性微分方程的通解与非齐次线性微分方程的特解之和．

例 10.9 求方程

$$\frac{dy}{dx} - \frac{2y}{x+1} = (x+1)^{\frac{3}{2}}$$

的通解．

解 这是一个非齐次线性微分方程，由式(10.15)，得

$$y = e^{-\int(-\frac{2}{x+1})dx}\left[\int (x+1)^{\frac{3}{2}}e^{\int(-\frac{2}{x+1})dx}dx + C\right]$$

$$= e^{\ln(x+1)^2}\left[\int (x+1)^{\frac{3}{2}}e^{-\ln(x+1)^2}dx + C\right]$$

$$= (x+1)^2\left[\int (x+1)^{-\frac{1}{2}}dx + C\right]$$

$$= (x+1)^2\left[2(x+1)^{\frac{1}{2}} + C\right]$$

$$= 2(x+1)^{\frac{5}{2}} + C(x+1)^2$$

由例 10.11 的求解可知，若能确定一个方程为一阶线性非齐次微分方程，求解它只需套用式(10.15)即可，当然也可以用常数变易法进行求解．

习　题　10.2

1. 求下列微分方程的通解．

(1) $xy' - y\ln y = 0$；

(2) $3x^2 + 5x - 5y' = 0$；

(3) $\sqrt{1-x^2}\,y' = \sqrt{1-y^2}$；

(4) $y' - xy' = a(y^2 + y')$．

2. 求下列齐次方程的通解．

(1) $y^2 - x^2\frac{dy}{dx} = xy\frac{dy}{dx}$；

(2) $\frac{dy}{dx} = \tan\frac{y}{x} + \frac{y}{x}$；

(3) $\frac{dy}{dx} = e^{\frac{y}{x}} + \frac{y}{x}$；

(4) $x\frac{dy}{dx} = y + \sqrt{x^2 - y^2}$．

3. 求下列一阶线性微分方程的通解．

(1) $\dfrac{\mathrm{d}y}{\mathrm{d}x} + 2xy = 6x$；　　　　　　(2) $\dfrac{\mathrm{d}y}{\mathrm{d}x} + 2xy = \mathrm{e}^{-x^2}$；

(3) $(x-2)y' = y + 2(x-2)^3$；　　(4) $y'\cos x + y\sin x = 1$.

4. 求下列初值问题的解.

(1) $y' = \mathrm{e}^{2x-y}$，$y\Big|_{x=0} = 0$；　　　　(2) $y' - y\tan x = \sec x$，$y\Big|_{x=0} = 0$；

(3) $y' = \dfrac{x}{y} + \dfrac{y}{x}$，$y\Big|_{x=-1} = 2$；　　(4) $\begin{cases} (x\cos y + \sin 2y)y' = 1 \\ y\Big|_{x=1} = 0 \end{cases}$.

5. 适当变换后求解下列微分方程.

(1) $y' = (x+y)^2$；　　　　　　(2) $xy' + y = y(\ln x + \ln y)$.

6. 求一个曲线的方程，该曲线通过点 $(0,1)$ 且曲线上任意一点处的切线垂直于此点与原点的连线.

7. 设连续函数 $y(x)$ 满足方程 $y(x) = \displaystyle\int_0^x y(t)\mathrm{d}t + \mathrm{e}^x$，求 $y(x)$.

8. 设某商品的供给函数为 $S(t) = 60 + P + \dfrac{4\mathrm{d}P}{\mathrm{d}t}$，需求函数为 $D(t) = 100 - P + \dfrac{3\mathrm{d}P}{\mathrm{d}t}$，其中 $P(t)$ 表示时间 t 的价格，且 $P(0) = 8$，试求均衡价格关于时间的函数，并说明实际意义.

9. 某林区现有木材 10 万立方米，如果在每一瞬时木材的变化率与当时木材数成正比，假设 10 年内此林区能有木材 20 万立方米，试确定木材数 p 与时间 t 的关系.

10. 若某商品需求量 Q 对价格 P 的弹性为 -0.5，且 $Q\Big|_{P=1} = 100$，求该商品的需求函数 $Q = Q(P)$.

10.3　可降阶的二阶微分方程

对于二阶微分方程

$$y'' = f(x, y, y')$$

在某些情况下可通过适当的变量代换，把二阶微分方程转化为一阶微分方程，习惯上把具有这样性质的微分方程称为**可降阶的微分方程**. 其相对应的求解方法自然地称为**降阶法**.

下面介绍三种容易用降阶法求解的二阶微分方程.

1. $y'' = f(x)$ 型的微分方程

微分方程

$$y'' = f(x) \tag{10.16}$$

的右端仅含有自变量 x，求解时只需把方程(10.16)理解为 $(y')' = f(x)$，对此式两端积分，得

$$y' = \int f(x)\mathrm{d}x + C_1$$

同理，对上式两端再积分，得

$$y = \int \left[\int f(x)\mathrm{d}x\right]\mathrm{d}x + C_1 x + C_2$$

此方法显然可推广到 n 阶.

例 10.10　求微分方程

$$y'' = x\sin x + 4$$

的通解.

解　对给定的方程两端连续积分两次，得

$$y' = -x\cos x + \sin x + 4x + C_1$$
$$y = -x\sin x - 2\cos x + 2x^2 + C_1 x + C_2$$

2. $y'' = f(x, y')$ 型的微分方程

微分方程

$$y'' = f(x, y') \tag{10.17}$$

的典型特点是不显含未知函数 y，求解方法：

作变量代换 $y' = p(x)$，则 $y'' = p'(x)$，原方程可化为以 $p(x)$ 为未知函数的一阶微分方程：

$$p' = f(x, p)$$

设此方程的通解为 $p(x) = \varphi(x, C_1)$，得

$$y' = \varphi(x, C_1)$$

将方程两端积分，得

$$y = \int \varphi(x, C_1)\mathrm{d}x + C_2$$

例 10.11　求微分方程

$$(1 + x^2)y'' - 2xy' = 0$$

的通解.

解　显然该方程不显含有未知函数 y,故令 $y' = p(x)$,则 $y'' = p'(x)$,于是原方程化为

$$(1 + x^2)\frac{\mathrm{d}p}{\mathrm{d}x} - 2xp = 0$$

即

$$\frac{\mathrm{d}p}{p} = \frac{2x\mathrm{d}x}{1 + x^2}$$

两端积分,得

$$\ln |p| = \ln (1 + x^2) + \ln |C_1|$$

于是

$$p = C_1(1 + x^2)$$

即

$$y' = C_1(1 + x^2)$$

两端积分,得原方程的通解为

$$y = C_1\left(x + \frac{x^3}{3}\right) + C_2$$

3. $y'' = f(y, y')$ 型的微分方程

微分方程

$$y'' = f(y, y') \tag{10.18}$$

的类型特点在于不显含自变量 x,求解方法:

令 $y' = p$,利用复合函数求导法则把 y'' 转化为因变量 y 的函数,即

$$y'' = \frac{\mathrm{d}p}{\mathrm{d}x} = \frac{\mathrm{d}p}{\mathrm{d}y} \cdot \frac{\mathrm{d}y}{\mathrm{d}x} = p\frac{\mathrm{d}p}{\mathrm{d}y}$$

故方程(10.18) 变为

$$p\frac{\mathrm{d}p}{\mathrm{d}y} = f(y, p)$$

此方程为关于 y, p 的一阶微分方程. 如能求出它的通解,则不妨设为

$$p = \varphi(y, C_1) \quad 或 \quad \frac{\mathrm{d}y}{\mathrm{d}x} = \varphi(y, C_1)$$

此方程是一个可分离变量的微分方程,易得原方程的通解为

$$\int \frac{\mathrm{d}y}{\varphi(y, C_1)} = x + C_2$$

例 10.12　求微分方程

$$yy'' = (y')^2$$

的通解.

解 显然该方程为 $y'' = f(y,y')$ 型,故令 $y' = p(x)$,则 $y'' = p\dfrac{\mathrm{d}p}{\mathrm{d}y}$,代入原方程,得

$$yp\frac{\mathrm{d}p}{\mathrm{d}y} = p^2$$

即

$$p\left(y\frac{\mathrm{d}p}{\mathrm{d}y} - p\right) = 0$$

（ⅰ）如果 $p \neq 0$ 且 $y \neq 0$,则方程两端约去 p 及同除以 y,得

$$\frac{\mathrm{d}p}{p} = \frac{\mathrm{d}y}{y}$$

两端积分,得

$$\ln|p| = \ln|y| + \ln|C_1|$$

于是

$$p = C_1 y$$

即

$$y' = C_1 y$$

再分离变量并积分,可得原方程的通解为

$$y = C_2 \mathrm{e}^{C_1 x}$$

（ⅱ）如果 $p = 0$ 或 $y = 0$,即 $y = C$（C 为任意实数）是原方程的解（又称平凡解）,其实已包括在（ⅰ）的通解中（只需取 $C_1 = 0$）.

习 题 10.3

1. 求下列微分方程的通解.

(1) $y'' = x + \sin x$；

(2) $y^3 y'' - 1 = 0$；

(3) $y'' = 1 + y^2$.

2. 试求 $y'' = x$ 的经过点 $M(0,1)$ 且在此点与直线 $y = \dfrac{1}{2}x + 1$ 相切的积分曲线.

10.4　二阶线性微分方程解的结构

在应用问题中较多遇到的一类高阶微分方程是二阶线性微分方程,它的一般形式为

$$y'' + P(x)y' + Q(x)y = f(x) \tag{10.19}$$

其中 $P(x), Q(x), f(x)$ 为已知的 x 的函数.

当方程右端函数 $f(x) = 0$ 时,方程(10.19)称为二阶齐次线性微分方程,即

$$y'' + P(x)y' + Q(x)y = 0 \tag{10.20}$$

当方程右端函数 $f(x) \neq 0$ 时,方程(10.19)称为二阶非齐次线性微分方程.

本节中主要讨论二阶线性微分方程解的一些性质,这些性质还可以推广到 n 阶线性微分方程

$$y^{(n)} + P_1(x)y^{(n-1)} + \cdots + P_{n-1}(x)y' + P_n(x)y = f(x)$$

定理 10.1(叠加原理)　　如果 $y_1(x), y_2(x)$ 是方程(10.20)的两个解,则

$$y = C_1 y_1(x) + C_2 y_2(x) \tag{10.21}$$

也是方程(10.20)的解,其中 C_1, C_2 为任意实数.(读者自证.)

此定理表明齐次线性微分方程的解满足叠加原理,即两个解按式(10.21)的形式叠加起来仍然是该方程的解;从定理 10.1 的结果看,该解包含了两个任意常数 C_1 和 C_2,但是该解不一定是方程(10.20)的通解.

例如二阶线性微分方程 $y'' + y = 0$,不难验证 $y_1 = \sin x, y_2 = 5\sin x$ 都是方程 $y'' + y = 0$ 的解,但其 $y = C_1 y_1(x) + C_2 y_2(x)$ 形式的解 $y = (C_1 + 5C_2)\sin x$ 显然不是方程 $y'' + y = 0$ 的通解(由通解的定义即可知道).那么式(10.21)满足什么条件的形式的解才是方程(10.20)的通解呢?事实上,$y_1 = \sin x$ 是二阶线性微分方程 $y'' + y = 0$ 的解,可以验证 $y_2 = \cos x$ 也是方程 $y'' + y = 0$ 的解,那么两个解的叠加 $y = C_1 \sin x + C_2 \cos x$ 是方程 $y'' + y = 0$ 的通解.比较一下,容易发现前一组解的比 $\dfrac{y_1}{y_2} = \dfrac{\sin x}{5\sin x} = \dfrac{1}{5}$,是常数,而后一组解的比 $\dfrac{y_1}{y_2} = \dfrac{\sin x}{\cos x} = \tan x$,不是常数.因而在 $y_1(x), y_2(x)$ 是方程(10.20)的两个非零解的前提下,如果 $\dfrac{y_1}{y_2}$ 为常数,则 $y = C_1 y_1(x) + C_2 y_2(x)$ 不是方程(10.20)的通解(事实上,y_1, y_2 是相关联

的）；如果 $\dfrac{y_1}{y_2}$ 不为常数，则 $y = C_1 y_1(x) + C_2 y_2(x)$ 是方程（10.20）的通解（事实上，y_1,y_2 是不相关联的）.

为了解决这个问题，我们引入一个新的概念，即函数的线性相关与线性无关的概念.

设 $y_1(x),y_2(x)$ 是定义在区间 I 内的两个函数，如果存在两个不全为零的常数 k_1,k_2，使得在区间 I 内恒有

$$k_1 y_1(x) + k_2 y_2(x) = 0$$

成立，则称这两个函数 $y_1(x),y_2(x)$ 在区间 I 内**线性相关**，否则称**线性无关**.

显然，如果 $\dfrac{y_1}{y_2}$ 是常数，则 y_1,y_2 线性相关；$\dfrac{y_1}{y_2}$ 不是常数，则 y_1,y_2 线性无关.

据此，我们有以下齐次线性微分方程的解的结构定理.

定理 10.2　如果 $y_1(x),y_2(x)$ 是方程（10.20）的两个线性无关的特解，则

$$y = C_1 y_1(x) + C_2 y_2(x)$$

就是方程（10.20）的通解，其中 C_1,C_2 为任意实数.

下面我们来讨论二阶非齐次微分方程的解的结构. 在一阶线性微分方程的讨论中，我们已知道一阶线性非齐次微分方程的通解的结构为对应的齐次线性微分方程的通解与非齐次线性微分方程的特解之和，那么二阶及以上的线性微分方程是否也有这样解的结构呢？回答是肯定的.

定理 10.3　如果 $y^*(x)$ 是方程（10.19）的一个特解，且 $Y(x)$ 是其相应的齐次方程（10.20）的通解，则

$$y = y^*(x) + Y(x) \tag{10.22}$$

是二阶非齐次线性微分方程（10.19）的通解.

证　将式（10.22）代入方程（10.19）的左端，得

$$(y^* + Y)'' + P(x)(y^* + Y)' + Q(x)(y^* + Y)$$
$$= [(y^*)'' + P(x)(y^*)' + Q(x)y^*] + [Y'' + P(x)Y' + Q(x)Y]$$

因为 $y^*(x)$ 是方程（10.19）的解，$Y(x)$ 是方程（10.20）的解，可知上式中的第一个中括号内的表达式恒为 $f(x)$，第二个中括号内的表达式恒为零，即方程（10.19）的左端等于 $f(x)$，与右端恒等. 故式（10.22）是方程（10.19）的解.

又因为 $Y(x)$ 是其相应的齐次方程（10.20）的通解，由定理 10.2 知，其包含两个任意常数，因而 $y = y^*(x) + Y(x)$ 也包含两个任意常数，从而得知 $y = y^*(x) + Y(x)$ 是方程（10.19）的通解.

例如,方程 $y'' + y = 2e^x$ 是二阶非齐次线性微分方程,其相应的齐次方程 $y'' + y = 0$ 的通解为 $Y = C_1 \sin x + C_2 \cos x$,又容易验证 $y^* = e^x$ 是方程 $y'' + y = 2e^x$ 的一个特解,因此

$$y = C_1 \sin x + C_2 \cos x + e^x$$

是方程 $y'' + y = 2e^x$ 的通解.

在求解非齐次线性微分方程时,有时会用到下面两个定理.

定理 10.4　如果 $y_1^*(x), y_2^*(x)$ 分别是方程

$$y'' + P(x)y' + Q(x)y = f_1(x)$$
$$y'' + P(x)y' + Q(x)y = f_2(x)$$

的特解,则 $y_1^*(x) + y_2^*(x)$ 是方程

$$y'' + P(x)y' + Q(x)y = f_1(x) + f_2(x)$$

的特解.

这一定理的证明较简单,只需将 $y = y_1^* + y_2^*$ 代入方程

$$y'' + P(x)y' + Q(x)y = f_1(x) + f_2(x)$$

便可验证.

这一结论告诉我们:欲求方程 $y'' + P(x)y' + Q(x)y = f_1(x) + f_2(x)$ 的特解 y^*,可分别求

$$y'' + P(x)y' + Q(x)y = f_1(x)$$

与

$$y'' + P(x)y' + Q(x)y = f_2(x)$$

的特解 y_1^* 和 y_2^*,然后进行叠加 $y^* = y_1^* + y_2^*$.

定理 10.5　如果 $y_1(x) + iy_2(x)$ 是方程

$$y'' + P(x)y' + Q(x)y = f_1(x) + if_2(x)$$

的解,其中 $P(x), Q(x), f_1(x), f_2(x)$ 为实值函数,i 为纯虚数,则 $y_1(x), y_2(x)$ 分别为方程

$$y'' + P(x)y' + Q(x)y = f_1(x)$$

与

$$y'' + P(x)y' + Q(x)y = f_2(x)$$

的解.

最后指出,在本节中我们仅讨论了二阶线性齐次(非齐次)微分方程的通解的结构,尚未给出求解二阶线性微分方程的方法,在下面一节中将对较特殊的二阶齐

次(非齐次)线性微分方程的通解的求法加以讨论.

习　题　10.4

1. 验证 $y_1 = \cos \omega x$ 及 $y_2 = \sin \omega x$ 都是方程 $y'' + \omega^2 y = 0$ 的解,并写出该方程的通解.

2. 已知 $y_1 = 3$, $y_2 = 3 + x^2$, $y_3 = 3 + x^2 + \mathrm{e}^x$ 都是微分方程 $(x^2 - 2x)y'' - (x^2 - 2)y' + (2x - 2)y = 6x - 6$ 的解,求它的通解.

3. 验证 $y = C_1 \mathrm{e}^{C_2 - 3x} - 1$ 是 $y'' - 9y = 9$ 的解,说明它不是通解,其中 C_1, C_2 是任意两个常数.

10.5　二阶常系数线性微分方程

由二阶线性微分方程解的结构,二阶线性微分方程的求解问题关键在于:如何求得二阶齐次方程的通解和非齐次方程的一个特解.本节将讨论二阶线性方程的一个特殊类型,即二阶常系数线性微分齐次方程及其解法.

把具有形式

$$y'' + py' + qy = f(x) \tag{10.23}$$

的方程称为**二阶常系数线性微分方程**,其中 p, q 是常数.把具有形式

$$y'' + py' + qy = 0 \tag{10.24}$$

的方程称为**二阶常系数齐次线性方程**.

二阶常系数齐次线性微分方程及其解法

我们已经知道要得到方程(10.24)的通解,只需求出它的两个线性无关解 y_1 与 y_2,即 $\dfrac{y_1}{y_2} \neq$ 常数,那么 $y = C_1 y_1 + C_2 y_2$ 就是方程(10.24)的通解.

我们先分析方程(10.24)可能具有什么形式的特解.从方程的形式看,方程的解 y 及 y', y'' 各乘以常数的和等于零,意味着函数 y 及 y', y'' 之间只能差一个常数,在初等函数中符合这样的特征的函数很显然是 e^{rx} (r 为常数).于是假设

$$y = \mathrm{e}^{rx}$$

是方程(10.24)的解(其中 r 为待定常数),则有 $y' = r\mathrm{e}^{rx}$, $y'' = r^2\mathrm{e}^{rx}$,代入方程(10.24)中,得

$$(r^2 + pr + q)\mathrm{e}^{rx} = 0$$

因 $e^{rx} \neq 0$,故有

$$r^2 + pr + q = 0 \tag{10.25}$$

由此可见,只要 r 满足代数方程(10.25),函数 $y = e^{rx}$ 就是微分方程(10.24)的解.我们把该代数方程(10.25)叫作微分方程(10.24)的**特征方程**,并称特征方程的两个根为**特征根**.根据初等代数的知识可知,特征根有三种可能的情形,下面分别讨论.

1. 特征方程(10.25) 有两个相异的实根 r_1, r_2

此时特征方程满足 $p^2 - 4q > 0$,它的两个根 r_1, r_2 可由公式

$$r_{1,2} = \frac{-p \pm \sqrt{p^2 - 4q}}{2}$$

求出,则 $y_1 = e^{r_1 x}$ 与 $y_2 = e^{r_2 x}$ 均是微分方程(10.24)的两个解,并且 $\dfrac{y_2}{y_1} = \dfrac{e^{r_2 x}}{e^{r_1 x}} = e^{(r_2 - r_1)x}$ 不是常数,因此微分方程(10.24)的通解为

$$y = C_1 e^{r_1 x} + C_2 e^{r_2 x} \tag{10.26}$$

其中 C_1, C_2 为任意常数.

2. 特征方程(10.25) 有两个相等的实根 $r_1 = r_2$

此时特征方程满足 $p^2 - 4q = 0$,特征根 $r_1 = r_2 = -\dfrac{p}{2}$.这样我们只得到微分方程(10.24)的一个解 $y_1 = e^{r_1 x}$,为了得到方程的通解,我们还需另求一个解 y_2,并且要求 $\dfrac{y_2}{y_1} \neq$ 常数(即 y_1 与 y_2 线性无关).故而可设 $\dfrac{y_2}{y_1} = u(x)$($u(x)$ 为待定函数),即 $y_2 = u(x)e^{r_1 x}$,现在只需求得 $u(x)$.因 $y_2 = u(x)e^{r_1 x}$ 是微分方程(10.24)的解,故对 y_2 求一、二阶导数,得

$$y_2' = u' \cdot e^{r_1 x} + r_1 u e^{r_1 x} = e^{r_1 x}(u' + r_1 u)$$

$$y_2'' = r_1 e^{r_1 x}(u' + r_1 u) + e^{r_1 x}(u'' + r_1 u') = e^{r_1 x}(u'' + 2r_1 u' + r_1^2 u)$$

将 y_2, y_2', y_2'' 代入微分方程(10.24),得

$$e^{r_1 x}\big[(u'' + 2r_1 u' + r_1^2 u) + (pu' + pr_1 u) + qu\big] = 0$$

约去 $e^{r_1 x}$,整理得

$$u'' + (2r_1 + p)u' + (r_1^2 + pr_1 + q)u = 0$$

因 $r_1 = -\dfrac{p}{2}$ 是特征方程的二重根,故 $2r_1 + p = 0$ 且 $r_1^2 + pr_1 + q = 0$,于是

$$u'' = 0$$

可得到满足 $u'' = 0$ 的不为常数的解 $u = x$,因而得到了微分方程(10.24)的另一个

特解 $y_2 = x \cdot e^{r_1 x}$,且与 y_1 无关. 至此我们得到微分方程(10.24)的通解为

$$y = C_1 e^{r_1 x} + C_2 x e^{r_1 x} \tag{10.27}$$

其中 C_1, C_2 为任意常数.

3. 特征方程有一对共轭复根：$r_1 = \alpha + i\beta, r_2 = \alpha - i\beta$

此时 $p^2 - 4q < 0$,设一对共轭复根为 $r_1 = \alpha + i\beta, r_2 = \alpha - i\beta$,其中 $\alpha = -\dfrac{p}{2}$,

$\beta = \dfrac{\sqrt{4q - p^2}}{2}$.因此

$$y_1 = e^{(\alpha + i\beta)x} = e^{\alpha x} \cdot e^{i\beta x} = e^{\alpha x}(\cos \beta x + i \sin \beta x)$$

$$y_2 = e^{(\alpha - i\beta)x} = e^{\alpha x} \cdot e^{-i\beta x} = e^{\alpha x}(\cos \beta x - i \sin \beta x)$$

是微分方程(10.24)的两个解,根据齐次方程解的叠加原理,得

$$\overline{y_1} = \frac{1}{2}(y_1 + y_2) = e^{\alpha x} \cos \beta x$$

$$\overline{y_2} = \frac{1}{2i}(y_1 - y_2) = e^{\alpha x} \sin \beta x$$

也是微分方程(10.24)的解,且 $\dfrac{\overline{y_2}}{\overline{y_1}} = \dfrac{e^{\alpha x} \sin \beta x}{e^{\alpha x} \cos \beta x} = \tan \beta x \neq$ 常数(即 $\overline{y_1}$ 与 $\overline{y_2}$ 线性无关),因而微分方程(10.24)的通解为

$$y = C_1 e^{\alpha x} \cos \beta x + C_2 e^{\alpha x} \sin \beta x \tag{10.28}$$

其中 C_1, C_2 为任意常数.

综上所述,求二阶常系数齐次线性微分方程

$$y'' + py' + qy = 0$$

的通解的步骤如下:

第一步　　写出微分方程(10.24)的特征方程;

第二步　　求出特征方程的两个根 r_1, r_2;

第三步　　根据特征方程的两个根的不同情形,依表 10.1 写出微分方程(10.24)的通解.

表 10.1

特征方程 $r^2 + pr + q = 0$ 的两个根 r_1, r_2	微分方程 $y'' + py' + qy = 0$ 的通解
两个不相等的实根 r_1, r_2	$y = C_1 e^{r_1 x} + C_2 e^{r_2 x}$
两个相等的实根 $r_1 = r_2$	$y = e^{r_1 x}(C_1 + C_2 x)$
一对共轭复根 $r_{1,2} = \alpha \pm i\beta$	$y = e^{\alpha x}(C_1 \cos \beta x + C_2 \sin \beta x)$

例 10.13 求微分方程 $y'' - 2y' - 3y = 0$ 的通解.

解 所给微分方程的特征方程为

$$r^2 - 2r - 3 = 0$$

解此方程得两个不同的实根为 $r_1 = -1, r_2 = 3$,因此微分方程的通解为

$$y = C_1 e^{-x} + C_2 e^{3x}$$

其中 C_1, C_2 为任意常数.

例 10.14 求微分方程 $y'' - 2y' + 5y = 0$ 的通解.

解 所给微分方程的特征方程为

$$r^2 - 2r + 5 = 0$$

解此方程得两个根为 $r_{1,2} = 1 \pm 2i$,因此微分方程所求的通解为

$$y = e^x (C_1 \cos 2x + C_2 \sin 2x)$$

其中 C_1, C_2 为任意常数.

例 10.15 求微分方程 $y'' - 2y' + y = 0$ 满足初始条件 $y\big|_{x=0} = 4, y'\big|_{x=0} = -2$ 的特解.

解 所给微分方程的特征方程为

$$r^2 - 2r + 1 = 0$$

解此方程得两个根为 $r_{1,2} = 1$,因此微分方程所求的通解为

$$y = e^x (C_1 x + C_2)$$

由 $y\big|_{x=0} = 4$,得 $C_2 = 4$;又因 $y'\big|_{x=0} = -2$,故 $C_1 = -6$.于是所求的特解为

$$y = e^x(-6x + 4)$$

习 题 10.5

求下列常系数齐次微分方程的通解.

(1) $y'' + y' - 2y = 0$;　　　　(2) $y'' + 6y' + 13y = 0$;

(3) $4y'' - 20y' + 25y = 0$;　　(4) $y'' - 4y' + 5y = 0$.

总 习 题 10

1. 微分方程 $y' = xy + x + y + 1$ 的通解为_____.

2. 微分方程 $(xy^2 + x)dx + (x^2 y - y)dy = 0$,当 $x = 0$ 时,$y = 1$ 的特解为_____.

3. 若连续函数 $f(x)$ 满足关系式 $f(x) = \int_0^{2x} f\left(\dfrac{t}{2}\right)\mathrm{d}t + \ln 2$,则 $f(x)$ 等于(　　).

A. $\mathrm{e}^x\ln 2$ B. $\mathrm{e}^{2x}\ln 2$

C. $\mathrm{e}^x + \ln 2$ D. $\mathrm{e}^{2x} + \ln 2$

4. 已知曲线 $y = f(x)$ 过点 $\left(0, -\dfrac{1}{2}\right)$,且此曲线上任一点 (x,y) 处的切线斜率为 $x\ln(1+x^2)$,则 $f(x) =$ _____.

5. 一个半球体状的雪堆,其体积融化的速率与半球面积 S 成正比,比例常数 $k > 0$.假设在融化过程中雪堆始终保持半球体状,已知半径为 r_0 的雪堆在开始融化的 3 小时内,融化了其体积的 $\dfrac{7}{8}$,问雪堆全部融化需要多少小时?

6. 在某一人群中推广新技术是通过其中已掌握新技术的人进行的,设该人群的总人数为 N,在 $t = 0$ 时刻已掌握新技术的人数为 x_0,在任意时刻 t 已掌握新技术的人数为 $x(t)$(将 $x(t)$ 视为连续可微变量),其变化率与已掌握新技术人数和未掌握新技术人数之积成正比,比例系数 $k > 0$,求 $x(t)$.

7. 求初值问题 $\begin{cases}(y + \sqrt{x^2 + y^2})\mathrm{d}x - x\mathrm{d}y = 0 \ (x > 0) \\ y\big|_{x=1} = 0\end{cases}$ 的解.

8. 设函数 $f(x)$ 在 $[1, +\infty)$ 上连续.若由曲线 $y = f(x)$,直线 $x = 1, x = t\ (t > 1)$ 与 x 轴所围成的平面图形绕 x 轴旋转一周所成的旋转体体积为 $V(t) = \dfrac{\pi}{3}[t^2 f(t) - f(1)]$.试求 $y = f(x)$ 所满足的微分方程,并求该微分方程满足条件 $y\big|_{x=2} = \dfrac{2}{9}$ 的解.

9. 求微分方程 $(3x^2 + 2xy - y^2)\mathrm{d}x + (x^2 - 2xy)\mathrm{d}y = 0$ 的通解.

10. 设 $y = \mathrm{e}^x$ 是微分方程 $xy' + p(x)y = x$ 的一个解,求此微分方程满足条件 $y\big|_{x=\ln 2} = 0$ 的特解.

11. 设 $f(x)$ 为连续函数.

(1) 求初值问题 $\begin{cases}y' + ay = f(x) \\ y\big|_{x=0} = 0\end{cases}$ 的解 $y(x)$,其中 a 是正常数;

(2) 若 $|f(x)| \leqslant k$(k 为常数),证明:当 $x \geqslant 0$ 时,有 $|y(x)| \leqslant \dfrac{k}{a}(1 - \mathrm{e}^{-ax})$.

12. 设有微分方程 $y' - 2y = \varphi(x)$,其中 $\varphi(x) = \begin{cases}2, & x < 1 \\ 0, & x > 1\end{cases}$,试求在 $(-\infty, +\infty)$ 内的连续函数 $y = y(x)$,使之在 $(-\infty, 1)$ 和 $(1, +\infty)$ 内都满足所给方程,且满足条件 $y(0) = 0$.

13. 设 $F(x) = f(x)g(x)$,其中函数 $f(x), g(x)$ 在 $(-\infty, +\infty)$ 内满足以下条件: $f'(x)$

$= g(x), g'(x) = f(x)$，且 $f(0) = 0, f(x) + g(x) = 2e^x$.

（1）求 $F(x)$ 所满足的一阶微分方程；

（2）求出 $F(x)$ 的表达式.

14. 设 $f(x)$ 是可微函数且对任何 x, y，恒有 $f(x + y) = e^y f(x) + e^x f(y)$，又 $f'(0) = 2$，求 $f(x)$ 所满足的一阶微分方程，并求 $f(x)$.

15. 某地国民收入 y、国民储蓄 S 和投资 I 均是时间 t 的函数，若在 t 时刻，储蓄额 S 为国民收入的 $\frac{1}{10}$，投资额 I 为国民收入增长率的 $\frac{1}{3}$，且当 $t = 0$ 时，国民收入为 5 亿元，试求国民收入函数 $y = y(t)$（假定 t 时刻的储蓄全部用于投资）.

习 题 答 案

习 题 1.1

1. 略

2. (1) 否;(2) 否;(3) 否

3. (1) $[-2,1] \bigcup [1,2]$;(2) $(-3,3)$;(3) $[-3,-1]$;(4) $(-\infty,0) \bigcup (0,+\infty)$

4. $f(0) = 1, f\left(-\dfrac{1}{2}\right) = \dfrac{1}{4}, f\left(\dfrac{1}{2}\right) = 2$

5. (1) $t^2 + 1$;(2) $t^4 + 1$;(3) $(t^2 + 1)^2 + 1$

6. (1) $y = \ln u, u = v^2, v = 2x + 1$; (2) $y = u^2, u = \sin v, v = 3x + 1$

7. $2\,000, 20$

8. (1) $25\,000$;(2) $13\,000$;(3) $1\,000$

9. $Q = 10 + 5 \cdot 2^p$

习 题 1.2

1. (1) $\dfrac{1}{4}$;(2) 1

2. $\lim\limits_{x \to 1^-} f(x) = 1, \lim\limits_{x \to 1^+} f(x) = 1,$ 且 $\lim\limits_{x \to 1} f(x) = 1$

3. $\lim\limits_{x \to 0^-} f(x) = 1, \lim\limits_{x \to 0^+} f(x) = 1,$ 所以 $\lim\limits_{x \to 1} f(x) = 1$;

   $\lim\limits_{x \to 0^-} \varphi(x) = -1, \lim\limits_{x \to 0^+} \varphi(x) = 1,$ 所以 $\lim\limits_{x \to 0} \varphi(x)$ 不存在

习 题 1.3

1. 不一定. 例如:

   $f(x) = x^2, g(x) = x,$ 当 $x \to 0$ 时, $\dfrac{f(x)}{g(x)} \to 0$;

   $f(x) = x^2, g(x) = 2x^3,$ 当 $x \to 0$ 时, $\dfrac{f(x)}{g(x)} \to \infty$

2. (1) 无穷大;(2) 无穷大;(3) 无穷小;(4) 无穷小;

(5) 无穷小;(6) 无穷大;(7) 无穷大;(8) 无穷大

3. (1) 0;(2) 0;(3) 0;(4) 0

习　题　1.4

1. (1) 0;(2) 0;(3) 1;(4) 0 ; (5) 24; (6) $\dfrac{1}{4}$;(7) 1;(8) $\dfrac{1}{4}$;(9) 0;(10) ∞

2. (1) 0;(2) 0

习　题　1.5

1. (1) ω;(2) $\dfrac{2}{3}$;(3) ∞;(4) $\dfrac{1}{3}$; (5) 0

2. (1) e^{-1};(2) e^2;(3) e^{-k}

3. (1) 2;(2) e^{-1};(3) e^{2a}

4. 证明略,极限为 2

习　题　1.6

1. $x^2 - x^3$

2. (1) 同阶,但不等价;(2) 等价

3. 略

4. (1) $\dfrac{1}{2}$;(2) -3

习　题　1.7

1. (1) 间断;(2) 间断;(3) 间断

2. (1) $x = 0$,无穷间断点;

    (2) $x = 1$,可去间断点,$x = 2$,无穷间断点;

    (3) $x = 0$,可去间断点;

    (4) $x = 0$,可去间断点,$x = k\pi(k \pm 1, \pm 2, \cdots)$,可去间断点

3. (1) $(-\infty,0) \bigcup (0,1)$;(2) $(-\infty, -1] \bigcup [5, +\infty)$

习　题　1.8

1. (1) $\sqrt[3]{2}$;(2) $\sin^2 2$;(3)0;(4) $\sqrt{2}$; (5) $\dfrac{1}{2}$;(6) ∞

2. $k = 2$

习　题　1.9

略

总习题 1

1. 当 $x \to -\infty$ 或 $x \to 1^-$ 时为无穷大，$x \to 0$ 时为无穷小

2. (1) $\dfrac{1}{4}$；(2) $\dfrac{1}{2}$；(3) $-\dfrac{3}{2}$；(4) $\dfrac{1}{2}$；(5) e^2；(6) 1

3. (1) 不连续；(2) $[-1,0)$ 及 $(0,1]$ 上连续

4. 不连续点为 $x = 1$；连续区间为 $(-\infty,1) \bigcup (1, +\infty)$

5. 略

6. (1) $P(1+r)^n$；(2) $P\left(1+\dfrac{r}{12}\right)^{12n}$；(3) $P\left(1+\dfrac{r}{m}\right)^{mn}$；(4) $P\mathrm{e}^{rn}$

习　题　2.1

1. 20

2. $\displaystyle\lim_{\Delta x \to 0} \frac{f(x_0 + \Delta x) - f(x_0)}{\Delta x}$

3. $16 - \dfrac{3}{2}q_0^2$

4. (1) $104 - 0.8Q$；(2) 64

5. (1) 9.5；(2) 22

习　题　2.2

1. 略

2. (1) 正确；(2) 正确；(3) 正确

3. $x + y - 2 = 0$

4. (1) 不可导，连续；(2) 不可导，连续；(3) 不可导，不连续

5. $f'(x) = \begin{cases} 3x^2, & x < 0 \\ 2x, & x \geqslant 0 \end{cases}$

6. $f'(1) = 2$

7. $a = 0, b = 1$

8. (1) $10Q - \dfrac{Q^2}{5}, 10 - \dfrac{Q}{5}, 10 - \dfrac{2Q}{5}$；(2) 120,6,2

9. $-\dfrac{2\,000}{(2P+1)^3}$；$-0.216$

经济意义：当价格为 10 元时，价格再上涨(下降)1 元,巧克力糖每周的需求量将减少(增加)0.216 千克.

习　题　2.3

1. (1) $\dfrac{2}{5}x^{-\frac{3}{5}}$；(2) $\dfrac{1}{6}x^{-\frac{5}{6}}$；(3) $a^x\mathrm{e}^x(1+\ln a)$；(4) $\mathrm{e}^x(x^2-x-2)$；

(5) $2\sec^2 x+\sec x\tan x+3\cdot 5^x\ln 5$；(6) $y=1+\ln x+\dfrac{1-\ln x}{x^2}$；(7) $\dfrac{2\cdot 10^x\ln 10}{(10^x+1)^2}$

2. (1) $\dfrac{-1}{2\sqrt{x-x^2}}$；(2) $\dfrac{\mathrm{e}^x}{\sqrt{1+\mathrm{e}^{2x}}}$；(3) $\dfrac{\mathrm{e}^x-1}{1+\mathrm{e}^{2x}}$；(4) $\dfrac{x\arcsin x}{(1-x^2)^{\frac{3}{2}}}$；

(5) $\dfrac{(\ln x-1)\ln 2}{\ln^2 x}2^{\frac{x}{\ln x}}$；(6) $-2\csc 2x\cdot\cot 2x\sin(2\csc 2x)$；

(7) $\dfrac{2\sqrt{x}+1}{6\sqrt{x}\,(x+\sqrt{x})^{2/3}}$；(8) $\sqrt{a^2-x^2}$

3. (1) $\dfrac{y}{y-x}$；(2) $-\sqrt{\dfrac{y}{x}}$；(3) $\dfrac{2\mathrm{e}^{2x}-2xy}{x^2-\cos y}$；(4) $\dfrac{xy\ln y-y^2}{xy\ln x-x^2}$

4. 1

5. (1) $(x^2+1)^3(x+2)^2 x^6\left(\dfrac{6x}{x^2+1}+\dfrac{2}{x+2}+\dfrac{6}{x}\right)$；

(2) $\dfrac{(2x+1)^2\sqrt[3]{2-3x}}{\sqrt[3]{(x-3)^2}}\left(\dfrac{4}{2x+1}-\dfrac{1}{2-3x}-\dfrac{2}{3(x-3)}\right)$；

(3) $x^{x^x+x}\left(\ln^2 x+\ln x+\dfrac{1}{x}\right)$；

(4) $-\dfrac{1}{x^2}(1+\cos x)^{\frac{1}{x}}\left[\ln(1+\cos x)+x\tan\dfrac{x}{2}\right]$

6. (1) $x+2y-4=0,2x-y-3=0$；

(2) $\sqrt{2}y+\sqrt{2}x-a=0,x-y=0$

7. (1) $-\cot t$；(2) $1-\dfrac{1}{3t^2}$；(3) $\dfrac{\cos t-\sin t}{\cos t+\sin t}$

习　题　2.4

1. (1) $2\operatorname{arccot} x-\dfrac{2x}{1+x^2}$；(2) $-\dfrac{2}{x}\sin(\ln x)$；

(3) $\dfrac{6\ln x-5}{x^4}$；(4) $-2\cos 2x\cdot\ln x-\dfrac{2\sin 2x}{x}-\dfrac{\cos^2 x}{x^2}$

---

2. (1) 24 000；(2) $\dfrac{1}{4}e^2$

3. (1) $\dfrac{2}{x^3}f'\left(\dfrac{1}{x}\right)+\dfrac{1}{x^4}f''\left(\dfrac{1}{x}\right)$；(2) $e^{-f(x)}\{[f'(x)]^2-f''(x)\}$

4. 略

5. (1) $(-1)^n\dfrac{n!\,a^n}{(ax+b)^{n+1}}$；(2) $(-1)^n\dfrac{n!}{5}\left[\dfrac{1}{(x-3)^{n+1}}-\dfrac{1}{(x+2)^{n+1}}\right]$；

(3) $2^{n-1}\cos\left(2x+\dfrac{n\pi}{2}\right)$；(4) $(x+n)e^x$

6. (1) $2^{20}e^{2x}(x^2+20x+95)$；(2) $-4e^x\cos x$

7. $f^{(n)}(x)=-\dfrac{3}{2}\sin 4x$.

习　题　2.5

1. $\Delta y\Big|_{\substack{x=2\\ \Delta x=-0.1}}=-1.141,\ dy\Big|_{\substack{x=2\\ \Delta x=-0.1}}=-1.2$；

$\Delta y\Big|_{\substack{x=2\\ \Delta x=0.01}}=0.120\,601,\ dy\Big|_{\substack{x=2\\ \Delta x=0.01}}=0.12$

2. (1) $\dfrac{1}{(1-x)^2}dx$；(2) $e^{-x}[\sin(3-x)-\cos(3-x)]dx$；

(3) $2e^{2x}(x+x^2)dx$；(4) $8x\tan(1+2x^2)\sec^2(1+2x^2)dx$

3. $-\dfrac{(x-y)^2}{(x-y)^2+2}dx$；$-\dfrac{(x-y)^2}{(x-y)^2+2}$

4. $\dfrac{2}{t}$；$-\dfrac{2(1+t^2)}{t^4}$

5. (1) 1.034 9；(2) 2.745 5；(3) 0.001；(4) 0.795 4

6. 略

习　题　2.6

1. (1) $\dfrac{Ey}{Ex}=2-x$；(2) $\dfrac{Ey}{Ex}=a-bx$

2. (1) $\eta(P)=\dfrac{P}{5}$.

(2) $\eta(3)=\dfrac{3}{5}=0.6<1$,说明需求变动的幅度小于价格变动的幅度,即当 $P=3$ 时,价格上涨 1%,需求只减少 0.6%；

$\eta(4)=\dfrac{5}{5}=1$,说明当 $P=5$ 时,需求与价格变动的幅度相同；

$\eta(6) = \dfrac{6}{5} = 1.2 > 1$,说明需求变动的幅度大于价格变动的幅度,即当 $P = 6$ 时,价格上涨 1% ,需求则减少 1.2%

3. $10 < P < 20, P = 10$

4. $E_P = \dfrac{5P}{4 + 5P}; 0.714$

5. $P_0 = \dfrac{ab}{b - 1}; Q_0 = \dfrac{c}{1 - b}$

总 习 题 2

1. (1) $\left(\dfrac{x}{1 + x}\right)^x \left(\ln \dfrac{1}{1 + x} + \dfrac{1}{1 + x}\right)$;

　(2) $\dfrac{\sqrt{x + 2}\,(3 - x)^4}{(x + 1)^5} \left[\dfrac{1}{2(x + 2)} - \dfrac{4}{3 - x} - \dfrac{5}{x + 1}\right]$

2. (1) $- 2\cot^3(x + y) \cdot \csc^2(x + y)$; (2) $\dfrac{\mathrm{e}^{2y}(3 - y)}{(2 - y)^3}$

3. $\varphi'(x) = \begin{cases} 4x^3, & x > 0 \\ 0, & x = 0 \\ - 4x^3, & x < 0 \end{cases}$; $\varphi'(x)$ 在$(- \infty , + \infty)$ 上连续

4. $f'(x) = \begin{cases} \cos x, & x < 0 \\ 1, & x \geqslant 0 \end{cases}$

5. 略

6. (1) $y' = \dfrac{ay - x^2}{y^2 - ax}$; (2) $y' = - \dfrac{\mathrm{e}^y}{1 + x\mathrm{e}^y}$

7. (1) $\dfrac{3b}{2a}t$; (2) $\dfrac{2t}{1 - t^2}$

8. $2^{50}\left(\dfrac{1\,225}{2}\sin 2x + 50x\cos 2x - x^2\sin 2x\right)$

9. (1) 连续,不可导; (2) 连续,可导

10. $\dfrac{1 + 16xy(x + y^2)}{(x + y^2)(\mathrm{e}^y - 8x^2 - 3) - 2y}\mathrm{d}x$

11. (1) $\dfrac{bP}{a - bP}$; (2) $\dfrac{a}{2b}$

12. (1) $f'(x) = \begin{cases} \dfrac{g'(x) + \mathrm{e}^{-x}}{x} - \dfrac{g(x) - \mathrm{e}^{-x}}{x^2}, & x \neq 0 \\ \dfrac{1}{2}\left[g''(0) - 1\right], & x = 0 \end{cases}$;

(2) $f'(x)$ 在 $(-\infty, +\infty)$ 上连续

习　题　3.1

1. (1) 满足, $\xi = 1$；(2) 满足, $\xi = 2$；(3) 满足, $\xi = 0$；(4) 满足, $\xi = \dfrac{\pi}{2}$

2. (1) 满足, $\xi = 1$；(2) 满足, $\xi = \sqrt{\dfrac{4}{\pi} - 1}$；(3) 满足, $\xi = \dfrac{1}{\ln 2}$

3. 略

4. 略

习　题　3.2

1. (1) 3；(2) 0；(3) 2；(4) ∞；(5) 1；(6) $\dfrac{1}{2}$；(7) e；(8) e^{-1}

2. e

习　题　3.3

1. (1) 当 $x \in (-\infty, -1) \bigcup (0, +\infty)$ 时, $f(x)$ 为单调增加的；

　　当 $x \in (-1, 0)$ 时, $f(x)$ 为单调减少的.

　(2) 当 $x \in \left(0, \dfrac{\pi}{3}\right) \bigcup \left(\dfrac{5\pi}{3}, 2\pi\right)$ 时, $f(x)$ 为单调减少的；

　　当 $x \in \left(\dfrac{\pi}{3}, \dfrac{5\pi}{3}\right)$ 时, $f(x)$ 为单调增加的

2. 略

3. (1) 极小值 $y\,|_{x=3} = -123, y\,|_{x=-1} = 5$, 极大值 $y\,|_{x=0} = 12$；

　(2) 极小值 $y\,|_{x=0} = 0$；

　(3) 极大值 $y\,|_{x=\frac{3}{4}} = \dfrac{5}{4}$；

　(4) 极大值 $y\,|_{x=\frac{12}{5}} = \dfrac{1}{10}\sqrt{205}$；

　(5) 极大值 $y\,|_{x=0} = 4$, 极小值 $y\,|_{x=-2} = \dfrac{8}{3}$；

　(6) 极大值 $y\,|_{x=e} = e^{\frac{1}{e}}$；

　(7) 没有极值；

　(8) 没有极值

4. (1) 最大值 13, 最小值 4；(2) 最大值是 $\dfrac{1}{2}$, 最小值是 0；

(3) 最大值是 $\dfrac{5}{4}$，最小值是 $\sqrt{6}-5$；(4) 最大值是 $4\mathrm{e}+\mathrm{e}^{-1}$，最小值是 $2+\mathrm{e}^2$；

(5) 最大值是 $\dfrac{\sqrt{2}}{2}\mathrm{e}^{-\frac{1}{2}}$，最小值是 $-\dfrac{\sqrt{2}}{2}\mathrm{e}^{-\frac{1}{2}}$

5. 当 $r=2$ 时，总造价 T 的最小值 $T_{\min}=48\pi k$

6. $\sqrt{\dfrac{2ab}{c}}$

习　题　3.4

1. $y+\dfrac{26}{9}=-\dfrac{4}{27}(x+3)$

2. (1) y 在 $\left(-\infty,\dfrac{1}{2}\right)$ 是凸的，在 $\left(\dfrac{1}{2},+\infty\right)$ 是凹的，拐点是 $\left(\dfrac{1}{2},\dfrac{13}{2}\right)$；

   (2) y 在 $(-\infty,0)$ 是凸的，在 $(0,+\infty)$ 是凹的，没有拐点；

   (3) y 在 $(-\infty,+\infty)$ 是凹的，没有拐点；

   (4) y 在 $(-\infty,-1)$ 是凸的，在 $(-1,1)$ 是凹的，在 $(1,+\infty)$ 是凸的，拐点是 $(-1,\ln 2)$ 和
   $(1,\ln 2)$

3. (1) $f_{极小值}(0)=0,f_{极大值}(2)=4$；(2) $f_{极大值}(-1)=0,f_{极小值}(3)=-32$；

   (3) $f_{极大值}\left(\dfrac{7}{3}\right)=\dfrac{4}{27},f_{极小值}(3)=0$；(4) $f_{极小值}(1)=2-4\ln 2,f_{极大值}(-1)=-2-4\ln 2$；

   (5) $f_{极小值}\left(-\dfrac{1}{2}\ln 2\right)=2\sqrt{2}$；(6) $f_{极大值}(2)=4\mathrm{e}^{-2},f_{极小值}(0)=0$

习　题　3.5

1. (1) $y=x+\dfrac{1}{\mathrm{e}}$；(2) $y=0,x=1,x=2$；

   (3) $x=-1,\ y=x-1$；(4) $x=1,y=x+2$

2. 略

习　题　3.6

1. $6V^{\frac{2}{3}}$

2. $3\sqrt[3]{(2V)^2}$

3. 700

4. 5 批

总习题 3

1. (1) 极大值为 $f(-1) = f(1) = 1$,极小值为 $f(0) = 0$;

   (2) 极大值为 $f(-1) = 0$,无极小值;

   (3) 极小值为 $f(-2) = f(2) = -14$,极大值为 $f(0) = 2$;

   (4) 极小值 $y = -\dfrac{\sqrt{2}}{2}e^{2k\pi+5\pi/4}$,极大值 $y = \dfrac{\sqrt{2}}{2}e^{2k\pi+\pi/4}$,其中 k 为整数

2. (1) 1; (2) 0;(3) 1; (4) $-\dfrac{1}{3}$;(5) 1; (6) 1;(7) 0;(8) 1;(9) $\dfrac{1}{2}$;(10) ab

3. 略

4. 略

5. (1) $C(0)$ 为固定成本;

   (2) 边际成本随着 q 增加先是逐渐减小,后来边际成本逐渐增加并且增加越来越快;

   (3) 凸区间表示成本增速随 q 增加逐渐放缓,直至增速为零(拐点处),然后曲线到了凹区间一段,表示成本增速又逐渐增大

6. 最大利润是 $y(650) = 967.5$,最小利润是 $y(0) = -300$

7. M 点离 C 点 1.0 千米

8. $\sqrt{\dfrac{ac}{2b}}$ 批

9. 250

10. 略

11. 略

12. (1) e;(2) $\dfrac{3}{2}$

13. $f(x)$ 在 $x = 0$ 处连续

14. 略

习　题　4.1

1. $-2e^{-x^2} + 4x^2e^{-x^2}$

2. $\dfrac{2}{x^3}$

3. $x + C$

4. $f(x) = \dfrac{x^4}{4} + 4$

习　题　4.2

1. (1) $\dfrac{2}{5}x^{\frac{5}{2}} - \dfrac{4}{3}x^{\frac{3}{2}} + 2\sqrt{x} + C$; (2) $\dfrac{1}{3}x^3 - x + 2\arctan x + C$;

 (3) $\dfrac{(2\mathrm{e})^x}{1 + \ln 2} + C$; (4) $\tan x - x + C$;

 (5) $\dfrac{mx^{\frac{m+n}{m}}}{m + n} + C(m + n \neq 0)$; (6) $-\dfrac{1}{x} - \arctan x + C$;

 (7) $x - \arctan x + C$; (8) $\tan x - \sec x + C$;

 (9) $-\cot x - x + \csc x + C$; (10) $\dfrac{1}{2}\tan x + C$

2. (1) $\dfrac{3}{2}x^2 + 8x + 60$; (2) $-\dfrac{11}{6}x^2 + 92x - 60$; (3) $\dfrac{276}{11}, \dfrac{12\,036}{11}$

3. $\cos x + C$

4. $x + \dfrac{1}{2}\ln x + C$

5. $\dfrac{x^2}{2} + C(x > 0)$; $-\dfrac{x^2}{2} + C(x < 0)$

6. $\displaystyle\int f(x)\mathrm{d}x = \begin{cases} \dfrac{x^3}{3} + C, & x \leqslant 0 \\[2mm] -\cos x + C, & x > 0 \end{cases}$

7. $F(x) = \begin{cases} \dfrac{x^2}{2} - x + C, & x \geqslant 1 \\[2mm] -\dfrac{x^2}{2} + x + C, & x < 1 \end{cases}$

8. $\dfrac{3}{2}$

习　题　4.3

1. (1) $\ln(1 + \mathrm{e}^x) + C$; (2) $\dfrac{1}{2}\ln^2 x + C$; (3) $x - \arctan x + C$; (4) $\cos\dfrac{1}{x} + C$;

 (5) $\dfrac{1}{4}\arctan\dfrac{2}{3}x + C$; (6) $\dfrac{1}{2a}\ln\left|\dfrac{x-a}{x+a}\right| + C$; (7) $\dfrac{1}{3}\arcsin 3x + C$;

 (8) $-\dfrac{1}{3}(1 - x^2)^{\frac{3}{2}} + C$; (9) $\dfrac{1}{24}\ln\left|\dfrac{x^6}{x^6 + 4}\right| + C$; (10) $\dfrac{1}{2}\arctan x^2 + C$;

 (11) $\dfrac{1}{3}\sin^3 x + C$; (12) $2\sin\sqrt{x} + C$; (13) $-\dfrac{1}{2}\mathrm{e}^{-x^2} + C$;

 (14) $-\mathrm{e}^{\frac{1}{x}} + C$; (15) $\sin \mathrm{e}^x + C$; (16) $-\ln(1 + \cos x) + C$

2. (1) $-\ln(1 + \sqrt{2x - 3}) + \sqrt{2x - 3} + C$；

(2) $\dfrac{\sqrt[4]{(2x + 1)^9}}{9} - \dfrac{\sqrt[4]{(2x + 1)^5}}{5} + C$；

(3) $2\sqrt{x} - 3\sqrt[3]{x} + \sqrt[6]{x} - \ln(1 + \sqrt[6]{x}) + C$；

(4) $\dfrac{3(\sqrt[3]{x - 2})^5}{5} - \dfrac{3(\sqrt[3]{x - 2})^4}{4} + \dfrac{3}{2}(\sqrt[3]{x - 2})^2 + x + \ln|1 + \sqrt[3]{x - 2}| + C$；

(5) $-\dfrac{\sqrt{4 - x^2}}{4x} + C$；(6) $\sqrt{1 + x^2} + C$；

(7) $\sqrt{x^2 - 9} - 3\arccos\dfrac{3}{x} + C$；

(8) $\sqrt{x^2 + 16x + 63} - 8\ln\left|x + 8 + \sqrt{x^2 + 16x + 63}\right| + C$；

(9) $\ln\left|\dfrac{\sqrt{x^2 + 1} - 1}{x}\right| + C$；(10) $x + C$

3. $-\dfrac{1}{2}F(1 - x^2) + C$

4. $\mathrm{e}^{2x} + C$

5. $\dfrac{1}{2}\left[\dfrac{\cos x - \sin^2 x}{(1 + x\sin x)^2}\right]^2 + C$

6. $\dfrac{1}{2}\cos^2 x + C$，$\ln\cos x + C$

7. $\sqrt{x^2 + 1}$

习　题　4.4

1. (1) $-\dfrac{1}{3}x\cos 3x + \dfrac{1}{9}\sin 3x + C$；(2) $-\dfrac{1}{2}x\mathrm{e}^{-2x+1} - \dfrac{1}{4}\mathrm{e}^{-2x+1} + C$；

(3) $\dfrac{1}{3}(x + 1)\mathrm{e}^{3x} - \dfrac{1}{9}\mathrm{e}^{3x} + C$；(4) $2x^2\sin\dfrac{x}{2} + 8x\cos\dfrac{x}{2} - 16\sin\dfrac{x}{2} + C$；

(5) $x\arccos x - \sqrt{1 - x^2} + C$；(6) $x\arctan x - \dfrac{1}{2}\ln(1 + x^2) + C$；

(7) $\dfrac{1}{3}x^3\ln x - \dfrac{1}{9}x^3 + C$；(8) $\dfrac{1}{2}x^2\arcsin x - \dfrac{1}{4}\arcsin x + \dfrac{1}{4}x\sqrt{1 - x^2} + C$；

(9) $\sqrt{2x - 1}\mathrm{e}^{\sqrt{2x-1}} - \mathrm{e}^{\sqrt{2x-1}} + C$；(10) $-2\sqrt{x}\cos\sqrt{x} + 2\sin\sqrt{x} + C$；

(11) $x\tan x + \ln|\cos x| + C$；

(12) $\dfrac{1}{3}x^3\arctan x - \dfrac{1}{6}x^2 + \dfrac{1}{6}\ln(1 + x^2) + C$

2. $\dfrac{x\cos x - 2\sin x}{x} + C$

3. (1) $\dfrac{x^2}{2}\arctan x - \dfrac{1}{2}x + \dfrac{1}{2}\arctan x + C$;

   (2) $-2x\cos\sqrt{x} + 4\sqrt{x}\sin\sqrt{x} + 4\cos\sqrt{x} + C$;

   (3) $\dfrac{\sqrt{x^2-1}}{x} + C$; (4) $-\dfrac{x}{1+\mathrm{e}^x} + x - \ln(\mathrm{e}^x + 1) + C$;

   (5) $2\arctan\sqrt{\mathrm{e}^x - 1} + C$; (6) $x\arctan\sqrt{x} - \sqrt{x} + \arctan\sqrt{x} + C$;

   (7) $x\ln(1 + x^2) - 2x + 2\arctan x + C$; (8) $2\sqrt{x}\ln(1 + x) - 4\sqrt{x} + 4\arctan\sqrt{x} + C$;

   (9) $\ln x\ln\ln x - \ln x + C$; (10) $\dfrac{\mathrm{e}^{3x}(3\cos 2x + 2\sin 2x)}{13} + C$

习 题 4.5

1. (1) $-\dfrac{1}{4}((1 + x^2)^2 - \dfrac{1}{2}\ln\mid x^2 - 1\mid + C$;

   (2) $-\dfrac{1}{2}\ln\mid 1 + x\mid + 2\ln\mid x + 2\mid - \dfrac{3}{2}\ln\mid x + 3\mid + C$;

   (3) $-\dfrac{2}{x-1} + 3\ln\mid x - 2\mid - \ln\mid x - 1\mid + C$;

   (4) $x + \dfrac{x^3}{3} - \arctan x - \ln\mid x\mid + \dfrac{1}{2}\ln(1 + x^2) + C$

2. (1) $\dfrac{1}{x-1} + 2\ln\mid 1 - x\mid + 4\ln\mid x\mid + C$; (2) $-\dfrac{5}{7}\ln\mid 4 - x\mid + \dfrac{2}{7}\ln\mid 3 + x\mid + C$;

   (3) $-\dfrac{1}{3x^3} + \dfrac{2}{x} + \dfrac{x}{2(1+x^2)} + \dfrac{5}{2}\arctan x + C$; (4) $-\ln\mid x\mid + \dfrac{1}{5}\ln\mid 1 - x^5\mid + C$;

   (5) $\dfrac{1}{n}x^n - \dfrac{1}{n}\ln\mid x^n + 1\mid + C$; (6) $\dfrac{1}{4}\arctan x^4 + C$;

   (7) $-\dfrac{1}{2}\ln\left|\dfrac{1-x^2}{1+x^2}\right| + C$; (8) $-\dfrac{9}{x-2} + 4x + \dfrac{x^2}{2} + 12\ln\mid x - 2\mid + C$;

   (9) $-\arctan\dfrac{x+1}{2} + \dfrac{1}{2}\ln(x^2 + 2x + 5) + C$; (10) $\ln x - \dfrac{1}{10}\ln(x^{10} + 1) + C$

总 习 题 4

1. (1) $-\dfrac{1}{3}(\arccos x)^3 + C$; (2) $\dfrac{1}{4}\left[x\sqrt{1-x^2} + (2x^2 - 1)\arcsin x\right] + C$;

   (3) $\tan x\ln\tan x - \tan x + C$; (4) $\mathrm{e}^x\cos x + C$;

   (5) $2\sqrt{\mathrm{e}^x - 1} + C$; (6) $\ln\mid x + \sin x\mid + C$

2. (1) $\dfrac{1}{2}x\sqrt{x^2 - 1} + \ln\left|x + \sqrt{x^2 - 1}\right| + C$;

(2) $\ln (x + 1 + \sqrt{2 + 2x + x^2}) + C$；

(3) $\dfrac{1}{4} \arctan^2 2x + C$；

(4) $2\sqrt{x}\ln (1 + x) - 2x + 4\sqrt{x} - 4\ln (1 + \sqrt{x}) + C$；

(5) $\sin \arctan x \ln x - \ln \left| x + \sqrt{1 + x^2} \right| + C$；

(6) $-\dfrac{1}{3} (1 - x^2)^{\frac{3}{2}} \arcsin x - \dfrac{1}{9} x^3 + \dfrac{1}{3} x + C$；

(7) $x \arctan^2 \sqrt{x} - 2\sqrt{x}\arctan \sqrt{x} - \ln (1 + x) + \arctan^2 \sqrt{x} + C$；

(8) $\dfrac{x}{\sqrt{1 + x^2}}\ln (x + \sqrt{1 + x^2}) - \dfrac{1}{2}\ln (1 + x^2) + C$；

(9) $\dfrac{1}{4} (1 + x^2)^2 \arctan x - \dfrac{1}{4} x - \dfrac{1}{12} x^3 + C$；

(10) $-\dfrac{x}{e^x - 1} + \ln (1 - e^{-x}) + C$；　(11) $\dfrac{x}{\sqrt{1 - x^2}} - \arcsin x + C$；

(12) $\ln (x^2 + 4x + 5) - 3\arctan (x + 2) + C$；　(13) $\arcsin (2x - 1) + C$；

(14) $\dfrac{1}{2}\arcsin e^x + \dfrac{1}{2} e^x \sqrt{1 - e^{2x}} + C$；　(15) $\dfrac{x}{4\sqrt{x^2 + 4}} + C$；

(16) $\dfrac{1}{2} \arcsin^2 x - \dfrac{\sqrt{1 - x^2}}{x}\arcsin x + \ln | x | + C$；

(17) $\arctan x - \dfrac{1}{2}\ln (1 + x^2) + C$；

(18) $\dfrac{1}{4} \arcsin^2 x + \dfrac{x \sqrt{1 - x^2}}{2}\arcsin x - \dfrac{1}{4} x^2 + C$；

(19) $x^2 \arctan x + x^3 \arctan x + C$；　(20) $\dfrac{1}{2}(2x - 1)\arcsin \sqrt{x} + \dfrac{1}{2} \sqrt{x - x^2} + C$；

(21) $6e^{\sqrt{x}} - 6\sqrt[3]{x}e^{\sqrt{x}} + 3x^{\frac{2}{3}} e^{\sqrt{x}} + C$

3. $f(x) = 1 + \dfrac{x}{\sqrt{1 + x^2}}$

4. $C(x) = 0.1x^2 + 2x + 40$；6 元；90 单位,770 元

习　题　5.1

1. $\dfrac{8}{3}$

2. $e - 1$

3. (1) $3(b - a)$；(2) $\dfrac{1}{2} a^2$；(3) $\dfrac{1}{2}\pi a^2$；(4) 0

习 题 5.2

1. (1) $\int_1^2 x^2 \mathrm{d}x < \int_1^2 x^3 \mathrm{d}x$；(2) $\int_1^2 \ln x \mathrm{d}x > \int_1^2 (\ln x)^2 \mathrm{d}x$；

$\quad$ (3) $\int_0^{\frac{\pi}{2}} x \mathrm{d}x > \int_0^{\frac{\pi}{2}} \sin x \mathrm{d}x$；(4) $\int_0^1 \dfrac{x}{1+x} \mathrm{d}x < \int_0^1 \ln(1+x) \mathrm{d}x$

2. (1) $6 \leqslant \int_0^3 (x^2 - 2x + 3) \mathrm{d}x \leqslant 18$；

$\quad$ (2) $\dfrac{\pi}{9} \leqslant \int_{\frac{1}{\sqrt{3}}}^{\sqrt{3}} x \arctan x \mathrm{d}x \leqslant \dfrac{2}{3} \pi$；

$\quad$ (3) $2a \mathrm{e}^{-a^2} \leqslant \int_{-a}^a \mathrm{e}^{-x^2} \mathrm{d}x \leqslant 2a$；

$\quad$ (4) $-2\mathrm{e}^2 \leqslant \int_2^0 \mathrm{e}^{x^2-x} \mathrm{d}x \leqslant -2\mathrm{e}^{-\frac{1}{4}}$

习 题 5.3

1. (1) $2x\sqrt{1+x^4}$；(2) $x^5 \mathrm{e}^{-3x}$；(3) $-\dfrac{\sin x}{x}$；(4) $\dfrac{3x^5}{1+x^9} - \dfrac{2x^3}{1+x^6}$

2. (1) 1；(2) $\dfrac{1}{4}$

3. 当 $x = 0$ 时,极小值为 0

4. $-2\mathrm{e}^{-y^2} \cos 2x$

5. $\int_0^x g(t) \mathrm{d}t$；$g(x)$

6. $F(x) = \begin{cases} \dfrac{1}{2} x^2 + x + \dfrac{1}{2}, & -1 \leqslant x \leqslant 0 \\ \dfrac{1}{2} x^2 + \dfrac{1}{2}, & 0 < x \leqslant 1 \end{cases}$

7. (1) 8；(2) $\dfrac{34}{3}$；(3) $45\dfrac{1}{6}$；(4) $\mathrm{e} - 2$；(5) $\dfrac{2}{35}$；(6) $\dfrac{\pi}{4} - \dfrac{2}{3}$；(7) $1 + \dfrac{\pi}{2}$；(8) $1 - \dfrac{\pi}{4}$；

$\quad$ (9) $1 - \dfrac{\pi}{12} - \dfrac{\sqrt{3}}{3}$；(10) $-2 + \dfrac{4}{3}\sqrt{3}$；(11) $2\sqrt{2}$；(12) $\dfrac{17}{4}$

8. e

习 题 5.4

1. (1) $4 - 2\ln 3$；(2) $4 - 2\arctan 2$；(3) $\dfrac{7}{6}\sqrt{2} - \dfrac{4}{3}$；(4) $\dfrac{3}{32}\pi - \dfrac{1}{4}$；

(5) $1 - \dfrac{\sqrt{3}}{6}\pi$；(6) $\ln\dfrac{2 + \sqrt{3}}{\sqrt{2} + 1} - \dfrac{\sqrt{3} - \sqrt{2}}{2}$；(7) $-\dfrac{10}{21}$；(8) $\dfrac{4}{3}$；

(9) $2 - \dfrac{\pi}{2}$；(10) $\ln\dfrac{2\mathrm{e}}{\mathrm{e} + 1}$

2. (1) 0；(2) 0；(3) $\dfrac{3\pi}{2}$；(4) $\dfrac{\pi^3}{324}$

3. 略

4. 略

5. 略

6. 略

7. $f(x) - f(x - x^2) \cdot (1 - 2x)$

习　题　5.5

1. (1) 1；(2) $\dfrac{\pi}{4} - \dfrac{1}{2}\ln 2$；(3) 1；(4) $\dfrac{\sqrt{2}}{2} - \dfrac{\sqrt{2}}{8}\pi$；

(5) $\dfrac{5}{27}\mathrm{e}^3 - \dfrac{2}{27}$；(6) $\left(\dfrac{1}{4} - \dfrac{\sqrt{3}}{9}\right)\pi + \dfrac{1}{2}\ln\dfrac{3}{2}$；

(7) $\dfrac{\mathrm{e}\sin 1 + \mathrm{e}\cos 1 - 1}{2}$；(8) $\dfrac{3}{5}(\mathrm{e}^\pi - 1)$；

(9) $2 - \dfrac{2}{\mathrm{e}}$；(10) $1 - \dfrac{\sqrt{3}}{6}\pi$；(11) 1；(12) $\dfrac{\mathrm{e}}{2} - 1$

2. 略

3. -2

习　题　5.6

1. (1) 发散；(2) $\dfrac{1}{3}$,收敛；(3) -1,收敛；(4) $\dfrac{1}{3}\ln 4$,收敛；(5) π,收敛；(6) -1,收敛；

(7) $\dfrac{8}{3}$,收敛；(8) 发散；(9) $\dfrac{\pi}{3}$,收敛

2. π,收敛

3. (1) 30；(2) 24

4. (1) $\dfrac{\sqrt{\pi}}{2a}$；(2) 2

总 习 题 5

1. $-\mathrm{e}^{-y}\cos x^2$

2. $e^x + 6x$

3. (1) $\dfrac{\pi}{2\sqrt{2}}$; (2) $\dfrac{\pi}{4}$; (3) $\dfrac{\pi^2}{2} + 2\pi - 4$; (4) $\dfrac{\pi}{2} + \ln(2+\sqrt{3})$

4. 略

5. $f(x) = 1 - e^{x-1}, a = 1$

6. $\ln(1+e)$

7. 2

8. 略

9. $\dfrac{3}{16}\pi$

10. 略

习　题　6.2

1. (1) $\dfrac{8}{3}$; (2) $e^2 + e^{-2} - 2$; (3) $\dfrac{2}{3}\left(1-\dfrac{\sqrt{2}}{2}\right)$; (4) $2 - \dfrac{2}{e}$; (5) $\dfrac{9}{2}$; (6) 2

2. $\dfrac{16p^2}{3}$

3. $A_1 : A_2 = \left(2\pi + \dfrac{4}{3}\right) : \left(6\pi - \dfrac{4}{3}\right)$

4. (1) $\dfrac{e}{2} - 1$; (2) $\dfrac{1}{6}\pi e^2 + \dfrac{\pi}{2} - 2\pi e$

5. $2\pi^2$

6. (1) 点 $P(1,1)$, (2) $y = 2x - 1$; (3) $\dfrac{\pi}{30}$

7. $\dfrac{400}{3}$

8. $\dfrac{4\sqrt{3}}{3}R^3$

9. (1) $\dfrac{8}{27}(10\sqrt{10} - 1)$; (2) $6a$;

   (3) $\dfrac{a}{2}\left[2\pi\sqrt{1+4\pi^2} + \ln(2\pi + \sqrt{1+4\pi^2})\right]$

习　题　6.3

1. $C(q) = 24e^{0.5q} + 2$

2. 260.8

3. $C(q) = 240q^{\frac{2}{3}} + 17\,000 - 12\,000\sqrt[3]{2}$

4. (1) 9 987.5；(2) 19 850

5. (1) $q = 900$；(2) $q = 940$ 时，$L(q) = 8\,084$，利润减小

6. (1) $C(x) = 3x + \dfrac{x^2}{6} + 1, R(x) = 7x - \dfrac{1}{2}x^2, L(x) = -\dfrac{2}{3}(x-3)^2 + 5$；

   (2) 当产量为 3 百台时，最大利润为 5 万元

7. $20\,000(1 - e^{-0.5})$；$20\,000(1 - e^{-0.5})$

8. $\dfrac{400}{3}$

9. $\dfrac{2}{3}$

总 习 题 6

1. (1) $\dfrac{1}{3}$；(2) 2；(3) $\dfrac{9}{4}$

2. (1) $\dfrac{\pi}{5}$；(2) $\dfrac{128\pi}{7}, \dfrac{64\pi}{5}$；(3) $\dfrac{\pi}{2}$；(4) $\dfrac{63\pi}{40}$

3. $\displaystyle\int_a^b \rho(x)\big[f(x) - g(x)\big]\mathrm{d}x$

4. $9.64 \times 10^9 \pi$

5. 18π

6. $\sqrt{1 + 4t^2}$

习 题 7.1

1. (1) $\{(x,y) \mid x \geqslant 0, y \in \mathbf{R}\}$；(2) $\{(x,y) \mid x \neq 0$ 且 $y \neq 0, -\sqrt{x^2 + y^2} \leqslant u \leqslant \sqrt{x^2 + y^2}\}$；

   (3) $\left\{(x,y) \mid \dfrac{x^2}{a^2} + \dfrac{y^2}{b^2} \leqslant 1\right\}$；(4) $\{(x,y) \mid 2k\pi \leqslant x^2 + y^2 \leqslant (2k+1)\pi, k \in \mathbf{Z}\}$

2. 略

3. (1) 3；(2) 1

4. 略

习 题 7.2

1. (1) $-4, 1$；(2) $-\dfrac{1}{2}, -\dfrac{1}{2}$

2. (1) $z'_x = 3x^2 y - y^3, z'_y = x^3 - 3xy^2$；

(2) $z'_x = 2xy^2, z'_y = 2x^2y$；

(3) $z'_x = e^{xy}y - 2xy, z'_y = e^{xy}x - x^2$；

(4) $z'_x = e^{\sin x}\cos x\cos y, z'_y = -e^{\sin x}\sin y$

3. (1) $\dfrac{\partial^2 z}{\partial x^2} = \dfrac{x + 2y}{(x + y)^2}, \dfrac{\partial^2 z}{\partial x\partial y} = \dfrac{y}{(x + y)^2}, \dfrac{\partial^2 z}{\partial y^2} = -\dfrac{x}{(x + y)^2}$；

   (2) $\dfrac{\partial^2 z}{\partial x^2} = 12x^2 - 8y^2, \dfrac{\partial^2 z}{\partial x\partial y} = -16xy, \dfrac{\partial^2 z}{\partial y^2} = 12y^2 - 8x^2$

4. $f''_{xx}(0,0,1) = 0, f''_{yz}(0, -1,1) = 2$

5. 略

6. $4 \times 8^{0.4} \cdot 20^{0.6}, 6 \times 8^{0.4} \cdot 20^{0.5}$

习 题 7.3

1. (1) 0.04；(2) 0.25e；(3) 0.04；(4) -0.125

2. (1) $\dfrac{1}{2\sqrt{xy}}\left(\mathrm{d}x - \dfrac{x}{y}\mathrm{d}y\right)$；(2) $\dfrac{x}{\sqrt{(x^2 + y^2)^3}}(-y\mathrm{d}x + x\mathrm{d}y)$；

   (3) $\mathrm{d}z = (2x + y^2 + y\cos xy)\mathrm{d}x + (2xy + x\cos xy)\mathrm{d}y$；(4) $\mathrm{d}z = \dfrac{1}{1 + x^2y^2}(y\mathrm{d}x + x\mathrm{d}y)$；

3. (1) -0.30；(2) $10\ln 10 + 0.6$

4. 17.6π

5. $11 \sim 12$ 人

习 题 7.4

1. (1) $\dfrac{\partial z}{\partial x} = 4x, \dfrac{\partial z}{\partial y} = 4y$；(2) $\dfrac{\mathrm{d}z}{\mathrm{d}t} = e^{x+y}(\cos t - \sin t)$；

   (3) $\dfrac{\partial z}{\partial x} = \dfrac{x}{y^2}\left[2\ln(3x - 2y) + \dfrac{3x}{3x - 2y}\right], \dfrac{\partial z}{\partial y} = -\dfrac{2x^2}{y^2}\left[\dfrac{\ln(3x - 2y)}{y} + \dfrac{1}{3x - 2y}\right]$；

   (4) $\dfrac{\mathrm{d}z}{\mathrm{d}x} = \dfrac{e^x(1 + x)}{1 + x^2 e^{2x}}$

2. (1) $\dfrac{\partial z}{\partial x} = 2xf'_1 + ye^{xy}f'_2, \dfrac{\partial z}{\partial y} = -2yf'_1 + xe^{xy}f'_2$；

   (2) $\dfrac{\partial u}{\partial x} = \dfrac{1}{y}f'_1, \dfrac{\partial u}{\partial y} = -\dfrac{x}{y^2}f'_1 + \dfrac{1}{z}f'_2, \dfrac{\partial u}{\partial z} = -\dfrac{y}{z^2}f'_2$

3. (1) $\dfrac{\partial^2 z}{\partial x^2} = 4x^2 f'' + 2f', \dfrac{\partial^2 z}{\partial y^2} = 4y^2 f'' + 2f', \dfrac{\partial^2 z}{\partial y\partial x} = 4xyf''$；

   (2) $\dfrac{\partial^2 z}{\partial x^2} = y^2 f''_{11}, \dfrac{\partial^2 z}{\partial y^2} = x^2 f''_{11} + 2xf''_{12} + f''_{22}, \dfrac{\partial^2 z}{\partial x\partial y} = y(xf''_{11} + f''_{12}) + f'_1$

习 题 7.5

1. (1) $\dfrac{\mathrm{d}y}{\mathrm{d}x} = -\dfrac{y+1}{x+1}$; (2) $\dfrac{\mathrm{d}y}{\mathrm{d}x} = \dfrac{xy\ln y - y^2}{xy\ln x - x^2}$;

    (3) $\dfrac{\partial z}{\partial x} = \dfrac{yz}{\mathrm{e}^z - xy}$, $\dfrac{\partial z}{\partial y} = \dfrac{xz}{\mathrm{e}^z - xy}$; (4) $\dfrac{\partial z}{\partial x} = -\dfrac{\sin 2x}{\sin 2z}$, $\dfrac{\partial z}{\partial y} = -\dfrac{\sin 2y}{\sin 2z}$;

    (5) $\dfrac{\partial z}{\partial x} = -\dfrac{2xf_2' + f_1'}{f_1' + 2zf_2'}$, $\dfrac{\partial z}{\partial y} = -\dfrac{2yf_2' + f_1'}{f_1' + 2zf_2'}$

2. 略

3. 略

4. 略

习 题 7.6

1. (1) 在点 $(-4,1)$ 处取极小值 -1;

    (2) 在点 $(1,1)$ 处取极小值 3;

    (3) 在点 $(2,-2)$ 处取极大值 8;

    (4) 在点 $\left(\dfrac{\pi}{4}, \dfrac{\pi}{4}\right)$ 处取极大值 $\sqrt{2}+1$,在点 $\left(\dfrac{\pi}{2}, \dfrac{\pi}{2}\right)$ 处取极大值 2,$(0,0)$ 不是极值点

2. 正面长为 $2\sqrt{10}$ 米,侧面长为 $3\sqrt{10}$ 米

3. 长宽高均为 6 分米

4. 利润 $u = 32K^{\frac{1}{4}}L^{\frac{1}{2}} - 8K - 4L$,当 $K = 2, L = 2\sqrt{2}$ 时,最大利润为 $8(6-\sqrt{2})$

5. 最佳广告策略 $x_1 = 8\sqrt{14} - 21, x_2 = 46 - 8\sqrt{14}$(单位:万元)

总 习 题 7

1. $\dfrac{x^2(1 - y^2)}{(1 + y)^2}$

2. 2

3. (1) $\dfrac{\partial z}{\partial x} = \cos x - y\sin xy$, $\dfrac{\partial z}{\partial y} = -x\sin xy$;

    (2) $\dfrac{\partial z}{\partial x} = \dfrac{y^2}{1 + xy}(1 + xy)^y$, $\dfrac{\partial z}{\partial y} = \left[\ln(1 + xy) + \dfrac{xy}{1 + xy}\right](1 + xy)^y$

4. (1) $\mathrm{d}z = \dfrac{y(y^2 - x^2)}{x^4 + y^4 + 3x^2 y^2}\mathrm{d}x + \dfrac{x(x^2 - y^2)}{x^4 + y^4 + 3x^2 y^2}\mathrm{d}y$;

    (2) $\mathrm{d}z = \left[\dfrac{-4x}{(x^2 - 1)^2} - 2xy^3\sin(x^2 y^3)\right]\mathrm{d}x - 3x^2 y^2\sin(x^2 y^3)\mathrm{d}y$

5. 最小值 $m = -50$，最大值 $M = 106\frac{1}{4}$；

6. 长宽高均为 $\sqrt[3]{2}$ 米

7. 长宽高均为 $\dfrac{a}{\sqrt{6}}$ 米

习　题　8.1

1. $\lim\limits_{\lambda \to 0}\sum\limits_{i=1}^{n}\rho(\xi_i,\eta_i)\Delta\sigma_i$；$\iint\limits_{D}\rho(x,y)\mathrm{d}\sigma$

2. $\lim\limits_{\lambda \to 0}\sum\limits_{i=1}^{n}\rho(\xi_i,\eta_i)\Delta\sigma_i$；$\iint\limits_{D}\rho(x,y)\mathrm{d}\sigma$

3. $\iint\limits_{D}y^2\rho\,\mathrm{d}\sigma$，$D$ 为以圆心为原点、以直径为 x 轴的上半圆区域

习　题　8.2

1. $I_1 = 4I_2$

2. (1) $\iint\limits_{D}(x+y)^2\mathrm{d}\sigma \geqslant \iint\limits_{D}(x+y)^3\mathrm{d}\sigma$；

　　(2) $\iint\limits_{D}(x+y)^2\mathrm{d}\sigma \leqslant \iint\limits_{D}(x+y)^3\mathrm{d}\sigma$；

　　(3) $\iint\limits_{D}\ln(x+y)\mathrm{d}\sigma \geqslant \iint\limits_{D}[\ln(x+y)]^2\mathrm{d}\sigma$；

　　(4) $\iint\limits_{D}\ln(x+y)\mathrm{d}\sigma \leqslant \iint\limits_{D}[\ln(x+y)]^2\mathrm{d}\sigma$

3. π

习　题　8.3

1. (1) $\int_1^8\mathrm{d}y\int_{\sqrt{y}}^{y}f(x,y)\mathrm{d}x$；(2) $\int_0^1\mathrm{d}x\int_{x}^{2-x}f(x,y)\mathrm{d}y$

2. 略

3. (1) $\mathrm{e}-2$；(2) $\ln\dfrac{2+\sqrt{2}}{\sqrt{3}+1}$；(3) $\dfrac{p^5}{21}$；(4) $\dfrac{76}{3}$；(5) $14a^4$；(6) 3π

习　题　8.4

1. (1) $\int_0^{\frac{\pi}{4}}\mathrm{d}\theta\int_0^{\frac{1}{\cos\theta}}f(r\cos\theta,r\sin\theta)r\mathrm{d}r + \int_{\frac{\pi}{4}}^{\frac{\pi}{2}}\mathrm{d}\theta\int_0^{\frac{1}{\sin\theta}}f(r\cos\theta,r\sin\theta)r\mathrm{d}r$；

(2) $\int_{\frac{\pi}{4}}^{\frac{\pi}{3}} \mathrm{d}\theta \int_{0}^{\frac{2}{\cos\theta}} f(r) r \mathrm{d}r$

2. (1) $\pi(\mathrm{e}^4 - 1)$；(2) $\dfrac{\pi}{4}(2\ln 2 - 1)$；(3) $\dfrac{3\pi^2}{64}$

总 习 题 8

1. D

2. B

3. A, B, C

4. (1) $\displaystyle\int_{-1}^{1} \mathrm{d}x \int_{-1}^{1} f(x, y)\mathrm{d}y, \int_{-1}^{1}\mathrm{d}y \int_{-1}^{1} f(x, y)\mathrm{d}x$；

(2) $\displaystyle\int_{0}^{1} \mathrm{d}x \int_{x}^{1} f(x, y)\mathrm{d}y, \int_{0}^{1}\mathrm{d}y \int_{0}^{y} f(x, y)\mathrm{d}x$；

(3) $\displaystyle\int_{1}^{\mathrm{e}} \mathrm{d}x \int_{0}^{\ln x} f(x, y)\mathrm{d}y, \int_{0}^{1}\mathrm{d}y \int_{\mathrm{e}^y}^{\mathrm{e}} f(x, y)\mathrm{d}x$；

(4) $\displaystyle\int_{0}^{1} \mathrm{d}x \int_{0}^{\sqrt{2x-x^2}} f(x, y)\mathrm{d}y + \int_{1}^{2}\mathrm{d}x \int_{0}^{2-x} f(x, y)\mathrm{d}y, \int_{0}^{1}\mathrm{d}y \int_{1-\sqrt{1-y^2}}^{2-y} f(x, y)\mathrm{d}x$；

(5) $\displaystyle\int_{-2}^{0} \mathrm{d}x \int_{0}^{4-x^2} f(x, y)\mathrm{d}y + \int_{0}^{2}\mathrm{d}x \int_{2-\sqrt{4-x^2}}^{2+\sqrt{4-x^2}} f(x, y)\mathrm{d}y, \int_{0}^{4}\mathrm{d}y \int_{-\sqrt{4y-y^2}}^{\sqrt{4y-y^2}} f(x, y)\mathrm{d}x$

5. (1) $\dfrac{16}{3} - \dfrac{5}{8}\pi$；(2) $\dfrac{\pi}{4}\ln 2$

6. (1) $\dfrac{7}{6}$；(2) $2 - \sqrt{2}$

7. (1) $\dfrac{5}{6}$；(2) $\dfrac{88}{105}$

8. 略

9. 略

10. 略

11. 略

习 题 9.1

1. $u_n = \dfrac{2n-1}{2^n \cdot n!}$

2. 4

3. 发散

4. 收敛

5. 发散

6. 收敛

习 题 9.2

1. $\sum_{n=1}^{\infty} u_n^2$ 收敛;反之,不一定成立

2. (1) 收敛;(2) 收敛;(3) 发散;(4) 发散;(5) 收敛;(6) 发散

3. 收敛

4. 发散

5. (1) 绝对收敛;(2) 条件收敛;(3) 绝对收敛;(4) 发散

习 题 9.3

1. 不一定

2. (1) $(-1,1]$; (2) $x = 0$;(3) $(-\infty, +\infty)$; (4) $[0,1)$

3. $\dfrac{1}{2}$

4. $\dfrac{1}{(1-x)^2}$ $(-1 < x < 1)$

总 习 题 9

1. (1) 收敛;(2) 收敛;(3) 收敛;(4) 发散

2. 略

3. (1) $(-e,e)$; (2) $\left[-\dfrac{1}{5}, \dfrac{1}{5}\right)$; (3) $[-8,4)$; (4) $(-\infty, +\infty)$

4. (1) $(-3,3)$, $\dfrac{3}{3-x}$; (2) $(-1,1)$, $\dfrac{1}{2}\ln\dfrac{1+x}{1-x}$;

  (3) $[-1,1]$, $-\arctan x$;

  (4) $[-1,1]$, $s(x) = \begin{cases} 1 + \dfrac{1-x}{x}\ln(1-x), & x \neq 0 \\ 0, & x = 0 \end{cases}$

习 题 10.1

1. (1) 3;(2) 4;(3) n

2. (1) 是;(2) 是;(3) 是

3. (1) $y = x^2 + C$；(2) $y = x^2 + 3$

4. $x = 1\,200 \cdot 3^{-p}$

习　题　10.2

1. (1) $y = e^{|x|} + C$；(2) $y = \dfrac{1}{5}x^3 + \dfrac{1}{2}x^2 + C$；(3) $y = x + C$；

(4) $y = \dfrac{1}{a\ln|1 - a - x|} + C$

2. (1) $\ln|y| = -\dfrac{y}{x} + C$；(2) $x = k\sin\dfrac{y}{x}$；(3) $\ln|x| = -e^{-x} + C$；

(4) $\ln|x| = \arcsin\dfrac{y}{x} + C$

3. (1) $y = 3 + Ce^{-x^2}$；(2) $y = (x + C)e^{-x^2}$；(3) $y = (x - 2)^3 + C(x - 2)$；

(4) $y = \sin x + C\cos x$

4. (1) $e^y = \dfrac{1}{2} + \dfrac{1}{2}e^{2x}$；(2) $y = \dfrac{x}{\cos x}$；

(3) $\ln|x| = \dfrac{1}{2}\left(\dfrac{y}{x}\right)^2 - 4$；(4) $x = 3e^{\sin y} - 2\sin y - 2$

5. (1) $\arctan(x + y) = x + C$；(2) $xy = e^{Cx}$

6. $y = 1$

7. $y = e^x(x + C)$

8. $P = 20 - 12e^{-2t^2}$

9. $P = 10 \cdot 2^{\frac{t}{10}}$

10. $Q = 100P^{-\frac{1}{2}}$

习　题　10.3

1. (1) $y = \dfrac{x^3}{6} - \sin x + C_1 x + C_2$；(2) $C_1 y^2 - (C_1 x + C_2)^2 = 1$；

(3) $y = -\ln|C_1 + \cos x| + C_2$

2. $y = \dfrac{x^3}{6} + \dfrac{1}{2}x + 1$

习　题　10.4

1. $y = C_1\cos \omega x + C_2\sin \omega x$

2. $y = C_1 x^2 + C_2 e^x + 3$

3. 略

习 题 10.5

(1) $y = C_1 \mathrm{e}^x + C_2 \mathrm{e}^{-2x}$；(2) $y = C_1 \mathrm{e}^{-3x} \cos 2x + C_2 \mathrm{e}^{-3x} \sin 2x$；

(3) $y = (C_1 + C_2 x) \mathrm{e}^{5x/2}$；(4) $y = C_1 \mathrm{e}^{2x} \cos x + C_2 \mathrm{e}^{2x} \sin x$

总 习 题 10

1. $\ln |y + 1| = \dfrac{1}{2}(x + 1)^2 + C$

2. $x^2 + x^2 y^2 - y^2 = -1$

3. B

4. $y = \dfrac{1}{2}(x^2 + 1)\ln(x^2 + 1) - \dfrac{1}{2}(x^2 + 1)$

5. 6

6. $x = \dfrac{N \mathrm{e}^{kNt}}{1 + N \mathrm{e}^{kNt}}$

7. $y + \sqrt{x^2 + y^2} = x^2$

8. $y - x + x^3 y = C$，$y - x + x^3 y = 0$

9. $-xy^2 + x^2 y + x^3 = C$

10. $y = \mathrm{e}^x + \mathrm{e}^{x + \mathrm{e}^{-x}} + C$，$y = \mathrm{e}^x + \mathrm{e}^{x + \mathrm{e}^{-x}} - \dfrac{1}{2}$

11. (1) $y = \mathrm{e}^{-ax} \displaystyle\int_0^x f(t) \mathrm{e}^{at} \mathrm{d}t$；(2) 略

12. $y = \begin{cases} (1 - \mathrm{e}^{-2}) \mathrm{e}^{2x}, & x \geqslant 1 \\ \mathrm{e}^{2x} - 1, & x < 1 \end{cases}$

13. (1) $F' + 2F = 4\mathrm{e}^{2x}$；(2) $F = \mathrm{e}^{2x} - \mathrm{e}^{-2x}$

14. $f' = f + 2\mathrm{e}^x$，$f(x) = 2x\mathrm{e}^x$

15. $y = 5\mathrm{e}^{3t/10}$

参 考 文 献

[1] 吴赣昌.微积分:经济类[M].北京:中国人民大学出版社,2006.

[2] 李天胜.微积分:经济类[M].成都:电子科技大学出版社,2009.

[3] 邱学绍.微积分及其应用[M].北京:机械工业出版社,2008.

[4] 姜启源.数学模型[M].2版.北京:高等教育出版社,1993.

[5] 乐经良.数学实验[M].北京:高等教育出版社,1999.

[6] 杨启帆,方道元.数学建模[M].杭州:浙江大学出版社,1999.

[7] 同济大学数学系.高等数学[M].6版.北京:高等教育出版社,2007.